"十三五"国家重点出版物出版规划项目

中国城市地理丛书

8

中国城市生活空间

冯　健　李雪铭　刘云刚 等／著

科学出版社
北　京

内 容 简 介

城市生活空间是研究中国新型城镇化和城市空间转型的重要抓手，是中国城市地理和城乡规划研究的热点领域。本书首先从学科交叉的视角探讨城市生活方式和城市生活质量及人居环境质量评价；继而着重描述地理学所关注的各种不同类型的城市生活空间，包括居住空间、交往空间、活动空间和休闲空间；在此基础上，探讨不同群体的生活空间和新的生活空间形式，拓展传统城市生活空间研究所关注的范围，尤其是突出新技术的发展和新生活理念的出现对城市生活空间的影响；最后对全书进行总结，对未来的研究方向进行展望。本书本着“前沿性”、“学术性”和“趣味性”并重的理念，旨在为读者介绍有关中国城市生活空间研究的基本框架、重要概念、前沿方法以及重要的发现和结论。

本书可供人文地理学、城市社会学、国土空间规划、城乡规划建设、城市经济学和城市管理等研究领域的人员以及政府相关部门的决策人员、房地产开发与经营管理者和高校师生参考使用。

图书在版编目（CIP）数据

中国城市生活空间 / 冯健等著. —北京：科学出版社，2021.1
（中国城市地理丛书）
“十三五”国家重点出版物出版规划项目 国家出版基金项目
ISBN 978-7-03-066400-6

Ⅰ. ①中…　Ⅱ. ①冯…　Ⅲ. ①城市空间-空间结构-研究-中国
Ⅳ. ①TU984.11

中国版本图书馆CIP数据核字（2020）第199653号

责任编辑：石　珺　陈姣姣 / 责任校对：樊雅琼
责任印制：肖　兴 / 封面设计：黄华斌

科学出版社出版
北京东黄城根北街16号
邮政编码：100717
http://www.sciencep.com
北京九天鸿程印刷有限责任公司 印刷
科学出版社发行　各地新华书店经销
*
2021年1月第　一　版　开本：787×1092　1/16
2021年1月第一次印刷　印张：23 1/2
字数：540 000

定价：235.00元

（如有印装质量问题，我社负责调换）

“中国城市地理丛书”
编辑委员会

丛书序一

中国进入城市化时代，城市已成为社会经济发展的策源地和主战场。改革开放40多年来，城市地理学作为中国地理学的新兴分支学科，从无到有、从弱到强，学术影响力从国内到国际，相关的城市研究成果记录了这几十年来中国城市发展、城市化进程、社会发展和经济增长的点点滴滴，城市地理学科的成长壮大也见证了中国改革开放以来科学技术迅速发展的概貌。欣闻科学出版社获得2018年度国家出版基金全额资助出版“中国城市地理丛书”，这是继“中国自然地理丛书”“中国人文地理丛书”“中国自然地理系列专著”之后，科学出版社推出的又一套地理学大型丛书，反映了改革开放以来中国人文地理学和城市地理学的重要进展和方向，是中国地理学事业发展的重要事件。

城市地理学，主要研究城市形成、发展、空间演化的基本规律。20世纪60年代，随着系统科学和数量地理的引入，西方发达国家城市地理学进入兴盛时期，著名的中心地理论、城市化、城市社会极化等理论推动了人文地理学的社会转型和文化转型研究。中国城市历史悠久，但因长期处在农耕社会，发展缓慢，直到1978年以后的改革开放带动的经济持续高速发展才使其进入快速发展时期。经过40多年的发展，中国的城镇化水平从16%提升到60.6%，城市数量也从220个左右增长到672个，小城镇更是从3000多个增加到12000个左右，经济特区、经济技术开发区、高新技术开发区和新城新区这些新生事物，都为中国城市地理工作者提供了广阔的研究空间和研究素材，社会主义城市化、城镇体系、城市群、都市圈、城市社会区等研究，既为国家经济社会发展提供了研究成果和科技支撑，也在国际地理学界标贴了中国城市地理研究的特色和印记。可以说，中国城市地理学，应国家改革开放而生，随国家繁荣富强而壮，成为中国地理学最重要的研究领域之一。

科学出版社本期出版的“中国城市地理丛书”第一辑共9册，分别是：《中国城市地理基础》（张小雷等）、《中国城镇化》（顾朝林）、《中国新城》（周春山）、《中国村镇》（张小林等）、《中国城市空间结构》（柴彦威等）、《中国城市经济空间》（孙斌栋等）、《中国城市社会空间》（李志刚等）、《中国城市生活空间》（冯健等）和《中国城市问题》（高晓路等）。从编写队伍可以看出，“中国城市地理丛书”各分册作者都是中国改革开放以来培养的城市地理学家，在相关的研究领域均做出了国内外城市地理学界公认的成绩，是中国城市地理学研究队伍的中坚力量；从“中国城市地理丛书”选题看，既包括了国家层面的城市地理研究，也涵盖了城市分部门的专业研究，可以说反映了城市地理学者最近相关研究的最好成果；从“中国城市地理丛书”组织和出版看，也是科学性、系统性、可读性、创新性的有机融合。

值此新中国成立70周年之际，出版“中国城市地理丛书”可喜可贺！是为序。

傅伯杰

中国科学院院士

原中国地理学会理事长

国际地理联合会（IGU）副主席

2019年8月

丛书序二

城市是人类文明发展的高度结晶和传承的载体，是经济社会发展的中心。城市是一种人地关系地域综合体，是人流、物流、能量流高度交融和相互作用的场所。城市是地理科学研究的永恒主题和重要方向。城镇化的发展一如既往，将是中国未来 20 年经济社会发展的重要引擎。

改革开放以来，中国城市地理学者积极参与国家经济和社会发展的研究工作，开展了城镇化、城镇体系、城市空间结构、开发区和城市经济区的研究，在国际和国内发表了一系列高水平学术论文，城市地理学科也从无到有到强，迅速发展壮大起来。然而，进入 21 世纪以来，尤其自 2008 年世界金融危机以来，中国经济发展进入新常态，但资源、环境、生态、社会的压力却与日俱增，迫切需要中国城市地理学者加快总结城市地理研究的成果，响应新时代背景下的国家战略需求，特别是国家推进新型城镇化进程的巨大科学需求。因此，出版"中国城市地理丛书"对当下城镇化进程具有重要科学价值，对推动国家经济社会持续健康发展，具有重大的理论意义和现实应用价值。

丛书主编顾朝林教授是中国人文地理学的第一位国家杰出青年基金获得者、首届中国科学院青年科学家奖获得者，是世界知名的地理学家和中国城市地理研究的学术带头人。顾朝林教授曾经主持翻译的《城市化》被评为优秀引进版图书，并被指定为干部读物，销售 30000 多册。参与该丛书的柴彦威、方创琳、周春山等教授也都是中国知名的城市地理研究学者。因此，该丛书作者阵容强大，可保障该丛书将是一套高质量、高水平的著作。

该丛书均基于各分册作者团队有代表性的科研成果凝练而成，此次推出的9个分册自成体系，覆盖了城市地理研究的关键科学问题，并与中国的实际需要相契合，具有很高的科学性、原创性、可读性。

相信该丛书的出版必将会对中国城市地理研究，乃至世界城市地理研究产生重大影响。

周成虎

中国科学院院士

2019年10月

丛书前言

中国是世界上城市形成和发展历史最久、数量最多、发育水平最高的国家之一。中国城市作为国家政治、经济、社会、环境的空间载体，也成为东方人类社会制度、世界观、价值观彰显的璀璨文化明珠，尤其是1978年以来的改革开放给中国城市发展注入了无尽的活力，中国城市也作为中国经济发展的“发动机”引导和推动着经济、社会、科技、文化等不断向前发展，特别是2015年以来党中央、国务院推进“一带一路（国家级顶层合作倡议）”、“京津冀协调发展”、“长江经济带和长江三角洲区域一体化”和“京津冀城市群”、“粤港澳大湾区”等建设，中国城市发展的影响力开始走向世界，也衍生为成就“中国梦”的华丽篇章。

城市地理学长期以来是中国城市研究的主体学科，城市地理学者尽管人数不多，但一直都在中国城市研究的学科前沿，尤其是改革开放以来，在宋家泰、严重敏、杨吾扬、许学强等城市地理学家的带领下，不断向中国城市研究的深度和广度进军，为国家经济发展和城市建设贡献了巨大的力量，得到了国际同行专家的羡慕和赞誉，成为名副其实“将研究成果写在中国大地”蓬勃发展、欣欣向荣的基础应用学科。

2012年党的十八大提出全面建成小康社会的奋斗目标，将城镇化作为国家发展的新战略，中国已经开始进入从农业大国向城市化、工业化、现代化国家转型发展的新阶段。2019年中国城镇化水平达到了60.6%，这也就是说中国已经有超过一半的人口到城市居住。本丛书本着总结过去、面向未来的学科发展指导思想，以“科学性、系统性、可读性、创新性”为宗旨，面对需要解决的中国城市发展需求和城市发展问题，荟萃全国最优秀的城市地理学者结集出版“中国城市地理丛书”，第一期推出《中国城市地理基础》、《中国城镇化》、《中国新城》、《中国村镇》、《中国城市空间结构》、《中国城市经济空间》、《中国城市社会空间》、《中国城市生活空间》和《中国城市问题》共9册。

“中国城市地理丛书”是中国地理学会和科学出版社联合推出继“中国自然地理丛书”（共13册）、“中国人文地理丛书”（共13册）、“中国自然地理系列专著”（共10册）之后中国地理学研究的第四套大型丛书，得到傅伯杰院士、周成虎院士的鼎力支持，科学出版社李锋总编辑、彭斌总经理也对丛书组织和出版工作给予大力支持，朱海燕分社长为丛书组织、编写和编辑倾注了大量心血，赵峰分社长协调丛书编辑组落实具体出版工作，特此鸣谢。

“中国城市地理丛书”编辑委员会

2020年8月于北京

前 言

改革开放40多年来，随着经济增长与快速城镇化的发展，中国城市居民的生活方式和生活空间发生了翻天覆地的变化，伴随此过程所出现的一些有关城市居民生活的新现象和新问题，已经引起国内外学术界的广泛关注。新时期，人、人的活动和人的生活是中国新型城镇化研究最需要关注的要素，在这种背景下，城市生活空间无疑成为研究中国新型城镇化和城市空间转型的重要抓手，是中国城市地理和城乡规划研究的热点领域。

本书的总体写作思路是首先从中国城市居民生活空间的总体发展演化概述以及研究状况总结入手，建立总体印象；继而进入“城市生活方式”和“城市生活质量和人居环境质量评价”这些有关城市生活空间的基础内容部分，这些是地理学和社会学、人居环境科学交叉较为明显的内容，有助于从更宽泛的学科背景来理解中国城市生活空间；然后进入对不同类型城市生活空间的诠释，包括居住空间、交往空间、活动空间和休闲空间，这是本书的主体内容，体现了地理学视角下城市生活空间构成的主体框架；在此基础上，探讨了不同群体的生活空间和新的生活空间形式，拓展了传统城市生活空间研究所关注的范围，尤其是突出了新技术的发展和新生活理念的出现对城市生活空间的影响，既增加了本书的趣味性，也体现了本书的时代性；最后对全书进行总结，对未来的研究方向进行展望。

本书共分为11章。各章主要内容如下。

第一章为绪论，主要介绍中国城市生活空间的研究背景、本书的框架结构，并对相关的重要概念进行辨析。第二章在参阅大量中西方研究文献的基础上，对中国城市生活空间、中国城市居民传统生活空间和中国城市居民生活空间发展演变等进行概述，对有关中国城市生活空间的相关研究成果进行梳理，以便读者建立对中国城市生活空间的总体印象，把握其演化的时代背景，为下文展开论述做好铺垫。

第三章探讨城市生活方式及其演化，主要解析中国城市居民的传统生活方式、经济社会变革对生活方式的影响、中国城市居民生活方式演变特点以及新生活方式的形成等话题。第四章探讨城市生活质量及人居环境质量评价，重点分析中国城市生活质量分异类型与特征、城市人居环境类型与影响因子、城市人居环境质量评价及其时空分异以及基于人居环境改良的中国城市生活质量重构展望等内容。这两章并非传统意义上纯粹的地理学科的研究范畴，而是偏重社会学和人居环境科学与地理学的交叉，它们是理解中国城市生活空间的重要基础，为系统解读下文各种类型城市生活空间提供一个更加宽泛的学科支撑，也形成了本书框架体系的一个重要特色。

第五章至第八章为分类型的中国城市生活空间。即分别从居住空间、交往空间、活动空间和休闲空间四个方面，对中国城市生活空间进行分类型的系统探讨。第五章探讨居住空间，主要分析城市居住空间结构与居住地域模式、城市居住空间分异及居住人口社群分异、城市社区的宜居性及其分异、迁居与居民生活空间变迁以及居住、工作与交通通勤的互动关系等。第六章探讨交往空间，在分析“关系网”这一中国城市居民人际关系与社会交往开展方式的基础上，既研究了较小的空间尺度“邻里”，也研究了较大的空间尺度“社会网络”在城市居民日常社会交往中发挥的作用和表现出的特点，还探讨了基于社区互联网的“虚拟空间”所主导的居民社会交往。第七章探讨活动空间，本章的定位并不是面面俱到地阐述各种类型的活动空间，而是抓住几条重要的线索来解读居民的活动空间，如长时间尺度的基于生命路径和生命历程的活动空间，短时间尺度的基于生活路径和生活日志的活动空间，以及处于国际前沿研究领域的基于家庭和地方秩序嵌套的活动空间，从这些线索来解读当下中国城市居民的活动空间特征，这样就避免了按类型逐个解读所可能产生的乏味无趣的状态。第八章探讨休闲空间，结合针对中国城市休闲空间的众多研究文献，主要解析中国城市休闲空间的形成与演变过程、结构模式与时空差异以及中国城市休闲空间与休闲行为的互动。值得指出的是，在分类型生活空间研究的过程中，注重理论概括与实证研究相结合、定量分析与定性描述相结合、文本分析与空间可视化表达相结合、学术探讨与故事讲述相结合等多元研究方法和研究范式的运用，强化基于一定深度的实证研究并进而概括中国城市生活空间一般特征的研究规范，以期对本领域的相关学术研究起到借鉴和推动作用。

第九章探讨不同群体的生活空间，这是一个饶有趣味的热门话题。关注中国城市内部较有代表性的多元化群体，尤其是通过分析跨国族裔群体、弱势群体和小众群体带有拼贴式马赛克特点的生活空间，充分展现中国城市生活空间的多元性和复杂性。

第十章的主题是探讨“新”生活空间。为了体现互联网技术、信息通信技术和新的生活观念变迁对城市生活空间的影响，专门探讨“新”生活空间，尤其是半虚拟社区、微生活、时尚生活空间等对城市居民生活空间形成的影响，作为对中国城市生活空间的延展和补充。

第十一章为全书的总结，同时展望了中国城市生活空间进一步的研究方向和研究课题。总之，通过本书的研究，希望能对中国城市生活空间的形成背景、发展特征、演化机制及未来的研究方向等有一个更为全面的和结合时代特点的把握，也希望能进一步增强读者对中国城市生活空间研究理论框架和实证研究规范的理解。

本书的设计和研究，本着“前沿性”、“学术性”和“趣味性”并重的理念，旨在向更广泛的读者群介绍有关中国城市生活空间研究的理论框架、基本概念、前沿方法以及重要的发现和结论，通过展望未来中国城市生活空间的研究方向，为对本领域感兴趣的读者朋友们带来一些研究启发。

本书各章节的具体分工如下：

第一章由冯健撰写；第二章由冯健、叶竹、杨莹撰写；第三章由冯健、沈昕、张琦楠、陈晓雪、李诗琪撰写；第四章由李雪铭、同丽嘎、张旭、白芝珍、陈大川、林森撰写；第五章，第一节由冯健、沈昕撰写，第二节和第三节由冯健、钟奕纯撰写，第四节由李雪铭、刘建君、杨博思撰写，第五节由李雪铭、丛雪萍撰写，第六节由冯健、杨莹撰写，第七节由冯健撰写；第六章由冯健、吴芳芳撰写；第七章，第一节由冯健、杨莹撰写，第二节至第五节由冯健、柴宏博撰写；第八章由李雪铭、李欢欢撰写；第九章由刘云刚、周雯婷、侯璐璐、张悦、魏敏莹、王博雅撰写；第十章由冯健、沈昕、张琦楠、李诗琪、陈晓雪撰写；第十一章和前言由冯健撰写。全书由冯健负责拟定提纲和最终的统稿工作。各章节文责自负。

本书的撰写受“中国城市地理丛书”主编顾朝林教授以及丛书编委会委托，前后历时数年，经过多次工作会议讨论，方得以完成。在撰写过程中，分册的三位主编及其团队，密切配合，团结一致，及时吸收各位专家、领导及出版社提出的意见，数易其稿，尽最大努力把图件和表格做到精致，以达到本套丛书出版的要求。在此，感谢国家出版基金和国家自然科学基金（41671157、41671158、41571130）对本书给予的资助，感谢丛书主编顾朝林教授所给予的信任和帮助，感谢北京大学柴彦威教授对本书提出的修改意见，同时也感谢科学出版社的赵峰老师和责任编辑丁传标老师提出的审读意见以及为本书出版所付出的辛勤劳动，感谢分册各位主编及其团队成员的不懈努力！但愿本书能按预期设想的那样实现“前沿性”、“学术性”和“趣味性”并重的目标，可以给对中国城市生活空间这一研究领域感兴趣的读者朋友带来一些帮助和启发。若如此，作者将不胜欣慰！

当然本书不可避免地也存在一些缺点，如：在一些没开展过实证研究的领域或方向，只能依靠国内外学术界的研究成果进行梳理和概括，会造成章节之间研究深度的差别；作者来自不同的院校和不同的课题组，研究思维以及对问题的认识方式存在较大差异，这都不可避免地反映到其写作风格方面，在一定程度上也存在难以统一的问题；中国城市生活空间是一个较大的课题，很多方面尤其是受技术革新和生活理念变化影响而导致出现一些新的生活空间形式和特点，尚未来得及开展调查研究；等等。这些缺点的改进都有待未来研究的进一步开展以及学术界广大同仁的共同努力。

本书在写作过程中，查阅和参考了大量的中外文研究文献，都尽可能地一一进行了标注，如有遗漏，敬请谅解！也欢迎读者朋友们对本书提出中肯的建议和意见，以期提高。

著者

2019年8月

目　　录

丛书序一

丛书序二

丛书前言

前言

第一章　绪论

第一节　研究背景　1

第二节　本书的框架　4

第三节　相关概念辨析　5

第四节　主要实证研究地区　6

第二章　城市生活空间概述

第一节　城市生活空间与中国城市生活空间　8

第二节　城市生活圈与城市实体生活空间　9

第三节　中国城市居民传统生活空间　10

第四节　中国城市居民生活空间演变　11

第五节　中国城市生活空间研究　13

第三章　城市生活方式及其演化

第一节　城市生活方式及其特征　19

第二节　中国城市居民传统生活方式　22

第三节　经济社会变革对居民生活方式的影响　26
第四节　中国城市居民生活方式的演变特点　30
第五节　中国城市居民的新生活方式　33
第六节　从生活方式演变透视城市居民生活空间　38
第七节　本章总结　40

第四章　城市生活质量及人居环境质量评价

第一节　城市生活质量研究及其在中国的发展　42
第二节　城市生活质量分异类型与特征　47
第三节　城市人居环境类型与影响因子分析　54
第四节　城市人居环境质量评价及其时空分异　57
第五节　基于人居环境改良的中国城市生活质量重构展望　65
第六节　本章总结　69

第五章　居住空间

第一节　中国城市居住空间基本单元　71
第二节　城市居住空间结构与居住地域模式　73
第三节　城市居住空间分异及居住人口社群分异　95
第四节　城市社区的宜居性及其分异　126
第五节　迁居与居民生活空间变迁　132
第六节　居住、工作与交通通勤的互动关系　139
第七节　本章总结　143

第六章　交往空间

第一节　关系网：城市居民的人际关系与社会交往　145
第二节　邻里：邻里关系与社区社会空间的形成　150
第三节　社会网络：社会关系重构与社会－空间互动　164
第四节　虚拟空间：基于社区互联网的社会交往　175

第五节　本章总结　185

第七章　活动空间

第一节　活动空间及其研究　186
第二节　基于生命路径和生命历程的活动空间　188
第三节　基于生活路径和生活日志的活动空间　199
第四节　基于家庭和地方秩序嵌套的活动空间　216
第五节　本章总结　227

第八章　休闲空间

第一节　城市休闲空间的形成与演变过程　229
第二节　城市休闲空间的结构模式与时空差异　237
第三节　城市休闲空间与休闲行为的互动　248
第四节　本章总结　253

第九章　不同群体的生活空间：多元马赛克

第一节　在华外国人与外国人聚居区　255
第二节　华侨农场与在华归难侨的生活空间　264
第三节　城市外来人口的生活空间　269
第四节　雅皮士、城市小众及其生活空间景观　277
第五节　本章总结　284

第十章　“新”生活空间

第一节　网络技术、信息化社会与虚拟生活空间发展　287
第二节　半虚拟社区与居民生活空间的互动　292
第三节　微生活：微信对居民生活空间的影响　297
第四节　时尚生活空间：时尚观念与方式对生活空间变迁的影响　301

第五节　本章总结 305

第十一章　研究结论与研究展望

第一节　研究结论 307

第二节　研究展望 311

参考文献

索引

第一章 绪 论

第一节 研究背景

一、中国快速城镇化引发城市空间的剧烈重构

在中国城镇化发展进入中期加速阶段以后，快速城镇化特征愈发明显（周一星和曹广忠，1999），这种特征在城市空间的迅速扩张及其引发的城市人口、土地和经济构成的快速变化等方面表现得更加突出。从空间结构看，快速城镇化使得城市空间转型速度加快，异质化、多中心化、破碎化等成为转型期中国大城市空间演化最为重要的特征。从演化动力看，中国大城市空间已经成为离心扩散力量与向心积聚力量交汇的空间载体（周一星和孟延春，1998，2000；顾朝林和孙樱，1998；冯健和叶宝源，2013）。一方面，20 世纪 90 年代以来，中国大城市郊区化特征越来越明显，郊区化引发城市人口和经济社会活动离散化（周一星，2010，2013），其重要的空间目的地是离“城区”远近不同的各类郊区和开发区；另一方面，大城市的集聚效应与集聚经济仍在继续发展，流动人口和诸多经济要素继续向大城市集中，但城市内部的空间分布格局已发生变化。

从人口和社会要素的构成来看，城市空间载体上的居民构成越来越复杂，且这些复杂的居民社会构成及其变化在城市空间上都留下了痕迹或轨迹。尤其是居民的社会生活和社会活动构成，往往与城市空间要素交织在一起，形成更加复杂的城市生活空间特征。不仅如此，在中国大城市内部空间和土地利用快速转变的同时，还伴随着经济、社会、政府和制度的转型，且它们又和空间的再生产交织在一起。总之，中国的快速城镇化进程带来了城市空间的剧烈重构，生活空间作为城市空间最为重要的一个组成部分，无疑是一个能激起地理学者研究热情的重要研究领域。

二、城市生活空间成为解读当前中国快速城镇化的重要载体

从某种意义上讲，城市生活空间是展现中国快速城镇化特征、反映快速城镇化问题的一个重要窗口。传统意义的城市空间研究比较关注城市实体空间和经济空间的发

展。20世纪90年代以来，中国市场经济日趋成熟，经济的增长、收入的提高和职业的分化，对城市居民的最直接影响是居民社会生活的变化，这些变化在空间上都留下了痕迹。近20年来，中国房地产市场的发展可谓是蒸蒸日上，从早期的住房制度改革、单位制度的解体，到后期的居民购房行为已基本上完全是市场行为，购房、迁居、进城居住生活，这些居住空间及居住环境的发展变化是展现中国经济市场化及城镇化的一个重要方面。经济水平的提高及收入的增加也导致居民休闲需求的增加，而相应地，城市规划建设也在硬件休闲设施方面满足了居民日益增长的休闲需求。

活动空间是城市居民生活空间的重要组成部分。在城市活动空间研究中，应用最多的研究方法是时间地理学中的时空活动路径及时空制约，这种方法既可以用来探讨大尺度环境时空背景下的人类空间行为，也可以用来针对分析样本个体和家庭的行为和活动开展研究（Golledge and Stimson，1997）。可以说，人每天都在活动，所有活动都需要有空间载体，这种空间载体既可以是“家”，也可以是“家”以外的空间。与此同时，所有的活动都具有时间上的持续性，这种时间持续性可以是长时间尺度，如一个人的生命历程，也可以是中时间尺度，如一年、一个月或一周，也可以是短时间尺度，如一天。就居民活动而言，时间和空间又以一种有机的组合形式得以存在。所以说，活动空间记录了居民活动行为的时空轨迹，既包括城市原住民的时空活动轨迹，也包括城市外来人口的时空活动轨迹，因而也是反映中国快速城镇化发展的一个重要窗口。

另外，社会交往空间也成为现代城市居民生活空间的一个重要组成部分，随着社会生活水平的提高，居民社会交往的方式和场所发生了较大的变化。还有各种不同群体的生活空间，随着对文化和社会研究的深入，城市亚文化和特殊社会群体越来越引起学术界的关注，一方面，对其研究是城市发展和城市规划“以人为本”理念的体现，是尊重“人性”的体现；另一方面，对其研究是城市文化和社会知识生产的需求。

三、技术变革对城市生活空间产生深刻影响

近20年来，信息技术和互联网技术的发展可谓是日新月异，并给居民生活方式带来巨大变化。早在20世纪，卡斯特就提出，在信息化社会，人们的工作种类、工作性质、工作场所和工作方式都会发生变化，信息化会引发新的生产系统并产生弹性工作者，而那些无法获取信息技术支持的人将产生就业困境（曼纽尔·卡斯特，2001）。当然，卡斯特所关注的居民就业方式的变化是信息技术对居民最直接的影响，因为就业是居民获得经济收入的基本手段，就业为居民的其他社会活动提供经济基础和基本支撑。再加上每一个居民都面临着就业与居住在空间上的关联问题，弹性就业使得居民对居住空间的选择更加自由。而居住地附近的休闲设施和公共活动场所，又会进一步影响到居民的休闲空间与活动空间。再加上居民的休闲方式与活动方式本身又借助互联网，因而受到其重要影响。因此，可以说互联网技术带来了城市居民生活方式的重大革命。

近些年，信息通信技术尤其是智能手机的发展，带来了居民消费方式和社会交往方式的重大变化。网络购物，通过对海量购物信息的选择以及商家因节约场地租金和减少经营中间环节而造成的商品低成本特征，不仅增加了居民购物和消费的便利性，也有效刺激了居民的消费欲望，使得消费的“地理”空间受到挑战，消费空间的构成发生了巨大变化。依赖于信息通信技术的各种社交软件、社交形式和社交空间，如QQ、微博、虚拟和半虚拟社区、微信等，改变了传统的社会交往空间的内涵，拓展了社会交往空间的外延，促使居民在社会交往方式和形式上产生了重大变革，在数量和质量上都对居民的社会交往产生了影响。因此，可以说新时期的技术变革导致城市生活空间的内涵发生巨大改变，学术界迫切需要关注这一背景下的城市居民生活空间及其演化，并开展跟踪研究。互联网技术、信息通信技术和文化观念的演进等都导致城市居民传统生活空间的变化和所谓的“新”生活空间形式的出现，因此，技术变革对城市居民生活空间的影响是一个值得关注的重要理论话题。

四、城市生活空间的研究方法和研究视角需要多元化和进一步探索

城市生活空间是针对“城市居民”这一主体，探讨与其生活相关的各种社会活动的空间特征，研究对象既可以着眼于相对宏观的“群体”，也可以着眼于微观的“个体”。传统上对城市空间尤其是居住空间的研究偏重于空间统计，如最常见的利用人口普查数据或住房调查数据分析整个城市尺度的居住空间结构空间分异（冯健等，2011，2016），就是最典型的空间统计手段在城市居住空间研究中的应用。这类研究的着眼点是整个城市（也有用都市区、城区等空间尺度），关注的是基于数据空间分析的统计结果，进而获取整个城市尺度的社会空间规律，实际上研究的是“群体”。单纯以问卷调查来研究城市居民的生活空间、活动空间等，也多是基于统计的思路，得到的是针对“统计集聚体”的空间规律，针对的是“群体”。这些研究可以归结到宏观层次的城市生活空间研究方面。总体上看，目前中国的城市生活空间研究主要集中在宏观层次，对于基于个人的微观层次的空间研究还比较缺乏（冯健和叶竹，2017）。实际上，在中国城市生活空间研究中，有必要引进微观个体的研究视角和质性研究方法，使中国城市社会地理学的研究更加多元化。

质性研究，是以研究者本人作为研究工具，在自然情境下采用多种资料收集方法对研究现象进行整体性探究，使用归纳法分析资料和形成理论，通过与研究对象互动，对其行为和意义建构获得解释性理解的一种活动（陈向明，1996，2002）。质性研究弥补了传统上空间统计和定量分析对微观层次的空间特征、社会与空间互动以及时空演化机理方面研究的不足，近年来已被一些地理学者引进，并用来研究社会空间问题。通过质性研究可以实现对城市社会空间的“解构”、“映射”、“讲述”和“扎根”等功能作用（冯健和吴芳芳，2011；冯健和柴宏博，2016）。实际上，对城市生活空间的研究方法和研究视角可以实现向多元化方向发展。依赖于数据（包括大数据）的空间统计分析往往体现的是“局外人的视角”，它聚焦于社会空间结果，在得出空间

形态特征方面具有得天独厚的优势。而依赖于个体数据的质性研究方法，尤其是深度访谈方法，体现的是“局内人的视角”，它聚焦于社会空间过程，在探讨空间和人的关系方面以及空间形成和发展的机制方面，能发挥出巨大的优势。

第二节　本书的框架

本书从辨析生活空间相关概念、提出研究框架入手，对城市生活空间及其研究进行了概述。在分类型探讨城市生活空间之前，重点对城市“生活方式”和“生活质量”进行解析，这两者是理解中国城市生活空间的基础内容。“生活方式”主要探讨中国城市居民的传统生活方式、生活方式演变特点和影响因素以及新生活方式的形成等话题；“生活质量”重点从生活质量分异类型与特征以及人居环境质量评价及其时空分异等方面开展分析。在此基础上，从居住空间、交往空间、活动空间和休闲空间 4 个方面，对城市生活空间进行分类型的探讨。除此之外，还对不同群体的生活空间和新的生活空间形式进行研究，对中国未来城市生活空间研究进行展望，以求对生活空间内涵有更全面的、结合时代特点的概括和把握。

本书的研究框架结构图见图 1.1。

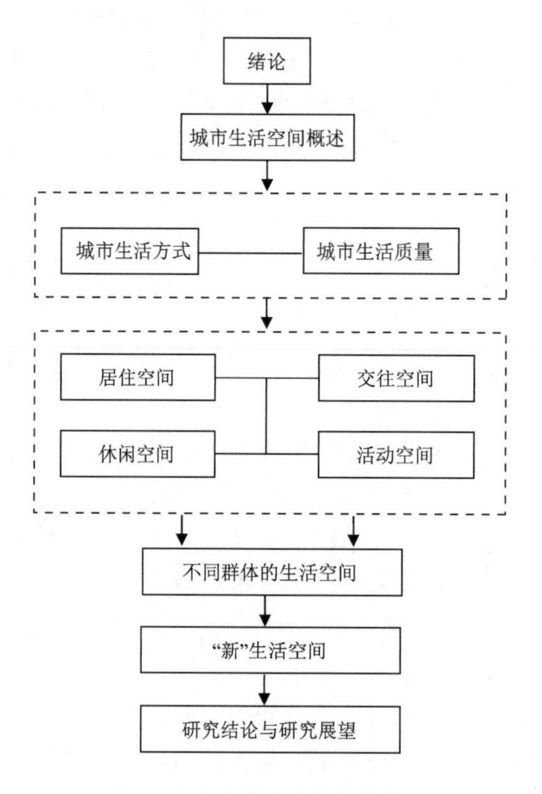

图 1.1　本书的研究框架结构图

总体上看，绪论（第一章）和城市生活空间概述（第二章）为全书的引子和基本理论铺垫。城市生活方式及其演化（第三章）和城市生活质量及人居环境质量评价（第四章）是研究城市生活空间所绕不开的重要方面，是进一步理解各类型城市生活空间的基础。这两章并非传统意义上纯粹的地理学科的研究范畴，而是偏重社会学和人居环境科学与地理学的交叉，它们是理解中国城市生活空间的重要基础，为系统解读本书中各种类型城市生活空间提供一个更加宽泛的学科支撑，也形成了本书框架体系的一个重要特色。

第五章至第八章，是城市生活空间最为核心的组成部分，即从居住空间、交往空间、活动空间和休闲空间 4 个方面对中国城市生活空间展开分析，也是体现地理学视角的最为重要的方面。值得指出的是，在分类型城市生活空间研究的过程中，注重理论概括与实证研究相结合、定量分析与定性描述相结合、文本分析与空间可视化表达相结合、学术探讨与故事讲述相结合等多元研究方法和研究范式的运用，强化基于一定深度的实证研究并进而概括中国城市生活空间一般特征的研究规范，以期对本领域的相关学术研究起到借鉴和推动作用。不同群体的生活空间：多元马赛克（第九章）和“新”生活空间（第十章）是对城市生活空间的延展和补充，前者充分展现了中国城市生活空间的多元性、复杂性和趣味性，后者体现了密切结合技术进步来解读生活空间最新变化的“时代性”。第十一章对全书进行总结，并对进一步的研究方向进行展望。

第三节 相关概念辨析

本书涉及有关城市生活空间的一些相关概念，需要进一步辨析。

首先是“生活空间”的概念。

生活空间是指居民的社会生活与空间的关联，或在空间上的反映，是居民的社会活动和行为在城市空间上留下的轨迹。生活空间的概念接近约翰斯顿等在 *The Dictionary of Human Geography*（《人文地理学词典》）中对“生活世界”一词的界定（Johnston et al.，2000），认为“生活世界”是指日常生活中由文化确定的时空环境或范围，换言之，就是在日常生活中人直接介入地方与环境的整体体验。约翰斯顿还认为，地理学中生活世界的概念已经将注意力指向日常生活的重要性，以及在其中发展和实践着的个人的地理学和意义的地理学。约翰斯顿的论述代表了地理学视角下的生活空间概念。

值得指出的是，地理学、社会学和建筑学视角下“生活空间”的概念有所区别。地理学者所界定的生活空间概念中，其所包括的“空间”含义是基于实体空间和公共设施之上同时又不局限于实体空间的一种空间概念，它可能会受到地域空间设施的影响，也会受到居民经济实力、消费水平和文化价值观念的制约。社会学者对社会空间和生活空间概念的认知偏抽象，属于比较抽象的空间概念，往往脱离实体空间来讨论空间或空间生产的影响，正如列斐伏尔的概念一样。而建筑学者又走向另一个极端，他们界定的生活空间就是建筑所围合的空间，不仅强调实体空间，而且把概念限定在建筑围合的实体范围，并舍弃了居民在社会生活方面所延展的“生活空间”。这些概念的差异实际上反映了不同学科对生活空间关注重点的不同。本书采用的是基于地理学视角的生活空间概念。在生活空间概念的基础上，附加地域性限定而形成的一些次一级概念，如城市生活空间和中国城市生活空间等，将在第二章予以探讨。

其次是“活动空间”的概念和“日常活动空间”的概念。

活动空间（activity space）是个人进行大部分活动的空间，包括决定特殊区位的行动空间（Johnston et al.，2000）。人类的活动可以在各种空间尺度上被实施，如家庭的、邻里的、经济的或城市的地段，较大空间尺度上的活动空间则可能是不连续的，它往往由一些点组成，这些点被已知路径连接但被地区分隔（Chombart de Lauwe，1952）。

日常活动空间是反映活动与空间互动的重要方面，它侧重于揭示居民在日常生活中所常见的各种活动和行为，如工作、购物、休闲、就医等，在空间上所呈现出的特点与规律。西方学者曾用日常生活地理来描述城市居民日常的社会生活活动和空间状态（Lee，1983），是对活动空间的较好诠释。

另外，还有居住空间、交往空间、休闲空间等概念，这些概念都属于生活空间的范畴。居住空间是指居民居住行为在空间上所表现出的特征，既包括宏观意义上的城市整体居住空间结构与空间分异特征，也包括微观层面上的居民个体的购房选址行为与迁居行为。居住空间有在社会、经济和文化上的稳定性，也有居民心理感知上的稳定性和物质构成的稳定性（吴启焰，2016）。交往空间是指居民的社会关系网络和邻里关系在空间上表现出的特征，是从社会交往层面诠释居民的社会活动与空间的关系。休闲空间是指居民的休闲活动在空间上所表现出的规律性，也包括居民对休闲设施利用的空间特征。

第四节　主要实证研究地区

北京是本书的主要实证研究地区之一。截至2018年底，北京常住人口为2154.2万人，其中常住外来人口为746.6万人。北京共有16个区，但常住人口、外来人口集聚的重点均在城六区（即东城、西城、朝阳、海淀、丰台、石景山），这一区域也是城市建设和人口问题最集中的区域。北京的快速城镇化进程也比较突出，城镇化发展使城市尤其是郊区的人口、空间和景观正在经历剧烈的重构，城市居民的生活空间变得更加复杂。传统上，人们对北京空间演化的看法，往往会倾向于强调政府力量的作用，因为首都具有得天独厚的政治资源优势。实际上，相关研究已能表明，在北京社会空间重构进程中，既有政府的力量，又有市场的力量，而且从 20 世纪 90 年代以后，已经逐渐由“政府领导”走向“市场主导”（Feng et al.，2008b）。无论从哪个角度上讲，北京空间的“复杂性”都已成为共识，这种复杂性将为理解中国城市空间转型提供有益的证据。

广州是本书的另一个主要实证研究地区。广州是广东省省会、国家级中心城市，著名的国际商贸中心、国家历史文化名城。截至 2018 年末，广州常住人口 1490.5 万人，其中户籍人口 927.7 万人，外来人口 562.8 万人，城镇化水平达到 86.4%。2018 年，广州全市地区生产总值 22859.4 亿元，同比 2017 年增长 6.2%。三次产业结构为 0.98 ∶ 27.27 ∶ 71.75，第二、三产业对经济增长的贡献率分别为 26.6% 和 73.0%。2018 年广州市全年财政收入 6205 亿元。广州管辖的城市总面积 7434.4km^2，市级统筹区即越秀、海珠、荔湾、天河、白云、黄埔、南沙，简称老七区。东山、芳村、萝岗原为老七区之一，后因合并而撤销，南沙为新的老七区组成部分。老四区原指越秀、东山、海珠、荔湾，但是区域调整之后，就采用老三区（老城区），指越秀、荔湾、海珠；新四区为番禺、花都、从化、增城。

大连也是本书的主要实证研究地区之一。大连位于辽东半岛南端，地处黄渤海之滨，背依中国东北腹地，与山东半岛隔海相望，是中国东部沿海重要的经济、贸易、港口、工业、旅游城市。截至 2018 年末，大连市户籍人口为 595.2 万人。2018 年，大连地区生产总值 7668.5 亿元。大连市共辖 7 个涉农区市县，包括庄河、普兰店、瓦房店市，金州、甘井子、旅顺口区和长海县，还有高新园区、保税区、长兴岛开发区、花园口经济区 4 个国家级对外开放先导区。

第二章　城市生活空间概述

第一节　城市生活空间与中国城市生活空间

城市生活空间是城市空间的重要组成部分，从功能空间角度出发，城市生活空间与城市生产空间、城市生态空间共同构成城市空间（Lefebvre，1991）。城市生活空间又称城市社会生活空间，是一个空间综合体，它既包括城市空间中由各种日常生活活动所形成或涉及的空间类型，也包括由居民个人发生的可以观察到的移动和活动所构成的社会空间。作为一个复合的空间概念，它既涉及城市居民各类日常生活活动所接触到的或利用到的物质实体空间（如建筑物、景观、环境要素、各类基础设施或公共设施），又涉及城市居民日常生活中为满足生活需求的各种社会行为和行为活动（如居住、工作、通勤、消费、休闲等），还涉及城市居民日常活动中的社会关系和社会形态（如秩序、家庭、邻里、人际关系等）。值得强调的是，地理学视角下的城市生活空间概念，虽然并不特指实体的物质空间，但无疑它离不开对实体设施和物质空间的利用状态；虽然没有明确特指社会层面的生活空间，但无疑它对社会层面较为侧重。一方面，离开社会利用的实体生活空间缺乏地理学的意义，更多的是建筑学所关心的课题；另一方面，离开实体物质空间而偏重于抽象的社会空间和生活空间，也不是地理学的视角，更多的是社会学的视角。因此，地理学视角下的城市生活空间是依赖于城市实体设施和物质空间基础的城市居民所营造和组织的社会生活留下的空间轨迹或印迹，是一种基于物理空间（如距离、范围、方向等）的社会空间。

中国城市生活空间则是在中国特定的社会经济条件下形成的中国城市空间的一个子集，与西方城市生活空间相比，它在空间的内涵、形成背景、形成过程、构成要素以及空间结构特征和演化机制等方面都具有中国特点。中国城市生活空间的分类通常由城市生活的类别决定，日常生活的多样性使城市生活空间呈现出丰富多彩的形式。城市日常生活通常在家庭、工作单位、消费场所、非消费的公共场所和其间的移动中发生（张雪伟，2007），形成特定的城市生活要素。据此，中国城市生活空间可以依据城市生活要素划分为居住空间、通勤空间、工作空间、购物空间、交往空间、活动空间和休闲空间等主要类别，其中工作空间和居住空间在国内的研究中通常会涉及单位空间。单位空间是中国传统的计划经济体制影响城市生活空间的产物，在计划经济年代，盛行单位集中建设居住区的做法，为方便单位职工的生活，单位还在居住区内配套建设各种生活设施，一个单位就是一个“小社会”，不出本单位居住区的范围，职工居民的各种生活需求就可以得到满足。因此，计划经济年代，城市的生活空间与单位制度存在千丝万缕的联系。随着中国单位制度和单位社会的弱化，基于单位的工作空间、居住空间和生活服务空间也在发生较大的变化，尽管如此，当前中国城市生活空间还存在大量的单位社会所遗留的痕迹和轨迹。

此外，中国地理学者出于研究视角及研究关注点的不同，在中国城市生活空间的类别划分上有所差异，有从地理空间角度出发把城市生活空间划分为物质空间、经济空间和社会空间三个子空间及若干个次子空间（朱文一，1993）；有从人本主义和结构主义出发把城市生活空间划分为家庭生活空间、邻里交往空间、城市社区空间和城市社会空间（王兴中等，2000）；有从日常生活出发把城市生活空间划分为单位空间、消费空间、交往休闲空间和居住空间（柴彦威，2000）等多种分类方式。另外，形成条件、形成动因和空间形态也可以成为中国城市生活空间类型的划分依据。在传统划分方式以外，信息网络技术、虚拟现实技术和新的生活观念塑造了“新”的城市生活空间类型和不同群体的城市生活空间，这也是中国城市生活空间的重要组成部分。

中国城市生活空间的形成是多种要素共同作用的结果，在当前形势下，路径依赖、交通引导、社会文化网络、旧城改造、政府调控与管理、产业结构调整、城乡人口流动、规模效应与过滤效应等作用机制对城市生活空间的形成都具有重要的塑造作用（王开泳，2011）。社会经济发展不断推动中国城市生活空间分异和城市生活空间结构演化，使城市生活空间成为中国人文地理学、城市科学、社会学、经济学等学科共同的研究热点。转型期，随着城市居民生活水平的日益提高，人们越来越重视自身对周围生活环境的感受与体验，同时人本主义思潮的兴起也倡导关注人的需求（顾朝林，1994），因此从居民自身的角度审视空间、评价空间成为研究中国城市生活空间的重要视角。

第二节　城市生活圈与城市实体生活空间

“生活圈”的概念源于日本，日本在《农村生活环境整备计划》中提出，生活圈是指某一特定地理、社会村落范围内的人们日常生产、生活的诸多活动在地理平面上的分布，以一定人口的村落、一定距离的圈域作为基准，将生活圈按照“村落—大字—旧村—市町村—地方都市圈”进行层次划分（朱查松等，2010）。为了优化城市生活空间结构、提高居民生活质量，日本政府在《第三次首都圈建设规划》中设想形成首都圈区域多中心城市“分散型网络结构”。此外，日本国土交通省还推出了“定住圈”的概念，即以人的活动需求为主导，针对居民就业、就学、购物、医疗、教育、娱乐等日常生活需要，设计出为一日生活行动所需遍及的区域范围，作为空间规划单元（柴彦威等，2015）。日本政府通过“生活圈”的规划方法，有效地优化了城市生活空间结构，提高了居民的生活质量。

国内关于生活圈的研究相对较少，但近年有逐渐增长的趋势。陈青慧和徐培玮（1985）根据居住地周边设施配套及距离，提出将居住环境划分为以家为中心的核心生活圈、以小区为中心的基本生活圈和以城市为对象的城市生活圈。柴彦威是国内较早开展城市生活圈研究的学者，他结合兰州的案例提出中国城市内部生活空间结构的三个层次，即由单位构成的基础生活圈、以同质单位为主形成的低级生活圈和以区为基础的高级生活圈，并认为这种结构是在计划经济下城市行政管理和生活居住规划的双重影响下形成的（柴彦威，1996）。后来他又提出生活圈规划的概念，探讨生活圈体系的划分方法和划分模型，认为应该从科学的角度确立整套有关生活圈规划的流程与方法，为推广生活圈规划提供坚实基础（柴彦威等，2015，2019；柴彦威和李春江，2019）。袁家冬等（2005）从居民个人生活的角度提出了城市“日常生活圈”的概念，即城市居民的各种日常活动，如居住、就业和教育等所涉及的空间范围，是一个城市的实质性城镇化地域，在城市地域系统内将“日常生活圈”划分为基本生活圈、基础生活圈和机会生活圈。有学者总结现有研究成果，将生活圈界定为：在某一特定地域的社会系统内，人们为了满足生存、发展与交往的需要，从居住地到工作、教育、医疗等生产、生活服务提供地以及其他居民点之间移动的行为轨迹，在空间上反映为圈层形态，具有方向性与相邻领域的重叠性等属性特征（孙德芳等，2012）。

美国著名地理学家索加认为城市中存在一种物质空间与社会发展双向连续的过程。一方面，人们在实体的物质空间中工作，他们将自身的特性施加于空间环境中，并不断地改变和塑造着实体空间；另一方面，物质空间也作为人类生活的载体，持续影响和控制着社会生活与人类发展（Soja，1980）。所以城市生活空间既存在于实体的物质形态中，也有着特定的社会内涵和社会意义。城市实体生活空间是指发生城市生活的真实存在的物质空间。与之对应的是非实体空间，是社会群体感知和利用的空间，即由具有共同价值观、态度和行为方式的群体所形成的城市社会空间，例如，作为符号与文化的社会空间，就是一种描述社会结构特征的价值与关系所组成的抽象系统（Bourdieu，1989）。也有学者提出居住生活空间形态的概念，认为其构成主要依赖于人类居住生活环境和日常生活活动空间在地理单元中的分布形态、整体布局特征、边界形态、居住外部空间形态以及所依赖的建筑形态等（向冰瑶，2010）。相对而言，居住生活空间形态的概念在偏重生活空间的实体物质形态的同时，还关注地域文化尤其是地域居住文化可能带来的影响。

第三节　中国城市居民传统生活空间

中国城市居民传统生活空间主要包括居住空间、工作空间、休闲空间、购物空间和公共服务空间等。

传统的居住空间、工作空间以及公共服务空间等都是围绕单位展开的。中国社会中大多数就业居民都从属于一定的单位，在单位上班，居住着单位分配的住房，利用单位附属的各种福利设施（柴彦威，1996）。单位一般可以分为企业单位和事业单位，前者（如工厂等）为追求利润的营利单位，后者（如学校等）为非营利单位，单位的人口从十几人到数万人，面积从几百平方米到数百平方千米不等（柴彦威，1996）。典型的单位空间由前院（生产区）和后院（生活区）组成，从前院到后院，私密性逐渐变强（张艳等，2009），因此，形成了一种单位生活区与工作地相互毗邻的细胞型居住风貌（高巴茨，2007）。中国城市居民的传统居住空间和工作空间基本上是合一化的，较少出现职住分离。传统单位分配的住房面积较小，城市内部对住宅投资不足，如中国 1994 年的人均住房建筑面积为 6.7m^2，住房市场化以后居民的住房条件得到大幅度提高，如 2007 年后，人均住房建筑面积上升到 28m^2（国家统计局，2009）。城市居民的公共服务空间也基本围绕单位展开。不少单位直接配置幼儿园、中小学、商店、招待所、浴室、理发室、医院、食堂、菜场等，生活设施非常齐全，人们不用走出单位大门，就可以使自己的日常生活获得基本的满足，单位就像是一个"小福利国家"，城市居民处在一种相对封闭化的生活空间中（揭爱花，2000）。

传统的休闲空间以家庭住所所在地区范围内的娱乐为主，休闲的主要时间在家里度过，包括感情交流、子女教育、看电视、听广播、读书看报等（柴彦威，2000）。同时，由于交通不方便，居民的传统休闲空间分布距离有限，休闲空间以家为中心，活动半径不超过邻里范围（柴彦威，2000）。除此之外，还有不少依托单位的休闲空间，如单位的棋牌室、活动室、操场等，单位内部常会举行各种体育、文艺活动。城市内大型的休闲空间主要是广场和公园。早期中国大多数城市中心区都设置了主要的城市广场和公园，以政治集会和纪念性功能为主导（苑军，2012），也成为居民日常休闲的空间之一。改革开放后，随着中国工业化、城镇化的快速发展，中国城市休闲活动和休闲空间发展迅速。如今各个群体都拥有从家庭到异地的休闲空间（吴志才，2012），休闲活动的种类也变得非常丰富。

传统的购物空间以百货商店、小卖部、小型专卖店和菜市场为主。其中小卖部一般设在单位内或城市的繁华地段，主营生活日用商品，有着经营成本低、规模小、商品种类少、分布广等特点。大型百货商店均为国有，采用闭架销售的方式，店面装饰讲究，售后服务好，是城市居民重要的购物空间。随着市场经济和商品经济的发展，城市的购物空间种类变得更加丰富，包括大型购物中心、大中小超市，同时商店的功能更加完善，有的包括展览、餐饮和娱乐等功能（柴彦威，2000）。

第四节　中国城市居民生活空间演变

中国城市居民生活空间的演变可以分为三个阶段，即单位制主导的生活空间阶段（1949~1987 年）、单位空间衰落阶段（1987~2000 年）以及市场经济主导下的生活空间多样性阶段（2000 年至今）。

中华人民共和国成立初期，为了快速恢复生产和巩固政权，单位制应运而生。在单位制阶段，单位是中国城市的基础，单位成为城市居民获取各项社会资源的纽带，发挥组织、管理、管制、培养和保护职工的作用，为他们提供身份，并且将单位人整合成为共同体，让城市居民产生地方感和社会归属感（薄大伟，2014）。尽管各单位大院规模、布局等有差异，但基本构成元素相似。在空间上，单位往往通过“围墙”来实现其空间的围合性、封闭性、完整性。单位由生产区（工作区）和生活区构成，其中生活区除了住宅以外，还有学校、食堂、公共浴室等公共设施。在这一阶段，中国城市居民生活空间呈现出以下几个特征：第一，居住空间同质化和空间形式标准化，各单位的土地由国家直接行政划拨，没有出现由于单位效益不同而造成的区位分化，并且各单位内部的空间规划相似，因而城市内部的居民生活空间在质量和密度上都相对均衡（李志刚和顾朝林，2011）；第二，居民生活空间中的职住空间合一化，大多数居民的居住区与工作区相邻；第三，居民日常活动空间呈现局限化与单一化特征，单位提供基本住房保障和商店、学校等生活服务设施，人们的日常活动空间基本上可以在单位解决。

改革开放以后，单位制生活空间开始衰落。改革开放以经济建设为中心，国家开始推动国有企事业单位的改革。1984 年，《中共中央关于经济体制改革的决定》提出要建立自觉运用价值规律的计划体制，直接削弱了单位在居民日常生活中的基础性作用。另外，不少企业开始精简员工数量，并且市场经济也推动了民营企业和个体经济的发展，这些都削弱了单位在就业中的作用。1998 年单位福利分房的终结使得单位脱离了住房和生活服务设施供给的责任，城市居民开始接受非单位的居住与生活服务供给，单位不再是基本的生活单元。但由于中国还处在市场经济初期，一些城市的单位制生活空间还继续存在。

在市场经济主导下的生活空间多样性阶段，城市居民根据自身经济实力按照市场规律在城市内部合适的区位选择住址，居民的生活空间不断出现分化。同时，经济的发展，城市公共服务设施的完善扩大了居民日常活动空间的类型和范围。即在单位制时期，单位大院是封闭独立的空间，而如今单位制变迁以后，单位中的社会职能逐渐被分解出来，居民对工作岗位，住房的选择以及购物、休闲等消费行为更加趋于理性化，在空间上的表现就是城市结构与布局的逐步优化过程（柴彦威等，2007，2008）。在居住空间上，首先，社会阶层分化与居住空间逐渐分异。城市居民收入和生活水平不断提高，富裕阶层和中低收入阶层的社会经济差距迅速拉大，这为不同家庭的多样化住房选择提供了基础。传统的单位住房通过“过滤”进行流转，单位人“向上过滤”，将单位住房租给外来人口等，自己则向郊区等地获取更优质的住房条件，而留守在单位中的老年人或低收入居民则被动“向下过滤”（塔娜和柴彦威，2010）。此外，2005 年以后中国为了解决中低收入家庭住房问题兴建了大量的保障房社区，保障房社区、老旧单位小区成了中低收入群体聚集的社区。不同阶层的迁居流动和日渐成熟的商品房市场推动了城市内部居住空间的不断重组和分化。在市场经济阶段，商品房成为城市住房供给的主体。首先，由于郊区相对低廉的价格和较为充足的土地供应，郊区吸引了大量的居住人口，既有郊区化的离心作用力所吸引的来自城市中心区的人口（周一星，1996，2010；周一星和孟延春，1997；周一星和冯健，2002），又有集中型城镇化的向心作用力所吸引的来自外围远郊区和农村地区的人口，而且城市的高档别墅区和经济适用房同时都布局在郊区，增加了郊区居住空间的复杂性。其次，职住分离加剧。土地市场化改革使得居住、商业、工业等不同性质的土地相互剥离。最后，不少居民为了寻找更优质的居住条件而迁居郊区；在城市地价规律的引导下，工业企业纷纷向城市郊区外迁（冯健，2002，2004）。这些改变推动了职住空间的分离，不少地区的居民日常通勤时间平均在30分钟以上。

在市场经济主导下的生活空间多样性阶段，城市居民的生活方式和活动空间都日益多元化。中央商务区（CBD）、购物中心（Shopping Mall）、各种娱乐休闲场所等不断出现，人们的消费观念也发生了巨大的变化，购物、娱乐、餐饮、私家车出行等成为人们日常生活中不可缺少的元素，城市生活的多元、复杂甚至娱乐化，几乎与西方同步，“流动的现代性”被建构起来（鲍曼，2002）。超市、便利店等综合性自选商业场所逐渐取代传统的市场、小卖店等购物地点，成为居民购买食品与日常生活用品等低等级物品的消费空间；城市中心的大型商场成为居民购买服装等相对较高等级物品的主要场所。近年来，网络购物占居民日常购物的比重越来越大，因而网络购物空间成为居民购物的重要空间载体。随着城市基础设施的改善和社区周边配套设施的发展，居民的休闲活动场所也更加多样化，包括社区游园、广场、大型商场和购物中心、酒吧、咖啡馆等各种形式。城市中越来越多的娱乐休闲场所说明居民的闲暇时间已由在家的被动休闲转向积极外出休闲。

第五节　中国城市生活空间研究

随着转型期中国城市研究“社会 - 空间”转向的推进（钟晓华，2013），国内学术界对城市生活空间的研究已经形成了基于不同视角的研究体系与内容框架，包括基于社区居住空间概念的生活空间研究和基于活动空间的生活空间研究。前者重点研究生活空间中的社区空间，认为生活空间本质上是城市人居环境，是以人为中心的城市社区环境，着重研究社区生活空间及其结构；后者从人们的日常生活活动出发，着重研究人们的日常活动行为空间，用人们的日常生活活动空间来表征城市生活空间。基于这两种不同研究视角形成了不同的城市生活空间研究体系，虽然有研究视角的差异，但两者本质上都是对人类日常生活所占据的空间的研究。

从研究尺度上看，宏观研究主要是城市社会空间方面，研究热点集中在城市居住分化模式、社会极化与空间分异、城市形态空间与社会空间的相互作用、城市生活环境质量综合评价等方面。微观研究则以城市生活空间研究为主，集中于社区生活质量评价、社区分类与方法、城市日常行为场所结构以及社区可持续发展等方面。如今人本主义、女性主义、生态社区、城市可持续发展和虚拟空间以及新城市主义等研究视角和学术思潮的涌现标志着对城市生活空间的研究进入了一个新时期。

目前国内关于城市生活空间的研究主要集中在以下几个方面。

1. 城市生活空间结构及其变化研究

柴彦威（1996）分析了以单位为基础的中国城市内部的生活空间结构，认为其由3个层次构成，即由单位构成的基础生活圈、以同质单位为主形成的低级生活圈和以区为基础的高级生活圈。王兴中（2004）认为城市和城市生活空间的本质是具有不同利益的区位（地点或社区）间的相互作用，他认为城市社会-生活空间的理论基础是西方地理学的社会学学派，即结构主义、人本主义和行为主义三大流派的综合。王立和王兴中（2011）分析了城市社区的生活空间（体系）结构，将生活空间结构分为空间体系要素和人本结构构成要素，其中空间体系要素包括城市资源、社区资源和社区类型三类，人本结构构成要素包括社会公平、空间公正、文化平等和价值尊重，将两类要素相结合，构建了城市社区生活空间重构模式。章光日（2005）从休闲、体验、学习、数字化、绿色、个性6个方面分析了信息时代生活空间图式的基本特征，以此反映当前生活空间的相关特征。张天新和山村高淑（2003）运用建筑场所论中的相关概念分析了丽江古城的日常生活空间结构，认为丽江古城仪式化的日常生活空间是地方文化生活的重要组成部分，应将其纳入城市保护体系。李斐然等（2013）以北京著名的郊区大型居住区回龙观文化居住区为研究对象，探讨了包括居住空间、工作空间、购物空间和游憩空间在内的郊区大型居住区生活空间重构的特征与机制，分析了居民生活空间重构与郊区化的关系。王宇凡和冯健（2013）基于质性研究方法，以位于北京郊区的回龙观居住区为例，以微观的手法对城区拆迁居民、经历体制转型的中老年人、北京本地年轻人以及外地来京年轻人的迁居历程进行解读，试图寻找经济、社会和制度变革与个体生命历程的交集，进而洞察郊区居民迁居的一般性特征。

还有一部分学者的研究重在探讨城市生活空间的分异。改革开放后中国的居住空间逐渐出现分异，原本城市中均衡分布的单位社区的居住模式已经被消解。以顾朝林、吴缚龙等为代表的学者致力于转型背景下中国城市社会空间分异的理论研究。例如，顾朝林等构建了中国城市社会空间转型的动力与过程的概念范式（Gu et al.，2006）。吴缚龙在城市研究中引入了“城市重构”的概念，认为可从政治经济转变、城市发展组织模式转变及与全球经济整合三个方面进行分析（Wu，1997）。李志刚和顾朝林（2011）探讨了包括新城市贫困阶层、城市富裕阶层、城市新移民以及非正规城市从业者和居住者在内的城市社会空间极化和居住空间分异特征，认为这些所谓的“新社会空间”是一种发端于市场化改革和对外开放大背景下的“中国式社会空间”，它兼具多元、异质、高密度、弹性变化及过渡性的特征。顾朝林和盛明洁（2012）结合对北京唐家岭的实地调研，开展了北京低收入大学毕业生聚居体的研究，尤其就北京唐家岭现象所延展出的北京低收入大学毕业生聚居体的现状特征、群体聚居地和后续空间效应等进行了探讨。

2. 城市社区生活空间及其规划的研究

学术界对社区生活空间的研究，比较多的是针对城市内部典型类型的社区与边缘群体聚居区的生活空间所开展的研究。城中村是近20多年来中国新出现的一种介于城乡之间的社区类型，城中村居民构成复杂，这种类型社区的生活空间值得研究。据闫小培等（2004）的研究，作为一种特殊的生活制度和社会关系网络的产物，城中村本质上是市民社会中的“农民村”，而它的改造过程要比农民职业身份的终结更为艰难。很多学者关注了中国低收入群体居住区、传统的封闭社区和外来人口集中的社区的生活空间。魏立华和李志刚（2006）认为转型期中国城市低收入人群分化为“内生型”和“外生型”两种，前者聚居于内城、衰败的单位制社区等，后者租住于城中村等，分割化的住房制度加剧了低收入人群的居住分异，并提出以“互惠-多样-混居”模式改善低收入群体的居住空间。宋伟轩和朱喜钢（2009）则认为中国封闭社区的形成是社会空间分异的消极响应，由此产生的居住隔离是经济实力的反映，但还未达到西方职业、价值观、文化等个性化分异程度。冯健和王永海（2008）运用质性研究方法探讨了北京中关村高校周边居住区社会空间特征及其形成机制，从中观社区层面展现了在高校和社会双重力量作用下大城市高校周边居住区社区的空间结构模式，认为此类社区的外来人口与原住民共同构建了一种兼具高流动性和松散社会网络特征的社会空间，为理解社区流动性、社会网络特征和社会空间成熟度之间的关系带来新的启发。冯健和项怡之（2017）基于对北京经济技术开发区的问卷调查，探讨了开发区的居住区这一类型社区的居住空间特征及其形成机制，认为在开发区面临从“产业功能地域”向综合型的“城镇化功能地域”转型的背景下，开发区既是产业集聚区又被作为卧城的复杂状况带来了其居住空间及形成机制的复杂性。

另外，也有很多学者强调对生活空间规划与社区发展的研究。王兴中（2000）总结了城市生活空间规划的6种方法，即生态分析分类法、地理分析分类法、生态区界限确定法、社会区域分析法、因子生态分析法和感应邻里区法。张杰和吕杰（2003）从城市规划的角度反思了当前中国大尺度城市设计中对日常生活的忽视及其问题，在总结了关于日常生活的哲学思想对城市规划启示的基础上，提出了以日常生活空间为核心的城市设计思想。王立（2012）在探讨了以日常生活为主的城市社区规划原理的基础上，构建了社会生活空间规划的控制指标体系和社区居民“感应-认知”的存在主义控制性指标体系。杨辰（2009）以“空间-制度”的视角从新村选址、空间结构、户型设计和集体生活4个方面对20世纪50年代上海工人新村的规划设计思想进行了解读，认为工人新村的建设是一个日常生活空间制度化的双重过程，从“邻里单位”的住区规划向空间结构等级化的居住区规划的转变是日常生活行政化加强的过程。张孟哲和郭志奇（2010）结合大连某居住区的规划设计，探讨了城市边缘区大型居住社区在生活空间营造中应注意的问题。何华玲等（2013）分析了政府整体迁移安置政策下失地农民居住的“过渡型社区”的生活空间规划所暴露的问题，并从地理空间、居住空间、社会空间和心理空间提出合理规划的策略。另外还有学者从建筑设计的角度对老城区更新改造中生活空间内部的建筑形态营造进行了探讨（鲍如昕，2010）。冯健和林文盛（2017）结合对苏州老城居住区生活满意度的问卷调查，分析了老城衰退后邻里居民对老城区居住和生活空间的满意度及影响因素分析，探讨了对老城改造和城市规划的启示。总体而言，这方面的研究涉及面较广，但系统性有待提高，还没有形成成熟的理论。

3. 城市居民日常活动空间研究

城市居民的日常生活由上班、家务、娱乐、购物等各种活动构成（柴彦威，2000），因此生活空间可看作居民日常生活的活动空间，国内学者在该领域做了大量研究。

城市居民的购物行为空间、消费行为空间及休闲活动空间是诠释城市居民生活空间的一项重要内容。柴彦威及其团队较早地采用问卷调查方法调查了中国城市居民购物行为，针对包括天津、上海、深圳等城市在内的中国大城市居民开展购物行为及时空间特征的实证研究。例如，对天津居民购物出行的空间特征、频度特征、时间特征以及目的特征和出行方式开展了分析（仵宗卿等，2000）；对深圳不同类型商品居民购物消费行为的频率特征、购物时段特征、空间特征与购物空间结构模式及居民购物行为的决策因素等开展研究（柴彦威等，2004a，2004b）；对基于居民购物消费行为的上海城市商业空间结构开展研究（柴彦威等，2008）；结合北京、深圳和上海的调查，探讨中国城市老年人日常购物行为的空间特征（柴彦威和李昌霞，2005）。另外，冯健等（2007）在问卷调查的基础上，基于认知距离探讨了10年中北京居民购物行为空间结构的演变特征及其影响机制，认为北京购物空间结构的演变特征反映出北京商业发展的离心化和多中心化趋势，宏观环境变化和购物供给方变化（外生因素）以及购物需求方变化（内生因素）三方面因素互相影响、互相作用，推动了北京市居民购物行为空间结构的演变。陈秀欣和冯健（2009）以北京为例研究了城市居民购物出行等级结构特征及其演变规律，并讨论了城市居民购物出行等级结构特征及其演变研究对北京城市商业未来发展和空间布局的启示。柴彦威等（2010）探讨了消费者行为与城市空间的关系，强调了各种消费者行为之间的联系，提出了基于居民消费行为和认知行为的中国城市商业中心地等级结构和商业中心地认知等级结构的研究方法，系统研究了城市居民的服务性消费行为及夜间消费行为的时空间特征。柴彦威等（2002a）从时间和空间利用的层面研究了深圳、大连、天津等城市居民的休闲活动空间特征，在此基础上尝试建立中国城市居民休闲空间结构模式，并将休闲活动空间纳入中国城市生活空间结构研究体系中。冯健和项怡之（2013）基于社区问卷调查数据，对北京经济技术开发区社区居民的通勤、购物、就学、就医、休闲等日常活动空间开展实证研究，刻画开发区职住分离、购物行为的空间指向性，以及居民就学、就医和休闲行为的空间分配特征。

在城市居民通勤活动空间研究方面，地理学者对通勤现象的研究强调居民在居住地与工作地之间的空间移动，更加关注探讨通勤的规律性，这与城市交通规划中侧重通勤的时间分布特征形成鲜明的对比（李峥嵘和柴彦威，2000）。李峥嵘和柴彦威（2000）总结出大连居民通勤现象的距离衰减规律及其空间结构模式。申悦和柴彦威（2013）利用居民活动日志与GPS定位数据并采用GIS三维可视化技术对7种理论通勤模式中居民的活动-移动时空特征进行了模拟。另外，也有学者强调研究居民通勤活动空间产生差异的原因。例如，张艳等（2009）比较了不同居住区居民的通勤行为差异，刘志林等（2009）研究了居民属性和居住特征对通勤距离的影响。还有学者研究了职住分离背景下居民通勤活动的变化。例如，周素红和闫小培（2006）、孟斌等（2011）的研究表明职住分离已成为影响居民通勤活动的重要因素。冯健和周一星（2004）、徐涛等（2009）则通过研究居民迁居前后的通勤特征和时间变化来反映城市职住分离现象。

4. 城市生活空间质量研究

城市生活空间质量研究主要是构建一系列城市空间质量评价指标体系，对城市或城市内部不同的生活单元进行质量评价，为制订进一步改善城市生活质量的策略提供依据。

首先是研究区域内某一类城市的生活空间质量评价或开展城市间的比较研究。例如，王兴中、孙峰华等在借鉴西方学者鲍尔九要素指标的基础上对中国不同省会城市的生活空间质量进行了比较分析与评价，认为城市人口生活质量高低与城市规模呈正相关（孙峰华和王兴中，2002；王兴中，2004）。曾文等（2014）运用空间分析的手段分析了江苏省县域城市生活质量的空间格局及其经济学机理，研究表明，受到当前中国所处的快速经济发展阶段以及政治经济体制的影响，城市生活质量的高低取决于地区经济发展水平的强弱，表现为经济发达地区的城市生活质量一般较高。

另外还有对城市内部不同地域单元的生活空间质量进行评价。宁越敏和查志强（1999）建立了包括居住条件生态环境质量、基础设施与公共服务设施三大类20项指标在内的人居环境评价指标体系，对上海进行了评价和分析。王兴中（2004）从“收入空间”、“安全空间”和“健康空间”等方面对西安城市内部社区的生活质量进行了探讨。除此之外，一些学者还聚焦城市内部居住质量的空间分异研究。潘秋玲和王兴中（1997）从客观和感知两方面对西安城市生活空间质量进行评价，认为西安城市内部生活质量由市中心向郊区逐渐降低，指出城市外来人口与社会安全、郊区交通条件、公共设施和子女教育以及工业污染等因素是影响西安城市生活空间质量的主要原因。王伟武（2005）对杭州城市内部生活质量的空间分布进行了研究，表明杭州中心区居民的生活质量显著高于郊区居民的生活质量。

就目前中国学术界所开展的城市空间生活质量研究而言，有关不同类型城市内部生活质量空间差异的实证研究还有待加强，而开展实证研究所使用的数据问题尤其是如何结合大数据进行研究，都是下一步研究有待提升的方向。

5. 中国城市生活空间研究述评

有关中国城市社会空间的研究可追溯到20世纪80年代末期，早期的研究偏重整个城市层面的宏观统计意义的社区和居民日常活动行为的统计研究，后来随着社会空间研究的深入，尤其是90年代末期以后，学者才开始关注各种类型的和各类人群的城市社会空间研究，城市生活空间便是其中之一。截至目前，针对中国城市生活空间，学术界已经在城市生活空间结构及其变化研究、城市社区生活空间及其规划研究、城市居民日常活动空间研究和城市生活空间质量研究等方面取得了较多的研究成果。尤其是地理学者，从地理学视角所开展的中国城市生活空间研究，针对中国快速城镇化进程和城市经济社会快速发展所引发的“中国城市转型”这一论题，很好地回答了中国城市如何实现“空间转型”的问题，为建立有中国特色的城镇化理论和新时期的中国城市空间理论做出了重要贡献。

总体上看，中国城市生活空间已经成为城市地理学领域的研究热点之一。从研究方法上看，过去20年的研究成果主要集中在运用定量方法开展统计分析、利用回归模型的相关参数进行城市空间结构的刻画、建立指标体系开展评价分析和基于问卷调查、生活日志调查开展居民行为的统计分析和生活路径分析等，但运用定性方法尤其是质性研究中的深度访谈方法开展中国城市生活空间研究刚刚起步，从人本主义和后现代主义视角切入研究居民生活空间也需要引起重视，从行为主体和个体行为的角度切入研究生活空间以及将个体的生活史、生命历程与GIS相结合实现生活空间研究的可视化与故事性的有机结合，尚处于初步探索阶段。总之，新的方法运用于中国城市生活空间的研究，还有大量的课题需要研究者着力，如方法的切入点如何选取、新方法如何运用、方法论本身的探讨与创新等问题还有待相关研究的深入开展。从研究论题上看，对传统的城市生活空间类型关注较多，对于新的生活空间类型，尤其是信息通信技术发展与革新所引发的城市居民生活方式的新变化和生活空间新类型的出现等，研究较少；对于群体的生活空间规律研究较多，对于个体层面的生活空间及其理论意义研究偏少；在群体生活空间研究中，对于大众群体的生活空间研究偏多，对于小众群体的生活空间研究偏少。从研究理论上看，应用西方相关理论开展中国城市的实证研究偏多，对西方相关理论进行修正和商榷的偏少，能建立有中国特色的城市生活空间理论者更是偏少，另外，针对中国城市生活空间及其转型研究的理论框架迫切需要建立。

第三章　城市生活方式及其演化

第一节　城市生活方式及其特征

随着社会经济发展和人们生活水平的提高，以人为本的城市规划与城市发展理念越来越深入人心，因此如何理解城市居民的生活方式及其与生活空间的关系就十分重要。生活方式的概念最早来自社会学，西方很多社会学家都曾研究过这一议题，如马克思、韦伯、凡勃伦等。随着中国经济发展水平的快速提高与社会转型的加快，中国城市居民的生活方式也发生了翻天覆地的变化，理解这一变化正是认识中国城市生活空间的前提。

一、社会学中的生活方式

（一）中西生活方式研究

马克思、恩格斯在《德意志意识形态》和《路易·波拿巴的雾月十八日》等著作中多次使用过“生活方式”的概念，他们关于生活方式的论述开启了社会学对于生活方式的研究。总结而言，在马克思与恩格斯的著作中，“生活方式”的概念大致呈现出如下两种意义：生活方式或者作为区分阶级的重要指标，或者作为包括生产活动在内的全部生活方式的总称（高丙中，1998）。马克思、恩格斯奠定了生活方式研究的理论基础。19 世纪以来，社会学对于生活方式的研究主要有三条理论思路。

以韦伯为代表的社会学家最早开创了生活方式研究的思路。他们沿着马克思、恩格斯提出的第一种意义的生活方式进行研究，生活方式在此被视作一种确认群体社会地位的重要标志（马姝和夏建中，2004）。凡勃伦同样继承这条路线，他认为上层阶级为了展示生活质量和财富数量的炫耀性消费构成了他们生活方式的全部内容（田丰，2011）。生活方式仍然是作为识别阶级地位的标志被提及。第二次世界大战之后，生活方式研究的新倾向是将其转化为消费方式进行研究，学者主张通过研究商品消费认识并界定生活方式。20 世纪 70 年代后期，经济快速发展带来的生活水平飞跃使得过去常用的单一指标，如私家车、住房条件等，很难能再准确反映人们生活方式的差异（陶冶，2006）。在新的社会经济发展的刺激下，学者开始探索新的研究视角，因而出现了对于生活方式类型的分析，如美国学者 Mitchell（1983）根据问卷调查数据，将美国人的生活方式分为四大类型，即需求驱动型、外向型、内向型、外向与内向混合型。

纵观国外的生活方式研究，生活方式逐渐从附属性的边缘概念发展为具有独立性的概念，最终成为一个独立的研究领域。国内的生活方式研究与社会学在中国的恢复建立同步，起步于 20 世纪 80 年代。在这一阶段，学者响应中国现代化建设的需要，认为生活方式的构建也应是现代化建设的重要组成部分，并以此为目标提出构建社会主义生产方式的指导原则和具体设想。然而，从 20 世纪 90 年代初开始，生活方式研究就陷入了冷却期。尽管在生活方式的基础理论以及休闲、消费、家庭生活方式等的研究上还是有一定的推进，但大批学者都转移到了其他领域（王雅林，2013）。

在中西社会学生活方式研究中，不同学者在不同阶段对生活方式的理解与概念界定方面存在很大差别,但总的来说,学者对生活方式的定义始终立足于对象的差异性(高丙中，1998）。最开始，生活方式的差异性被认为由阶级或阶层的差异性主导，不同阶级或阶层的人群具有明确且固定的生活模式，群体的共同属性覆盖了个人的独特属性。而后，随着社会分层更加复杂化，以阶级或阶层为标准划分的群体界限变得模糊。个人的生活方式不再与群体保持完全一致，因而无法单纯依据生活方式形成对阶层或阶级的差异性的深入理解。在社会经济水平高度发达、物质供给丰富、文化价值多元的今天，生活方式越来越多地显现出个体之间的差异。个人价值观念和社会经济地位共同主导了个人生活方式的选择，多元化的生活方式类型逐渐形成，人们开始着重关注特定类型的生活方式与日常生活之间的互动关系。

（二）向日常生活回归的意义

如今，时代条件已发生很大变化。在全球化与后工业化社会，强调回归日常生活的生活方式研究更加显现出它的意义与价值。从宏观角度来说，生活方式是揭示社会运行方式的有效切入点。传统的宏大的概括性理论已经无法完全而准确地刻画出社会运行的全部面貌。只有对人在整体环境空间中的活动进行准确把握，才不会将社会简单地归结为若干变量的互动逻辑（李夫一，2007）。因此，对日常生活的重新发现提供了一个更加全面、具体地理解社会运行本质的新的切入点，从微观角度来说，生活方式研究本身提供的是“人如何生活”这一问题的答案。解读与重构当代生活世界图景可以帮助人们明晰如何建构“好生活”的路径。对于面临时代变革和社会转型的中国来说，生活方式研究的介入对于解决物质与精神生活失衡的问题指明了新的方向。

二、城市生活方式

（一）从不同角度理解城市生活方式

在工业革命之后，工业化使得城市迅速发展，城市生活开始呈现出许多与乡村不同的新特征。城镇化的快速推进使得人们不得不开始关注城市生活方式的特征、发展趋势及可能产生的影响。

社会学家齐美尔最早开始关注西方现代都市生活。他在《大都市与精神生活》中提出，有别于乡村生活，都市生活会显著地引起人的精神生活的紧张。在齐美尔理论的影响下，芝加哥学派的社会学家路易斯•沃斯于1938年发表《作为一种生活方式的城市性》（*Urbanism as a Way of Life*）一文，首次提出了城市生活方式的研究框架。他指出，城市生活方式来源于人口规模、居民密度、居民和群体生活的异质性，空间特征是城市生活方式能够被确立为一种特别类型的生活方式的根本原因。他在文中提出，以三个空间特征为基础，可以从三个视角考察城市生活：作为包括人口、技术与社会生态秩序的实体结构；作为一种包含某种特殊的社会结构、一系列社会制度和一种典型的社会关系模式的社会组织系统；作为一套态度、观念和众多以典型的集体行为方式出现并受制于社会控制的特殊机制的个性（路易斯•沃斯，2007）。

尽管路易斯•沃斯将空间特征视为定义城市生活方式的基础变量，但是他也强调城市生活方式并不局限于城市，在城市影响所及的任何地方都不同程度地存在着都市生活。在路易斯•沃斯之后，甘斯（Gans H.）发现城市生活的特征很难完全从空间特征加以概括，生活方式与居住地类型并不存在完全一致的关系，主张从文化特性角度来理解城市生活方式。费希尔（Fischer C.）则一方面肯定空间对于城市生活方式形成的重要性，另一方面引入亚文化概念使得空间和文化共同成为影响城市生活方式的关键因素（张俊，2009）。

总的来看，城市生活方式作为一种生活方式类型，是工业化与城镇化背景下形成的一种有别于乡村的生活模式。城市不仅是此类生活方式发生的地理背景，其空间特征以及城市独有的多方面特征限定并影响人们的日常生活，使城市居民主动或被动地具有相似的生活状态。在城市之中，人口高度密集，各产业集中分布，社会分工高度发达，各类公共基础设施完善且丰富，人口异质性突出，多元文化与价值时刻碰撞……城市不仅改变了人们的生产方式，也改造了人们的思想观念和精神生活，人们的日常消费、休闲、社会交往等行为都与乡村呈现出本质上的差别：劳动生活方式由集中式、计划式向自主式、创造式发展；消费生活方式由满足基本温饱需求向时尚化发展；闲暇生活方式由安逸式向充实式发展；交往方式由封闭式向开放式发展；等等（肖小霞和德频，2003）。

（二）城市生活方式的特征

城市的一个显著特征在于城市人口具有很明显的异质性，因而归属于不同群体的城市居民的生活方式必然呈现出该群体独有的特征。尽管如此，从城市居民整体出发，与农村生活方式进行对照，城市生活方式仍然呈现出一些普遍性的特征，结合陆小伟（1987）、肖小霞和德频（2003）等学者的论述，可以归结为复杂性、开放性、流动性、差异性，具体如下。

（1）复杂性。城市是一个复杂的巨系统，大规模人口的生活需求使得城市发展出生产、商业、文化教育、休闲娱乐等多种功能。功能的多样性和高度集中性使得城市居民拥有巨大的选择空间，并因此发展出了具有不同面向和层次的城市生活方式。

（2）开放性。城市是一个开放的系统。频繁的人口迁入迁出为城市带来了异质性的文化与生活方式。城市居民心态普遍较为开放，包容度高，因而对多元生活方式的容忍度很高。因此，城市生活方式并不是封闭和一成不变的，其开放性使其经常处于变动之中。

（3）流动性。城市生活方式的流动性特征是其开放性的必然结果。经济、文化、政治等因素的变动使得受其支配的生活方式随之发生变化；人口的迁入迁出也使得城市生活方式时刻处于新旧的冲突与融合之中；人口的纵向流动与结构性变化使得居民生活水平发生改变，消费、休闲与社会交往等生活也随之调整。

（4）差异性。城市是多元生活方式的集中地。人口结构的丰富性构成了充满差异的生活方式的基础，人们可以在不同职业、不同民族、不同阶级、不同地域人群的生活方式中自由选择。城市居民普遍追求个性表达的特点也推动他们创造并发展出属于自己独特的生活方式。

第二节　中国城市居民传统生活方式

传统生活方式是在社会中被规范化、习俗化、凝固化的生活方式（王玉波，1988）。中国城市居民的传统生活方式有的从历史持续到现在，有的形式虽已消亡，但内涵却融合在现代生活方式中，并继续延绵。因而传统生活方式并非现代生活方式的完全对立，而是了解现代生活方式的先决与基础。由于中国城市居民生活方式覆盖范围较广，难以面面俱到地加以阐述，本节重点从社会交往、消费行为、休闲娱乐和出行活动这几个方面来概括中国城市居民传统生活方式的特征。

一、基于邻里关系和地方社区感的日常交往

邻里是基本的居住单位，邻里关系是因居住空间的邻近而形成的密切的人际交往关系。中国农村由于生活的固定和空间的限制，依靠亲缘和地缘关系建立了广泛的“熟人社会”，并以信任和情感为纽带形成了稳定长久的邻里关系，这些共同组建了农村居民高度重合的社会关系网络。然而，相比农村，城市地域广大、人口众多，城市生活更是具有复杂性、开放性、流动性和分化性的特点，城市居民更多面临的是个体的陌生化与疏远化（陶宇咸，1987；肖小霞和德频，2003）。在这一背景下，城市中的邻里关系比农村有所收缩，往往发生在更小的尺度范围之内，且更多地建立在基于地缘和业缘的、在生产与生活方面具有紧密联系的杂姓混居模式之上。但不可否认的是，邻里关系仍是城市居民社会关系网络中的重要组成部分（塔娜和柴彦威，2013）。良

好的邻里沟通与互助有利于加深邻里感情，增强居民对所居住社区的认同感与归属感，进而促进社会的融洽与和谐。

邻里交往与居住形式密切相关，四合院、大杂院、里弄住宅、单位大院等传统住所使居住其中的城市居民形成了稳定、熟识、亲密的邻里关系。其中，四合院是中国传统民居的典型代表，在明清时期逐渐发展成熟，其格局为四面建有各自独立的房屋，将宽敞的庭院围合其中。四合院满足了一个大家庭的居住需求，内部的四方空间既承载了血缘关系中的亲密与和美，也彰显着礼仪、规范与宗法的有序与森严，外部院墙的隔离则强化了居住的封闭与私密（崔思达，2013）。中华人民共和国成立以后，随着人口的涌入与蔓延，北京的很多四合院成了多户租用的大杂院。虽然院内环境破败杂乱，远不如前，但各个院落通过街坊邻里的串联共同构成了人际交往与活动开展的重要空间，大人可以边做家务边聊天，小孩可以一起玩耍。不同的家庭在数十年如一日的守望互助里，培养出了深厚的邻里感情和坚固的凝聚力量，和谐的院落生活也成了地方社区感和地方记忆的重要来源。近代上海、天津等中国沿海城市则发生了从四合院住宅到里弄住宅的转变，庭院演变为面积较小的天井，依然是家庭内部的重要活动空间，而连接不同家庭的弄道除了承担交通功能，还成了重要的邻里交往空间，其半公共性促进了邻里交流，增强了居民的地方归属感（何成，2008；崔思达，2013）。从传统的四合院到后来的大杂院、里弄住宅，城市邻里关系中的血缘基础逐渐被地缘和杂姓混居模式替代，而且随着中国政治制度的变迁和社会经济的发展，住房形式的变革使得城市邻里关系的构成发生了新的变化。

计划经济时期，中国很多城市都采取了“单位制”的社区建设模式和福利分房制度，即在邻近生产区的区域建设生活区，员工通过单位分配获得住房。其典型特征就是单位生产、日常生活、文化娱乐等多元化的功能都发生在单位大院的组织形式之内（张鑫和易渝昊，2019）。单位大院的范围由院墙和道路界定，一般设有一两个对外的大门，人们的生活需求在大院中能够得到基本满足（张威，2009）。单位大院中的邻里关系以业缘为纽带，居民多是工作中的同事，彼此关系密切，交往频繁，因此能够形成强烈的社区情感。但是，单位大院围合的本质是人口的被迫集聚，人员流动的限制性与身份的相似性使得居民的社会关系较为单一，“职住合一”的空间封闭性也不利于居民建立更为广泛和多元的社会关系网络。改革开放以后，随着市场经济体制的推行和住房制度的改革，城市住房投资与建设的步伐加快，住房逐渐实现了商品化、社会化，多层次的住房市场满足了多样化的家庭需求，使得城市居民可以根据自身的收入和偏好选择合适的住房，从而打破了“单位制”下单一、封闭的居住形式，并促进了城市居住空间的分化。住宅小区替代了单位大院，共同的小区管理制度和文化建设构成了新型邻里关系和地方社区感的基础。

然而，在如今独门独户的单元式住宅小区里，城市居民的邻里关系遭遇了危机。居民邻里陌生程度高、交往较疏远、邻里关系冷漠的现象十分普遍（胡玉佳，2015；冯健和林文盛，2017）。原因在于，城乡之间与城市内部的人口流动不断加快，城市传统社区中的亲缘与业缘关系被极大地削弱，人口的异质性与匿名性更加突出，此外，信息时代的虚拟社交使人们的交往方式发生了彻底变革，后现代社会焦虑下的功利追求对人情与信任也造成了持续的冲击。邻里关系的松弛与瓦解会损害居民的社区安全感、认同感和归属感（史云桐，2014）。因此，如何改善城市居民的邻里关系和提高城市居民的生活质量成了当下城市建设的重要问题。

二、基于实体商业空间开发利用的消费行为

城市实为“城”与“市”的组合，中国古代的“城”是城墙包围的对外防御的地域，“市”是城内进行交易的场所。可见，城市居民在特定的商业空间内进行较大规模的销售和消费的行为自古有之。此外，中国古代“市”的空间组织以宋朝为界出现了根本性的变化。宋朝以前，“坊”与“市”被严格地分开，住宅区与商业区界线分明，宋朝则逐渐取消封闭性的坊市制，临街开店不受限制，早市夜市昼夜相接，住宅区和商业区混合扩张，商品经济得到快速发展。

进入20世纪，在贸易活动和西方文化的强势影响下，我国城市中的消费场所数量更多、规模更大、种类更丰富。从近代西方引入的银行、电影院、歌舞厅、茶餐厅、百货大楼，到中华人民共和国成立后计划经济时期推行的国营百货商店，再到改革开放后零售业和服务业快速发展背景下相继出现的大型连锁超市、购物中心和城市综合体，中国城市居民的消费空间及其类型不断拓展，功能也日趋复合化和高效化（杨思宇和郭宜章，2018），满足了收入水平大幅提高的城市居民在生活资料与生活服务方面多样化的消费需求（陆小伟，1987）。在这样的背景下，人们的需求与场所是紧密相关的，如买衣服要去逛街、看电影需要去电影院、亲朋好友同事聚餐要选择餐厅、补充食材和日用品要去超市等，这样的消费观念根深蒂固地内化于城市居民的认知之中，并外化为城市居民的一般消费模式。

地理学家研究发现，城市居民的日常购物活动空间符合以自家为中心的距离衰减规律，一般而言，商品等级越高，居民购物出行的平均距离就越远，出行频率则越低。当下的中国城市居民已经形成了以住所为中心的三层消费出行圈，分别是由便利店构成的邻里消费圈，由社区超市、农贸市场构成的社区消费圈，由大型超市、百货商场、购物中心构成的城市消费圈（武前波等，2013）。这种根据自身购物的目的、偏好与能力，选择合适的出行方式，到不同类型、区位、规模和中心性的实体空间进行消费的行为，就是中国城市居民的传统消费模式。

虽然互联网时代迅猛发展的网络购物因其便捷和不受时空限制的特点对实体商业空间造成了剧烈冲击，但依托于实体空间的消费方式依然有其不可被替代的优势。在实体空间中，人们可以对商品信息及展示环境进行真切的感知、体验与把控，尤其集购物、餐饮、娱乐为一体的一站式综合性商业中心能够更方便地满足人们消费、社交、休闲的多重需求，进行场景营造与主题渲染的体验型消费场所更是成了当下的潮流走向（杨思宇和郭宜章，2018）。例如，零售门店通过品质、创意和个性的空间设计给

消费者带来惊喜，使消费者沉浸在视觉、嗅觉等多重感官的空间享受之中，而这种强调体验和以消费者为中心的购物经历在网络空间上是无法实现的。另外，随着我国互联网用户增速逐年放缓、网络零售业的客户群规模趋于稳定，将线上、线下、物流三者深度结合的“新零售”模式将成为零售业的发展方向，并参与重构城市居民的消费模式（王祯钰，2019）。总之，丰富的实体商业空间构成了城市生活空间的重要维度，繁华而热闹的商业活动是城市生活不可或缺的重要部分，甚至有助于打造文化品牌，彰显城市魅力。我们无法想象没有香榭丽舍大街的法国巴黎和没有百老汇大道的美国纽约,中国的城市文化建设同样也离不开实体商业与消费空间的细心培育与特色建设。

三、基于公共场所的集体性休闲与娱乐方式

社会经济的发展与生产力水平的提高使人们获得了更多闲暇时间，休闲娱乐也成了生活方式的重要方面。古代城市居民的休闲娱乐方式多具有民族性特点，有琴棋书画的文化类活动、赛马划船的体育类活动、庙会进香的民俗性活动和茶馆戏园的市井性活动（吴承忠，2009）。近代以来，随着西方新式生活方式的传入以及我国传统城市社会的转型，人们的心理、行为与价值观念均发生了转变，再加上电影院、公园、剧场、博物馆、图书馆等西式场所的建立与报纸、广播、电视等大众媒体的发展，城市居民的休闲娱乐方式日趋多样化，且具有中西、新旧并举的特点（扶小兰，2007）。与消费行为相似，我国城市居民的休闲娱乐行为也依托于实体场所，且往往具有公共性与集体性的特点。

在计划经济尤其是“文化大革命”的特殊时期，人们的休闲娱乐形式较少且内容单调，相关的公共场所也建设不足，但在盛行的集体主义思想的影响下，出现了大量依赖公共空间、具有集体性和规模性的群众活动，这些构成了20世纪下半叶以来城市居民休闲娱乐的传统方式。例如，二十世纪五六十年代广播体操的大力推行使其成了我国一项影响广泛而深远的群众体育娱乐活动，且出现了各大中城市里万人齐做广播体操的盛况，做操成了生活习惯，大街小巷成了运动场（徐琴，2019）。在六七十年代，在大场地众人齐跳忠字舞、齐看样板戏成了民众闲暇时间的重要活动。工厂组织开展的体育比赛、集体舞、文艺会演、茶话会等丰富了工人的集体娱乐生活。城市广场、大礼堂、体育场等大型标志性公共场所也因承担着集结与联欢的功能而成了人心聚合与集体荣誉的象征。

时至今日，城市兴建的公共服务设施更加完备，城市居民的休闲娱乐生活更加丰富，并渗透到文化、体育、科技、艺术等各个方面。虽然网络空间对人们的生活方式进行了重构，个性化的休闲体验也越来越受推崇，但一些传统的集体娱乐形式依然存在于我们身边。例如，近年来广场舞成了最受中老年人青睐的休闲娱乐活动，无论是城市还是农村，每到傍晚时分，大街小巷都很容易发现一群人跟随响亮的音乐做着统一舞蹈动作的景象（王婕，2015）。清晨的城市公园里也常见到附近社区里的中老年居民自发形成组织，聚集在一起打太极、做体操来锻炼身体。这些在公共场所中发生的集体性的休

闲与娱乐活动反映了群众文化的复兴（徐月萍和陈华英，2019）。或许有人将其解读为当代社会中一种群体性的时代追忆，又或许有人指责其与如今强调差异和个性的后现代社会格格不入，但其正面的社会文化效应仍不容忽视。在人际关系日益淡漠的城市生活中，集体的休闲娱乐活动无疑是一剂增强归属感和认同感的“良方”。

四、基于公交系统的便利与频繁的出行活动

交通工具的变化是时代变迁的缩影。古代社会的交通方式除了短途以步行为主以外，货物运输及长途出行都必须依赖畜力或人力。交通工具及通信手段的不发达，使人的活动大多只能在家庭、邻里和村镇的有限范围内进行，体现出狭隘的地域性，城市之间和城乡之间因缺乏交流与联系而更像是一个个独立的孤岛。走进近代社会以后，在西方技术的影响下，交通工具更新迭代的速度显著加快，马车、轿子、人力车等传统交通工具逐渐被淘汰，转而以电车、公交车、自行车、汽车、火车、轮船等现代化的交通工具替代，与此同时，城市基础设施的规划与建设也为居民出行提供了更多便利（白云珊，2017）。

尽管现在地铁、高铁等新型轨道交通与飞机已经在大城市充分普及，人们甚至还对未来的交通工具进行了大胆设想，但是高效、准点、便宜、线路广的公交车依然是城市主要的非人力交通工具，也构成了中国城市居民的传统出行方式。居民通过公交系统可以方便地进行城市内部的日常通勤、购物、娱乐与交往活动以及城郊之间的短途旅行。居民出行率大大提高，活动空间的范围成数倍扩大，人口流动与城市活力都得到极大促进。

随着公交线路与道路系统在城市内部的扩展与延伸，城市的空间结构也发生改变甚至重塑（李沛霖，2014）。地区之间的交通联系显著加强，而不再是各自孤立地独善其身，促进了信息交流与资源流动，使城市被组织成一个网络状的有机整体。一些边缘的欠发达地区，也因为公交线路的经过或公交站点的建设而改善了区位条件，迎来了新的发展机遇。

第三节　经济社会变革对居民生活方式的影响

经济社会变革对城市居民生活方式产生了深远影响，本节主要从制度改革、资本力量、技术创新、文化发展和社会变革五个方面展开论述。

一、制度改革

制度层面的改革从根本上改变了城市空间资源的组织、分配、利用方式，从而深刻地改变了城市居民的生活方式。计划经济是由中央相关计划部门预先分配经济社会

资源的一种资源配置方式。市场经济则根据行为者的经济理性来进行资源配置，同时伴有政府的调控措施（吴敬琏，1991）。在城市居民生活方式方面，计划经济时代人们的日常生活资源往往根据分配的相关资源票据来换取，如粮票和肉票，经济社会资源的流通需要国家的统一调配。而市场经济货币发挥了更加重要的作用，这些过往的生活方式被市场经济自由流动的资源取代。

与经济制度变革密切相关的是住房制度改革。计划经济时代城市居民住房以公有住房为主，以单位分配为主要形式，“单位”也是城市空间组织的重要形式。住房社会化和商品化改革后，以往单位分配住房的形式逐渐被货币购买住房取代，计划经济时代“单位大院”的空间社会组织形式逐渐被新型小区乃至门禁社区取代（徐苗等，2018）。“房价”也在新世纪逐渐成为人们热议的社会话题，租房逐渐成为年轻人满足住房需求的重要形式。

计划经济时代另一项仍在深刻影响城市居民生活的是户籍制度。中华人民共和国成立后我国确立了户籍制度，从而宣告城乡二元制度的确立。改革开放以前，农村迁往城市被严格限制（温铁军，2002）；改革开放以后，从允许农村自带口粮进城开始，城乡户籍制度逐渐放开，城镇化进程逐渐加快，城市规模扩张，迁往城市、进城打工，乃至农民工成了新时期重要的城市生活方式。一线城市成了年轻人工作拼搏的重要战场，但户口以及与户口绑定的住房、教育等福利依然深刻影响着城市居民生活。

二、资本力量

实行市场经济后，在城市空间塑造、改造、更新上，资本力量逐渐凸显，对城市居民生活产生了巨大影响。级差地租塑造城市空间，城市形成区间房价（奥沙利文，2015）。大型资本主导下的房地产开发飞速发展，并且随着户籍制度和住房制度改革，商品房需求大幅增加，城市房价，特别是一线城市房价迅速增长。在此影响下，贷款买房、租房成了新一代城市居民的重要生活方式。房价等生活成本的巨大压力也催生了“逃离北上广”等口号，新一线城市伴随上述背景快速崛起。

资本力量的兴起对城市居民购物产生巨大的影响。计划经济时代粮食、蔬菜往往以票据的形式进行统一分配，而改革开放以来小区周边的菜市场曾是城市居民日常购物的主要场所。伴随着城市资本逐渐深入空间生产，级差地租形成城市 CBD，规模经济下的大型购物中心与大型超市对传统菜市场冲击较大，菜市场逐渐淡出城市居民生活，取而代之的是大型超市、购物中心，甚至是线上购物（奥沙利文，2015）。

在消费层面，资本在城市生活的各个方面塑造着消费文化，改变着人们的消费习惯、观念。Harvey 在 20 世纪 80 年代提出“时空修复”理论，即资本通过时间延迟和地理扩张来缓解危机（王新焕，2015）。从这一角度来看，信用卡消费是资本“时空修复”的典型案例——从城市居民角度，居民通过预支未来收益来满足当下消费需求。而在互联网逐渐成熟的新时期，网贷、花呗等成了年轻人重要的消费方式。

三、技术创新

20 世纪以来，通信技术的发展大大提升了沟通效率，降低了信息传递的时间成本与空间成本。电话、计算机的出现使得信息传递效率大幅提升，城市空间区位发生了新的重构。而即时通信软件乃至智能手机的出现，催生了很多新型生活方式，如社交软件塑造了虚拟社交空间，并反作用于城市实体空间，“面基”和“网友见面”等成了青年人的生活方式。网络购物等使得传统商场购物发生了转变，收快递、给好评等成为城市新型生活方式。而移动办公等技术则赋予了公司区位更多的可能性，使得更多人远程办公、成为自由职业者变为可能。

早期互联网技术的出现大大拓展了人们的生活空间。人们利用互联网海量的信息资源与搜索引擎获取资源，大大拓展了信息获取能力；网络购物可以获取物美价廉的商品，社交软件可以迅速结识好友，发现兴趣群体。但随着互联网技术深入发展，互联网逐渐深入人们生活，如今“互联网 +”的出现使得线上线下结合更加紧密，如美团外卖、美团买菜等，在发达的物流配送基础上形成的城市方式正在越来越受到欢迎。移动支付的普及使得中国特别是城镇地区正在逐渐迈入无现金社会，从大型购物中心到街边零售店，乃至公交、出租，移动支付迅速普及，很多居民使用现金频率大大降低。以移动支付为代表的互联网技术还普及到医院挂号、生活缴费等其他生活领域，深刻改变了城市居民生活方式。

大数据技术与互联网技术的成熟密切相关。基于海量数据的智能算法使得针对消费者个人的个性化推荐与精准营销成为可能（阮利男，2016）。与之对应的，大数据技术也产生了如“大数据杀熟”（识别高消费用户并提高对其报价）等问题（胥雅楠等，2019）。在城市管理中可以利用大数据技术实现智能交通，构建规划大数据平台。规避拥堵、智慧出行改变着城市居民活动空间，并形成了城市居民与城市空间交互作用机制。

四、文化发展

互联网大大加快了国内外文化交流的速度，在外来文化与互联网本身的双重作用下，网络文化兴起，逐渐成了新时期重要的文化形式。早期网络文学兴起（如《第一次亲密接触》），形成了一大批网络文学爱好者，直到今日网络文学从青年群体扩散至其他年龄群体，日益发展壮大。在此基础上，以互联网文化为代表的“新文化”形式不断作用于城市实体空间，漫展、游戏展、Cosplay（角色扮演）等逐渐成了娱乐空间的重要组成部分。同时，基于互联网和电视的综艺、影视逐渐成了居民娱乐生活的重要内容。

在外来文化的冲击下，中国传统文化经历了曲折的发展，曾经一度出现低谷。但随着人们对外来文化的反思，以及民族自信、文化自信的建立，传统文化重新获得了人们的关注。以易中天、余秋雨为代表的文化学者通过电视、书籍等媒介，燃起了“国学热”。线上观看逐渐发展至线下活动，如新型书店读书会等。城市居民文化生活越丰富，则对国学传统文化越关注。

随着经济的快速发展，中国城市，特别是一线较发达城市，逐渐显现了后工业时代的特征。消费文化兴起，消费、休闲不仅仅是人们娱乐、生活的方式，而成了人们提升生活乐趣、获取生活意义的重要手段。消费不仅是一种购物行为，还成了个人特性、品质的表征。奢侈品热潮，以及“轻奢”、“小众”和“私人定制”等概念的出现意味着消费文化正在塑造着新的思想文化与生活方式——消费文化借此发展、深入城市生活。

如前面所言，外来文化在网络等媒介的助推下进入国内。新时期以来，居民生活，特别是城市居民生活中，外来文化占据着重要地位。例如，酒吧文化，酒吧成了年轻人周末消遣的重要场所；而对于咖啡、西餐等，社会大众在经历了觉得新奇的阶段后，也逐渐开始对其进行本土化改造。

五、社会变革

改革开放以来，中国社会特别是城市社会发生了重大变革，即从集体化到个体化的转变。改革开放以来，传统的集体主义逐渐瓦解，社会逐渐向个体化转变（冯莉，2014）。过往时代的人们统一的生活节律与生活方式逐渐瓦解，人们的生活节奏、消费选择呈现出多样化的趋势。在服饰、饮食、日常消费上呈现出个性化的选择。与过往相比，人们更注重自我发展，城市居民生活方式呈现出多样化、个性化的特点。

计划经济时代国家统一调配资源，改革开放以后，市场经济迅速发展，社会公众力量也逐渐凸显。公众参与、自下而上的社会组织力量越来越显现（郭风英，2011）：民间组织、非政府组织（NGO）、非营利组织（NPO）等兴起，在社会组织、关系建构上起到了重要的作用（玉苗，2013）；民办学校等民办机构承担着越来越重要的责任；俱乐部、社区活动等基于底层社会关系而建立的组织力量在城市社会中发挥着重要的作用，人们一方面有着相当个体化的需求；另一方面诸多民间组织也在建构着集体的意义。

随着互联网的发展，人们越来越重视网络生活。网络上也逐渐形成了多种多样的社会群体。网络社会群体一方面打破了身份、性别的限制，在虚拟空间中将人们聚集在一起；另一方面，网络社会群体又与其社会阶层密切相关，人们往往是由于兴趣、品味、爱好等纽带聚集在一起。开展多种多样的线上和线下活动（张鹏，2013；张丽雯，2014）。同时，在一些重大事件影响下，网络群体往往会组织起来形成巨大的力量（如“贴吧”互爆等现象）。同时，以微信为代表的通信工具通过群聊、联系人、朋友圈等形式，大大降低了社会组织成本，以往互留电话、交换名片等社交手段逐渐被添加微信、组建微信群等活动取代。

第四节　中国城市居民生活方式的演变特点

一、中国城市居民生活方式演变阶段

纵向来看，中国城市居民生活方式的演变可以分为四个阶段。

（一）1949 年 ~20 世纪 80 年代

1949 年后，受中国政治制度与经济社会发展方针的影响，中国城市居民生活整体上保持着计划经济年代的特点。在这一阶段，居民生活资源主要依赖于国家统一调配，如粮票、肉票等；生活节奏具有高度的一致性，这一特点在“上山下乡”的青年群体中表现得十分明显：从开工到吃饭到休息，青年们的生活节奏保持着高度的一致性。从城市居民活动角度，受户籍制度的限制，城乡人口流动较少，同时福利分房的制度使得人们居住空间与工作空间密切相关，熟人社交比例较高，人们活动空间高度重合。在“文化大革命”等特殊时期，居民生活受到了意识形态的影响，日常生活中政治相关活动占据了重要位置，集体主义盛行，人们划定政治群体后，进而在思想意识、政治活动乃至日常生活上都有着鲜明统一的特点（王小章和冯婷，2014）。在这一阶段，由于物质水平较低，人们的消费选择较少，同时由于住房制度、户籍制度等影响，人们物质生活水平并未展现出较大的差距，人们消费选择以满足基本生活需求为主，个性化消费选择较为罕见；受到冷战国际形势与中国自身国情的影响，外来文化交流较少，传统文化、本土文化是这一阶段城市居民娱乐、文化生活的主要形式。

（二）20 世纪 80 年代 ~2000 年

在这一阶段，随着市场经济体制的推行，市场资本的力量成为影响城市空间和居民生活的重要力量。以住房制度改革和国有企业改革为代表的改革政策，从根本上改变了城市居民生产生活的作用机制。住房制度改革使得住房资源成为稀缺资源。城市土地快速扩张，房价快速上升。同时，伴随着户籍制度改革，城乡人口流动加剧，进城务工、农民工等成了城市劳动力的重要组成部分（武春华，2011）。进城购物、到乡村郊野旅游也逐渐成了人们重要的生活方式。同时，随着改革开放的推进，外来商品与文化涌入，对中国旧有的城市生活方式产生了巨大的影响。从蛤蟆镜、喇叭裤到阿迪达斯、耐克，再到李宁、回力，城市居民的消费选择经历了多次变化，走向了个性化、多样化，在消费选择上表现出本土与外来的结合。在这一阶段中，由于市场经济的影响，资本逐渐成为主导城市空间的主要力量。从大型购物中心的兴建、城市 CBD 的崛起，到城市土地的快速扩张、新型小区与门禁社区的推广、“单位大院”社区模式的瓦解（刘天宝和柴彦威，2013），人们日常购物和居住活动空间都发生了巨大的变化。同时，改革开放的新思潮逐渐消弭了过往机械的集体主义，人们在生活实践与思想意识上也发生了巨大变化，个体独立意识得到强化，公众参与、民间自我组织能量得到释放，成为组织、安排城市居民生活的重要力量（徐贵权，2004）。

（三）2000~2010 年

2000 年以来，互联网技术逐渐兴起。这一阶段的互联网以 PC 互联网为主要载体。网络购物从最初的低价选择，逐渐成了人们的主流购物方式。与之相比，传统的实体购物空间经历了网络购物冲击后，逐渐转向购物体验、综合娱乐体验等方向，实现了新的转型发展。同时，随着户籍制度和住房制度改革，住房资源成为稀缺资源，价格不断上涨，并达到了较高的水平；此阶段一线城市人口规模巨大并继续增长。伴随着城市人口规模的快速扩张，城市郊区化进程加快，私家车出行逐渐成了人们不可或缺的出行方式，城市居民活动空间、可达范围进一步扩大，居住工作空间与日常生活娱乐空间进一步扩张。同时，伴随着中国加入世界贸易组织与北京举办奥运会，中国与外国交流更加紧密，全球一体化进程加快，来自世界各地的商品不再奇货可居，而成了居民特别是城市居民的日常生活消费选择。

（四）2010 年至今

这一阶段一个显著的特征是互联网进一步深化发展，移动互联网兴起。智能手机与移动互联网的兴起导致互联网与人们日常生活的关系更加紧密，也使得互联网应用更加轻量化、日常化。以微信、支付宝为代表的移动支付推动了无纸币社会的发展，并且深入到了居民生活的各个方面——从大型超市、零售店乃至街边摊贩，从公交地铁出行到医院挂号，移动支付在很多方面取代了传统纸币，并且具备更加灵活、快捷的功能（王世飞，2015）。同时，互联网更加重视线上与线下的结合，如美团外卖、美团买菜等深度结合了线下、实体空间与线上、虚拟空间。滴滴、ofo 等赋予了人们更多的出行选择，并且大大提升了城市居民出行效率。以移动互联网和移动支付为代表的技术深刻地改变了居民生活，并且不断塑造着新的城市生活方式。此外，一线城市人口规模、房价均达到了一个较高的水平，一线城市的生活压力、生活成本不断上升，“逃离北上广”和“新一线城市”的出现进一步改变了人们的生活倾向，人们开始反思城市生活品质与生活追求。网络技术深入发展，社会流动性逐渐降低，这一阶段的中国社会逐渐呈现出现代化社会与后现代社会混杂的特点。一方面，生活压力、“996”工作制压榨着城市青年的生活空间；另一方面，消费文化的兴起乃至其他亚文化的兴起，也赋予了青年群体生活娱乐空间更多的可能性。

二、中国城市居民生活方式演变特点

（一）外来文化、消费文化与传统文化的碰撞、重构、发展

改革开放以来，市场经济推动下中外文化交流逐渐回暖，随着中国在 21 世纪初

加入世界贸易组织和北京举办奥运会，在互联网快速发展的基础上，外来文化与中国本土传统文化产生了碰撞、交流、重构、融合。改革开放初期，外来商品、外来文化对于中国居民是非常新奇的存在。很多外来商品刚一进入国内便会引领风潮，成为城市生活的新时尚，如最初的外来服饰，到后来的洋快餐（KFC等），再到后来的西餐、咖啡，在最初进入国内时都引发了一阵热潮，引起人们的追捧。但随着国内外交流逐渐加深，以及中国经济社会飞速发展，本土文化自信逐渐建立，人们一方面开始更加理性地看待外来文化、外来商品；另一方面，中国传统文化在经历了低潮后重新获得了重视，人们开始反思本土文化的发展，重新思考其价值。从21世纪初兴起的国学热，到如今“国潮”（李宁、回力、华为、小米）的兴起，本土文化在新时期得到了进一步的发展，并且赢得了人们的重视与关注；外来商品与外来文化在扎根中国的同时也逐渐完成本土化的改造。同时，随着市场经济的发展，消费文化正在逐渐成为社会中一种重要的意识形态。在消费主义影响下，消费不再单纯是满足人们生活需求的手段，而是成为人们寻求生活意义、打造自我标签的手段（如财务自由、私人定制等概念），在本土文化与外来文化的碰撞中，消费文化不断发展。

（二）制度与市场力量共同塑造城市生活

经历了计划经济时代，市场资本的力量逐渐成为影响城市生活的主导力量。城市级差地租塑造了城市空间结构，从而塑造着人们的活动模式。规模效应使得大型购物中心、大型购物超市成了人们购物的主流选择；网络巨头利用其资本、技术力量改变着人们的生活。值得注意的是，制度仍然在深刻地影响着城市生活。住房制度改革从根本上改变了城市居民的居住空间，并瓦解了传统的“单位大院”形式，进而改变了人们的社交空间（边燕杰等，1996）。在这一制度变动影响下，房价迅速攀升，贷款买房、租房成了年轻人的主流生活方式，一线城市的生存压力上升，“逃避北上广”和“北上广不相信眼泪”等口号正是一线城市生活压力的写照。对于户籍制度来讲，户籍制度松动使得城乡人口流动加剧，但与户口绑定的教育、医疗等资源并没有真正实现流动。同时，在娱乐社交生活上，由于中国的审查与管理制度，外来文化产品、社交产品一方面进入中国并得到广泛的使用，另一方面形成了与国外不同的产品形态与使用习惯（如电影审查制度等）。

（三）现代与后现代生活方式的混杂

经历了计划经济时代与改革开放、新世纪，中国城市居民生活方式呈现出传统、现代和后现代生活方式混杂、融合的特点。随着消费文化逐渐发展与物质文化水平提升，旅游、休闲成了人们生活的重要组成部分，文化消费、精神消费成了人们生活中不可或缺的一部分。在这种语境下，工业化的消费选择与后现代化的个性消费选择共同构成了人们的消费文化。一方面，大规模批量生产的商品能够相对廉价地满足人们日常生活需求；另一方面，产生意义、标榜品味的个性化消费选择也越来越受到人们的欢迎。与之对应的是，城市居民生活态度呈现出明显的混杂性。“996”工作制、熬夜成了年轻人的生活常态，而与此同时，养生、“啤酒泡枸杞”等调侃也折射出后现代社会中的传统生活方式。在日常消费与生活中创造意义、追寻意义成为当代城市青年生活方式的写照。

第五节　中国城市居民的新生活方式

改革开放给中国带来了翻天覆地的变化，中国经济实现了迅猛发展，人们的生活水平得到了大幅度提升，而人们衣食住行等生活方式的变迁正是时代变革的缩影。在社会主义市场经济体制改革下，商品房逐渐成为城市居民使用的住宅和商业用房，居住小区取代了计划经济时代下的单位大院。丰富的物质条件极大地满足了人们的日常生活需求，除了“三大件”的变迁，小汽车的普及深刻地改变了城市居民的交通出行方式。

中国在20世纪90年代紧紧抓住了第三次科技革命带来的机遇，互联网的发展和普及革新了城市居民的生活方式，信息技术的应用为城市居民带来从工作到消费、从个人娱乐到社交的新图景。经济全球化的浪潮给中国带来了全球化商品和先进生产技术的同时，也影响了人们的价值观、消费方式与文化活动。跨国资本将西方的文化休闲方式带到了中国，以其“时尚”和“新鲜”被城市居民所接纳，从此依托符号消费的文化休闲活动成了城市居民的“新风尚”。在物质逐渐丰富的同时，全球气候变化和环境问题也引起了中国社会的重视，中国在现代化和城镇化的道路上不断调整产业结构，秉承可持续发展的理念。今天，很多城市居民倡导“低碳生活”，从出行、购物、工作等多个环节实践新的发展理念。

总的来说，中国城市居民的生活方式一直在变革中，出现了很多新的生活方式，城市居民的生活方式表现出很多新特征，本节重点讨论如下五个方面：依托私家车和公共交通系统的灵活出行；依托互联网和高效物流配送的便捷购物；依托符号消费的丰富文化休闲活动；依托信息技术的新型社交互动模式；秉承可持续发展理念的低碳生活方式。

一、依托私家车和公共交通系统的灵活出行

20世纪70年代以后，随着经济的快速发展和国家综合实力的加强，中国城市居民的生活水平得到了较大提高。80年代国家开始放松对汽车行业的管制，开始进口汽车并与外资进行合资合作，90年代城市居民逐渐形成购买小汽车的风潮。中国汽车产

业在改革开放到20世纪末的时间里代表着先进技术的发展，对中国的工业化和经济发展具有重要意义，而在中国加入世界贸易组织之后便进入市场化发展阶段，这一时期私家车的数量大幅增加，私家车成为城市居民日常出行的重要交通工具。相关数据表明，全国居民家用汽车每百户拥有量从1998年的0.25辆上升到2017年的29.7辆，尤其是2000年以后，中国私家车拥有量开始快速增长。

在很长一段时期内，汽车在市场营销下成为个人身份和国家地位的象征，私家车既是个人成功的标志，也是国家地位提升的标志（鲍宗豪，2006），家用小轿车从奢侈品逐渐转向生活必需品，私家车从而成为城市居民重要的交通工具之一，并且极大地影响了人们的出行方式。拥有私家车的城市居民在通勤上更为灵活便利，私家车的普及为居住地与工作地的分离创造了条件，汽车化与郊区化相互推动，改变了城市居民聚集在中心城区的居住方式（王光荣，2009）。另外，私家车购物出行与城市大型购物中心的兴建也有紧密联系，这些购物中心一般设有一定容量的停车场，这种迎合小汽车家庭的消费方式使得大型购物中心并不一定出现在城市中心，如中国很多城市在郊区兴建奥特莱斯购物中心。私家车的普及开启了一种新的旅游休闲出行方式——自驾游，摆脱了固定时间和固定路线的束缚，增强了旅途的乐趣和体验性（王光荣，2009），自驾游遂成为城市家庭出游的时髦方式。

小汽车在城市中的意义一方面体现为私家车的便捷出行，另一方面体现为出租车和网约车对城市公共交通的补充。出租车在城市中为居民提供了点对点的灵活出行，即使没有私家车的居民也可以享受这种“挥手即停”的服务，而从2010年兴起的网约车则使用手机软件以预约的方式为城市居民提供小汽车出行服务。如今，城市居民只需在手机上操作一下，就能预约汽车到指定地点进行接送服务，弥补了城市公共交通的不足。

私家车提供了点对点的出行，但过多的私家车出行容易造成道路拥堵，而城市公共交通拥有巨大的载客量和运费低的优点，两者相结合为城市居民提供了灵活出行的选择。城市公共交通系统的建设一向是城市基础设施建设的重要内容，公共汽车是一座城市必不可少的传统公共交通工具，随着城市公共交通系统的完善和轨道交通的发展，截至2018年，北京、上海等36个中国城市已经开通了地铁。为了有效解决城市道路拥堵问题，北京、广州、乌鲁木齐等建立了快速公交系统（BRT），配合地铁换乘、步行等方式，城市居民在公共交通出行上得到高效、优质的服务。城市公共交通的发展如今已经超越市域范围，跟随区域一体化的脚步走向公共交通一体化，如广州、佛山两地共同修建了广佛地铁，打造“广佛生活圈”，而两地的城市居民借助地铁出行可以实现候鸟式通勤和跨市消费。

二、依托互联网和高效物流配送的便捷购物

20世纪90年代以来中国互联网迅猛发展，深刻地改变了人们日常生活方式，其中最为突出的是网络购物。中国互联网购物起步于20世纪90年代，互联网推动了电

子商务的发展，但早期物流业成为其发展的瓶颈之一。而经过 21 世纪前十年的成长，随着政策制度的完善、物流基础设施建设的全面展开以及信息通信技术的进步，互联网购物在近年呈现出发展与繁荣的局面。根据商务部电子商务和信息化司（2019）发布的《中国电子商务报告 2018》，2018 年中国电子商务交易规模为 316300 亿元，网上零售额超过 90000 亿元，而实物商品网上零售额超过 70000 亿元，占社会消费品零售总额的比重达 18.4%，网络购物对居民的购物方式影响可见一斑。由于城乡基础设施、农村购买力等差异，城市居民参与网购人数是农村的 11~13 倍（毛彦妮和黄瑱，2014），因而城市居民是互联网购物的主力军，网络购物也成为当代中国城市居民新生活方式的一大特征。

依托互联网和高效物流配送，加上移动支付的便利，城市居民今天能够轻易突破时空限制，随时随地通过网络购买商品和服务，满足日常生活不同层次的需求。在很多城市，购买生鲜、食品、药品等已经不需要亲自到商店里了，手机下单就可在预定时间内实现同城配送；而纺织品、家用电器等也可通过电商平台购买，货比三家、快递到家。与此同时，城市居民也能够购买从家政服务到网络课程等服务，互联网购物几乎已经包揽了城市居民所需的实体消费品与服务。不同于传统的购物行为，互联网购物有着便捷、自由、灵活的特点，城市居民能够以比实体店更低的价格买到品类齐全的商品，节省了购物出行的时间成本，并能在短时间内获得外地商品甚至国外商品。只要通过电商平台购买，北方城市居民在清明时节也能吃上江浙一带出产的青团。

互联网购物促使中国城市居民的消费习惯发生改变，消费可以发生在任何有网络连接的地方，在工作时间也能完成付款购物，面对面消费中的社交减少使人们不得不依靠网络信用机制、评分机制对商品和服务进行挑选。电商平台除了利用中国传统节日进行促销活动，还创造了“双十一”等“购物节”和“电商节”，城市里到处都是这些“购物狂欢”的广告，而居民则“精打细算”使用优惠券和团购进行网络购物，通过消费形成新的社会整合（李培志，2010）。居民的消费观念也在悄悄改变，追求新潮，容易冲动消费并走向奢侈化，当然物流快递带来的碳排放也是值得思考的问题。

三、依托符号消费的丰富文化休闲活动

当代中国城市居民的文化休闲活动日趋丰富，由于经济水平的提高，城市居民加大了在文娱活动方面的支出。伴随经济全球化和跨国资本流动，西方的文化休闲娱乐形式在中国城市中首先受到了热爱新潮的年轻人的喜爱，到舞厅、酒吧、咖啡馆、西餐厅、高尔夫球场等西式文娱场所里活动成了中国城市文化生活的“新风尚”。酒吧作为一种个性化的休闲场所，在改革开放后的中国大城市兴起，最初与大使馆区、外国人聚居区等分布有关，至 20 世纪 90 年代已成为大都市中重要的休闲消费场所（翁桂兰和柴彦威，2003）。这些文化休闲方式中的“舶来品”对于中国人而言更多的是一种符号消费，起初这类消费对于一般居民而言并不便宜，而能够接受西式文娱活动

的大多是文化水平较高、对西方文化接受度较高的年轻人，因而选择“洋气”的文化休闲方式便是新潮、开放、有经济实力的象征。

西式文化休闲方式经过了二三十年的发展，已不是最初陌生的样子，伴随消费群体的扩大，西式文化休闲方式在中国形成了本土化和融合中西文化的面貌。北京南锣鼓巷的第一个进驻酒吧就看上了四合院的建筑形态和“北京味儿”（李亚红，2009），星巴克咖啡也做起了月饼和粽子的生意。城市居民在这些西式消费场所中不仅能感受到西方文化氛围，也能通过一些文化元素（如四合院、陶瓷、戏曲脸谱、佳节美食等）回味本土文化，而这种中西元素的融合也为城市空间提供新的意象和符号（林耿和王炼军，2011）。

当代中国城市居民文化休闲活动呈现出注重符号消费的特征，基于商业空间的个性化的文化休闲活动部分取代了以往基于公共空间的集体性的文化休闲活动，同时家庭、社区的社会交往的角色转而由市场提供——城市居民的文化休闲活动依托符号消费而进行，通过消费来体现个人的个性、身份、地位、品位，以获得地位群体的认同，从而开展社交活动。例如，咖啡馆带给消费者“精英”“白领”的标签，Live house是对音乐品位的肯定，酒吧是“潮人”的汇聚地，茶馆是对传统文化的欣赏和坚守，而高尔夫球场承载的则是“贵族运动”的符号，城市居民注重文化休闲场所的空间符号，希望在文化休闲活动中表达自己的个性，并寻找到适合自己的消费空间结识朋友、聚会畅谈。

四、依托信息技术的新型社交互动模式

互联网的发展为中国城市居民开启了社交的新图景，传统家空间、社区空间、工作空间的社交一方面转向商业空间，另一方面则转入互联网中，形成了依托信息技术的新型社交互动模式。QQ、微博、微信等社交网络服务的兴起打破了传统面对面交流的时空限制，社交软件与智能手机的同步发展革新了人们的社交互动模式，城市居民社交的范围、频率、质量、方式都发生了重大变化，居民在网络互动环境下创造并使用了新的语言和符号，通过网络组建的社群更是冲击了肤浅、匿名、暂时的传统城市社会关系[①]。以微信为例，截至2018年，微信数据显示每月有超过10亿位用户保持活跃，而在2015年微信早已完全渗透中国一线城市，北京、上海、广州和深圳的微信普及率达到93%[②]。对大多城市居民而言，微信或QQ等社交软件使用简单便捷、功能强大——结识新朋友总要相互加为好友，联系家人、维系情感可以通过视频通话或语音通话实现，工作上的事务还需要组建群聊进行讨论或通知，无法串亲戚拜年的也可在微信上送上祝福并发新年红包。依托信息技术的新型社交互动一方面通过线上互动强化了现实生活中已有的“圈子”，另一方面在网络中结识陌生人拓展了社交范围并形成新社

① 路易斯·沃斯，1938年发表了著名论文 *Urbanism as a Way of Life*（《作为一种生活方式的城市性》），认为传统的城市社会关系是肤浅、匿名、暂时的。

② 数据来源：http：//www.techweb.com.cn/data/2015-12-14/2240879.shtml.

群，既不同于计划经济下集体生活中形成的社交关系，又有别于传统城市中松散的社会关系。

网络社交有各种各样的平台，开放式论坛、熟人社交软件、陌生人交友平台等可以满足网民个性化的社交需求，这种新型社交模式促生了因兴趣爱好、消费偏好等组成的网络社群，同时也促进了个体与个体间的精准交流。微信是基于现实社交关系发生互动的，以往社区中发生的社交互动可以转移到微信群中进行；微博、贴吧等是具有一定匿名性的论坛，人们可以在这里发言、讨论、结识志趣相投的人；近年来的陌生人社交平台为使用者创造了较为私密的聊天环境。总之，新型社交互动模式比传统社交模式更为复杂和个性化，城市居民能够依照自己的需要进行个性化的线上 - 线下社交选择。

依托信息技术的新型社交互动模式更强调在网络社交中的自我展现与主体性表达，城市居民可以在社交互动中参与城市公共事务的议论、分享个人生活、共享资源信息，这些都构成了当代城市居民公共生活的重要内容。另外，新型社交互动中也影响了城市居民对城市的认知与理解，一些基于地理位置的社交网络服务能够实现对城市现实区位的强化，城市居民通过网络社交获知相关的地理空间信息，同时他们对地方的认知受到了网络社交中他人评价或特定标签的影响。

五、秉承可持续发展理念的低碳生活方式

在物质变得丰盛的年代，人们也开始意识到环境保护和经济发展是一个全人类共同的问题，1987 年世界环境与发展委员会在《我们共同的未来》中第一次阐述了可持续发展的概念，可持续发展的理念开始成了国际社会的共识。可持续发展是指既满足当代人的需要，又不损害后代人满足需要的能力的发展。中国作为发展中国家也意识到了实现可持续发展的责任与义务，加快调整产业结构，治理环境污染，在生态文明的推动下倡导生活方式和消费模式向科学、绿色、低碳方向转变（吴铀生和吴应芬，2012）。“低碳生活”作为响应可持续发展理念的生活态度和生活方式得到了人们的行动支持，“环保”“低碳”如今已经成为健康、新潮的生活方式的代名词，鼓励更多的人投身到可持续的城市生活中。

低碳出行是低碳生活方式很重要的一个方面。在低碳出行的倡议下，很多经济相对发达的城市里都出现了共享单车，城市居民减少使用私家车而选择公交出行或者骑行通勤。更为环保的电动汽车也得到了政策的鼓励，城市中还不断完善步行系统，倡导市民回归健康、友好、安全的出行方式。

如何在购物消费行为中实现低碳环保也备受关注。早在 2007 年国家就发布《国务院办公厅关于限制生产销售使用塑料购物袋的通知》，目的是限制和减少塑料袋的使用，遏制“白色污染”。能够重复使用的棉布购物袋成了时兴之物，城市居民拒绝一次性餐具。勤俭节约被强调，“光盘行动”出现在餐厅中，二手交易平台和二手集市成了时尚的购物场所。

在城市建设中，“城市美化运动”的审美遭到批判，低碳建筑、基于生态安全格

局的景观设计被强调（俞孔坚和李迪华，2003），越来越多的城市居民投入到低碳社区的建设当中。

第六节　从生活方式演变透视城市居民生活空间

齐美尔以来的传统城市社会学通常认为，城市生活方式是由空间、文化等因素决定的。然而，新近的城市社会学研究与实践更加强调人的能动性，认为人在城市中可以主动地选择生活。对超越现有生活方式的向往可以促使人们改造其生活空间。20世纪末期在美国发起的新城市主义运动就是从追求生活方式变革出发的城市空间改造的实践运动。新城市主义运动的兴起表明新生活方式正在成为改变城市的重要力量，可以引导城市空间的变迁。

生活空间是具体实在的日常生活的经验空间，是容纳各种日常生活活动发生或进行的场所总和，是构成人们日常生活的各种活动类型及社会关系在空间上的总投影（王开泳，2011）。中华人民共和国成立以来，制度、资本、技术、文化、社会等力量带来的经济社会变革已然颠覆了传统的生活方式：外来文化、消费文化、大众文化与传统文化激烈碰撞，单位制的解体与市场经济的发展都扩大了人们对生活方式的选择空间，便捷出行方式的出现使得人们更自如地实现物理空间中的移动，互联网与手机移动端技术的发展更将人们的生活空间从实体转移到虚拟。在此背景下，城市生活方式的演变动摇和重建了原本的城市生活空间。本节将通过描述其中典型的、具有重要意义和时代特征的新生活方式来透视时代变迁所带来的城市生活空间的变迁，并试图反映两者之间相互影响与相互作用的关系。

一、单位制解体后的新城市生活空间

单位制是在社会主义制度以及计划经济体制的政治经济背景下出现的城镇组织制度。城镇居民的基本生活都由所在的单位予以保障，国家通过单位对城镇居民进行社会管理、实现资源分配和社会整合等功能（李路路，2013）。中华人民共和国成立以后，中国确立优先发展重工业的战略，城市工业体系便是以单位为依托而建立起来的（曾文，2015）。20世纪五六十年代，几乎所有城镇居民都生活在单位制的生活空间当中。单位制的生活空间不仅是城镇居民的就业空间，同时通过提供居住、教育、生活服务等一系列公共服务而成为一个结构功能完整齐备的“小社会”。在单位制时期，人们的日常活动局限于单位空间之中，活动空间和活动类型都相对同质且单调，尚未出现生活空间的分化。同时，封闭的单位制空间也使得人们的社会交往关系相对简单，在“邻居即同事”的情况下人们的交往较为亲密和深入。

改革开放后尤其是随着市场经济体制的确立，在住房制度及土地制度改革下单位制走向瓦解。单位不再是居住和生活服务供给的唯一来源，单位制作为一个完整生活

单元的历史就此终结。人们开始根据自己的经济实力在城市中自由选择居住地，从单位制社区搬入商品房社区，原本的熟人社会趋向解体，人们的社会交往向西方都市疏离的风格发展。同时，不同经济水平、兴趣爱好的人发展出多样化的生活方式，并主动开拓出更为广阔的生活空间范围。城市生活空间出现明显的分化和异质特征。

二、大众文化背景下的新休闲生活

在世界各国的城镇化推进过程中，一种适应于都市生活的新文化形态在悄然兴起，并逐渐替代了传统的民间文化。这种在现代都市工业社会和消费社会中产生，以现代都市大众为其消费对象，通过当代都市大众传播媒介传播的、通俗的、短暂的、可消费的、无深度的、模式化的文化被称为大众文化（高丙中，1996；张雪伟，2007）。如今，大众文化俨然成为当代文化的主流形态，深入地影响着人们的生活方式，尤其改变了人们的消费倾向以及休闲娱乐选择。

大众文化推动了城市中各类新公共休闲娱乐空间的出现。大众文化的流行使得现代化、国际化的新潮休闲娱乐方式在今天受到人们的疯狂追捧，由此催生了一系列被赋予时尚和高品位符号意义的新型公共娱乐场所，如酒吧、电影院、艺术馆、咖啡馆等。这些娱乐休闲空间不仅是物质消费场所，而且通过它们在城市空间中或聚集或分散的空间分布状态，分化了原有的城市空间结构。人们在此进行休闲娱乐与人际交往，创造生活空间的新类型。

三、互联网时代的新生活方式

在互联网普及之前，为了满足各项活动的需要，人们不得不穿梭在城市的各处功能空间之间。有学者认为该阶段城市居民的活动与特定空间之间存在一种紧密且简单的线性关系（袁也和庞红玲，2016）。人们必须损耗一定的时间与资源来到达能提供特定功能的生活空间。然而，互联网打造的虚拟空间可以让人们免于移动而实现自己的休闲、消费、社交等需求，打破了传统的城市生活空间与特定功能的联系。

互联网削弱了空间对于人们日常生活的限制，也割裂了生活空间与特定功能之间的严格对应关系，塑造了多重功能叠加的城市生活空间。人们的休闲娱乐、购物消费、社会交往都可以在生活空间中完成，使人们可以更加自由地满足自己的生活需求。然而，互联网时代下，空间功能界限不明也使得人们的私事与工作难以彻底分割，休闲生活空间随时可以转换成办公空间，人们难以拥有纯粹的休闲娱乐生活。

另外，互联网时代也催生了以“宅”为特点的新生活方式，人与人的交流被人机（计算机/智能手机）之间的交流取代，“宅”人们足不出户就可以满足日常生活的需求。网络在创造并延展人们的虚拟生活空间的同时，也使得实体的生活空间不断萎缩。依托互联网的新生活方式改变了人们对日常生活的定义，并推动现实的城市空间不断调整以适应线上的需求。

四、灵活出行时代的新生活方式

交通工具的发达程度决定了人们出行能力的上限。在汽车出现之前，人们的生活空间在范围上是极其有限的，人们不得不在封闭的生活区域内完成日常生活所需进行的各项活动。汽车的发明与普及改变了人们的出行方式，使人们得以突破时空的约束与限制，实现身体在空间中的自由流动（林晓珊，2012）。可以说，现代交通工具发展开启了一个灵活方便出行的时代，使许多生活方式成为可能。

毫无疑问，汽车的出现是出行方式变革的一个重要节点。汽车赋予人类生活最大的改变就是极大地提高了人们的出行能力。在城市公共汽车的助力下，人们可以以更少的时间和精力成本到达更远的地方，个体的活动半径得到扩大，原本的陌生区域也被纳入个体的生活空间之中。汽车的出现也推动了就业空间与居住空间的彻底分离，造成长距离通勤现象的出现，同样改变了人们的日常时空安排。另外，汽车成本的下降与人们生活水平的提高使得汽车的普及程度越来越高。相比于公共交通对于人们出行时间的约束，私人汽车赋予了人们更大的活动自由，人们可以根据自己的需要选择出行时间和活动地点，城市生活空间愈发多元化和分散化。

近年来，人们开始认识到汽车等交通工具对生态环境的负面影响，因而出现了以提倡低碳出行方式为主的又一轮出行方式变革。低碳出行方式倡导人们减少汽车出行，更多使用步行及自行车等对环境负担较小的出行方式。在这种新生活理念的倡导下，城市空间的规划，如道路交通组织模式、公共服务设施配置、城市绿地景观设计、街区及住区规模等都以设计更利于低碳出行的城市为导向。随着低碳生活方式被越来越多的人认同与接受，城市生活空间也在发生相应的调整以满足人们对新生活方式的向往与追求。

第七节　本章总结

生活方式是揭示社会运行方式的有效切入点，是社会学的传统研究课题，学术界对它的研究经历了从附属性的边缘概念发展为一个独立研究领域的过程，以及从传统的注重宏大概括性理论向注重日常生活的回归，这种转变意义重大。随着中国经济发展水平的快速提高与社会转型的加快，中国城市居民的生活方式也发生了翻天覆地的变化，理解这一变化是认识中国城市生活空间的前提。

传统生活方式并非现代生活方式的完全对立，而是了解现代生活方式的背景与基础。如果从社会交往、消费行为、休闲娱乐和出行活动等方面来洞察传统与现代生活方式分异的话，中国城市居民传统生活方式最突出的特征表现在：基于邻里关系和地方社区感的日常交往，基于实体商业空间开发利用的消费行为，基于公共场所的集体性休闲与娱乐方式和基于公交系统的便利与频繁的出行活动。经济社会和文化变革对城市居民生活方式产生了深远影响，其中制度改革、资本力量、技术创新、文化发展和社会变革等方面所产生的影响尤其显著。纵向来看，中国城市居民生活方式的演变可以分为四个阶段，即：1949 年 ~20 世纪 80 年代的计划经济阶段；20 世纪 80 年代 ~ 2000 年，这一阶段市场力量成为影响城市空间和居民生活的重要力量；2000~2010 年，互联网技术发挥重要影响的阶段；2010 年至今，互联网深化发展，移动互联网兴起并发挥影响作用的阶段。总体上看，中国城市居民生活方式演变表现出以下特点，即外来文化、消费文化与传统文化的碰撞、重构、发展，制度与市场力量共同塑造城市生活，以及现代与后现代生活方式的混杂性特征。

中国在 20 世纪 90 年代紧紧抓住了第三次科技革命带来的机遇，互联网的发展和普及革新了城市居民的生活方式，信息技术的应用为城市居民带来从工作到消费、从个人娱乐到社交的新图景。经济全球化的浪潮给中国带来了全球化商品和先进生产技术的同时，也影响了人们的价值观、消费方式与文化活动。在上述背景下，中国城市居民的新生活方式呈现出很多新的特点，包括依托私家车和公共交通系统的灵活出行；依托互联网和高效物流配送的便捷购物；依托符号消费的丰富文化休闲活动；依托信息技术的新型社交互动模式；秉承可持续发展理念的低碳生活方式等。

中华人民共和国成立以来，制度、资本、技术、文化、社会等力量带来的经济社会变革已然颠覆了传统的生活方式。外来文化、消费文化、大众文化与传统文化激烈碰撞，单位制的解体与市场经济的发展都扩大了人们对生活方式的选择空间，便捷出行方式的出现使得人们更加自如地实现物理空间中的移动，互联网与手机移动端技术的发展更将人们的生活空间从实体转移到虚拟。在此背景下，城市生活方式的演变动摇和重建了原本的城市生活空间。单位制解体后的新城市生活空间、大众文化背景下的新休闲生活、互联网时代的新生活方式以及灵活出行时代的新生活方式等方面都向我们透视了生活方式演变对中国城市居民生活空间所产生的巨大影响。

第四章　城市生活质量及人居环境质量评价

第一节　城市生活质量研究及其在中国的发展

随着社会经济的快速发展、城镇化进程的加快以及社会财富的积累，生活质量的提高越来越受到人们的重视。我国提出“坚持以人为本”的城镇化发展新要求，关注人的发展是时代的要求，也是科学发展观的核心内容（刘润芳和董文，2012），以人为本的发展已然成为社会全面发展的目标（张亮等，2014）。社会发展的内涵不仅仅局限在经济增长方面，更加关注人们在生活中得到的满足程度，关注如何提高城市生活质量。政府工作的根本目的是不断提高人民生活质量，使劳动者生活得更加有尊严，更加体面，让全体人民过上好日子（梁智妍，2014）。显然，社会发展的最终目标不仅是要提高人民物质生活水平，更要注重提高精神文化生活质量。同时，随着经济的高速发展，城市生活质量的内涵不断被丰富，在发展物质和精神生活的前提下，还要关注城市生态环境、居住条件和社会服务等方面的发展。因此，城市生活质量在内涵和评价体系等方面不断深化，已经成为社会经济发展的重要内容。

一、城市生活质量的概念及其发展

城市生活质量（quality of life，QOL）是一个比较抽象的概念，不同的学科对其有不同的理解，至今尚未形成统一的概念（曾文等，2014）。城市生活质量不仅涵盖个人或群体物质生活和精神文化生活，还包括对生态环境和社会服务等的要求，从不同内容、不同层次和不同角度都可以研究城市生活质量。

20 世纪 70 年代开始我国学者对生活质量做过理论探讨，到了 80 年代中期才进入大量研究阶段，我国相关部门和学者开始对城市生活质量的内涵进行了探讨。1986 年，北京市社会科学院在“首都社会发展战略”的项目报告中提出“生活质量是衡量生活优劣的尺度，不仅包括物质水平，又有精神道德的内容，而物质条件是生活质量的基础”。厉以宁（1986）在《社会主义政治经济学》一书中，从资源配置的角度概括了生活质量的定义，他认为城市生活质量的基础是人们的实际收入，且社会的文化、环境、服务、治安和风尚等方面是提高生活质量的附加因素。社会条件变好了，福利会增长，从而带动人们的生活质量也会提高。1990 年，叶南客通过研究国内外生活质量，提出生活质量具有多因素、多层次的特点，是一个动态系统，与居民的消费能力、生活方式等相关（叶南客，1990）。卢淑华和韦鲁英（1991，1992）将生活质量理解为生活等级，并提出物质生产发展的程度是生活质量的前提和决定因素，物质生产的发展将不断改变人们精神层面的需求，从而提高生活质量。1999 年，陈义平认为生活质量包括生活的供给和生活的需求两个方面，即社会提供国民生活的充分程度和国民生活需求的满意程度（陈义平，1999）。之后，周长城（2001，2003）从居民满意度和认同感的角度给出生活质量系统的定义，他认为国民生活的满意度和充分度的提高，是建立在一定的物质基础上，与全体居民对自身及其自身社会环境的认同感相关。

20 世纪 90 年代，城市生活质量内容变得更加丰富，更加强调全面发展的理念。世界卫生组织在总结了 20 多个国家对城市生活质量研究的基础上，将其定义为生活在不同文化和价值体系中的个体，对生活中所关心的事物、目标、期望及各类标准中所处地位的感知（World Health Organization，1993）。这是一个概括性较强的定义，涵盖了个体的身心健康、社会关系、独立自由程度及在周围环境中的特征等。

总的来讲，城市生活质量的研究具有经济学、社会学、人口学、心理学、地理学和医学等多学科交叉的特点。生活质量的定义概括为三类（图 4.1）：①生活质量的主观感受。主要从幸福度、满意度、适宜度和社会存在感、偏好等主观感知来理解生活质量。②生活质量的客观条件。我国相关部门及学者最早从客观条件方面来理解生活质量，他们认为生活质量是以物质条件为基础，物质生产的发展将带来生活条件的改善，从而提高生活质量。③主观感受和客观条件相结合的生活质量。我国学者在后期研究中逐渐将人们在社会生活中的满意度和社会提供给人们生活的充裕度的综合看成是生

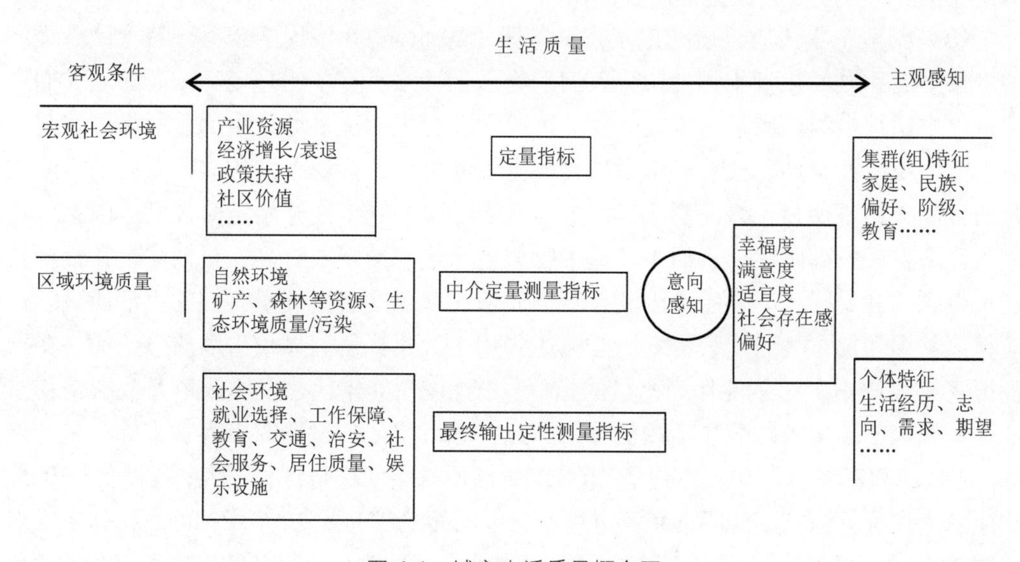

图 4.1　城市生活质量概念图

活质量评价的标准，即生活质量是由物质和精神两个部分组成。

二、城市生活质量研究阶段发展及中国城市生活质量研究兴起

1927年，美国学者威廉·奥格博（Ogburn William）首次将城市生活作为社会学的一项指标进行研究，并提出与城市生活相关的各类因素。之后，城市生活质量成为衡量人们生活状况的一项专门指标，并随着社会经济的发展，其内涵、指标体系、研究方法等不断丰富。关于城市生活质量研究的发展主要分为三个阶段。

第一阶段，生活质量研究萌芽阶段（20世纪20~60年代）。生活质量作为一项社会学指标首次被提出后，1933年美国胡佛研究中心的学者撰写的《近期美国动向》一书中，进一步探讨了城市生活各方面的发展动态和趋势。1958年，美国学者加尔布雷思（J. K. Galbraith）在《富裕社会》一书中正式提出生活质量这一概念（加尔布雷思，2009）。1960年，美国“总统委员会国民计划报告”和哈佛大学商学院教授鲍尔（Bauer）等学者的“第二次全国规划”文献中，将生活质量作为一项专门术语正式提出，并促使其成为独立的研究领域。随后，鲍尔在1966年发表的《社会指标》一书中，首次正式使用了“生活质量”这一概念，成为生活质量研究领域的先驱人物。从此，“生活质量”相关研究从社会指标的研究中被分离出来成为独立的研究领域。

第二阶段，生活质量研究飞速发展阶段（20世纪70~80年代）。从20世纪70年代开始，生活质量的研究从欧美逐渐发展到其他国家，成为世界性的研究领域。中国是从80年代中后期进入生活质量研究的热门阶段。林南和卢汉龙（1989）采用问卷调查方式首次对我国居民生活质量进行了研究。之后，我国学者开始对城市生活质量开展了一系列定量的实证研究，但大多数仍集中于社会学领域（风笑天，2007）。这一时期，生活质量研究以社会经济为基础的客观指标研究为主，我国学者更多地关注人们物质生活条件及社会服务等内容。

第三阶段，生活质量研究稳定发展阶段（20世纪90年代至今）。随着社会经济的迅猛发展和城镇化脚步的加快，人们的物质生活水平有了明显提高，而随之人们更多地追求精神生活的满足。因此，这一阶段学者意识到衡量城市生活质量仅用客观指标不能体现其差异性，社会经济发展到一定程度以后，客观条件的改善对人们生活质量的提高作用不明显（夏海勇，2002）。从20世纪90年代开始，西方发达国家已经进入经济发展较高阶段，人们不仅追求物质生活水平的不断提高，更加注重在社会生活中得到的满足感和幸福感，因此，有必要从主观感受上去衡量人们的生活质量。此时，以美国和加拿大为代表的北美学派主张用主观指标研究城市生活质量，而许多欧洲国家则强调用生活条件作为衡量的指标。20世纪90年代，中国改革开放取得初步成效，人们不断追求物质生活的需求，因此，城市生活质量研究以客观指标为主。例如，潘秋玲和王兴中（1997）对西安市城市生活质量空间进行评价研究，范柏乃（2006）构建了由评价目标、评价因素和评价指标三个层面组成的共30个指标的评价体系，对我国31个城市的居民生活质量进行了实际测度。而随着社会经济的飞速发展和城镇化

进程的加快，居民生活水平不断提高，此时人们不仅仅满足于物质生活，还开始追求精神生活的需求。中国学者开始以主观指标体系和客观指标体系相互结合的方式，开展了大量城市生活质量方面的研究。其中具有典型意义的是，自2011年以来，中国经济实验研究院城市生活质量研究中心每年从主观满意度指数和客观经济指数相互结合的角度对我国35个城市生活质量进行了系统的研究。研究中，客观经济指数主要包含社会经济指数；主观满意度指数包含生活水平、生活成本、人力资本、社会保障、健康水平5个方面的指数，其中社会保障和健康水平满意度指数内涵到了2017年开始有所变化，前者由原来医疗、养老保障、城市安全满意度指数变成主要针对居民对医疗保险个人负担部分是否满意等的问卷设计，后者由居民健康水平满意度指数替代生活感受满意度指数，变化后的指数使主观满意度指数内容更具有现实意义（郎丽华等，2017）。从2018年开始，城市生活质量主观满意度包含消费者信心、教育质量、健康水平、医疗服务4个指数（张连城等，2019）。

总体来讲，城市生活质量研究形成三种综合性的指标体系：①以各类生活条件为基础的客观指标；②人们在生活、工作中的主观感受（满足感和幸福感）构成的指标体系；③客观条件和主观感受同时考虑的综合性指标体系。从20世纪70年代开始中国初步研究城市生活质量，到了20世纪80年代中后期进入城市生活质量研究的热门阶段。这一时期，生活质量研究以社会经济为基础的客观指标研究为主，我国学者更多地关注人们物质生活条件及社会服务等内容。进入21世纪初期，随着社会经济的迅猛发展和城镇化进程的加快，人们的物质生活水平有了明显提高，而随之人们更多地追求精神生活的满足，有必要从主观感受上去衡量人们的生活质量。因此，这一阶段我国城市生活质量研究进入客观指标和主观指标相互结合的综合性指标研究阶段。经过长期的发展，城市生活质量已成为我国社会学、经济学、心理学、医学、哲学、地理学与城乡规划学等学科广泛关注的研究领域。

三、城市生活质量评价方法及中国城市生活质量评价

（一）城市生活质量评价方法

城市生活质量的评价主要采用隐含价格研究和指标体系评价的两种方法。

1. 城市生活质量隐含价格研究

国外城市生活质量隐含价格研究主要体现在住房价格、工资关系等方面，建立了具有借鉴意义的理论模型，研究相对成熟，其中具有代表性的有Roback（1982）、Berger等（2008）、Glaeser等（2011）。

Roback（1982）通过劳动力市场研究反映劳动者的城市生活质量。劳动者在选择城市的过程中，住房价格和工资水平等情况反映劳动力的流动趋势和具有吸引力的“优势城市”的选择，且随着社会的发展直至形成所有城市的生活质量、工资水平和住房价格等达到均衡状态。Roback（1982）关于劳动力的城市生活质量问题这一理论成为

城市经济学重要的研究内容之一。Berger 等（2008）将上述劳动力市场和住房价格理论应用到俄罗斯转型经济体中，通过检验发现在经济转型过程中工资水平、住房价格和城市生活质量的关系符合上述理论体系。Glaeser 等（2011）的研究进一步证明，较高经济发展水平和生活质量的城市具有较高的房价，但同时也吸引高水平劳动力。

总体来讲，城市生活质量隐含价格研究主要关注住房价格、工资水平及劳动力市场关系。随着社会经济的发展，一个城市的经济发展水平和生活质量的高低影响房价的趋势，城市之间劳动力的流动趋势取决于工资水平和住房价格的相对平衡条件，并且居住区周边的环境、交通便利度、服务设施、教育水平等都会影响劳动者选择住房条件。

2. 城市生活质量指标体系评价

城市生活质量指标体系研究通过建立综合性指标体系的方法完成，指标体系主要由主观指标、客观指标和主客观相结合的综合性指标体系构成。

国外主观指标体系主要由城市生活质量主观方面的感受（生活幸福感和舒适感、工作满意度等）构成，主要反映不同人群对各种优劣城市生活质量的感受，主要从生活、工作、环境、个人成长、自我认可、幸福感等方面的社会指标研究城市生活质量（Hancock et al.，1999）；客观指标体系研究方面，主要包括经济发展、健康状况、工作机会、收入水平、基础设施服务、教育情况、公共安全、医疗条件及环境状况等，还有学者主要从生活各个领域和福利状况，如生活消费、吃、住、行、社会服务及周边环境等方面建立综合的城市生活质量指标体系；主客观相结合的城市生活质量指标体系由以经济指标为基础的社会质量和生活幸福感相关指标共同构成。主观方面的指标通常是通过问卷调查和各类访谈获取，包括个人对生活满意度、幸福感、福利及其他方面的主观感受，这类指标用作改善生活质量，而非作为评估的一部分。

（二）中国城市生活质量评价

城市生活质量隐含价格研究方面，我国学者研究较少，主要通过住房价格、劳动力市场和工资水平三者之间的关系对城市生活质量进行了相关研究。例如，周京奎（2009）针对我国 233 个城市进行住房价格、工资水平及城市舒适性关系研究，发现城市舒适性对房价和工资水平的影响具有区域差异性。郑思齐等（2011）针对中国 84 个城市进行劳动力市场和住房市场研究，发现在城市之间的工资水平差异受控的前提下，住房成本与良好的气候条件、交通、绿化率、医疗服务和受教育年限等呈正相关，而与空气污染程度（SO_2 排放量、工业烟尘排放量等）和交通拥堵等呈负相关。显然，城市生活质量与工资水平和住房成本是直接相关的，而具有较高工资水平的劳动力更倾向于选择环境好、交通方便、周边设施齐全的更高住房条件的地区。

我国学者在城市生活质量评价方面开展了大量研究，早期的城市生活质量指标体系以客观指标为主，后来发展到建立主客观相结合的综合性指标体系。我国从 20 世纪 80 年代末开始通过指标的方法研究城市生活质量，社会学家林南通过问卷调查的方式确定对城市生活质量有显著性影响的指标，发现并不是所有的社会经济指标都对城市生活质量产生显著性影响（林南和卢汉龙，1989）。中国科学院课题组刚开始研究城市生活质量时，选择居民消费支出、工资收入、吃、住、用、生活便利度、能源消费、物价指数和精神生活等 12 项指标（吴寒光等，1991），到了 1992 年将城市生活质量指标体系扩充到 23 个指标。进入 21 世纪后，我国学者针对北京、上海、杭州、西安、大连等城市陆续开展了大量通过指标体系评价城市生活质量研究，客观指标主要包括经济基础、基础设施服务、医疗卫生、文化教育、工作就业、休闲娱乐、居住条件、交通通信、生活环境等方面（杨敏和周长城，2000；王伟武，2005；王云翠和王云松，2010），主观指标主要包括生活水平、生活成本、人际关系、人力资本、社会保障、健康水平等满意度和幸福感指标体系（林晓珊，2010；王卫平，2011；冯冬燕和张晓欢，2012），以及主客观相互结合的综合性指标体系等（衣华亮和王培刚，2009；周丹，2013；张亮等，2014）。在此基础上，有些学者通过人口密度、住宅用地价格和高学历人口比重等社会经济环境指标和建设用地比重、地表温度和 NDVI 等生物物理环境指标，定量评价了城市生活质量（杨忠振和邬珊华，2012）。

我国城市生活质量指标体系评价研究：研究尺度由大城市的生活质量评价（王伟武，2005；张玉春等，2012）逐渐到地级市生活质量区域差异研究（张亮等，2014；王哲野等，2015）；研究方法采用模糊综合评价法（刘润芳和董文，2012）、主成分分析法（张亮等，2014）、层次分析法（周丹，2013）、要素分析法（廖湘岳和贺春临，2002）、因子分析法（李正龙等，2012）、距离综合评估法（刘丽娜和陈强，2009）、变异系数法等统计学方法和数学模型、问卷调查法、GIS 和 RS 手段相结合的方法；研究对象由城市居民整体评价逐渐转到针对老年人（石劢等，2018）和贫困群体（薛东前等，2017）等特殊人群的生活质量评价研究；评价指标由客观指标逐渐转到关注主观指标的评价，并结合主客观指标建立综合性指标体系（王丽艳等，2019）。其中主观指标主要包括居民生活幸福感、舒适度、工作满意度等，通过问卷调查的方式完成，客观指标包括居民生活的收入和消费（吃、住、用、行等方面）、社会服务、教育情况、医疗卫生条件、居住环境、公共政策等方面，此外综合性指标还考虑就业率、失业率等主观因素和交通可达性、地表温度、建筑环境等居住条件的客观因素。

总的来讲，我国城市生活质量以指标体系评价研究为主，由最初的客观指标研究逐渐转向主观指标体系的建立，并通过主客观相结合的综合性指标来反映城市生活质量的总体水平。

第二节　城市生活质量分异类型与特征

关于分异的含义往往有不同的理解。例如，有的学者强调分异是一种社会组织、文化以及形态由简单到复杂、由同类到异类的发展变化过程（吴启焰，2001）。也有学者认为，分异是不断变化的社会经济属性使个体产生了社会距离，并从群体里分离出来，是一个不断分开和异化的动态变化过程（杨上广，2006）。社会空间分异是随着社会阶层的分化而出现的贫富人群的相对集聚，在集聚区内住房、工作和消费趋同的现象（Boal，1976）。城市生活质量分异属于社会要素分异范畴。经济的快速增长和城市的不断发展带来了一系列城市社会空间问题，如生态环境、交通、社会福利的区域差异、居住环境差异以及区域对抗等（潘秋玲和王兴中，1997）。这些问题揭示出城市生活质量的分异。我国城市生活质量社会空间研究从侧重经济空间因素逐渐转向侧重社会空间因素的评价，开始关注以人为本的城市生活质量的提高，取得很多研究成果。从某种意义上说，城市生活质量分异本身就是城市社会空间分异的一种表现。

一、 中国城市生活质量分异类型

改革开放以后尤其是向市场经济体制转型以来，中国社会阶层出现明显的分化，居民生活需求和价值取向都日趋多元化、复杂化，城市居住空间日趋分化，这些要素都作用于城市居民生活质量的分异。因此，可以从空间、社会等级性、价值取向和需求特性等方面进一步剖析中国城市生活质量分异的类型。

（一）城市生活质量的空间分异

城市生活质量的实质是城市生活行为资源的获取过程，该行为资源包括就业、收入与消费、居住空间（住宅、环境）、权力与地位（社会地位与社会关系）和公共安全等。在城市生活行为资源的获取过程中，存在着选择性和制约因素（获取资源的机会、能力制约）。而这种选择性和制约因素决定了城市生活质量的不平等性与空间上的差异性。冯健和钟奕纯（2020）以常州市为例，从居住内部环境（住房条件）和居住外部环境（设施可达性）两方面综合衡量城市居民生活质量空间特征，发现城市居民生活质量空间结构呈现出较为明显的圈层结构与扇形结构叠加的模式，城市生活质量空间结构与居民社会经济属性在空间上存在一定的耦合关系，即不同类型居民属性区的生活质量存在较为明显的差异，各类居民属性区均有与之重叠度较高的相对应的生活质量区，这种空间关系的揭示对城市规划和管理具有一定的借鉴意义。段兆雯等（2019）以西安市为例，研究城市公租房社区生活空间质量，发现西安市公租房社区在社区资源可获性方面存在一定的空间剥夺现象，社区整体生活空间质量水平不高。主要原因有两点：一是由于公租房社区空间布局较为偏远，除教育资源外，医院、商业以及游憩等资源均处于低可获得性状态；二是社区居民对公租房社区房屋面积、房屋质量、物业管理、社区绿化等方面满意度较低，社区归属感及长期居住意愿不强。

（二）城市生活质量的社会等级性分异

城市居民的生活质量与生活机遇有很大的关系，生活机遇也受居民社会阶层、地位和权力、生活方式等因素的限制，从而使得居民获取生活空间的质量存在不同。这种生活机遇的不平等性造成不同群体城市生活质量的社会等级性差异。在针对中国城市贫困群体生活质量状况的实证研究中，发现贫困群体对其生活状况的感受整体上是消极和负面的，生活的不满主要与工作状况、薪资水平密切相关，生活的满意感主要与邻里关系及交通条件等有关（薛东前等，2017）。对于中国城市的富裕群体而言，相关调查表明，他们大多拥有两处以上房产且房产面积不断扩大，对未来生活表现出乐观态度，更青睐外国品牌，认为奢侈品牌是实力的象征、成功人士的表现和生活质量的体现，他们中的大多数人愿意支持公益活动，相当一部分人支持环境保护活动（李志刚和顾朝林，2011）。

（三）城市生活质量的价值取向分异

就生活质量认知而言，城市居民存在价值取向的不同，主要受个性、期望值、地点感知、宗教、社区情感等因素影响。这些因素将影响个人或群体对城市生活质量的选择。随着社会经济的发展，人们对本身及社会的认识不断变化，其对生活质量的价值取向也随之发展。因此，居民在社会等级结构中的“区位”不是一成不变的，而是根据个人或群体的生活感知在变动。城市生活质量的衡量标准和空间评价是一个动态变化的系统。城市生活的价值取向主要通过居民对居住生活的满意度、幸福感等方面体现出来。湛东升等（2014）对北京居民的调查发现，住房条件、居住环境、配套设施和交通出行是影响居住满意度的主要因素。冯健和林文盛（2017）通过对苏州老城区 6 个典型社区的调查，也得出城市居民居住满意度主要受住房条件、社区环境、配套设施和社会网络等因素影响的结论。党云晓等（2018）研究居民幸福感的城际差异，发现经济最发达的城市居民幸福感最低，城市规模和环境污染对居民幸福感产生负面影响，而收入水平、良好的社会治安与人文环境对居民幸福感有正面影响。同样，城市居民休闲与主观幸福感之间也存在联系，休闲时间、休闲参与和休闲满意度会对居民主观幸福感产生显著的正向影响（王心蕊和孙九霞，2019）。而老年人的主观幸福感与日常活动地建成环境有直接关系，且由于老年人在不同活动地停驻的时长、频率和目的不同，日常活动地建成环境对老年人主观幸福感的影响也存在差异（周素红等，2019）。

（四）城市生活质量的需求特性分异

从生活需求角度分析，不同的人群追求生活质量的要求不同。一般而言，居民的经济地位、文化程度和生活方式等影响着城市生活质量的空间结构，如经济地位较高的居民通常选择安全、环境幽雅、噪声影响较少、服务设施齐全的居住区，而普通居民通常选择交通便利、周边服务设施齐全、相对合理的居住区域。显然，不同类型的城市居民，对城市生活空间质量的要求也不同。城市生活空间质量是一个满足不同居民生活需求的多层次社会空间系统。王丽艳等（2019）利用2018年天津市居民交通与住房调查问卷和城市经济地理大数据，测度居住点的生活质量，得出结论：高学历人才与创意阶层对生活质量的付费意愿较高，更偏好地铁、教育医疗资源、图书馆、体育设施及良好的生态环境；流动人口对生活质量的付费意愿较低；不同年龄群体对城市服务设施及环境的偏好存在较大差异，青年群体注重良好的文化休闲与娱乐服务设施，而年龄较大者，更加注重大学、医疗设施及公园绿地的可达性等因素对城市生活质量的影响。

二、中国城市生活质量分异的社会空间特征

当前，我国正处于政治、经济和社会的转型发展期，而随着城市的快速发展，在空间上寻求土地、资源和劳动力等大量生产要素的优化配置，由此导致的城市社会空间的分异是形成城市生活质量社会空间分异的主导因素。这种现象除了在经济发展较快的大城市出现以外，目前已经成为城市发展的普遍现象和趋势。城市生活质量社会空间分异在某种程度上来讲是城市生活质量在社会的分层或分化在空间布局上的表现形式，所以社会分异和空间分异是相互联系、相互制约的。我国城市生活质量社会空间分异主要体现在居住分异、公共服务场所分异与公共空间和文化空间分异三个方面。

（1）城市生活质量的居住分异。居住空间分异是城市生活质量社会空间分异最为典型的表现。居住空间分异是指根据居民的职业状况、收入水平和文化背景的差异形成的同类相聚的居住空间，即相对独立、集中、分化的居住空间现象（叶迎君，2001），也可以认为是指“根据居民的职业、收入、文化背景而产生的不同社会阶层相对集聚的居住空间”（万勇和王玲慧，2003）。显然，城市居住空间分异现象反映的是不同社会阶层居民的居住选择能力、意愿和对居住环境质量的要求，从而最终形成空间上同类人群集聚的居住情形，是居民所选择的居住环境质量空间分布的差异格局。

关于城市居住空间分异国外学者研究较早，如霍华德的“田园城市”（张文忠，2016）、莱特的“广亩城市”、勒•柯布西耶的“阳光城”和佩里的“邻里单位”等理论，还有近年来迅速发展的新都市主义思想和城市人居环境理论等都从不同角度研究了西方居住空间分异的现象（Register，1987）。

我国城市中的居住空间分异现象出现也比较早。封建社会时期出现了分区而居的现象，这是由于受当时阶级对立、等级分明的思想而形成的。而中华人民共和国成立以后，国家统一建设、统一分配新政策使居住再分配，出现单位社区的特点，即同一行业、同一单位的人居住在一起，消除了一般意义上的居住分异现象。

改革开放以来，尤其1998年以后的住房体制改革以来，商品房制度得以确立，城市居住空间分异现象逐渐形成，并呈现出加速发展和极化的趋势。随着社会经济的快速发展，不同社会群体收入差距不断加大，以财富和收入为标尺的社会分层开始显现。同时，国家和各地政府也开始重视土地的经济效益，通过级差地租和用地收入来促进

城市的发展。在种种因素的共同作用下，以群体经济实力为基础的居住空间分异现象逐渐加剧，并出现了不同的居住区类型和空间特征，如中高档类型居住区和中低档类型居住区。两者在居住环境、资源配置、基础设施配套和区域文化等方面具有显著差异，并且综合反映了城市生活质量的差异。例如，上海市中心城区居住空间分异特征呈现市中心以高档商品住宅为主，并以中高档住宅为过渡带，城市外围分布中低档住宅区，而城市边缘区为现代居住园区（独立住宅和高档别墅区）的分布模式（黄吉乔，2001）。再如，在大连，商品房住宅价格空间分异呈现以单一核心为中心的同心圆状递减分布（图 4.2）。且在临海出现零星的高房价中心，并将大连市居住空间进一步分成低档、中低档、中高档、高档和超高档住宅区 5 种类型（李雪铭等，2004b；李雪铭和汤新，2007）。总之，随着我国城市的快速发展，居住分异现象在大、中城市中都有所体现，且分异程度逐渐加剧，而单体均质、整体异质的社会空间现象正是中国城市居住空间的典型特征。在多元化社区发展的背景下，不同的居住环境、基础设施服务和社区服务等都将引起居住空间分异和居住资源配置的差异性。

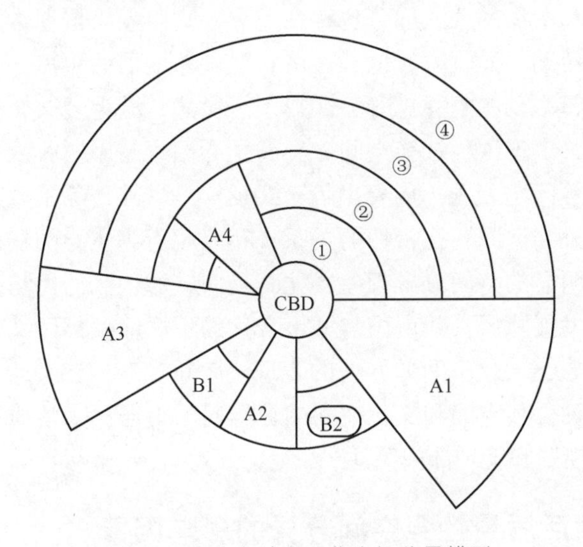

图 4.2　大连市城市居住空间分异模型

①高档住宅区；②中档住宅区；③低档住宅区；④远郊别墅区；A1. 人民路高档住宅区；A2. 老虎滩高档住宅区；A3. 黄河路高档住宅区；A4. 长江路高档住宅区；B1. 星河湾次中心；B2. 付家庄次中心

（2）城市生活质量的公共服务场所分异。城市的公共服务场所主要包括商业场所、医疗机构、现代文化和教育科技机构、娱乐场所等，也是反映城市生活质量的重要衡量指标。商业设施作为城市消费性场所，其集中区域往往是城市发展较快的中心区域，而目前城市高端消费性场所不断从整体消费场所中分离出来，形成城市各类消费场所的分层化，这种现象在越来越多的城市中愈演愈烈。一般高端消费性场所，如大型购物中心、星级饭店、高档会所和顶级写字楼等，往往占据城市中某个区或某条街，形成一定规模的城市财富阶层的活动场所。由于高档的服务和高端消费特性，普通大众望而却步，远离该区域，形成城市中一道天然的屏障。这些区域周边土地价格较高、买房和租房成本往往比其他区域高出好多倍，因此形成城市生活质量社会空间的分异现象。目前，我国的商业地产开发中，房地产开发商为了自身利益有意利用高层次人员的消费需求，将商业服务项目分成各种档次，为不同的权利和财富阶层提供各种档次的商品和服务，从而促进了商业设施的空间分异现象。除了商业设施空间分异现象以外，城市其他公共服务设施也出现分异的现象。例如，优质的教育资源和医疗机构、现代化文化与娱乐场所（剧院和图书馆等）多围绕城市经济发展中心分布，从而形成公共服务设施分布的不均匀局面，出现某些发展相对落后区域服务不到位的问题，因此，造成城市不同区域居民之间享受基础文化教育和公共服务水平的差异较大。这些城市服务场所和公共服务设施的空间分异最终形成城市社会空间分异和生活质量的空间分异现象。

（3）城市生活质量的公共空间和文化空间分异。城市中的公共空间主要是供居民休闲、娱乐、交流、锻炼身体的场所，包括公园、广场等。通常公园或大型广场基础设施较完善，不仅起到环境美化的作用，还能方便周边居民休闲游憩，因此，居民选择居住区时往往考虑周边公园或广场的分布情况。值得指出的是，社会不同收入人群选择的活动场所和所需的公共服务也存在差异，高收入人群通常选择高档的会所和健身房等场所进行活动，而收入较低、经济状况较差的居民更多地会选择城市公园、广场等公共场所进行活动（赵立志等，2013）。显然，城市公共交往空间和公共服务存在空间分异现象，出现这种社会空间分异的主导因素与不同收入人群需求分化和服务设施供需不平衡等问题相关（周春山等，2013）。另外，除了城市公共空间以外，还有文化空间，与公共空间存在密切的关系，在以政府为主导的快速城镇化进程中，城市文化空间存在明显的空间分异现象，尤其是农转城地区居民与当地原住民在文化上的差异造成融合发展障碍，新市民与城市文化的不适应及郊区文化建设现状的滞后等都是生活质量差异在文化空间差异上的表现（姜斌和李雪铭，2007）。总之，在城市发展过程中，这种公共空间和文化空间的分异对城市居民生活质量差异的影响越来越明显，值得城市规划和管理部门关注。

三、中国城市生活质量社会空间分异的影响因素

关于我国城市社会空间分异形成的动因，学者从不同角度进行了探讨。例如，景晓芬（2013）认为历史、政府、市场、家庭及个人行为等方面的因素共同作用于城市社会空间分异；魏立华和李志刚（2006）从经济状况、住房市场、社会流动、居民流动等角度分析社会空间分异现象。总的来讲，在我国城市发展过程中，政策因素、市场经济因素、居民迁移、家庭及个人因素等的共同影响促进了城市生活质量社会空间分异现象，其中政策因素作用较大，尤其是我国城市发展过程中的资源再分配现状深刻影响了城市居住空间的布局。因此，本节从组织层面、个人层面以及其他因素等方面总结了我国城市生活质量社会空间分异的影响因素。

（1）组织层面。城市生活质量社会空间分异机制，从组织层面上主要分为政府部门和私营部门两大类。

政府部门，主要通过权力实现对城市空间的掌控。在城镇化发展过程中，我国政

府自上而下的政策是城市发展模式和空间结构形成的主要动力。政府的宏观政策，包括土地政策、经济体制改革政策、社会保障政策和城市发展理念等，是控制城市社会空间分异的主导因素（吴启焰等，2002）。政府通过城市总体规划对城市整体功能区进行划分，控制着城市空间布局，决定了城市发展模式和方向。在我国，土地的合法所有者是国家政府，而对土地的支配和管理通过国家土地管理部门和下属机构实现。土地管理者根据不同的目的，将土地投入到城市发展之中，并形成城市不同类型的土地利用状况，从而出现城市不同区域居住空间的差异性。土地管理者或拥有者还可以通过各种税收系统对城市居住空间建设和发展产生一定影响。旧城改造、开发区和高新区建设等城市发展理念对城市居住空间分异创造了良好的外部空间条件（王慧，2006）。在政府的大力资助下，我国城市发展各类新城区以分担老城的压力，在城市建设过程中新老城区出现居住环境、公共服务设施、交通条件和城市面貌等各方面的差异，促使新老城区功能的分异，从而导致居民城市生活质量也出现空间差异；政府对地方的财政掌控，也会影响地方政府对城市社会空间的改造能力，这是一种间接的影响力。政府部门为了保障城市公共利益，通过城市规划、市政建设、公共空间建设和空间利益协调等方面来实现对公共利益的追求。因此，组织层面的各种行为主体为了公共利益和自身利益，影响城市社会空间的分异，进一步影响城市生活质量的空间分异。

私营部门，主要起到创造城市财富和城市发展助力器的作用。从生活质量社会空间分异的角度，人们主要关注房地产开发和金融两大部门。随着城镇化进程的加快，房地产开发部门不断壮大、类型上出现多元化的发展趋势（国有、集体、私营、中外合资、独资等），通过控制资本要素来影响城市空间分异，已成为影响城市空间布局的举足轻重的力量（周春山等，2005）。房地产开发商获得土地的开发权后，通过住房的物质环境和社会特征来影响城市结构。住房建设根据市场需求，通常考虑提供适合不同人群的最保险、最廉价的快速发展的住宅，因此城市内部和郊区出现不同规模的高密度住宅群。此外，住房商品化改革促进了城市居住空间分异现象的出现。金融部门（如银行、交易所等）以信托贷款的方式，通过自身资本要素参与城市空间分异当中，是间接影响城市空间分异的因素之一。而信托贷款的实施使城市居民的个人购房行为成为可能，住宅区价格、区位、社会属性、家庭构成和自身经济实力等成为居民择房的决定性因素。因此，城市私营部门主要通过资本因素影响城市空间分异，其目的在于自身盈利，对城市生活质量的社会空间分异起到很重要的作用。而货币化分房制度使城市居民住房选择变得相对自由，出现社会不同阶层之间的择房差异，促进了居住空间分异现象。

（2）个人层面。改革开放后，我国社会经济进入飞速发展阶段，人们从刚开始追求物质生活逐渐转向精神生活的需求，城市居民因职业不同会产生社会地位和收入的差异，进而影响居住环境的选择结果，产生生活圈和社交圈的差异，以及对生活的主观感受的差异，最终导致城市生活质量社会空间的分异。个人层面中对城市生活质量分异产生影响的主要因素包括职业、声望、居住环境、交通、工作区位、主观感受等。

职业，是人们经济生活的最主要来源，是影响社会关系的重要因素，也是人们对权利的获取途径。从古至今，职业是主流社会阶层分化的主要依据，职业不同，居民的日常生活、社交关系和价值观念往往不同，进而可将居民划分成不同的社会群体。在我国社会阶层中，职业是决定个人的位置和综合社会经济地位的重要因素之一（陆学艺，2003）。声望，对于影响城市生活质量的社会空间分异而言也非常重要。声望是人们内心对他人的一种敬仰，是区别于普通人的社会地位的体现。那么对于个人声望而言，在社会中，声望平等而收入有差异的居民考虑到居住地距离工作场所较近，交通便利等因素可以选择相同的居住环境；但收入平等，声望存在差异者会形成居住分离的现象。居住环境、工作区位和交通等对城市生活质量的空间分异也起到举足轻重的作用。对于居民而言，舒适的居住环境和工作环境、出行交通便利、周边基础设施齐全等是选择居住区首先要考虑的因素。因此，个体生活习惯和工作环境的不同，对良好生活机会的把握和选择也会不同，从而产生空间差异性。主观感受，尤其是人们对生活的主观感受，如职业的选择爱好、生活空间和社交圈等的主观判断，个人业余爱好和生活幸福感、满足感等都会成为影响城市生活质量社会空间分异的因素。

（3）其他因素。影响城市生活质量社会空间分异的因素还包括如下方面：首先，城市居民收入差距的影响。随着我国社会经济的快速发展，城市居民收入差距不断拉大，促使社会阶层分化，而通常具有相同社会阶层、属性的居民会选择质量接近的居住区居住，从而出现了居住质量的空间分异现象（李雪铭和汤新，2007）。其次，社会老龄化的影响。家庭是社会的基本构成单位，其结构也会影响城市居民居住空间的选择，尤其家庭老人的择房意愿是不容忽视的。年轻人和老年人的择房意向有一定差距，老年人出于对自身身体状况的考虑在择房时会重点考虑医疗条件的便利性和公共交通的可利用性，这些择房意向与年轻人明显不同，因此城市老城区出现专门的老人居住小区，而年轻人通常选择在郊区新建的住宅小区。随着我国人口老龄化发展速度的加快，年龄因素已经成为影响生活质量社会空间分异的重要因素。最后，人口流动因素的影响。随着我国城镇化进程的不断加快，农村剩余劳动力大量涌入城市，由于工资水平较低、经济条件较差，通常会选择在城市边缘区或城乡交界处居住，这里的房租相对便宜，但生活环境质量相对较差，可以说人口流动因素对城市和郊区居住环境质量空间分异性的形成也起到了影响作用（顾朝林和克斯特洛德 C.，1997；单菁菁，2011）。

第三节　城市人居环境类型与影响因子分析

一、城市人居环境的概念

20 世纪 60 年代，希腊城市规划学家道萨迪亚斯（C. A. Doxiadis）的《人类聚居学》一书中，首次提到了“人居环境”一词，他认为人类生存、生活的地理空间，包括城市型聚居和乡村型聚居，都是人类聚居（李雪铭和晋培育，2012）。

20 世纪 90 年代，清华大学吴良镛院士在道萨迪亚斯的基础上进一步提出了人居环境的概念，指出人居环境是人类聚居生活的地方，是人类生存的地表空间，即人类在自然界中赖以生存的基地（吴良镛，2001b）。人居环境的核心是“人”，为了满足“人”的各种需求而建设良好的人居环境。人居环境的五大组成部分分别是自然系统、人类系统、社会系统、居住系统和支撑系统（吴良镛，2001a）。

随着人居环境科学的发展，学者从人类聚居、规划学、地理学、生态学、形态学、资源学、环境经济学和可持续发展等领域不断丰富了人居环境理论（Howard，1946；Doxiadis，1977；Yanitsky，1987；Mcharg，1992；祁新华等，2007）。有的学者还从广义和狭义角度理解人居环境，广义的人居环境是与个人、社会或人类这个主体发展相关的各种物质性和非物质性要素的综合；狭义的人居环境是指人类聚居、生存活动相关的地理空间，是在自然环境基础上构建的人工环境（李华生等，2005）。总而言之，人居环境是一个不断发展变化的复杂的开放巨系统，将随着社会经济的不断发展和科学技术的不断进步而拓展、深化（周直和朱未易，2002）。

城市人居环境作为人居环境的重要组成部分，不同的学者对其理解也不同。李王鸣等（1999）从传统型和综合型角度理解城市人居环境的概念，传统型的城市人居环境概念从不同尺度方面进行理解，有从大尺度的地理学角度对城市空间结构进行系统研究，还有从小尺度的建筑学角度对居住区规划理论进行探讨，而综合型城市人居环境概念是在城市立体式推进过程中，针对居民的工作、居住、教育、文化、娱乐、卫生等活动而创造的环境。宁越敏和查志强（1999）按照城市人居环境的内容，将其分为城市人居硬环境和城市人居软环境，城市人居硬环境主要是指为居民行为活动服务的物质基础的总和，包括各种服务设施，如居住条件、基础设施水平、生态环境质量和公共服务设施水平等；人居软环境是指居民在利用硬环境系统的过程中形成的，如生活舒适度和情趣、社会安全感和归属感、社会秩序、信息交流与沟通等一切非物质形态事物的总和。李丽萍（2001）提出城市人居环境是由自然、社会和建筑物等实体共同构成的以人为中心的城市环境，是城市居民的生活空间，也是第二、第三产业的布局场所。李雪铭等认为城市人居环境是以“人”为中心的人们赖以居住、生活的场所，是人文、自然和空间要素的统一体，不仅反映人们物质、文化生活水平，也是衡量国家和地区经济社会发展水平的重要标志之一（李雪铭，2001；李雪铭和刘敬华，2003；李雪铭和李婉娜，2005）。显然，城市人居环境是以人为中心的，城市居民居住与活动的空间，是自然要素、人文要素和空间要素实体构成的城市环境，其发展不仅影响城市居民的生活质量，还关系到城市可持续发展。

二、中国城市人居环境的类型

人居环境，按照地域系统，可划分为城市人居环境和乡村人居环境。

中国城市人居环境的类型方面，根据我国不同学者的研究，划分类型多有不同，主要包括以下两种类型。

（1）按照地域层次结构和空间尺度大小将城市人居环境划分为近接居住环境、

社区环境和城市环境等。有的学者还将研究尺度扩大到国家和区域环境，但无论多高级别的人居环境都是基于城市环境研究的。近接居住环境，也称为微观城市人居环境，主要包括住宅和邻里环境，除了包含住宅内部的活动空间以外，还涵盖周边的外部活动空间和从住宅内部视线可达到的视域环境。该居住环境是以人 - 自然环境和人 - 社会环境结合为基点的影响人类情感和活动的场所，其核心为居民在住宅内外空间环境中进行的居住、睡眠、就餐、娱乐、会客以及邻里关系等与居民生活密切相关的各类活动场所。按照居住质量、邻里关系、自然环境、生活便利度、轻轨交通、教育医疗等影响城市人居环境因素和不同收入群体的人居活动交互作用为依据，将近接居住环境分为居住质量差型、居住系统均衡型、居住质量高与公共设施良好型、自然环境优越型以及邻里关系密切型五种类型（李雪铭等，2014）。社区环境，也称为中观城市人居环境，是居民社会活动的主体环境，地域范围大小等于居民区，它的建成和使用促使社会群体性和地域性社区的形成。该环境包含了社区内居民的生活模式、社交活动以及社区的文化风貌等，还包括社区居民的通勤、通学、日用品购买和治疗常见病等各类活动。城市环境，也称为宏观城市人居环境，是整个城市系统环境，包括城市生态、建筑、交通环境以及城市规划和城市管理的社会环境等。其功能为满足城市居民的各类社会需求、活动和交流等，并承担了城市环境中的社会安全和城市社会活动高效运行的职能。城市环境作为宏观的人居环境，包含了近接居住环境和社区环境的一切活动，因此，要求城市规划和管理部门从更宽广和更远的视角把握城市环境这个大系统的要求，综合考虑城市发展和各个方面的需求，从多方面改善城市人居环境。

（2）按照城市人居环境的存在形态将其划分为城市人居硬环境和软环境，这种分类与宁越敏和查志强（1999）对城市人居环境概念的理解相符。根据宁越敏等和王成超等的阐述，城市人居硬环境是指一切与人居相关的物质环境的总和，由空间和实体要素构成。城市人居硬环境的 3 个组成部分：居住条件，包括住宅面积、质量和设备等，通过住宅本身的价值来衡量；城市生态环境质量，指水、大气、周围噪声和城市绿化水平等反映城市生态环境的指标；基础设施水平和公共服务设施水平，包括商业、文教、服务等设施和广场、道路、交通以及各类活动场所。城市人居软环境，是一种无形的、非物质形态的环境，也称为人居社会环境，是居民对生活舒适度和情趣、社会安全感和归属感、信息交流等的主观身心感受（王成超等，2005）。人居软环境水平可通过问卷调查的方式对居民主观感受进行实地调查来完成。城市人居环境是硬环境和软环境的综合体，硬环境是居民生活和工作的物质基础，软环境是硬环境得以正常运行的保障，两者相互依存、相互关联和相互促进（王成超等，2005）。

三、中国城市人居环境的影响因子

城市人居环境是以人为中心的具有多层次、多因素的复合系统，因此它的影响因素也具有多元性和多层次性（李雪铭和刘敬华，2003）。总体而言，城市人居环境的影响因子主要与其五大子系统相关，且各子系统对人居环境的影响程度都不同，因此形成不同区域和城市人居环境质量差异（李雪铭等，2014）。

城市人居环境的五大子系统分别是自然系统、社会系统、人类系统、居住系统和支撑系统（吴良镛，2001a）。自然系统包括地形、地貌、地质、水文、气候、资源环境和土地利用等因素；社会系统包括人口、经济、文化、社会关系、健康、福利、公共管理、公共服务等；人类系统包括聚居者对物质的需求，人的生理、心理和行为特征等；居住系统包括居住环境、住宅、社区服务、文化、教育、卫生保健和社区氛围等；支撑系统包括水、电、气、热、交通、通信等基础设施和公共服务设施系统（吴良镛，2001b）。

自然系统是影响城市人居环境的基本因素，其在很大程度上决定了城市人居环境的质量，水文和气候因子是其中较为活跃的因子。一个城市的水资源短缺、水污染严重，气候不适宜人类居住，无论其他指标如何完善，也将会影响城市人居环境的总体水平。因此，自然系统对城市人居环境起到非常重要的作用，是影响城市人居环境整体水平的重要因素之一。而社会系统对城市人居环境的提高起到决定性的作用，其直接影响城市生活水平的高低，其中城市经济发展水平是决定城市人居环境水平的关键因素，公共管理和服务、健康和福利将起到辅助的作用。人类系统主要反映人们对城市社会生活方面的各种需求、心理和行为特征，即生活的满意度、社会存在感和居住环境舒适感等，主观上影响城市人居环境水平，间接反映其他影响因素的好坏程度。一般城市经济水平较高，如一线城市竞争较激烈，房价和物价较高、生存压力较大，生活舒适度受到影响，而一些省会和副省级、沿海二三线城市的居民生活相对会更轻松一些，因此，城市整体宜居水平相对较高，从而人居环境水平也高（王维国和冯云，2011）。居住系统和支撑系统是从居住生活条件和公共服务设施角度提供城市人居环境各种基础。其中社区环境和设施提供居民方便的生活条件，影响生活舒适度，文化、教育和卫生保健等是居民越来越重视的因素，是决定居民选择城市和居住区的主要因素，基础设施和公共服务系统是居民生活的最基本保障，而交通系统是决定城市通行和居民出行便利度的决定性因素。因此，居住系统和支撑系统也是城市人居环境质量的重要因素。发达地区的城市在居民就业、医疗、教育、生活便利度和社会机会等公共设施和社会服务方面占绝对优势，是吸引各种劳动力，决定城市人居环境总体质量的主要因素。

显然，对于城市人居环境质量，不同的影响因素所起到的作用各不相同，且相同的因素在不同级别的城市人居环境中也起到不同的作用，但总体来讲，城市人居环境五大子系统所起到的作用都是不可忽略的。

第四节　城市人居环境质量评价及其时空分异

一、城市人居环境质量评价

环境是人类赖以生存的外部世界。环境质量的优劣直接影响人们的生活水平与生活质量。环境质量评价是环境研究工作的前提和基础（李政大等，2014）。环境质量评价能够准确揭示环境现状，以掌握环境演化规律，揭示环境问题，探寻影响因素，探索环境治理过程中的可行性路径。传统的环境质量评价集中应用于大气质量、水质量、空气质量等自然生态领域中，后来城市地理学、社会地理学和经济地理学等地理学分支学科的壮大使得环境质量评价逐渐应用到社会经济发展和文化研究等方面，使得环境质量评价更加综合化和全面化。

城市人居环境质量评价与其他一般意义上的环境质量评价的共性在于二者都是用科学的手段和方法真实反映环境质量的价值特征，并为接下来环境问题的改善和解决提供针对性建议。所以环境质量评价是环境研究的基础，以此作为区域规划管理、资源整治开发、环境污染治理等的依据。城市人居环境质量评价区别于一般意义上的环境质量评价在于：一般意义上的环境质量评价是对客观结果的研究，聚焦于单一对象或者多对象的研究，而且研究对象之间多互相独立，忽视了环境的整体性和综合性特征，以及研究对象内部之间的耦合联系，这样的结果往往导致评价指标和结果各异；同时，一般意义上的环境质量评价忽略了对“人”这一主体地位的强调，环境的变化在很大程度上是人的主体性发挥的结果。按照马克思和恩格斯的理论，人与环境之间存在双向互动性，这是一种相互依存与依赖的关系，忽视与重视任何一方都是不完整且不准确的（宇文利和杨席宇，2016）。城市人居环境中的环境质量评价更加注重人的需求与环境系统状态之间的客观联系，通过定量结果揭示区域环境内人居环境现状和研究区域内人居环境的综合性特征，较为完整地揭示人居环境所存在的问题，并能够预测人居环境未来的发展趋势，总结区域空间内人居环境的时空差异性特点，分析其机理，找寻时空规律特征，对于城市人居环境的改善、建设和相关政策的制订起到促进作用，有利于引导城市人居环境朝着科学、协调的方向发展。

人居环境质量评价研究的指标数据获取从早期以调查问卷为载体形式的居民志愿者的主观想法，到政府统计部门的统计年鉴和统计公报的客观数据，再到以主客观数据相结合构成完整的人居环境质量生态结构体系。近年互联网与计算机技术的发展导致大数据兴起，指标数据越来越多元化与多样化，使得城市人居环境质量指标体系的建设更加全面。例如，卫星遥感数据的兴起使得城市用地属性更加分明，地理信息系统的普及使得利用电子地图兴趣点各要素聚集分布的数据成为可能，另外，道路路网的矢量化也使得医疗、购物和教育的可达性被纳入指标体系中。研究者可以综合居民主观意愿与客观统计数据对人居环境质量开展更为精准和立体的评价，而空间科学与技术的发展也使得研究手段更加智能化。

人居环境质量的评价方法随着数学模型和地理信息系统以及大数据等新兴工具的发展而不断丰富。目前使用的主要评价方法有主观性较强的层次分析法、主成分分析、模糊综合评价法等，还有客观性较强的熵权法、灰色关联模型、地理探测器模型等。在现实评价人居环境质量时，要根据评价对象选取适宜的方法，避免负面影响，以期得到的结论符合客观实际。建立指标体系并计算出环境质量得分后，对不同区位、不同历史时期的城市人居环境质量标准进行分级，以探寻其时空分异性特点。

二、中国人居环境质量指标体系

吴良镛院士结合中国实际现状将“人类聚居学”理论引入我国并发展成为“人居环境科学”理论体系（吴良镛，2001b），将人居环境从内容上分解为自然系统、人类系统、居住系统、社会系统以及支撑系统五大系统。相应地，国内学者在对城市人居环境质量评价时也大多将整体的人居环境分解为五个子系统进行定量描述和定量分析。五大系统间并不是孤立和单独存在的，而是相互渗透、相互联系的。系统间的协调和均衡是人居环境保持健康稳定发展的核心。

城市人居环境评价指标的选取会直接影响到整套评价体系的结果，因此在指标体系选取过程中要遵循综合性、科学性、典型性和可操作性等相结合的原则来表征人居环境整体性特点。自人居环境科学提出以来，在近 30 年的发展过程中，已经产生了各式各样适应中国特点的人居环境指标。在研究中，对地理空间尺度的研究逐渐丰富，同时在指标体系构建中，因地制宜地结合研究对象的功能、特点和结构，充分反映城市主客观特征，力求研究结果综合化、科学化。同时区别于一般意义上的环境质量评价，城市人居环境质量评价的指标选取过程中应着重体现与人相关联的要素，以反映人对环境的主客观感受和需求。宁越敏和查志强（1999）对人居环境理论的指标体系和评价方法等做了开拓性的研究，其他学者从不同的方面对人居环境质量的指标体系和评价方法做了补充和完善（陈浮，2000；张文忠，2007；李雪铭和李明，2008）。

人居环境中的自然系统要素评价注重与城市绿地生态、土地利用扩张和资源能源消耗相关联的因子。多采用人均公园绿地面积、人均废水排放总量、人均污水处理率、人均工业废气排放总量、人均工业固体废物产生量、大气环境质量等来衡量。城市生态自然建设和保护在中国得到了高度的重视，相继出台相关政策加强对生态自然的保护，为建设美丽中国，实现健康和永续发展奠定基础。在自然系统质量评价过程中，不仅评价城市自然资源与绿地生态的现状，也要预测未来的发展趋势，以实现可持续发展的要求。

人是人居环境科学研究的核心，离开了“人”的空间实体不能称为“人居环境”，以人为主体的思考角度是人居环境的研究特性。人类系统的研究注重区域空间内人的行为、意愿需求等变化，并对其相关的机制和原理进行有针对性的分析研究。人类系统指标体系选取一般采用性别比、城市人口密度、人口年龄构成比例、职业构成、刑事案件发生率等来衡量。人的需求是人居环境系统实现协调发展的根本动力。人类系统要素在选择指标的过程中，充分发挥人居环境理论中以人为核心的特质，体现和人相关联的评价指标，同时不仅要考虑“生物的人”对自然资源的需求，同时也要重视“社会的人”对人文社会文化的需求。国内学者在城市人居环境的研究中，已经有了以问卷为载体，图片辨认和认知地图为主体，人的意象内涵为主题的城市意象人居环境研究方向的探索（李雪铭和李建宏，2006）。

社会系统要素包括人均国内生产总值、城镇登记失业率、城镇居民劳动率、在岗职工平均工资、居民消费价格指数、城镇居民人均可支配收入、城镇居民恩格尔系数、人均社会消费品零售额、人均拥有汽车率等指标。人群聚居过程中，为满足人的生活需求，不同的人分工协作产生社会空间体系，其中的人的群体组成因不同的年龄、阶层、家庭等原因产生内部社会环境差异性；而区域整体上因生产效率及发展水平的不同而产生外在的地域性差异。中国政府部门和社会致力于消除贫困，在解决贫富失衡发展、缩小贫富差距等问题上投入巨大精力。人居环境的建设和发展注重社会公平性，实现城市从内部和整体间均衡发展是有效消除城市发展非均衡性的有效手段。

居住是城市单元最基本的基础功能，是促进人居环境协调发展强有力的工具。居住系统要素体系包括商品住宅价格、房屋年代、人均住房建筑面积、建筑密度等指标。居住系统不仅是城市建设总体布局、住房供给和居住选择之间相互协调的结果，经济发展水平的提升也带动了居住成本的升高，所以居住系统一定程度上是城市社会经济发展的反映。在当今城市发展空间异质性明显的背景下，人们选择城市就业住宅价格和居住条件俨然成为重要的考量因素，已经与城市发展紧密联系在了一起。因此住宅价格的宏观调控和居住设施政策规划成了政府部门留住人才、吸引人才的有效举措。

支撑系统指标层包括城市用水普及率、城市燃气普及率、城市人均用电量、城市居民家庭网络普及率、人均城市道路面积、千人拥有的医院床位数等指标。支撑系统能够联系各个系统间运作，所以对其他系统和层次的影响巨大，支撑系统的发展切实影响着城市居民的生活质量。在经济全球化以及城镇化高速扩张的背景下，人们不再拘泥于小范围的区域活动，高铁动车作为中国重要的交通工具，在实现城市间与城市局域内部的高效运输和协同发展贡献巨大，因此在区域间的城市人居环境研究中，以可达性为主的指标不可忽视。人口流动性加剧和生活水平的提高对城市基础设施建设要求提高，所以高质量的城市人居环境质量常常伴随着优质的、均衡的基础公共设施建设。

值得注意的是，城市人居环境质量的整体变化源于人居环境五大系统的动态性，评价的最终结果受到五大系统的制约和影响。同时各子系统不但是具体的、动态变化着的，子系统的变化不只改变城市人居环境评价综合结果，也影响了系统间耦合协调作用。例如，社会经济的提升最明显的效果是人均收入的增长，高收入意味着人们对城市的自然与人文环境提出了更高的要求、产生了更高的期望，高收入人群基数的增长促进了城市的进步，进而提高了城市建设的要求，这在一定程度上改变了居住系统和支撑系统，这种连环效应一方面可以提升整体的城市人居环境质量，另一方面当城市的发展速度匹配不上高收入人群的高期望时，或与收入不相符的高成本的居住、消费行为情况出现时，难以满足或支撑人类活动的需要，人们便产生迁居意愿，意愿积聚一定程度后即产生迁居行为，人口的迁居与流动对于处于良性循环发展的城市来说，会促进城市人才的引进，增加了城市活力，进而“优而更优”；而对于系统失衡，城市人居环境质量较差的城市，避免不了人口迁居流失导致的 GDP 增速降低，城市建设缓慢，产业乏力等情况出现，这种城市间的极化效应导致城市间发展极为不均衡，这种不均衡性反过来又影响城市居民的生活水平，因此保持五大系统的平衡和良性发展是人居环境质量研究的目标和方向。

五大系统建立在多项相关学科综合的基础之上，不仅仅限于环境学与地理学等单一学科门类，也是多学科融合交叉的结果。在人居环境质量评价指标选取过程中，结合研究区的定位、功能、特性来选取相适宜情况和特点的指标，以综合的角度结合多学科的理论知识以应对复杂的城市人居环境现象。例如，在对资源型城市人居环境的研究中，除了选取反映城市居民普遍居住和生活状态的指标外，还要结合城市的发展特点因地制宜，选取体现城市第二产业、第三产业的特性指标以表征城市发展转型效果、产业功能特征，为城市良性发展提供决策实践服务；在对旅游型城市的研究中，不能忽略由旅游产业产生的城市基础设施、生态环境、第三产业就业与营收等相关指标的影响。

在人居环境科学研究的近30年时间里，已发表的关于城市人居环境质量评价指标体系很多，在指标体系建立的过程中，为适应城市人居环境动态发展的特性，要求反映城市人居环境特性的评价指标体系要结合不同时期城市发展的特点，即既能完全体现出城市人居环境质量的特征，又能具体衡量城市人居环境质量在空间上的分布规律和时间演绎过程中的相互关系和耦合关系机制，以体现人居环境综合性的特点。2016年中华人民共和国住房和城乡建设部发布的《中国人居环境奖评价指标体系》（表4.1）可作为城市人居环境质量指标选取和分级的参考（为节省篇幅，指标标准在此从略，可参见中华人民共和国住房和城乡建设部原表）。

表 4.1　中国人居环境奖评价指标体系

<table>
<tr><th>一级指标</th><th>二级指标</th><th>三级指标</th></tr>
<tr><td rowspan="14">A 居住环境</td><td rowspan="5">A1 住房和社区</td><td>常住人口住房保障</td></tr>
<tr><td>保障性安居工程目标任务完成率 /%</td></tr>
<tr><td>棚户区、城中村、老旧小区改造</td></tr>
<tr><td>住宅街区化</td></tr>
<tr><td>社区便捷生活服务圈建设</td></tr>
<tr><td rowspan="9">A2 市政基础设施</td><td>城市公共供水普及率 /%</td></tr>
<tr><td>城市供水水质</td></tr>
<tr><td>城市供水管网漏损率 /%</td></tr>
<tr><td>城市燃气普及率 /%</td></tr>
<tr><td>城市污水处理</td></tr>
<tr><td>城市排水</td></tr>
<tr><td>海绵城市建设</td></tr>
<tr><td>城市市容环境</td></tr>
<tr><td>城市宽带建设</td></tr>
</table>

续表

一级指标	二级指标	三级指标
A 居住环境	A3 交通出行	平均通勤时间
		公共交通出行分担率 /%
		步行、自行车交通系统建设
		城市路网密度 /（km/km^2）
		城市停车
	A4 公共服务	九年义务教育学校布局合理
		校园安全
		人均拥有公共文化体育设施用地面积 /m^2
		万人拥有卫生服务中心（站）数量 / 个
		万人拥有医院床位数 / 张
		万人拥有公共图书馆图书数量 / 册
B 生态环境	B1 城市生态	生态环境保护和修复
		城市生物多样性
	B2 城市绿化	建成区绿化覆盖率 /%
		建成区绿地率 /%
		人均公园绿地面积 /m^2
		公园绿地服务半径覆盖率 /%
		林荫路推广率 /%
	B3 环境质量	城市空气质量 /%
		城市地表水环境质量 /%
		城市区域噪声平均值 /db
C 社会和谐	C1 社会保障	社会保险基金征缴率 /%
		城市最低生活保障
	C2 老龄事业	养老服务体系建设
	C3 残疾人事业	残疾人服务和保障体系
		无障碍设施建设
	C4 外来人口市民化	外来人口市民化政策
	C5 公众参与	公众参与规划建设和管理
	C6 历史文化与城市特色	历史文化遗产保存完好
		城市风貌特色
D 公共安全	D1 城市管理与市政基础设施安全	数字化城市管理与市政基础设施安全运行
		城市地下管线综合管理和地下综合管廊建设
	D2 社会安全	道路事故死亡率 /（人 / 万台车）
		刑事案件发案率 /%

续表

一级指标	二级指标	三级指标
D 公共安全	D3 预防灾害	城市人均固定避难场所面积
		城市公共消防基础设施完好率 /%
		城市防洪
	D4 城市应急	城市应急系统建设
E 经济发展	E1 收入与消费	城市居民人均可支配收入 / 万元
		恩格尔系数 /%
	E2 就业水平	城镇登记失业率 /%
F 资源节约	F1 节约能源	单位国内生产总值（GDP）能耗 /（吨标准煤 / 万元）
		节能建筑占既有建筑比例 /%
		北方采暖地区住宅供热计量
		可再生能源消费比重 /%
	F2 节约水资源	万元生产总值用水量 /（m^3/ 万元）
		城市污水再生利用率 /%
		工业用水重复利用率 /%
	F3 节约土地	城市人口密度 /（人 /km^2）
	F4 绿色建筑和装配式建筑	新建绿色建筑比例 /%
		绿色建材使用和装配式建筑建设
综合否定项	近 2 年内发生重大安全、污染、破坏生态环境、违法建设等事故，造成重大负面影响的城市，实行一票否决	

资料来源：中华人民共和国住房和城乡建设部 . 住房城乡建设部关于印发中国人居环境奖评价指标体系和中国人居环境范例奖评选主题的通知（建城〔2016〕92 号），2016 年 5 月 20 日 .http：//www.mohurd.gov.cn/wjfb/201605/W020160531031444.pdf。

城市人居环境质量评价不能只注重测算与评价的“果”，更要探讨其驱动力、影响因素、决定力、负外部性等外部的“因”。除了传统的确定权重的方法外，地理探测器、空间统计模型、地理信息技术等工具手段极大地促进了研究者对背后的“因”的分析和研讨。

三、中国城市人居环境时空分异

时空分异特征是人居环境科学的研究热点，不同区位与尺度下的人居环境演变过程和联系是人居环境研究的基础。不同时间各大系统和要素特征均表现出空间异质性，针对不同的研究对象呈现出不同性质的空间异质。人居环境的时空分异研究不仅可以改善城市居民生活质量，还可以通过系统要素探寻人口与社会经济间的协调关系、城市经济产业转型以及职住分离关系等城市现象和问题。

城市轮廓的空间变化通过结构的变化来反映，城市时间序列上的改变通过进程演变的方式来显示，空间结构与进程演变共同作用造成了时空分异的现象与结果。在多城市人居环境时空分异研究中，可以先确定城市等级、功能、定位，然后依据城市特点分析空间结构对进程演变的影响，并探讨进程演变是如何改变空间结构的，通过空间结构与进程演变揭示城市区位特征，同时以此发掘城市的发展规律、功能定位差异、交通网络构成等因素，明晰城市间的相互作用，以期为区域协调与可持续发展服务。

中国城市人居环境在时间演变和空间维度上的研究存在较好的优势。中国作为历史发展最为悠久的国家之一，其历史的人居环境营建模式多样，在发展演化中积累了丰富的经验，对于总结人居环境沿革、人居环境地域文化的形成和特点，寻找发展演变规律并为未来发展规划提供决策参考具有重要价值。人居环境的发展随着时间的变化从简单的生产方式单一、生产力水平低下的区域分块向人口高速集聚、用地规模不断扩大的功能性产业结构转变，进而演化到综合经济、社会、文化、科技、教育、娱乐等多功能的空间组合模式。如今，城市的发展进化到依托先进复杂的基础设施网络连接若干城市并以此聚集形成具有高度一体化的城市联合体——城市群，城市群已成为中国新的区域增长极；另外，得益于中国广袤国土、丰富的民族文化以及大跨度的自然地带性分布特点，使得在空间上产生了特色的产业结构与文化礼节，如东北部农耕种植产业链与重工业基地、南方地区的茶文化、西北地区的农林牧业、北方地区的畜牧业等。人们在生产生活中结合特色区位优势创造出丰富的人居环境模式和文化，又在特色文化的传播和交融中产生了新的人居环境发展模式。

改革开放以来，中国城镇化进入了加速发展的时期，伴随着对城市人居环境理论研究的深入和政府部门对城市基础设施服务的重视，中国的城市人居环境质量时空发展变化明显，整体水平逐步提高，且城市之间的差距在逐步缩小，整体呈现出向好发展态势。

（1）从空间分布来看，城市人居环境质量较高的城市集中分布在中国东部地区，且在时间序列上人居环境建设提升速度较快；中部地区以中等级城市为主，中部地区的城市人居环境质量处于提升阶段；西部地区的城市人居环境质量处于较低水平，整体人居环境水平发展缓慢，人居环境建设有待改善，与东部和中部地区差距明显。从南北空间上讲（以中国南北方的自然分界线的秦岭—淮河一线为界），南方地区城市人居环境质量总体好于北方地区，且南方地区城市间人居环境差异小于北方地区。

（2）在不同城市功能类型中，省会城市和旅游型城市人居环境质量高于其他类型城市（张文忠，2019）。在不同城市结构中，省会城市得益于其政治文化中心的优势，具有资源整合与发展要素的集合能力，集成党政机关、高等院校教育、医疗设施健全等发展优势，同时省会城市区别于其他城市，在人口集聚、招商吸引力、消费购买力等方面为城市系统注入新鲜活力，同时，省会城市通常作为区域间连接的交通节点，在货运运输、人群流动上具有支撑系统优势；在不同功能型城市中，旅游城市因其丰富的旅游资源在生态环境与城市基础公共服务设施方面相对于资源型城市有着先天的优势，同时为了适配巨额的客流量，旅游型城市通常配套完善的酒店、购物、餐饮等公共服务设施与繁华的交通网络，巨大的人流量与优美的景色风光为城市形象建设和第三经济产业的发展提供强劲动力。

（3）中国人居环境质量水平较高的城市呈“团”状分布的特点，主要集中分布于东部沿海地区，特别是我国的环渤海地区、长江三角洲地区以及珠江三角洲地区。环渤海地区的代表性城市有北京、天津、大连、青岛、秦皇岛、威海、盘锦等；长江三角洲地区的代表性城市有上海、杭州、南京、苏州、宁波、常州、无锡、温州、绍兴等；珠江三角洲地区的代表性城市有广州、深圳、珠海、佛山、惠州、中山等。我国内陆一些沿江沿线地区也有部分人居质量良好的城市，大多呈现零星分布的态势。随着社会经济发展对城市的要求越来越高，人居环境发展速度越来越快，城市的发展已经从孤立的单一城市体向着多城市集聚方向发展。以特大城市为核心，大城市为构成单元组成的城市群是如今城市发展较高阶段的产物。在京津冀、长江三角洲、港珠澳三大世界级城市群中，港珠澳城市群的人居环境发展质量较高，长江三角洲次之，且两大城市群内部城市发展水平较为均衡，京津冀城市群人居环境内部城市间质量差异性较强（张文忠，2019）。城市群的产生对于城镇化建设和社会经济的发展具有重要作用（李佳洺等，2014）。城市间依托密集而发达的支撑系统使得城市间空间组织紧凑、经济联系紧密，最终实现高度同城化和一体化，并以区域联动带动周边地区的协同和高质量发展，形成绿色协调、开放共享、合作共赢的新机制。

整体上，中国城市人居环境质量时空差异显著，城市间质量差异较大，呈现出与经济发展水平相似的从东部到中部再到西部依次递减的地带性空间分布特征以及南北方向上南高北低的分布态势（李雪铭和晋培育，2012）。城市人居环境质量与城市经济的地理联系程度较强，东部地区经济发展水平较高，城市建设投入、生态环境投入力度较大，使得城市人居环境发展质量较高；而中部和西部地区经济发展水平低，相对投入也较低，造成了城市人居环境质量偏低的情况。因此提高城市经济实力、优化经济结构是改善城市人居环境的强有力保证。高经济发展水平能够有效促进城市基础设施建设、生态环境优化、居住环境的改善，实现人居环境全方位高质量高水平协调发展。同时中国城市人居环境整体空间上也呈现出和城镇化水平相似的分布，城镇化发展水平与城市人居环境质量之间有很大的一致性，城镇化水平越高，城市人居环境质量越好，反之，城镇化水平越低，人居环境质量越差（李雪铭等，2004a；李雪铭和田深圳，2015）。对于城市人居环境的改善与提高，不能照搬其他城市的发展模式，应充分考虑地域特性，对于不同的城市采取差异化手段，一方面，要使城市人居环境学科理论知识成为决策服务的重要支撑，另一方面，要在实际应用中促使人居环境理论得到进一步的发展与丰富，从而形成良性互动。

第五节　基于人居环境改良的中国城市生活质量重构展望

一、城市生活质量重构背景及内涵

我国正处于工业化与城镇化快速发展阶段，以往学界对城市生活质量研究多从社会学角度出发，现今随着社会现实与研究观念的转变，城市生活质量的研究重点开始从“重物质，轻文化”向“构建完整的城市生活质量生态链”转变。从其兴起背景上来看，城镇化的快速发展促使整个社会向后工业化转变，这一过程在社会文化方面主要表现为“如何将城市生活质量与城市生活空间质量结构相对接，如何将人本理念贯彻于城市生活质量重构中”（杨卫丽等，2010）。从其应用背景上来看，城市生活质量首先应用于社会发展研究中，就我国现阶段发展状况来看，全面建成小康社会目标即属于城市生活质量研究的应用之一。广义上来说，城市生活质量的应用除了包含基本经济指标外，同时涵盖了精神、生态、文化等方面，同时社会发展的各个方面均表明城市生活质量研究具有社会意义（范柏乃，2006）。从个人需求层面来看，经济社会的发展使得生理、安全和情感归属需求基本实现，而自我需求的实现对社会提出了更高程度的要求（孙伶俐，2013）。城市生活质量在反映居民社会生活现实状况的同时，也可体现出居民现实经济和社会生活的心理满足度。无论是社会层面抑或是个人层面，均需要构建高品质的城市生活质量，因此，城市生活质量重构具有重要的社会意义。

物质生活与精神生活构成了一个城市的生活质量，从二者的关系来看，精神生活质量的提高以物质生活质量的满足为前提，但二者并不表现为同步提升趋势，如何协调二者发展是提升城市生活质量的核心。城市生活质量受经济基础、社会公平效率、社会保障事业等多种因素影响。经济基础是前提条件，是人民物质文化需求实现的基础，也是实现人的发展的手段（胡天新等，2013）；社会公平与效率的协调是重要推力因素，前者实现资金积累，后者保障个体权益的实现，二者的协调发展有利于个体权利与机会的统一；社会事业是保障因素，居民个体生境的良好与否是城市生活质量的重要体现。

目前学界对城市生活质量的内涵已达成一致，认为城市生活质量主要体现在人口聚集程度、收入水平、住房条件、医疗条件、受教育水平和环境条件等方面（王伟武，2005）。通过人居环境视角进行城市生活质量重构，可将主观及客观、人居软硬环境生活质量二者有机结合并分析二者间的关系，同时探究其影响因素及作用机理，为提升城市生活质量提出有效建议。

二、中国城市生活质量重构的意义、理念及重点

从中华人民共和国成立后中国城市发展历程来看，城市既是个体生活质量的重要载体，也是城市发展状况、居民生活幸福度的重要体现。中国社会阶段及社会发展的特殊性使得城市发展历程具有中国特色，城市发展也完成了由乡村型社会为主体向城市型社会和城市人口为主体新阶段的转变，促使城市逐渐成为居民、社会、自然、经济、文化等各方面共处的综合体，上述各部分在发展过程中必然会相互影响、相互作用，甚至产生冲突，而各部分间相互作用的影响及冲突同时反作用于城市发展，对城市生活质量产生相应影响，作用过程的循环往复，推动着中国城市发展模式变更及城市生活质量的重构。通过人居环境的改良对我国城市生活质量进行重构，促进城市功能最

大化、最优化发展，提高居民生活质量，具有重要意义。

2005 年中国经济实验研究院发布的《中国城市生活质量报告》指出，影响我国城市生活质量高低的主要因素有衣食住行、生老病死、安居乐业三方面，故相应的城市生活质量研究涵盖内容众多，其重构需遵循一定的基础理论。首先是人本主义理论，2008 年颁布的《中华人民共和国城乡规划法》从法制层面上保障了城市空间规划中的人本主义，因而在城市生活质量的重构过程中同样应遵循“以人为本”的核心理念，突出人在这一过程中的主体性，提高人们对各方面条件的满足程度以及对这些满足的认知程度，是城市生活质量重构的最终目标。其次是社会发展阶段理论，该理论是城市生活质量重构的现实依据。立足于社会主义初级阶段的基本国情，把握我国社会发展的阶段性特征，制定合理的重构框架和提升步骤，既不能过分压低重构目标，更不能无限夸大重构目标，要深入探讨当前社会经济发展阶段的特征，从而使城市生活质量的重构更加合理化。另外，城市生活质量的重构是一项系统的工程，涉及我国社会经济发展的方方面面，还需要遵循系统工程理论。根据各地区不同城市发展现状，从人居环境视角出发，协调城市物质财富与精神财富生产、后勤服务、政府组织管理、法制环境等各部分间的关系，遵循内在联系，以达到各系统间的最优化运行是城市生活质量重构的内在要求。最后是可持续发展理念。1978 年改革开放以来，中国一直是可持续发展理念坚定的拥护者，亦将该理念上升为经济发展的重要指导思想，并在此基础上提出了科学发展观，因此，有必要将可持续发展理念应用于城市生活质量重构中，协调城市生活质量重构当下与未来的关系，以实现城市可持续发展为目标。

基于人居环境改良的城市生活质量重构的重点在于人居要素的协调重构、人居硬环境与软环境的协调发展、城市生活空间的合理化三方面。国家、社会和个人层面城市生活质量的构建各有侧重。就人居要素的协调发展而言，随着我国经济社会的持续且快速发展，城市生活资源供给不足、供求不平衡等问题已成为城市生活质量提升的限制性因素，通过基础设施、教育资源、社会资源等要素实现城市生活资源合理配置，以建立宏观与微观城市生活质量体系是城市生活质量重构与提升的基础之一。就人居软环境和硬环境的重构而言，重点在于提升居民对生活场所宜居性的感知，提升我国居民对城市生活场所、生活便利度等的满意度。在城市生活空间重构中，脱离空间维度谈重构，无异于建空中楼阁（陆军和刘海文，2018），城市生活空间实质上就是城市人居环境，是城市中维护各种人类活动所需的物质与非物质的有机结合体（孙峰华和王兴中，2002）。城市生活质量的空间尺度特性表明，其重构过程因不同地方城市发展水平存在较大差异，如我国东部和西部城市、沿海与内陆城市等，城市生活质量的重构应依据不同地方、不同场所和不同阶层有重点、有针对性地进行。

三、中国城市生活质量重构展望

构建良好的人居环境，达到提升城市生活质量目的是社会发展的重要目标，也是我国社会发展的出发点与落脚点。21 世纪我国的城市发展规划提出了“新人本主义”

发展观，要求加大对城乡居民自我价值与社会价值的关注，在满足日益增长的物质需求的同时丰裕精神世界以满足精神需求，缩小城市内部因生活资源不均衡而导致的生活质量差异，以达到全面提升城市生活质量的目的。人居环境作为人类聚居的地理实体和基本单元，将成为提升我国城市生活质量的基本单元。因此在城市生活质量的重构过程中，通过明确城市类型、人居环境类型、城市资源配置情况和居民情感依附情况，根据地方等级和阶层构成情况、城市资源公正配置情况、居民价值水平和居民生活方式与差别情况，能够更好地从宏观和微观角度把握城市环境、城市的社会特征和城市的文化特征，切实提高物质生活质量和精神生活质量，从而达到提高总体生活质量的目的。

从经济学角度来讲，城市生活质量重构将在一定程度上影响居民个体及企业的空间选址，也会影响我国城市发展质量。城市生活质量作为重要指标，一方面可用来衡量当地政府履行角色和政策执行的有效性，另一方面也可用来衡量政府公共支出的有效性及影响力，同时有针对性地对不同城市发展规划等政策的制定提供有效依据。从城市发展角度来讲，城市生活质量的重构对城市的发展具有正向促进作用。就我国目前的城市发展模式而言，良好的城市生活质量会吸引人力和资本汇集，而这两者又是现阶段城市间竞争的关键因素。结合中国发展的社会实践背景，社会发展将促进个体收入水平提高，经济结构转型与环境生态问题将提升城市居民环保意识，故城市生活质量将成为未来居民个体及企业经济体区位选择的首选因素。随着我国居民及企业个体对城市生活质量支付意愿的提高，区域与城市发展对生活质量的提升予以更多的关注，从而在改善了城市生活质量的同时，提高了区域和城市发展竞争力，这对当下及未来我国的城市发展来说可谓是一举多得。

从人居环境改良角度出发的城市生活质量的重构，强调对城市的精细化管理，让中国居民个体生活得更舒心、更放心，需要注重人居环境质量的改善和城市生活质量的提升。对基于人居环境改良的中国城市生活质量重构进行展望，中国城市生活质量重构应具有以下特点：①“以人为本”和“以自然为本”和谐共存，这也应是中国城市生活质量重构的永久性课题；②由单一系统优化转向多个系统协调重构与优化，是中国城市生活质量重构的基本途径；③由以往单一的重发展、轻规划向发展规划并重转变，在中国城市发展规划中更加注重人本主义，在发展中更加注重持续发展。从学科角度来讲，中国城市生活质量的重构将促进学科基本原理的融合，如人文学科与城市规划学科的理念融合等。城市生活质量的重构摆脱了对唯物条件的极度关注，开始将人文社科的人本需求纳入研究范畴，重构得到的“城市社会-生活空间质量评价体系”和“城市生活空间规划理念体系”将对中国未来城市生活质量的发展起到重要的指导作用。从要素角度来讲，城市生活质量的重构将使中国城市规划进入后工业时代，通过把握城市物质要素，构建城市最小生活单元，促进单元与单元、要素与要素间的联系，形成了城市规划的后现代化理念。中国未来城市生活质量的重构，将在后工业化城市规划的理念下，达到城市发展的可持续状态；在新人本主义的理念下，达到要素与系统的耦合协调状态；在社会公平与空间公正的理念下，达到城市资源的最优化配置；在社会价值保障与空间尊严的理念下，达到个体生活质量的最佳状态。

总之，通过人居环境改良来达到中国城市生活质量的重构具有可行性，且具有极大的现实意义和时代意义。开展对中国城市生活质量的探讨具有重要的学术意义与应用价值，协调城市生活质量中的各要素，促进城市生活质量的提升是未来城市生活空间研究的重中之重。

第六节　本章总结

随着中国城市建设工作的不断推进和城镇化整体水平的逐步提高，城市建设工作重点逐渐由量的累积转向关注质的提升。在此背景下，城市生活质量的提升逐渐得到我国广大学者和专家的重视，人居环境作为人类聚居的地理实体单元，是提升城市生活质量的实践载体。我国城市生活质量研究与城市人居环境科学研究具有高度相关性，彼此都是改善民生和提升社会经济的重要基础。利用我国人居环境科学的理论提升城市生活质量，提升我国城市居民物质生活条件和幸福指数，同时人居环境科学在化解实际城市问题和应对环境变化的案例决策中得到发展。

本章聚焦于中国城市生活质量的理论体系发展、社会空间分异特征、中国城市人居环境类型和影响因子探讨、中国城市人居环境质量评价和时空分异特征以及基于人居环境改良的中国城市生活质量重构五个方面，并总结了中国城市生活质量及城市人居环境质量时空分布特点。

城市生活质量是“以人为中心”的物质条件、精神生活和环境质量等因素的综合考量。伴随着我国研究者对城市生活质量研究视角的多样化和研究程度的加深，对于我国城市生活质量评价指标体系的建立，学者在以往简单客观的外部客观物质条件中逐渐加入了居民的主观感受，形成了评价过程中主客观相结合的综合性指标体系。

中国城市生活质量在空间差异性、社会等级性、价值取向、需求特征等方面产生了分异。当前，我国城市生活质量在空间上是土地、资源和劳动力等生产要素的优化综合配置结果，由此导致的城市社会空间的分异是城市生活质量社会空间分异形成的主导因素。城市生活质量社会空间分异是城市生活质量在社会的分层或分化在空间布局上的表现形式，所以社会分异和空间分异是相互联系、相互制约的。在我国城市生活质量空间分异方面，北京、上海、南京和大连等几个典型城市成为学者关注的对象，在实证研究中，出现高档、中档和低档生活空间等级模式，其通常的表现形式是不同面积、价格和类型的住宅空间分异结果，并在城市空间上形成了不同的空间分异模式。

城市人居环境可以直接影响城市居民的生活质量，同时还关系到城市可持续发展。城市人居环境是以人为中心的城市居民居住与活动的空间，综合自然、人文和空间要素实体构成的城市环境结构。按照地域层次结构和空间尺度大小，中国城市人居环境可划分为近接居住环境（微观城市人居环境）、社区环境（中观城市人居环境）和城市环境（宏观城市人居环境）等。按照我国城市人居环境的存在形态可将其分为城市人居硬环境和软环境，其五大子系统——自然系统、社会系统、人类系统、居住系统、支撑系统及相互协调差异是城市人居环境变化的主要影响因素。

城市人居环境质量评价区别于一般形式的环境质量评价，是以人为主体，综合五大系统，揭示城市内部人居环境现状，探寻城市内部系统特征的研究形式。对城市人居环境质量的评价能有效分析人居环境时空变化特征和规律，对于改善人居环境的质量，促进城市高质量建设和可持续发展提供实证依据。构建中国人居环境质量评价指标体系主要以五大系统为准则层，依据系统内部和系统间的耦合协调来定量揭露城市整体人居环境发展水平。时空分异特征是城市人居环境质量的研究热点。当前我国城市人居环境质量时空分异特征显著，整体呈现向好的发展方向，旅游型城市和省会城市是人居环境质量较高的城市门类，整体上高质量人居环境呈现“团”状分布特点。这是随着我国城镇化进程城市发展逐渐走向成熟的特征，城市间产生了高级的空间组织形式——城市群。城市群的集成和发展使得城市人居环境的研究转向升级。提升经济实力，加快城市基础公共服务建设是提升我国城市人居环境质量，缓解城市差异化发展的有效途径。

城市生活质量不但体现了城市居民的生活状态，宏观上来讲也是一个国家和地区的发展水平及社会文明程度的体现。通过人居环境改良，遵循人本主义、社会发展阶段及系统工程等理论，协调人居要素、人居硬环境与软环境等，促进城市生活空间合理化，从而重构城市生活质量。明确中国城市生活质量重构对企业、城市发展等各方面的影响，促进重构重点从“重物质，轻文化”转向“物质生活 - 精神文化”并重，对实现个体物质世界与精神世界丰裕、弱化我国城市生活质量区域差异、提升我国整体城市生活质量水平具有重要意义。

高质量的城市发展是多维度的，城市生活质量作为提升我国城市质量的重要组成部分，在城市规模扩张和功能战略的动态变化过程中，结合科技创新驱动，推动物质文明和精神文明协调发展，始终关注我国城市居民的主观感受，在经济建设持续发展的同时，不断提升我国城市居民的物质保障和幸福感，以达到加强社会建设和改善民生的目的。中国城市生活质量和人居环境理论有效指导了城市规划建设和管理实践，为城市建设发展提供科学理论支撑，同时该理论和方法在实践应用中也得到进一步发展，形成良性的互动循环。

第五章 居住空间

第一节 中国城市居住空间基本单元

一、基于居住功能视角的城市居住空间基本单元

城市居住空间是最重要的城市空间类型，也是与城市居民生活息息相关的空间内容。中国自古就有“安居乐业”之说，先“安居”，为以后事业的发展奠定良好的基础，可见“居住”是居民生活的头等大事。每一个城市的居民都居住在一个城市居住空间基本单元以内。城市居住空间基本单元是指城市居住空间中在空间结构、社会功能、行政规划管理上具有一定同质性和完整性且在城市尺度上不可分割的最小空间单元。城市居住空间基本单元具有一定的建筑和人口规模，以居住作为主体功能，同时能够提供一定的社会、经济服务功能。一般而言，从规模上来看，城市居住空间基本单元与社区居委会所辖行政范围和户数类似，一般包含2~3个居住小区，由500~1000户居民组成。

城市居住空间基本单元与中国城市居住空间重构演化过程有着密切的联系。计划经济时期，“单位”是城市运转、居民生活、经济发展的基本单元。单位制下，中国城市空间基本单元以单位社区为核心，单元之间具有较强的功能和人口异质性，但缺少联系；单元内部居民联系较为紧密，且建筑、居住环境具有极强的均质性，往往是“建造平均、朝向平均、套型平均”（窦小华，2011）。20世纪末，伴随着住房制度改革，住房市场化进程全面展开。单位制影响下的城市居住空间基本单元开始逐渐受到市场因素的影响。而在市场化的影响下，居住隔离和社会阶层空间分异等现象开始逐渐凸显（方长春，2014）。城市居住空间的基本单元不再以单位为核心，而是以市场因素主导下的城市社会空间分异形成的基本单元作为核心。从基本单元相互作用关系来看，以往单位制影响下基本单元相互割裂的局面之间逐渐瓦解，但在资本作用下，空间单元之间新的阶层分异也在逐渐产生。从基本单元内部结构来讲，城市居住空间的基本单元不再是工作、生活等一站式服务的功能核心。在中国城市发展的背景下，新时期城市居住空间基本单元的内部功能相对而言更加单一化，但同时也包含一些社会服务、生活保障等功能，城市居住空间基本单元与城市商业中心等有着更加密切的联系。

城市居住空间基本单元是城市社会空间中的重要空间单元。新时代背景下不但城市在人口结构、文化和种族的多样性上不断增强，空间上的异质性、破碎性、多元文化主义和快速发展的亚文化都成了当代城市社会空间景观（冯健，2005b；冯健和刘玉，2007；冯健和周一星，2008）。21 世纪以来中国房价的快速增长使得房价及其背后的经济收入水平成为决定城市居住空间基本单元性质的重要因素。而另一个影响城市空间基本单元的重要因素则是教育资源。教育资源的稀缺增加了城市居住空间基本单元与其他社会资源联系的紧密性。同时，对于中国很多特大城市而言，城市居住空间的基本单元也是外来人口和本地人口空间分异的重要表征单位。城市居住空间的基本单元在地理上表现为一定的空间边界，其背后则是教育、经济资源乃至阶层在一定尺度上的空间集聚表现。

从城市居住空间基本单元和城市社会空间之间的关系来看，城市居住空间基本单元是反映城市社会空间中居住空间结构的基本单元（冯健和周一星，2008）。由于城市居住空间是城市社会空间结构研究中的重要组成部分，因而城市居住空间基本单元对于整体城市空间结构的形成和演化有着重要影响。

值得区分的是居住单元和城市居住空间基本单元。居住单元在不同学科语境中以及在不同的尺度下往往具有不同的含义。有些学者认为居住单元与居住小区的大小接近或一致，是独立的城市居住空间，并有与之相配套的公共设施以及室外绿化，同时通过道路、建筑物等某类障碍与外界相隔并且区内建筑等景观具有形态上共性的区域（程承旗等，2006）。与之相伴的还有勒•柯布西耶（2005）提出的“城市居住单元”概念，其基本模式为每个人员都有一个独立的花园、客厅和起居室，形成独立的居住单元，通过公共走廊联系在一起。居住单元在城乡规划学、建筑学、遥感等领域有着不同尺度的含义。

二、基于空间统计视角的居住空间基本单元

从研究的角度来看，反映城市居住空间有不同的空间尺度和空间类型。最常用的空间尺度是街道乡镇尺度，街道即街道办事处的管辖范围，它与镇域或乡域是平级的行政单元。另外还有居委会、村委会空间尺度，这是比街道乡镇小一级的空间单元。也有学者在研究中使用邮区，即邮政部门的空间划分单元；交通调查小区，主要是交通部门或规划部门为了专门的城市交通调查而划分的空间单元。在这四种空间单元中，街道乡镇是最常用的空间单元，而且其人口普查数据可以获取，相关的电子地图的获取也不是难事。居委会、村委会一级的空间单元，划分虽然更细致，但数据较难获取，这一级单元的地图及其行政变迁关系考察就难上加难了。邮区和交通调查小区，不具备行政管理意义，因而与依赖行政基本单元的统计数据难以建立关系，不具有普遍意义。

在这里，需要强调的是除了相关的人口普查等数据以外，开展居住空间研究还需要获取基层行政区划地图，即能分出街道（乡镇）界线或者居委会（村委会）界线的地图。一般而言，街道（乡镇）界线的地图既可以从民政部门（区域地名办公室）获取，

也可以从第二次全国土地利用调查数据库中获取，而居委会（村委会）界线地图相对比较难获取，有的城市只给出了外围村界而没有给出城区内的居委会界，有的城市在国土调查数据库、城市规划图（现状图）或相关的地理信息系统中可以分出居委会（村委会）界的图层。但值得强调的是，这种地图只是某一个年份的静态地图。为了开展城乡边界变化监测工作，还需要搞清楚上述基层行政区划地图在一个较长时段内的变化，以确保时段前后的可比性，这就要涉及对基层行政区划调整的调查。基层行政区划调整的重点调查部门是民政局区划地名办公室。各地的民政局一般会下设区划地名办公室，负责本市各种层次的行政区划调整及地名变动。一般情况下，从这里可以调查清楚一定时期内城市基层行政区划的变迁情况。比如，如果研究 2000~2010 年期间城市居住空间的变化，就需要调查清楚这 10 年间城市基层行政区划的调整情况以及地名的变化情况，进而根据调整情况，以最新的基层行政区划地图，来复原 2000 年或其他年份的基层行政区划地图。处理的原则是要调查清楚区划变化前后所涉及的基层行政单元，弄清楚其变化方式（如合并、分出、撤销、改名等），要保证相关区域变化前后的可比性，然后以此为依据，对已获得的最新的基础地图进行处理，得到具有可比性的其他年份的地图。这样的地图才具有“时空连续”性（冯健，2012）。将上述具备时空连续特点的基础地图数字化，便得到可以在城市居住空间研究工作中使用的基础图件。

第二节　城市居住空间结构与居住地域模式

一、城市居住空间结构研究及问题的提出

20 世纪 90 年代以来，中国开始实行的土地有偿使用制度、分税制改革、住房分配制度改革以及住房货币化和保障制度等一系列举措，导致地方政府在住房私有化过程中逐渐寻求从住房和土地市场获得收入，此后，房地产市场迅速发展。城市内部的区位差异仍然是影响城市住房价格空间差异的较重要的因素之一，城市住房价格的空间差异又会进一步影响居住空间的分异，因此，城市居住空间格局的形成与房地产市场发展密切相关。另外，90 年代以来市场经济的发展打破了原有的干部、工人和农民的社会结构，逐渐形成了以职业分化为主导的社会分异，职业分异进一步导致社会经济地位的差异，也会影响居民的择居行为。可以设想，90 年代以后住房市场化所导致的住房空间分异与社会经济地位分化所导致的城市居民择居行为的分化相结合，所形成的城市居住空间分异格局，在基于 2010 年第六次全国人口普查数据的城市社会空间结构上会有明显表征。

全国人口普查数据按居住地开展对居民个人和家庭属性的调查，从而为识别基于居住的城市社会空间结构提供了重要的数据支撑。利用街区级（街道乡镇）人口普查数据来反映统计意义上的居住空间的这一类研究，又称为“城市社会区”研究，也有学者采用“城市社会空间研究”的说法，无论采用何种概念，这种研究实际上反映的

是城市居住空间结构。

就学术界目前所取得的进展而言，学者采用人口普查数据对北京、上海、广州等一线城市（冯健和周一星，2003a；Gu et al.，2005；Wu and Li，2005；Feng et al.，2007；唐子来等，2016），南京、合肥、长春等典型大城市（徐昀等，2009；黄晓军和黄馨，2013；李传武和张小林，2015），乌鲁木齐等少数民族人口集中的城市等分别开展了实证研究（张利等，2012），认为影响中国城市社会空间的主要因子包括职业类型、收入状况、文化水平、居住条件等。此外，对香港和台湾的研究也表明其社会空间形成的主要支配力量是劳动力市场中的职业分化和收入不平等（Lo，1975，1986，2005；Hsu and Pannell，1982）。除了用传统的社会区分析方法外，还有大量研究以住房为切入点，分析住房权属、住房费用、居住空间选择、居住迁移等所反映的居住空间分异（Lim and Lee，1993；Li and Siu，2001；Wu，2002；冯健和周一星，2004；Li and Wu，2008；Yang et al.，2015）。近年的研究还发现学区绅士化成为影响我国居住空间形成的重要因素（Wu et al.，2014），住房空间分异和中产阶层聚居区的空间分异逐渐受到特别的关注（Li et al.，2010；He et al.，2010；周春山等，2016a，2016b）。国外的城市社会空间研究始于20世纪40~50年代Shevky和Bell等对美国城市的研究（Shevky and Williams，1949；Shevky and Bell，1955），他们提出了社会经济地位、家庭和种族是形成城市社会区的三个基本要素，也是度量城市居住空间分异的基本要素，但其采用描述性的方法因不能解释这三组社会学变量在空间上的特定分布格局而遭人诟病（马克•戈特迪纳和雷•哈奇森，2011）。此后，计算机技术的发展使得因子生态分析方法引入社会空间研究成为可能，后续研究采用因子生态分析表明上述三组变量所形成的社会区空间格局是各不相同的，社会经济状况常使社会区呈扇形分布，家庭状况的影响多呈同心圆分布，种族状况的影响一般呈分散状的群簇分布，形成多核心格局，三者在空间上叠加便构成了整个城市社会的空间结构模式（许学强等，1989）。20世纪60年代以来，随着全球化和信息技术的发展，西方的城市社会空间结构研究更加多元。例如，从全球化的视角研究社会空间结构（Schnell and Benjamini，2005），从移民居住隔离入手研究居住空间分异（Dupont，2004；Icel and Sharp，2013），从行为地理的角度揭示城市社会空间结构特征及演进规律等（Pais，2017）。

2000~2010年是我国城镇化快速发展的10年，全国城镇人口占总人口比重于2011年达到51%，标志着我国完成了从“乡村社会”到“城市社会”的转变（许叶萍和石秀印，2016；He and Qian，2017），在这一过程中伴随着城市基础设施、土地利用等建成环境的剧烈变化，以及城市人口、经济等社会环境的重构。与此同时，我国2011年的基尼系数达到了0.415，按照国际一般标准，超过0.4则表明收入差距较大，说明我国的社会分异也正在加剧（Zhou et al.，2015）。在此期间，北京同样经历了快速城镇化，2010年末全市常住人口1961.9万，其中城镇人口为1686.4万，占全市常住人口的86%，相比2000年的77.5%，增长了8.5个百分点（北京市统计局，

2011）。而土地城镇化比人口城镇化更为迅速，北京市建成区面积占全市土地总面积的比重由1991年的6.4%增长为2011年的21.4%，增长了约15个百分点（丛晓男和刘治彦，2015）。就城市居住空间结构而言，在此期间到底发生了怎样的变化？其背后又是怎样的因素所驱动的？是本节所要探索的核心问题。另外，从理论上看，人口迁移的生态经济梯度理论提出人的生态价位与区域的生态场势之间的互动关系决定了人口的移动（曹嵘等，2003），从而影响人口的空间分布。个人的生态价位取决于其社会经济地位、年龄等，区域的生态场势则是由经济发展状况等各方面的吸引力所决定。实际上，介于个人和区域之间的家庭单元也是影响人口分布的重要因素，家庭规模、家庭所处阶段等都将影响其居住选择，这些理论问题都有待于实证研究的进一步验证。

本节以首都北京为研究对象，基于2010年第六次全国人口普查数据，选用反映个人、家庭和区域三个层级的指标，采用因子生态分析的方法识别北京2010年居住空间的类型与特征，将其与2000年的状况进行对比（冯健和周一星，2003a；冯健，2004），分析这10年间北京居住空间的重构情况，并通过计算分异指数揭示基于居住的社会空间分异的演变。

用社会区来反映宏观层面统计意义上的城市居住空间结构，用分异指数来反映微观上各类居住人口社会要素在空间上的变动趋势，两者结合来反映城市居住空间的发展趋势，继而分析居住空间结构与分异的演变机制，以揭示在快速城镇化时期城市居住空间分异格局。可以肯定的是，北京是中国社会经济发展状况最为复杂、城市人口规模极大的城市之一，在代表中国特大城市方面具有很好的代表性，通过对北京居住空间的实证研究，目的是揭示中国城市居住空间发展的一般性特征。

二、实证研究区、研究数据与研究方法

（一）实证研究区与数据来源

本节的实证研究区是以北京市六环所围区域为主体，在保证行政边界完整的前提下，选定了北京市16个区中的12个区（东城区、西城区、朝阳区、丰台区、石景山区、海淀区、门头沟区、房山区、通州区、顺义区、昌平区、大兴区），也就是说怀柔区、延庆区、密云区和平谷区这4个区不在我们的研究范围。由上述12个区所组成的区域范围曾被视作北京都市区的范围（孙胤社，1992；冯健和周一星，2004），尽管后来北京的快速发展使得都市区的范围在某些方向上超越了市域范围，但毫无疑问的是，上述12个区的范围仍然是北京都市区的主体范围，需要强调的是，本章对北京城市内部结构的实证分析及相应的图示均针对的是这一范围。出于数据处理的便利，对少数涉及的乡镇街道单元数据合并处理，合并后的单元称为“街区单元”，最终得到246个街区单元（图5.1）。研究数据主要来源于北京市2010年第六次全国人口普查数据。以往相关研究主要考虑反映社会经济状况的个人属性变量，以及反映家庭结构和住房状况的家庭属性变量，较少考虑反映区域属性变量，但区域人口分布变化是影响居住

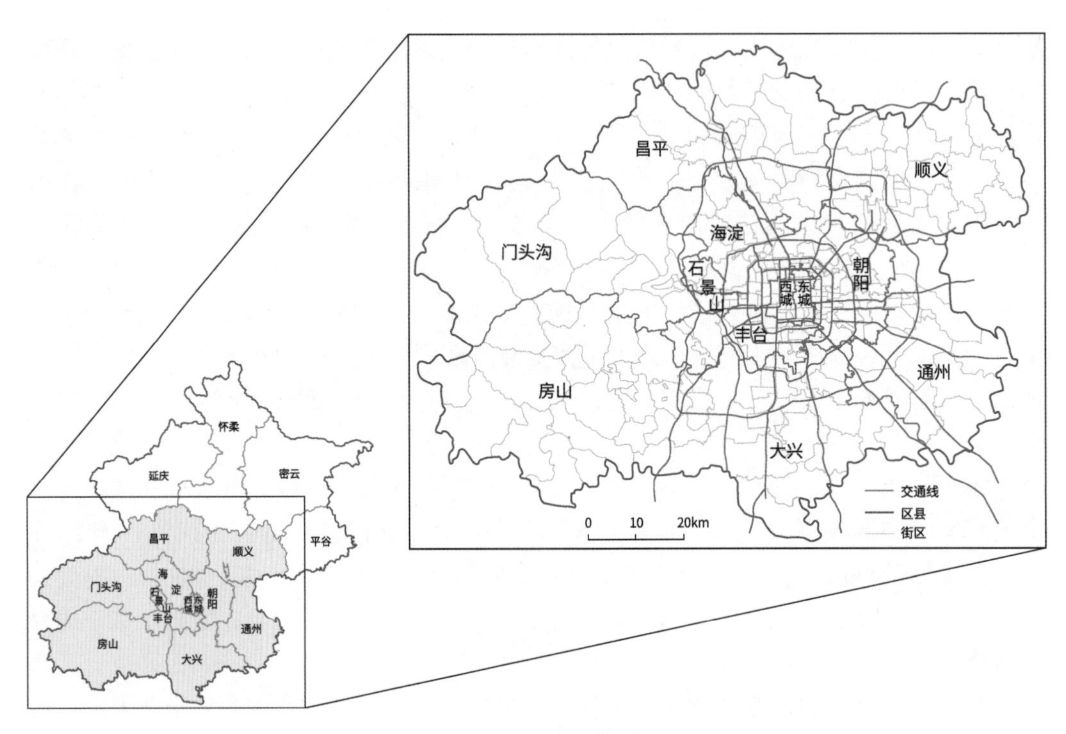

图 5.1　研究区范围示意图

空间演变的重要因素。例如，区域人口密度的大小可反映居住舒适度，从而影响个体或家庭的住房选择行为；区域人口增长率可反映人口吸引力的强弱，间接反映区域的就业机会、住房条件等影响居住地选择的重要因素。本节计算了各街区的人口密度和10年间的人口年均增长率，以期更全面地反映居住空间结构及分异演变。

在变量选择过程中，通过尝试选用不同的变量组合进行试验，可以发现以下内容。

首先，若采用百分比数据进行分析，因子分析的累计方差贡献率极低（50%左右），提取的主因子所反映的变量信息较少。分析其原因在于若所有变量均为同一类型变量，则用百分比数据效果较好。但本次研究中变量类型较多，包含了人口变量、住房变量、人口密度、人口增长率等类型的变量，选用绝对值类数据更合适。而且本节的目的在于突出空间分异的程度，绝对值数据更有利于直接考察不同街区在各项指标上的差异（李志刚和吴缚龙，2006），因此，最终选用绝对值数据。

其次，选用不同的变量组合得到的居住空间分类结果大致接近，主要差别在于某些变量组合得到的居住空间将老城区与门头沟区的街区划分为一类。原因之一为这两个区域的总人口数量较少。老城区虽然人口密度较高，但其街区面积极小，所容纳的人口总数较少；而门头沟区作为北京的生态涵养发展区，是限制人口增长的区域，人口总数也较少。所以这两者的多项指标值均较低，在聚类过程中便被划分为一类。原因之二为所提取的最后一个主因子反映的是人口密集程度，但其方差贡献率极低，所以在最终的居住空间划定过程中所占比重较小。为突显老城区和门头沟区的差异，一方面可增加住房相关的变量，如人均住房建筑面积、平均每户住房间数，另一方面可增加家庭相关的变量，如家庭规模、家庭代际类型等。最终选定反映个人、家庭和地区属性的 88 个变量，与 246 个街区单元组成 88×246 的原始数据矩阵。

（二）研究思路与研究方法

除了采用传统社会区分析中的因子分析、聚类分析等方法外，还可以引入空间自相关辅助分析因子得分的空间分布特征。因子得分空间分布图仅能反映各因子属性值的空间分布特征，不能反映空间事物的空间依赖或空间关联特征，因此对因子得分进一步开展空间自相关分析，可以反映各主因子的空间关联特征和集聚状况，识别因子得分在空间上的分布“冷点”和“热点”。

空间自相关分析又可分为全局空间自相关和局部空间自相关，常用 Moran's I 值来测度，计算公式见表 5.1（王劲峰，2006）。在给定显著性水平的情况下，Moran's I>0 表明存在正的空间自相关，空间单元的观测值呈趋同集聚；Moran's I<0 表明存在负的空间自相关，空间单元的观测值呈离散分布；Moran's I=0 表明不存在空间自相关，空间单元观测值呈随机分布。

表 5.1　以空间自相关分析改进因子分析

传统方法	改进之处	模型表达	补充说明	改进意义
因子得分	因子得分的全局空间自相关	$I=\frac{n}{\sum_{i=1}^{n}\sum_{j=1}^{n}W_{ij}}\times\frac{\sum_{i=1}^{n}\sum_{j=1}^{n}W_{ij}(x_i-\bar{x})(x_j-\bar{x})}{\sum_{i=1}^{n}(x_i-\bar{x})^2}$	I 表示全局 Moran's I 指数，n 为研究对象的个数，x_i 和 x_j 分别为研究区域 i 和 j 的属性值，$\bar{x}$ 为样本中所有属性值的均值；W_{ij} 是衡量空间事物之间关系的权重矩阵，常通过空间拓扑和距离方式来确定	用空间自相关辅助分析可揭示各主因子在空间上的关联特征，即是否存在趋同集聚的趋势。其中，全局空间自相关可检验因子得分在空间上是否存在集聚，描述其在整个研究区域的空间特征
	因子得分的局部空间自相关	$I_i=Z_i\sum_j W_{ij}Z_{ij}$	I_i 表示局部 Moran's I 指数，Z_i 是 x_i 的标准化形式，Z_i 的均值为 0，方差为 1，W_{ij} 是距离权重矩阵	局部自相关可识别因子得分在空间上的分布热点区域（高值和高值的聚集）和冷点区域（低值和低值的聚集）的具体分布

首先，对原始数据矩阵进行因子分析，通过观察因子碎石图和特征值判断提取 5 个主因子，累计方差贡献率为 73.97%，由于因子结构比较模糊，故采用直接斜交旋转法得到旋转后的因子载荷矩阵，据此判断各主因子主要反映的变量信息。并计算研究单元各因子的得分，对其进行空间自相关的分析，以判断各主因子在空间上的集聚状况，进而识别各主因子在空间上的冷热点区。

其次，依据各研究单元的因子得分进行聚类分析，采用分层聚类的方法，选用离差平方和法计算类与类之间的平方欧式距离，将居住空间划分为 6 类，再计算各类居住空间在各主因子上得分的平均值和平方和均值，以此判断各类居住空间的特征。并通过比较 2000 年和 2010 年的城市居住空间特征，分析 10 年间城市居住空间结构的演变模式。

三、居住空间结构与居住空间地域模式

（一）城市居住空间结构主因子特征

就因子结构而言。对原始数据矩阵进行主成分分析，提取 5 个主因子，各因子的载荷和所反映的变量信息见表 5.2 和表 5.3。考虑多数地理学角度的因子分析将载荷在 0.4 以上的指标视为具有重要性（Li and Wu，2008），此处也采用此标准，并将其用黑体在表 5.2 中标出。根据各主因子所反映的变量信息将 5 个主因子界定为本地白领人口（第 1 主因子）、外来蓝领人口（第 2 主因子）、农业人口（第 3 主因子）、知识分子（第 4 主因子）、人口密集程度（第 5 主因子）。

表 5.2　2010 年北京居住空间结构主因子载荷矩阵

变量类型			变量名称	各主因子的载荷				
				1	2	3	4	5
个人属性	基本属性	性别年龄	性别比（女 =100）	**–0.561**	**0.655**	0.015	0.185	–0.190
			0~14 岁	**0.757**	0.351	0.144	0.067	–0.003
			15~64 岁	**0.635**	**0.407**	0.075	0.258	0.060
			65 岁及以上	**0.752**	–0.154	0.090	0.257	0.382
		户口民族	常住户籍人口	**0.796**	–0.017	0.171	0.282	0.196
			原住本街区、现在国外，暂无户口的人口	–0.017	–0.239	–0.010	**0.757**	0.313
			外来人口	**0.426**	**0.678**	–0.015	0.157	–0.050
			蒙古族	**0.568**	0.178	0.030	**0.514**	–0.094
			回族	**0.490**	–0.084	0.031	0.142	0.150
			维吾尔族	0.088	0.009	0.087	**0.555**	–0.104
			苗族	0.271	0.237	0.081	**0.602**	–0.115
			壮族	0.326	–0.033	0.066	**0.768**	–0.060
			朝鲜族	0.397	–0.046	–0.056	0.136	–0.266
			满族	**0.675**	0.192	0.003	0.314	0.081
			土家族	0.248	0.306	0.074	**0.539**	–0.076
	社会经济地位	教育程度	文盲人口	**0.489**	0.248	**0.577**	–0.144	0.296
			小学	**0.573**	**0.515**	0.314	–0.020	0.154
			初中	0.291	**0.778**	0.174	0.017	0.104
			高中	**0.747**	0.311	0.006	0.060	0.202
			大学专科	**0.864**	0.100	–0.053	0.153	–0.002
			大学本科	**0.684**	–0.122	–0.031	**0.546**	–0.036
			研究生	0.320	–0.171	0.003	**0.820**	0.008

续表

变量类型			变量名称	各主因子的载荷				
				1	2	3	4	5
个人属性	社会经济地位	行业类型	农业	–0.190	–0.022	**0.852**	0.063	0.003
			采矿业	0.022	–0.044	–0.037	0.124	–0.126
			制造业	0.189	**0.599**	0.240	–0.008	–0.101
			电力、燃气及水的生产和供应业	**0.813**	0.007	–0.082	–0.123	0.076
			建筑业	0.320	**0.721**	–0.016	–0.065	–0.097
			交通运输、仓储和邮政业	0.395	**0.668**	0.112	–0.184	0.164
			信息传输、计算机服务和软件业	**0.663**	0.028	–0.036	0.345	–0.223
			批发和零售业	**0.451**	**0.637**	–0.043	0.056	0.113
			住宿和餐饮业	**0.513**	0.274	–0.094	0.305	0.252
			金融业	**0.846**	–0.089	–0.117	0.141	0.147
			房地产业	**0.787**	0.228	–0.102	0.094	–0.018
			租赁和商务服务业	**0.757**	0.148	–0.125	0.200	0.063
			科学研究、技术服务和地质勘查业	**0.566**	–0.174	–0.002	**0.464**	0.076
			水利、环境和公共设施管理业	**0.556**	**0.431**	–0.011	–0.042	0.003
			居民服务和其他服务业	**0.486**	**0.586**	–0.095	0.064	0.074
			教育	**0.555**	–0.017	0.048	**0.601**	–0.111
			卫生、社会保障和社会福利业	**0.842**	0.001	–0.014	0.046	0.166
			文化、体育和娱乐业	**0.843**	0.020	–0.157	0.006	0.078
			公共管理和社会组织	**0.837**	0.060	–0.022	–0.139	0.105
			国际组织	**0.531**	–0.148	–0.270	–0.050	0.024
		职业类型	国家机关、党群组织、企业、事业单位负责人	**0.564**	0.179	–0.063	0.145	–0.127
			专业技术人员	**0.840**	–0.028	–0.042	0.309	–0.080
			办事人员和有关人员	**0.855**	0.044	–0.064	0.184	0.051
			商业、服务业人员	**0.473**	**0.626**	–0.045	0.092	0.123
			农、林、牧、渔、水利业生产人员	–0.190	–0.015	**0.856**	0.054	–0.003
			生产、运输设备操作人员及有关人员	0.071	**0.819**	0.227	–0.071	0.003
		失业原因	毕业后未工作	**0.758**	0.201	0.173	0.016	0.116
			因单位原因失去工作	**0.749**	0.125	–0.018	0.010	0.131
			因本人原因失去工作	**0.634**	0.275	0.016	0.139	–0.180
			承包土地被征用	0.095	0.343	0.166	–0.082	–0.136
			离退休	**0.466**	–0.092	–0.090	–0.031	**0.419**
			料理家务	**0.487**	**0.432**	0.124	–0.136	–0.125

续表

变量类型		变量名称	各主因子的载荷				
			1	2	3	4	5
家庭属性	家庭结构	一人户户数	**0.525**	**0.573**	–0.109	0.093	0.110
		二人户户数	**0.723**	**0.421**	–0.015	0.042	0.085
		三人户户数	**0.863**	0.173	0.040	0.065	0.106
		四人户户数	**0.762**	0.272	0.273	0.062	0.161
		五人户户数	**0.719**	0.272	0.388	0.086	0.078
		六人户及以上	0.399	0.254	**0.507**	0.112	0.391
		一代户	**0.612**	**0.541**	–0.063	0.058	0.066
		二代户	**0.844**	0.190	0.075	0.068	0.147
		三代户	**0.762**	0.121	0.318	0.141	0.243
		四代户及以上	0.174	0.300	**0.797**	0.033	0.089
		总抚养比	0.192	**–0.689**	0.066	–0.325	0.217
		少儿抚养比	0.245	–0.221	0.261	**–0.499**	–0.334
		老年抚养比	0.101	**–0.658**	–0.043	–0.136	0.386
		家庭户平均户均人数	–0.046	**–0.432**	**0.719**	–0.037	–0.025
		家庭户占总户数的百分比	0.296	–0.248	0.050	**–0.810**	0.063
	住房属性	租赁廉租住房	0.109	**0.596**	–0.033	0.028	0.237
		租赁其他住房	0.339	**0.730**	–0.121	0.055	0.230
		自建住房	–0.255	0.313	**0.784**	–0.094	0.076
		购买商品房	**0.849**	0.126	–0.116	–0.081	–0.410
		购买二手房	**0.848**	–0.046	–0.091	0.011	–0.271
		购买经济适用房	**0.659**	0.054	0.008	0.004	–0.180
		购买原公有住房	**0.484**	–0.367	–0.116	0.345	**0.458**
		100 元以下	0.043	–0.084	–0.119	–0.008	**0.604**
		100~200 元	0.125	**0.622**	0.134	–0.037	0.237
		200~500 元	0.157	**0.846**	–0.133	–0.010	0.023
		500~1000 元	0.200	**0.546**	–0.095	0.186	0.269
		1000~1500 元	**0.603**	0.334	–0.038	–0.018	0.044
		1500~2000 元	**0.728**	0.268	–0.109	–0.017	–0.002
		2000~3000 元	**0.720**	0.029	–0.105	0.238	0.109
		3000 元以上	**0.458**	–0.082	–0.132	0.363	0.104
		人均住房建筑面积 /m^2	0.188	–0.284	**0.632**	0.022	**–0.451**
		平均每户住房间数 /（间 / 户）	–0.217	–0.181	**0.726**	0.023	–0.150
地区属性	人口密度	人口密度 /（万人 /km^2）	0.359	–0.283	–0.311	0.251	**0.476**
	人口增长	10 年来人口年均增长率	0.396	0.537	–0.243	0.049	–0.371

表 5.3 各主因子反映的主要变量信息

变量类型			第 1 主因子	第 2 主因子	第 3 主因子	第 4 主因子	第 5 主因子
个人属性	基本属性	性别年龄	性别比（负），各年龄阶段	性别比，15~64 岁	—	—	—
		户口民族	常住户籍人口，外来人口，蒙古族，回族，满族	外来人口	—	原住本街区、现在国外，暂无户口的人口，蒙古族，维吾尔族，苗族，壮族，土家族	—
	社会经济地位	教育程度	文盲人口，小学，高中，大学专科，大学本科	小学，初中	文盲人口	大学本科，研究生	—
		行业类型	为生产和生活服务的部门，为提高科学文化水平和居民素质服务的行业，为社会公共需要服务的行业	制造业，建筑业，交通运输、仓储和邮政业，批发和零售业，水利、环境和公共设施管理业，居民服务和其他服务业	农业	为提高科学文化水平和居民素质服务的行业	—
		职业类型	国家机关、党群组织、企业、事业单位负责人，专业技术人员，办事人员和有关人员，商业、服务业人员	商业、服务业人员，生产、运输设备操作人员及有关人员	农、林、牧、渔、水利业生产人员	—	—
		失业原因	毕业后未工作，因单位原因失去工作，因本人原因失去工作，离退休，料理家务	料理家务	—	—	离退休
家庭属性	家庭结构		一人户户数至五人户户数，一代户至三代户	一人户户数，二人户户数，一代户，老年抚养比（负），总抚养比（负），家庭户平均户均人数（负）	六人户及以上，四代户及以上，家庭户平均户均人数	少儿抚养比（负），家庭户占总户数的百分比（负）	—
	住房属性		购买各类住房，月租金 1000~3000 元	租赁住房，月租金 100~1000 元	自建住房，人均住房建筑面积，平均每户住房间数	—	购买商品房（负），购买原公有住房，月租金 100 元以下，人均住房建筑面积（负）
地区属性	人口密度		—	—	—	—	人口密度
	人口增长		—	10 年来人口年均增长率	—	—	—

各主因子所反映的主要变量信息如下。

第 1 主因子：本地白领人口。方差贡献率为 39.02%，主要反映较高受教育程度，从事金融业、房地产业、公共管理和社会组织等第三产业，国家机关、党群组织、企业、事业单位负责人，专业技术人员，办事人员和有关人员，较好住房条件，中等家庭结构，常住户籍人口等变量的信息。

第 2 主因子：外来蓝领人口。方差贡献率为 21.64%，主要反映较低受教育程度，制造业、建筑业等第二产业，流通部门，商业、服务业人员，生产、运输设备操作人员及有关人员，较小家庭结构，较差住房条件，较快人口增长，较低抚养比，中青年，外来人口等变量的信息。

第 3 主因子：农业人口。方差贡献率为 6.69%，主要反映文盲人口，从事农业，较大家庭结构，自建住房，较大住房面积等变量的信息。

第 4 主因子：知识分子。方差贡献率为 14.76%，主要反映受教育程度高，从事教育，科学研究、技术服务和地质勘查业，少数民族，低少儿抚养比等变量的信息。

第 5 主因子：人口密集程度。方差贡献率为 5.45%，主要反映较高人口密度，购买原公有住房，极低住房租金；较小住房面积等变量的信息。

根据各因子得分空间分布特征，计算各主因子的全局空间自相关 Moran's *I* 值（表 5.4）。在 0.001 的显著性水平下，各主因子的 Moran's *I* 值均显著为正，表明均存在因子得分趋于集聚的情况，其中，第 3 主因子（农业人口）的集聚趋势最为突出，第 4 主因子（知识分子）和第 5 主因子（人口密集程度）的集聚趋势也较为明显。

表 5.4　各主因子 Moran's *I* 值

参数	第 1 主因子	第 2 主因子	第 3 主因子	第 4 主因子	第 5 主因子
Moran's *I* 值	0.378	0.296	0.608	0.575	0.484

各因子的得分空间分布图及空间自相关分布图见图 5.2。

第 1 主因子：本地白领人口。得分较高的街区主要为大型居住区，包括昌平区的回龙观、东小口（2012 年“一分为四”，现包括天通苑北、天通苑南、霍营和东小口 4 个街区），以及近郊人口规模较大的街道，包括丰台区的卢沟桥、新村、花乡、大红门、南苑乡等。此外，外围区县的政府驻地所在街道得分也均较高。

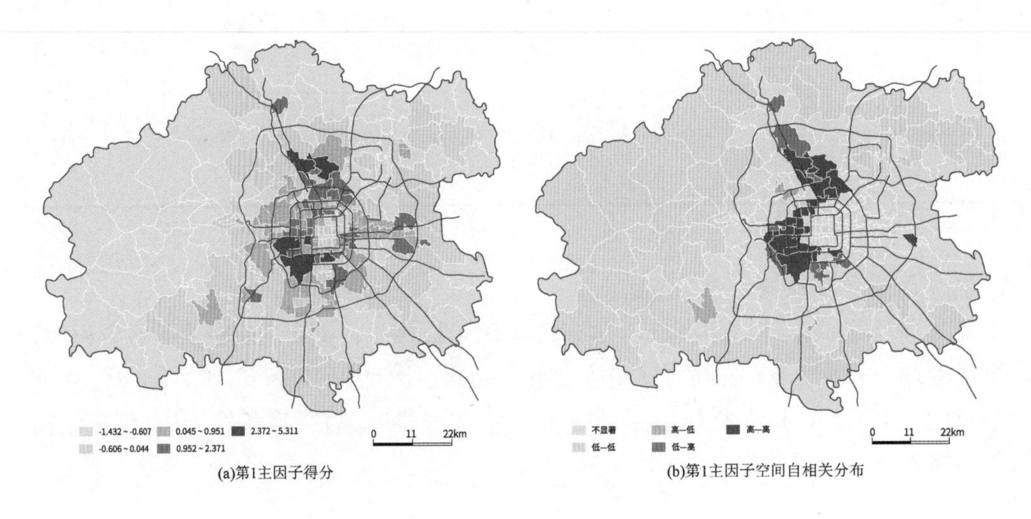

(a)第1主因子得分　(b)第1主因子空间自相关分布

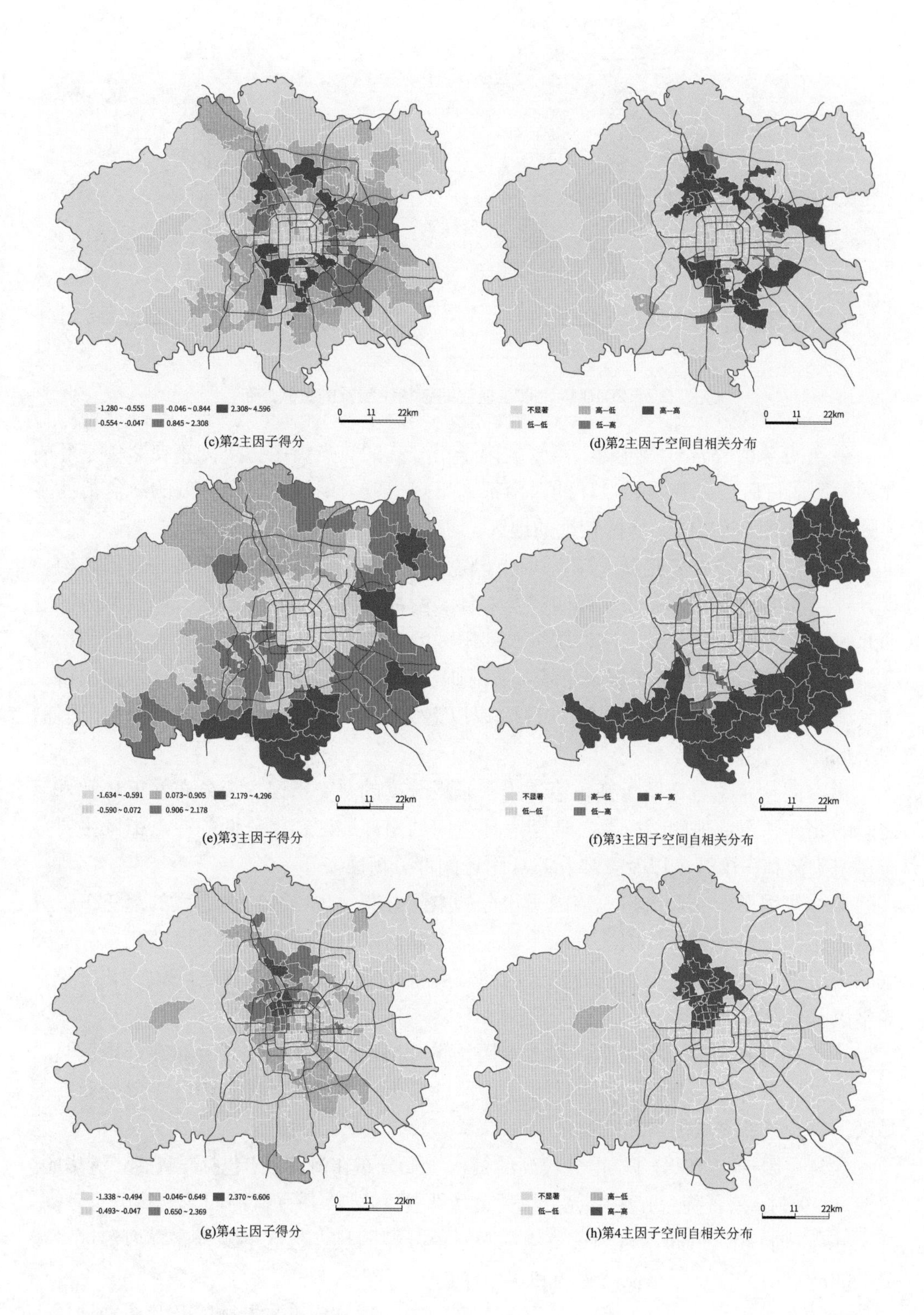

(c)第2主因子得分

(d)第2主因子空间自相关分布

(e)第3主因子得分

(f)第3主因子空间自相关分布

(g)第4主因子得分

(h)第4主因子空间自相关分布

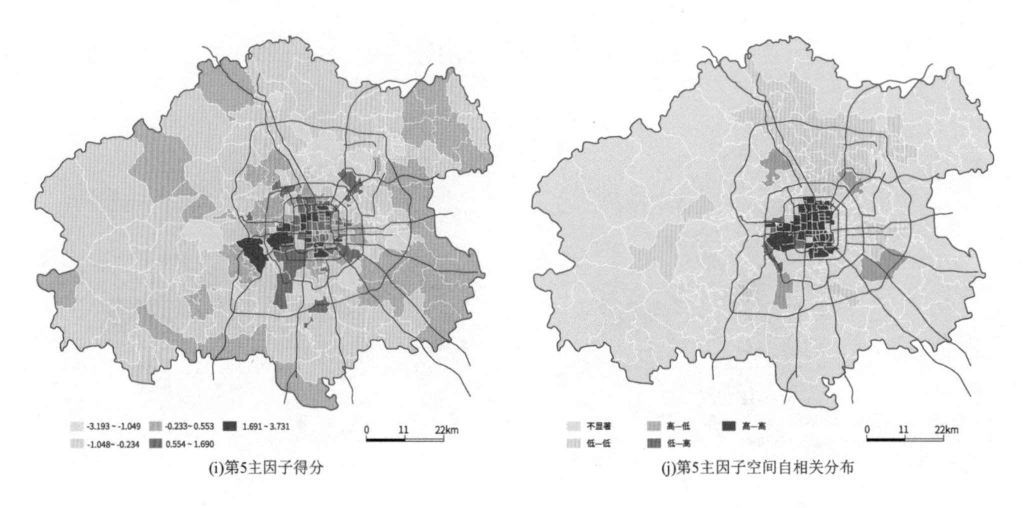

图 5.2　2010 年北京居住空间结构主因子的空间分布

由空间自相关分布图可知，第 1 主因子得分高的热点街区主要分布在紧邻三环的北部大型居住区，以及紧邻二环的西南部人口规模较大的地区；得分低的冷点街区主要分布在外围区县离中心城区较远的地区。

第 2 主因子：外来蓝领人口。该因子得分的空间分布呈现较为明显的圈层结构，得分较高的街区主要分布在北部四环至六环、南部三环至六环的地区。包括海淀区的西北旺，昌平区的北七家（建材城），朝阳区的崔各庄、十八里店（家装建材和物流仓储），丰台区的大红门（服装市场）、南苑乡、新村、花乡（花卉市场）、卢沟桥，大兴区的旧宫（临亦庄）、西红门、黄村。以以上街区为中心，向内至老城，向外至远郊，因子得分均呈递减趋势。

由空间自相关分布图可知，第 2 主因子得分高的热点街区主要分布在五环和六环之间的北部和东部地区，以及三环至六环之间的南部地区，得分低的冷点街区主要分布在门头沟和房山区，以及二环和三环附近的部分街区。

第 3 主因子：农业人口。该因子得分的空间分布呈现由外向内递减的趋势，得分较高的街区主要分布在外围区县，尤其是东部和南部地区，包括顺义区的杨镇，通州区的宋庄镇、漷县镇，大兴区的青云店镇、魏善庄镇、安定镇、庞各庄镇、礼贤镇、榆垡镇。

由空间自相关分布图可知，第 3 主因子得分高的热点街区主要分布在外围区县，包括顺义区东部，通州区、大兴区和房山区的南部。得分低的冷点街区主要分布在老城区，以及紧邻老城的东北部地区。

第 4 主因子：知识分子。得分较高的街区主要分布在海淀区，包括学院路、清华园、海淀、中关村、紫竹院、北下关、花园路、北太平庄。此外，昌平区的回龙观得分也较高。

由空间自相关分布图可知，第 4 主因子得分高的热点街区主要分布在海淀区。得分低的冷点街区主要分布在门头沟和房山区。

第 5 主因子：人口密集程度。得分较高的街区主要分布在老城以及紧邻老城的一些街区。包括东城区的和平里、北新桥、永定门外，西城区的什刹海、新街口、展览路、月坛、广安门内、白纸坊。此外，丰台区的西罗园、卢沟桥、大红门、南苑乡，朝阳区的潘家园，海淀区的万寿路得分也较高。

由空间自相关分布图可知，第5主因子得分高的热点街区主要分布在老城及其附近。得分低的冷点街区主要分布在老城以北，四环以外的地区。

（二）居住空间结构及居住地域模式（2010年）

根据因子得分进行聚类分析将北京市居住空间划分为6种类型，各类型的空间分布见图5.3。并计算各类型居住空间在各主因子得分的平均值、平方和均值（表5.5），以此判断各类型居住空间的特征。

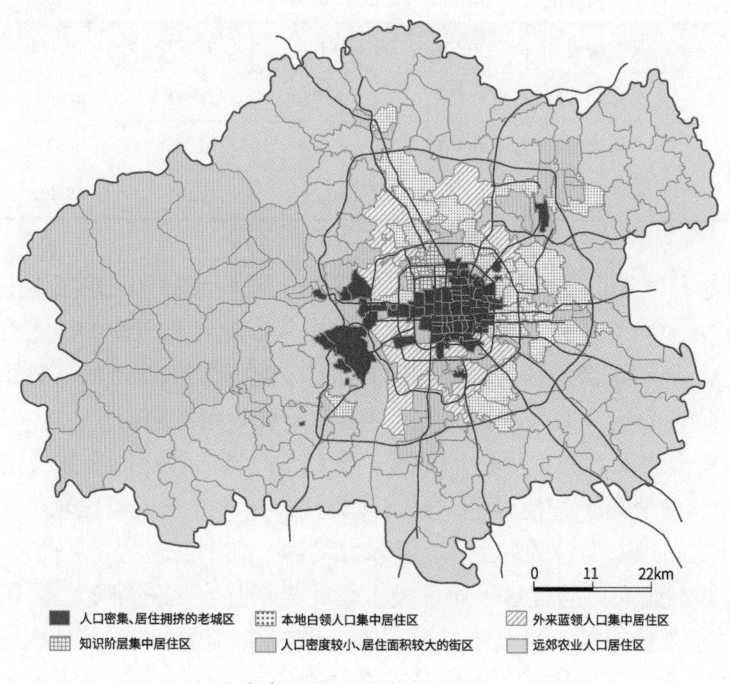

图5.3 北京各类型居住空间分布（2010年）

（1）人口密集、居住拥挤的老城区（第1类）。此类居住空间在第5主因子的得分平均值及平方和均值高于其他因子，其典型特征是人口密集、居住拥挤的城市中心区。集中分布在三环以内的区域，二环以内的东城区、西城区所有街区均属于这一类别，二环和三环之间的大部分街区、三环和四环之间的部分街区也属于此类。

（2）人口密度较小、居住面积较大的街区（第2类）。此类居住空间在各项因子上的得分平均值均为负值，其中以第5主因子比较突出，该类型社会区属于人口密度较小、居住条件较好的街区。主要分布在门头沟区和房山区北部，以及近郊区外缘的许多城乡接合部地区。

表 5.5　2010 年北京市居住空间特征判别表

类别	包含的街区数量	项目	第 1 主因子	第 2 主因子	第 3 主因子	第 4 主因子	第 5 主因子
第 1 类	71	平均值	0.286	–0.521	–0.557	–0.007	**1.005**
		平方和均值	0.701	0.385	0.507	0.234	**1.580**
第 2 类	59	平均值	–0.409	–0.336	–0.528	–0.452	**–0.622**
		平方和均值	0.493	0.317	0.375	0.381	**0.626**
第 3 类	31	平均值	**0.840**	0.891	–0.345	0.482	–0.880
		平方和均值	**2.722**	1.200	0.451	0.992	1.491
第 4 类	12	平均值	1.181	**3.287**	0.300	0.333	0.900
		平方和均值	4.195	**12.638**	0.938	0.460	2.952
第 5 类	64	平均值	–0.620	–0.124	**1.267**	–0.424	–0.336
		平方和均值	0.468	0.375	**2.569**	0.262	0.252
第 6 类	9	平均值	0.367	–0.254	–0.367	**3.925**	0.366
		平方和均值	1.253	0.129	0.264	**19.402**	0.623

（3）本地白领人口集中居住区（第 3 类）。此类居住空间在第 1 主因子上的得分平均值和平方和均值最大，表明社会区内的白领职业者比较集中。主要分布在四环至六环之间的北部和东部地区，以朝阳区为主体，并涉及海淀区的部分街区，以及昌平区、顺义区、通州区、大兴区和房山区区县政府驻地附近的街区。

（4）外来蓝领人口集中居住区（第 4 类）。此类居住空间在第 2 主因子的得分平均值和平方和均值高于其他因子，表明该类社会区的外来人口比较集中。主要分布在三环至六环之间，以丰台区为主体，涉及海淀区、朝阳区、大兴区的部分街区。

（5）远郊农业人口居住区（第 5 类）。此类居住空间在第 3 主因子的得分平均值的绝对值高于其他因子，且是唯一为正的，平方和均值也高于其他因子，表明该社会区内主要是农业人口居住区。主要分布在外围的昌平区、顺义区、通州区、大兴区和房山区东南部地区。

（6）知识阶层集中居住区（第 6 类）。此类居住空间在第 4 主因子的得分平均值和平方和均值最高，表明该社会区内主要是知识分子集中居住。主要分布在海淀区的清华园、燕园、学院路等北京高校集中的街区。

四、城市居住空间重构（2000~2010 年）

（一）居住空间主因子演变（2000~2010 年）

2000 年，北京居住空间的主因子及其相应的方差贡献率分别为（冯健和周一星，2003a）：一般工薪阶层 27.41%，外来人口 21.89%，农业人口 8.71%，知识阶层和少数民族20.92%，居住条件10.69%。到2010年，主因子及其方差贡献率为本地白领人口39.02%，外来蓝领人口21.64%，农业人口6.69%，知识分子14.76%，居住条件5.45%。对比2000年与2010年的主因子及其空间分布，可以发现：

第一，就业结构转变，职业分化明显。变化最大的因子为一般工薪阶层因子转变为本地白领人口因子，主要是由于北京产业结构的升级，第三产业所占比重的增加导致人口就业结构的转变。该因子的方差贡献率也明显提高，是影响居住空间的最主要因子，说明职业分化所导致的社会隔离加剧。

第二，房地产市场发展，原公有房支配力量减小。人口密集程度因子的方差贡献率降低至原来居住条件因子的一半。本书的人口密集程度因子主要反映的是人口密度小、租金较低、住房面积较小、集中在中心区的原公有房。随着城市更新和老城改造等项目的推进，原公有房的数量逐渐减少。随着房地产市场的发展，原公有房在各类住房中占的比重降低。同时，商品房由城市中心向郊区蔓延，导致居住条件较差的原公有房对城市居住空间结构的支配力量也逐渐降低。以上原因综合导致该因子的方差贡献率的减小较为明显。

第三，外来人口空间分布郊区化趋势明显。在居住空间形成过程中的作用变化不大，其方差贡献率也基本没变。但与2000年相比，外来人口主因子在空间上的分布有进一步向郊区蔓延的趋势。

第四，知识分子空间分布存在路径依赖，且空间集聚趋势明显。由于学历普遍提高，知识分子在社会区分异中的地位下降，其方差贡献率有所降低。但其空间分布进一步向中心城区西北角集中。

第五，农业在城市产业结构中的比重降低，农业人口对城市社会的影响力在下降，其方差贡献率也有所降低。农业人口主因子在空间上的变化不大，仍然集中分布在城市外围的远郊区。

（二）城市居住空间及居住地域模式演变（2000~2010年）

对比2010年与2000年北京城市居住的空间结构与地域模式（图5.4，图5.5，表5.6），可以发现，主导北京社会空间结构的居住空间类型变化不大，主要变化在于远郊城镇人口居住区不再单独作为一类出现，而是与从事各类第三产业、以常住户籍人口为主体的白领共同构成了新的类别，即本地白领人口集中居住区。各居住空间分布的主要变化在于（表5.6）：①人口密集、居住拥挤的老城区基本都集中在中心城区及其附近街区，范围略有扩大；②人口密度较小、居住面积较大的城市郊区范围缩小，主要在于近郊区外缘属于该类社会区的街区数量减少；③远郊城镇人口居住区部分被“人口密度较小、居住面积较大的城市郊区”所替代，部分被“本地白领人口集中居住区”所替代，其中，“本地白领人口集中居住区”的空间分布更加集中，且主要分布在近郊区东部和北部；④外来人口分布范围更广且空间分布更加集中，并有向外围蔓延的趋势；⑤农业人口空间分布变化不大，基本仍集中在外围的远郊区；⑥知识阶层集中

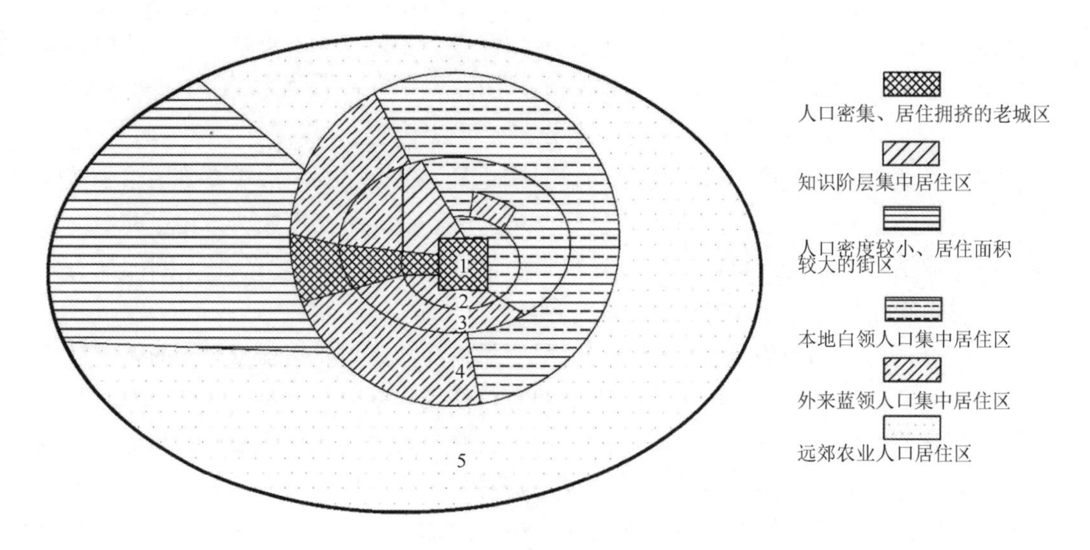

图 5.4　北京居住空间结构地域模式（2010 年）

1 - 中心区；2 - 近郊区内沿；3 - 近郊区外缘；4 - 都市区内沿；5 - 都市区外缘

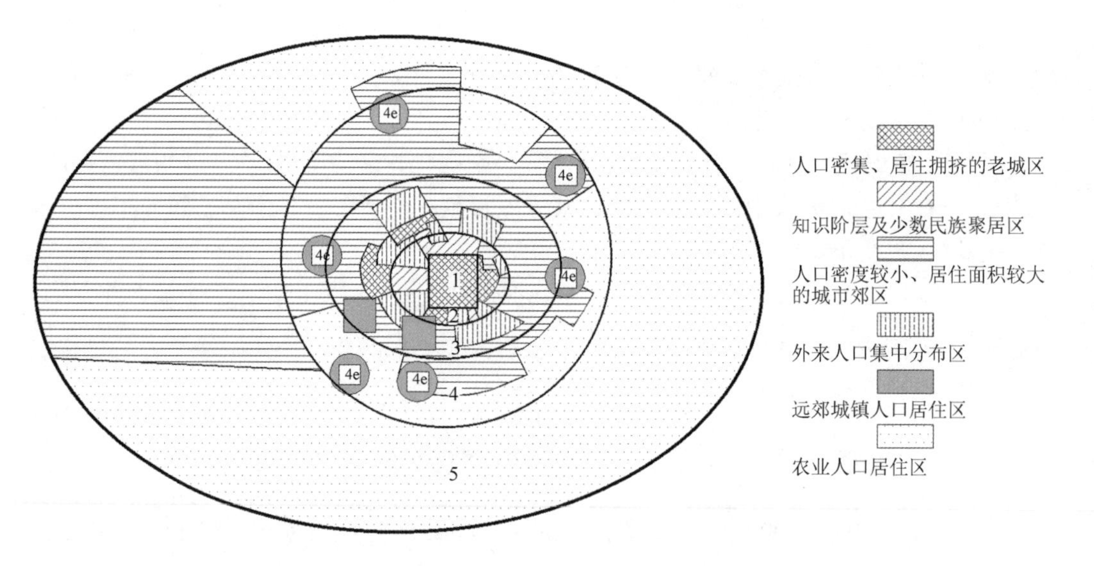

图 5.5　北京居住空间结构地域模式（2000 年）

资料来源：冯健和周一星，2003

1 - 中心区；2 - 近郊区内沿；3 - 近郊区外缘；4 - 都市区内沿；4e - 远郊区、县政府驻地街区；5 - 都市区外缘

居住区的分布范围更广，空间分布也更加集中。

五、城市居住空间结构形成过程及其重构机制

（一）城市居住空间结构形成过程及影响因素

城市居住空间结构实际是城市居住人口的社会要素在空间上的投影，是不同社会

表 5.6 2000 年与 2010 年北京居住空间对比

类别	2000 年的居住空间		2010 年的居住空间		2000~2010 年主要变化
	名称	特征	名称	特征	
第 1 类	人口密集、居住拥挤的老城区	主要分布在中心城区及其东部的紧临地带；另外，在中心城区以南、以西的部分近郊区地段也有零散分布	人口密集、居住拥挤的老城区	集中分布在三环以内的区域，二环以内的东城区、西城区所有街区均属于此类，二环和三环之间的大部分街区、三环和四环之间的部分街区也属于此类	基本都集中在中心城区及其附近街区，范围略有扩大
第 2 类	人口密度较小、居住面积较大的城市郊区	主要分布在近郊区的外缘、都市区的内沿、都市区外缘西部的部分地段，以及与远郊区县政府驻地靠近的局部地段	人口密度较小、居住面积较大的街区	主要分布在门头沟区和房山区北部，以及近郊区外缘的许多城乡接合部地区	近郊区外缘属于该类社会区的街区数量减少
第 3 类	远郊城镇人口居住区	除丰台区的长辛店乡（含长辛店街道）和花乡乡（含新村）以外，其余 6 个街区就是远郊 6 区县的政府驻地。丰台区的这两个街区单元虽不属于远郊区县，但已处于近郊区的外围边缘，位置上与远郊区县毗邻。故此类社会区基本上反映的是远郊城镇人口的集中居住区	本地白领人口集中居住区	主要分布在四环至六环之间的北部和东部地区，以朝阳区为主体，并涉及海淀区的部分街区，以及昌平区、顺义区、通州区、大兴区和房山区区县政府驻地附近的街区	该类区域实际上部分被“人口密度较小、居住面积较大的城市郊区”所替代，部分被“本地白领人口集中居住区”所替代，其中，“本地白领人口集中居住区”的空间分布更加集中，且主要分布在近郊区东部和北部
第 4 类	外来人口集中分布区	主要分布在近郊区，且围绕在中心区的不远处	外来蓝领人口集中居住区	主要分布在三环至六环之间，以丰台区为主体，涉及海淀区、朝阳区、大兴区的部分街区	外来人口分布范围更广且空间分布更加集中，并有向外围蔓延的趋势
第 5 类	农业人口居住区	主要分布在：①都市区内沿的北、东、南部，除了远郊 6 区县政府驻地及附近街区以外；②都市区外缘的绝大部分地域，除了门头沟区及与其邻近的房山区的若干街区以外	远郊农业人口居住区	主要分布在外围的昌平区、顺义区、通州区、大兴区和房山区东南部地区	农业人口空间分布变化不大，基本仍集中在外围的远郊区
第 6 类	知识阶层及少数民族聚居区	基本上都紧靠中心城区，主要集中在紧临中心城区以北、以西的两块地域。中心城区以北的这片地域为北京高校的集中区，而中心城区以西不仅分布了众多的高校，著名的“新疆村” 也坐落于此	知识阶层集中居住区	主要分布在海淀区的清华园、燕园、学院路等北京高校集中的街区	知识阶层集中居住区的分布范围更广，空间分布也更加集中

阶层居住空间选择的物化表现，个体差异、家庭差异和地区差异相互作用形成了特定的城市居住空间结构（图 5.6）。个体差异主要体现在性别年龄、户口民族、教育程度、就业状况等方面，以上因素综合决定了个体的社会经济地位。家庭差异主要体现在家庭规模和代际类型，此外，家庭成员的社会经济地位也影响着家庭的社会经济地位。地区差异主要体现在地区产业结构、住房市场等方面，为居民提供不同类型的就业机会和居住条件，从而产生了较大的人口密度差异和人口增长差异。同时，地区产业结

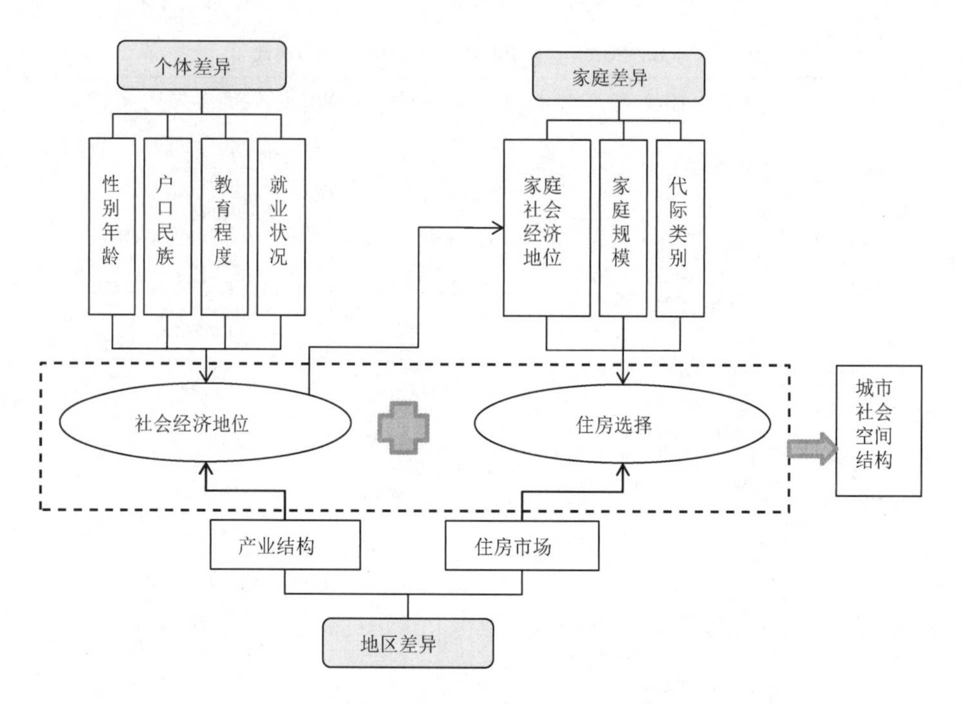

图 5.6　北京社会空间结构与分异的演变过程

构升级改变了原本的就业结构，重塑了个体的社会经济地位结构。住房市场对住宅供应的类型、数量、位置等起着很大的引导作用，约束着居民的住房选择结果。不同社会经济地位的居民在居住选择上的差异最终形成了不同社会阶层的居住空间分异，出现“物以类聚、人以群分”的结果，便构成了特定的城市居住空间结构。

首先，个体的社会经济地位差异决定了其支付能力和居住偏好。主要包括性别年龄、户口民族、教育程度、就业状况等方面。其中，性别年龄方面，不同类型就业岗位有特定的性别偏好。例如，轻纺工业倾向于招聘女性，而制造业、建筑业等更倾向于招聘男性；青年劳动力在就业市场中则比其他年龄阶段人口占据绝对优势。户口民族方面，附着在户口上的一系列福利政策，如就医、入学等，影响着居民的生活状况；民族因素主要在于生活习惯的差异导致同类民族聚居状况的出现。教育程度很大程度上影响个体的技能水平，从而影响其在就业市场中的地位。就业状况包括所在行业、所属职业、在业状况等，这些则直接影响到居民的收入水平。以上方面综合决定着居民个体的社会经济地位。

其次，家庭的规模、代际类型及家庭社会经济地位等决定了家庭的住房选择。人口普查数据中所能反映的家庭差异主要体现在家庭规模和代际类型。家庭规模的大小是影响家庭住房面积的重要因素，而代际类型决定家庭的少儿抚养压力和老年抚养压力，也影响其住房选择。不同的住房选择主要体现在住房来源和住房费用等方面，住房来源如自建、购买或者租赁住房，购买商品房、二手房、经济适用房、原公有房，租赁廉租住房或租赁其他住房等。住房费用如购房费用或租房费用。此外，组成家庭的成员个体社会经济地位的差异也影响着家庭的社会经济地位，影响其支付能力和选择偏好，从而影响家庭的住房选择行为。

最后，地区的产业结构及住房市场进一步导致了居住空间分异的形成，可从全国人口普查数据中的行业、职业、住房数据中反映出来。地区产业结构升级后所提供的就业岗位发生变化，影响居民的迁居行为，使其人口构成发生变化，居民的社会经济地位也随之发生相应的改变。地区住房市场的发展则直接影响住房的空间分布，包括其类型、价格、质量等。同类型住房的集聚便吸引了同类型支付能力，也即同类型社会经济属性的居民集聚。

（二）城市居住空间重构机制

行政、市场和社会三组力量交织作用于个体、家庭和地区，形成了个体差异、家庭差异和地区差异，在社会经济地位的支配和住房空间分布的响应下，形成了特定的城市居住空间结构（图 5.7）。

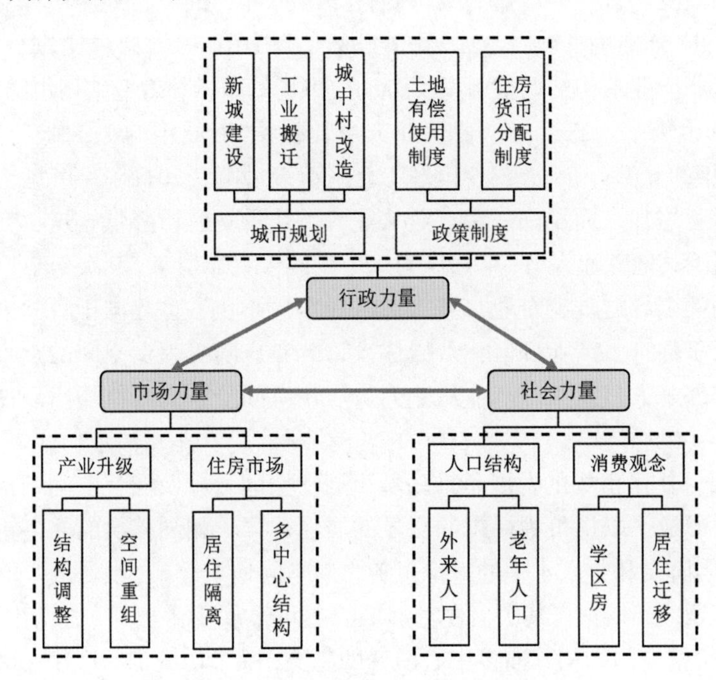

图 5.7 北京社会空间结构与分异演变机制

1. 行政力量

政府通过编制城市规划及制定相关的政策制度来引导和规范城市社会的发展，从而影响城市空间的演变。对于北京来说：在城市规划方面，一是新城的建设，《北京城市总体规划（2004—2020）》提出重点发展通州、顺义和亦庄 3 个新城。其中，通州是中心城行政办公、金融贸易等职能的补充配套区，顺义主要发展现代制造业及空港物流等功能；亦庄在经济技术开发区的基础上向综合产业新城转变。3 个新城承担着疏解中心城人口及职能的作用，成了北京郊区产业及人口集聚的主要地区。

2000~2010 年二产人口和生产运输业人口的隔离指数差值较大与此有关。二是搬迁改造工业用地，主要出于改善空气质量和迎接 2008 年奥运会的目的，如将首钢、通惠河南化工区及垡头等地区的传统工业搬迁，带动了大批相关就业人员的迁移。三是大力整治“城中村”，提升城市品质和提高城市整体环境水平。但“城中村”作为一个低成本住房的外来人口集中居住地，其拆迁改造势必影响到大量外来人口的搬迁，导致城市社会的重构。在制度方面，1992 年开始实行的土地有偿使用制度以及 1998 年开始实行的住房货币分配制度等使得住房商品化成为可能，为房地产市场的发展提供了基础。在接下来的 2000~2010 年，北京房地产市场也得以迅速扩张，不但冲击了传统的单位福利分房体制下的单位居住区，也形成了不同社会经济地位人群的居住空间分异。

2. 市场力量

一方面，产业的结构调整与空间重组影响就业人口的构成及其空间流动，从而影响空间结构的演变。首先，产业的结构调整。2000 年，北京市地区生产总值中第一、二、三产业占比分别为 2.5%、32.7%、64.8%，到 2010 年，相应比重分别为 0.9%、24.0%、75.1%，产业结构的调整引发了劳动力市场的重构，就业结构也随之发生变化。相应地，北京市第一、二、三产业从业人员比重由 2000 年的 11.8%、33.6%、54.6% 变化为 2010 年的 6.0%、19.6%、74.4%（北京市统计局，2011）。可见，第三产业从业人员比重显著增加，而第一、二产业从业人员比重均有所降低。这一变化使得本地白领人口区别于其他就业人口，单独作为一个主因子突显出来。其次，产业的空间重组。除了城市规划的引导之外，企业自身为追求成本最小化，也趋向于将其生产用地搬迁至郊区，进一步促进了产业郊区化。居住人口分布也随着就业空间的重组发生改变。例如，北京市外来人口及第二产业从业人员居住空间分布的峰值均出现往郊区迁移的趋势。

另一方面，住房市场的发展是推动城市居住空间分异及居住空间结构形成的直接力量。首先，形成了以房价为标志的明显的居住分异，相同档次的住宅集聚程度不断加强，社会不同阶层和收入水平的人口也随之向不同地点集聚，易形成“富人区”和“穷人区”（王芳等，2014）。其次，住宅价格的空间分布形成了多中心结构。2001~2005 年，北京住宅价格空间结构有向多中心演变的趋势，除了传统的行政中心天安门之外，还新出现了中关村、CBD、奥林匹克中心（秦波和焦永利，2010）。2005~2012 年，已呈现较为明显的多中心格局，除市中心外，还出现了亚奥地区、万柳 - 香山地区、中关村地区、复兴门地区、CBD 等次中心（王芳等，2014）。

3. 社会力量

一方面，各类型居住人口的分布变化也改变了城市居住空间结构。首先，外来人口增长及圈层比重变化。北京市外来人口数量由 2000 年的 256.8 万增长为 2010 年的 704.5 万，比重由 18.9% 增长为 35.9%，期间总人口增长的 3/4 都是外来人口增长造成的，外来人口的增长十分显著。按中心城区（东城区和西城区）、近郊区（朝阳区、海淀区、丰台区、石景山区）、远郊区（市域其他区县）汇总外来人口，2000年，中心城区、近郊区和远郊区的外来人口比重分别为11.6%、61.6%和26.8%，到2010年，这一比重分别为7.8%、53.8%和38.4%，可见远郊区的外来人口比重明显升高，中心城区和近郊区的外来人口比重均有所下降。其次，中心城区和外围农村地区人口老龄化问题突出。2000年和2010年，研究区范围内60岁以上的老年人口占比均在12.5%左右，其中以中心城区老龄化问题最为突出，其两个年份的60岁以上的老年人口比重都在16.9%左右，高于研究区范围的平均水平。主要是因为中心城区是居住在原公有住房中的离退休人员集中分布的区域，使得老年人口比重偏高。此外，外围农村地区的老年人口比重也较高，主要是因为年轻劳动力外出务工，留守老人占常住人口的比重显著增加，而且留守老人在空间上已经有所体现。

另一方面，居民的生活方式及消费观念的改变也重塑着社会空间结构。首先，年轻家庭对子女教育的重视及优质教育资源的相对稀缺，使得中心城区出现了学区房，其房价远高于普通住宅。例如，北京东城区带重点小学入学名额的住宅比带普通小学入学名额的住宅在价格上平均高14.716%（董藩和董文婷，2017）。其次，学区房的高价格形成了对居民社会经济地位的筛选机制，成为影响年轻家庭空间分布的重要因素。最后，随着居民消费能力的提高，为改善居住环境而发生的居住迁移也逐渐增加，使得北京近郊区广泛分布了本地白领人口。例如，北京回龙观居住区中自发性的迁出行为占主流，即50%的具有较高经济实力者会为了追求更好的居住环境而产生迁居行为（柴宏博和冯健，2014）。

六、小结与讨论：中国城市居住空间重构的最新特点

对北京的实证研究，可以洞察中国快速城镇化进程中城市居住空间演化的一般特征。首先，产业结构及产业空间的演化，导致城市居住空间及其地域模式的相应变化。职业的分化及职业空间分异明显，原有的工薪阶层主因子已被本地白领人口所替代，并逐渐成为主导居住空间类型的因子，白领人口在城市社会中的影响作用逐渐增大。第一产业和第二产业就业人口、从事生产运输业的人口的空间分布更加集中，反映了大都市的农业不断萎缩，城市的制造业、物流业趋于集中发展的产业空间演化趋势。其次，外来人口分布更加广泛且呈现出向远郊方向推移、蔓延的趋势。其推力在于，10年间外来人口的数量大幅度增加，中心城区住房市场和就业岗位的饱和，以及房价的快速上涨，迫使外来人口外迁寻找新的居住地和就业地。其拉力在于郊区交通条件的改善和各项基础设施的完善为郊区生活提供了便利的条件；此外，郊区人口规模的增加导致其服务需求增加、工业郊区化和郊区住房市场的发展，为外来人口提供了商业服务业、制造业、建筑业等不同类型的就业岗位，吸引外来人口往郊区集中。再次，知识分子分布集中化趋势越发显著。高校和科研院所的知识溢出效应逐渐吸引各类科技园区的集中，企业的集聚效应和规模效应则促使高科技产业的进一步集中，最终导致知识分子分布更加集中的空间格局。总体上看，城市的学历水平普遍得到提高，但在空间上呈

现出一定的差异性特征，近郊区学历水平最高，各个距离范围内的大学以上学历人口均有所提高，峰值出现在位于近郊区的海淀区高校和科研院所集中分布的几个街道。

从城市居住空间结构形成和演化的动力机制上看，个体差异、家庭差异和地区差异是构成城市社会分异过程的三个层级，其背后是行政力量、市场力量和社会力量三者的相互作用。行政力量主要是政府通过编制城市规划及制定相关的政策制度来引导和规范城市经济社会的发展，从而影响城市空间的演变；市场力量主要是产业的结构调整与空间重组影响就业人口的构成及其空间流动；社会力量主要是外来人口及老年人口结构及分布的变化改变了城市的社会结构。来自政府、市场和社会的力量交互作用，并综合影响城市社会空间的各个层级，最终使得城市内部呈现出特定的居住空间结构并推动它持续演化。

除了北京的实证研究以外，还可以结合学术界运用第六次全国人口普查数据（2010年）所开展的对广州、苏州、常州社会空间的研究结果（周春山等，2016a，2016b；冯健和钟奕纯，2018，2020；杨莹和冯健，2019），来研究最新的有关中国城市居住空间的发展动向。相关研究发现，2000~2010年的中国城市居住空间变化或2010年单个年份静态的中国城市居住空间都表明，城市就业结构的转变使得职业分化加剧，进一步造成阶层分化特征显现，并形成相应的聚居区。例如，常州的中产阶层因子（中产阶层聚居区），北京的本地白领人口因子、外来蓝领人口因子（白领人口集中居住区、外来蓝领人口集中居住区），广州的中等收入阶层比重因子（中等收入阶层聚居区、低收入阶层聚居区），都表明了这一发展趋势。周春山等（2016b）专门针对广州市中产阶层聚居区的空间分异及形成机制开展了研究，认为中产阶层对城市社会空间结构具有较大影响并将中产阶层聚居区划分为教育、职业、收入和混合4个亚类聚居区，提出社会阶层分化、房地产市场、全球化、传统社会空间历史延续以及个体力量和城市建设等因素对中产阶层聚居区的形成演化起到了重要的影响作用。另外，户籍因素，即是否取得被研究城市当地的户籍，在2010年的城市居住空间中也开始显现其作用。例如，北京的本地白领人口因子、外来蓝领人口因子（职业与户籍交叉影响），苏州的定居就业人口因子（本地就业人口集聚区），常州的本地户籍人口因子，广州的外来人口和本地居民混居区，都反映了本地户籍对居住空间形成的影响。再有，社会结构中的年龄因素对城市居住空间的形成作用也初步显现，如苏州的非劳动年龄人口集聚区，常州的年龄因子（近郊中年聚居区）。相信随着时间的推移以及社会老龄化程度的加剧，未来的居住空间应该会形成明显的老年人聚居区，其实这个特点在苏州的非劳动年龄人口集聚区中已经体现出来了。老年人口的空间聚居特征主要来源于两大方面：一是，在中国很多大城市，老城区户籍人口的老化程度远高于城市的其他地域空间，容易造成老城人口结构的“老化”特点；二是，城市养老产业的兴起与发展，尤其养老院等养老设施和养老房地产业的发展，造成城市内部的若干局部地域在老年人口尤其是高龄人口空间集聚方面的特征突出。总体上看，近些年中国大城市居住空间的发展凸显了“市场”和“社会”因素的作用以及它们与空间的交互作用。市场层面的作用主要包括房地产市场以及受产业升级影响的劳动力的就业市场；而社会层面的因素包括人口结构的变化尤其是老龄化发展，以及生活方式和消费观念的变化，都对目前中国大城市居住空间结构的新特点产生了重要影响。

第三节 城市居住空间分异及居住人口社群分异

一、城市居住空间分异研究及问题的提出

城市社会空间分异是指城市社会要素在空间上明显的不均衡分布现象（冯健和周一星，2003b；冯健，2005a；2005b），而居住空间分异是城市社会空间分异最核心的部分。由于人口普查数据是基于居住地来进行统计的，因而以街区级（街道乡镇）人口普查数据来衡量的社会空间分异，其实质就是基于统计意义的城市居住空间分异。

实际上，城市内部空间分异或居住空间分异研究，是地理分析的一个基础工作，就像国家和大洲地域分化一样，它提供了一个全面的、具有基本效用的描述性假设，并依据特征鲜明和表现相对均质的要求对城市内部区域进行定义（Knox and Pinch，2000）。西方城市社会地理学者特别强调对差异和不平等以及基于它们的城市空间结构模式的研究，认为它们能够展示充满了隔离、交叠和极化作用纷繁复杂的万花筒般的城市景观，因而是城市社会地理学的重要议题（Knox and Pinch，2000；Kitchin and Tate，2000；Pacione，2001a，2001b）。在第二次世界大战后城市景观发生形态 - 功能性转变以后，大都市空间和社区多样化与极化之间的流动状态及其群体特征的形成具有新的含义：今天的后城市（post-urban）不仅在人口结构上，而且在文化和种族上的多样化方面不断加强，后郊区（post-suburb）环境的异质性与破碎性、多元文化主义与快速发展的亚文化成为当代都市社会景观，公共空间的现实化与私有化以及围墙和门禁社区（gated community）都获得了发展（The Ghent Urban Studies Team，1999）。实际上，随着全球化的发展，在后福特主义体制、灵活的劳动用工制度以及生产者服务业获得大发展的背景下，国际上的全球城市正在不断呈现出越来越细分化、破碎化、多中心化和后现代化的社会空间（Friedmann and Wolff，1982；Garreau，1991；Sassen，1991；Coffey and Shearmur，2002；Wu and Li，2005；Feng et al.，2008a；顾朝林，2011；冯健等，2012；冯健和赵楠，2016）。在这种情况下，对日益多样化、破碎化和细分化的城市居住空间分异及其重构特征进行研究具有重要意义。

近年来，随着人口普查数据尤其是街区级数据的面世，关于转型期中国城市社会空间结构和分异的实证研究成果逐渐增多，如对北京、上海、广州、西安、南昌等城市的研究（王兴中等，2000；冯健和周一星，2003a，2004；冯健，2004；Gu et al.，2005；吴俊莲等，2005；李志刚和吴缚龙，2006；宣国富等，2006；周春山等，2006；钟奕纯和冯健，2017），基本结论是转型期中国大城市已存在明显的社会空间

结构，基于社会空间的城市结构表现出异质性特征，也就是说中国大城市已存在社会空间分异现象。在过去研究的基础上，面对出现的新现象和新问题，需要从以下方面做进一步的探索：①基于社会区研究的城市社会空间结构是一种相对宏观的和高度概括性的分异，有必要细腻地研究和展示各种社会要素，如各类居住人口、各类就业人口和住房状况的空间分异格局和特征；②对于一个时段尤其是转型期中国城市居住空间分异的重构过程研究十分缺乏，有必要通过定量手段进一步揭示这种重构特征；③能否从制度、市场和文化变迁层面建立对转型期中国城市社会空间分异或居住空间分异重构解释的理论框架。本节基于以上认识，利用北京的数据，对转型期中国城市社会空间分异研究做进一步补充。

二、实证研究地区、基本数据与研究方法

（一）实证研究地区与基本数据

本节的实证研究区选择以北京市六环以内的主要行政区域，具体包括北京市 16 个区中的 12 个区（东城区、西城区、朝阳区、丰台区、石景山区、海淀区、门头沟区、房山区、通州区、顺义区、昌平区、大兴区），研究区范围详见图 5.1。在北京的圈层结构中，传统上，一般把东城区和西城区作为城市中心区（即 2010 年以前的东城区、崇文区、西城区和宣武区 4 个区的范围，2010 年原东城区与崇文区合并为东城区，原西城区与宣武区合并为西城区），也称为“城区”；把朝阳区、丰台区、石景山区和海淀区 4 个区作为近郊区；把市域其余 10 个区县作为远郊区。城区和近郊区，也称为“城八区”或“城近郊区”。

本节的研究采用北京第三次（1982 年）、第五次（2000 年）和第六次（2010 年）全国人口普查的分街区数据。书中使用的街区概念，与建筑学的“街区”有所不同，统指街道办事处和乡（公社）、镇一级的行政地域单元。对 1982~2000 年北京都市区内街区行政区划的变动情况进行了考证，为保证街区人口的前后可比性，依照考证结果对相关街区的人口进行合并处理。结合采集的分街区数据和街区地图，建立空间数据库。由于人口的再分布不仅意味着空间区位变化，还展现了城市空间中不同社会群体的分异，通过人口分异可以透视城市多层空间重合体的特征（Wu，2005），因此，基于街区层次的人口普查数据是反映城市居住空间特征的有力工具。

为便于理解，对人口普查的就业分类数据进行归并，将第三产业人口分为 5 类（周一星和孟延春，2000）：“三产 1”指流通部门，包括交通运输、仓储、邮电通信、批发和零售贸易、餐饮业；“三产 2”指为生产服务的部门，包括采掘业、电力、燃气及水的生产和供应、地质勘察、水利管理业；“三产 3”指为生活服务的部门，包括金融、保险、房地产业、社会服务业；“三产 4”指为提高科学文化水平和居民素质服务的部门，包括卫生、体育和社会福利、教育、文化艺术、广播电影电视、科研、综合技术服务业；“三产 5”指为社会公共需要服务的部门，包括国家机关、党政机关、社会团体和其他行业。

（二）研究方法与模型

以地理信息系统软件 ArcGIS 提取北京都市区各街区的面积、街区质点（几何中心）坐标，量度各街区几何中心与天安门之间的距离，作为各街区距城市中心的距离。在空间数据库的基础上，利用地理信息系统的空间展示功能生成空间格局图，并概括各类社会要素的空间分异特征。

为了更准确地揭示城市社会空间分异重构的特点，分别计算标准差、极差、信息熵、绝对分异指数、相对分异指数和隔离指数。信息熵的模型表示为

$$H = -\sum_{i=1}^{n}\left(\frac{X_i}{\sum_{i=1}^{n} X_i}\right)\ln\left(\frac{X_i}{\sum_{i=1}^{n} X_i}\right) \tag{5.1}$$

式中，H 为信息熵；X 为某社会要素，i 为街区样本。

分异指数又称地方化指数，用来衡量较大范围内次一级人口分组之间居民的隔离程度（Johnston et al.，2000），实际上是某一类要素相对于另一类要素的分异情况。模型表示为

$$I_{\mathrm{d}} = \frac{1}{2}\sum_{i=1}^{n}\left|\frac{X_i}{\sum_{i=1}^{n} X_i} - \frac{Y_i}{\sum_{i=1}^{n} Y_i}\right| \tag{5.2}$$

式中，I_{d}为分异指数；X 和 Y 分别为两类不同的社会要素；i 为街区样本。I_{d}的数值在 0~1。0 代表无分异，1 代表完全分异。I_{d}越大，表明 X、Y 之间的分异越大。

本书对分异指数模型的引申包括两个方面：一方面，如果 Y 取 1，则$\sum_{i=1}^{n} Y_i$为 N（即样本总数量），这时式（5.2）就代表“绝对分异指数”，即相对于平均分布格局的分异程度；另一方面，如果 Y 表示街区总人口，则$\sum_{i=1}^{n} Y_i$就代表都市区总人口，这时式（5.2）就代表“相对分异指数”，即相对于居住人口分布格局的分异程度。

隔离指数（Johnston et al.，2000），在相对分异指数的基础上引入了百分比权数。模型表示为

$$I_{\mathrm{s}} = \frac{I_{\mathrm{d}}}{1 - \frac{X}{Z}} \tag{5.3}$$

式中，I_{s}为隔离指数；I_{d}为相对于都市区总人口的相对分异指数；分母

$$1 - \frac{X}{Z} = 1 - \frac{\sum x_{ai}}{\sum x_{ni}} \tag{5.4}$$

可以视为一个权数，它表示在总人口中扣除某类人口之后，其余人口所占比例。在式（5.3）和式（5.4）中，X 和$\sum x_{ai}$ 代表都市区某一类人口的总量，Z 和$\sum x_{ni}$ 代表都市区总人口数量。西方学者常用隔离指数来衡量城市内部的种族隔离情况。在中国，不存在种族隔离现象，可以用隔离指数来衡量某一类人口的群居性和城市人口的混居性

状况，如针对某一类人口的隔离指数越大，则这类人口的群居性越强，与其他人口的混居性越弱。

除了上述模型以外，为了能概括性地解释城市社会空间分异重构，本节尝试建立概念模型。作为一种概括性的描述手段，概念模型方法在西方城市社会地理学中得到广泛应用（Knox and Pinch，2000）。此外，为直观地揭示 2000~2010 年各社会指标的演变状况，以 2000 年的指标值为横轴，2010 年的指标值为纵轴，将各指标值在坐标系中反映，一方面便于观察指标值的大小，另一方面便于比较指标值在两个年份的增长情况。值得强调的是，对传统空间分析方法的改进更有利于刻画城市空间格局及其演化（顾朝林和庞海峰，2009），本书对传统空间分异指标的改进及其意义见表 5.7。

表 5.7　对传统空间分异指标的改进及其意义

传统方法	改进之处	模型表达	补充说明	改进意义
分异指数	绝对分异指数	$I_{d绝}=\frac{1}{2}\sum_{i=1}^{n}\left\lvert\frac{X_i}{\sum_{i=1}^{n}X_i}-\frac{1}{N}\right\rvert$	$I_{d绝}$ 表示绝对分异指数，N 表示街区的数量，X_i 表示街区 i 的指标值	将分异指数分为相对分异和绝对分异两个方面，其中，绝对分异是指相对于平均分布格局的分异程度，相对分异是表示相对于居住人口分布格局的分异程度。从更细致的层面揭示人口的社会空间分异状况
	相对分异指数	$I_{d相}=\frac{1}{2}\sum_{i=1}^{n}\left\lvert\frac{X_i}{\sum_{i=1}^{n}X_i}-\frac{Y_i}{\sum_{i=1}^{n}Y_i}\right\rvert$	$I_{d相}$表示相对分异指数，X_i 表示街区 i 的指标值，Y_i 表示街区 i 的总人口	
列表显示各指标值计算结果	在直角坐标系中显示指标值	0.8 0.6 0.4 0.2 0 2010年 0.2 0.4 0.6 0.8 2000年	横轴代表 2000 年指标值，纵轴代表 2010 年指标值。每个点代表一个指标，越靠近原点的点则指标值越低；位于对角线（虚线）上方的点为 10 年间有所增长的指标，位于下方的则是降低的，离对角线越远则 10 年间变化越大	一方面可更直观地展示指标值的大小，另一方面可方便地比较两个年份的指标值

三、城市居住人口的空间分布格局

由于中国的人口普查是以居住地为基准进行统计的，也就是说，人口普查数据所展现出的都是针对被普查城市的居住人口的各种特征或被普查城市各种类型的居住人口。在进入针对居住空间分异的定量指标计算之前，有必要利用地理信息系统的空间展示功能，展示一下各类型居住人口的空间分布格局，这样可以更好地理解后面对居住空间分异的定量指标衡量结果。在此以第五次全国人口普查数据为例，展示北京的居住人口空间分布格局（图 5.8）。

（一）居住人口空间分布格局及特征

1. 基于人口密度的居住空间格局

从第五次全国人口普查（2000 年）所反映的北京分街区人口密度图可以看出，从

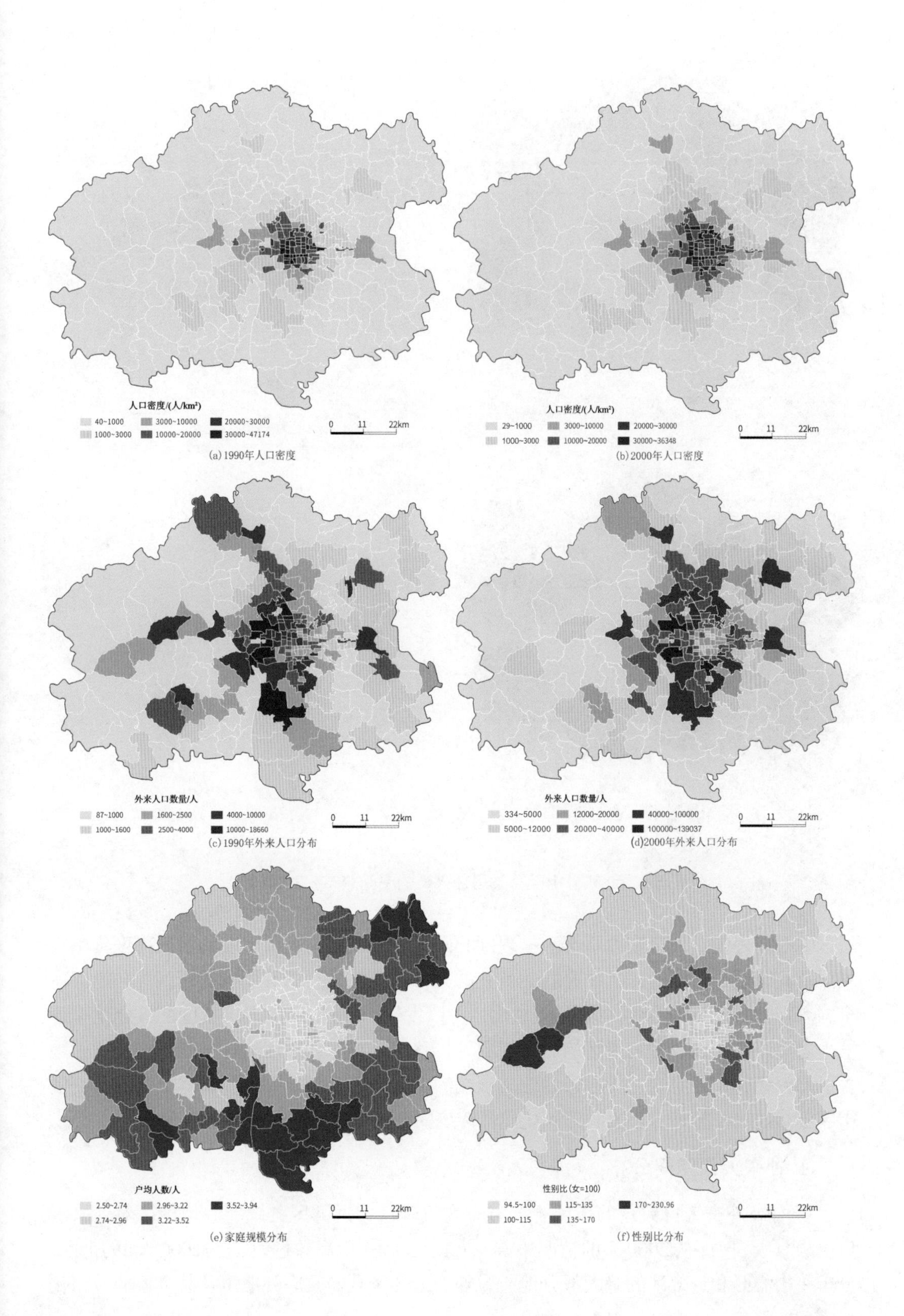

(a) 1990年人口密度

(b) 2000年人口密度

(c) 1990年外来人口分布

(d) 2000年外来人口分布

(e) 家庭规模分布

(f) 性别比分布

图 5.8　北京分街区各类居住人口的空间分布（2000 年）

城市中心向外围，人口密度基本上呈现同心圆式衰减，最高人口密度的街区高度集中在城区及其附近，远郊区区县政府驻地街区的人口密度明显高于其周围的街区。与第四次全国人口普查（1990 年）的情况相对比，可以发现 10 年来街区人口密度两极分化呈现缩小之势，极高人口密度街区的分布有向外扩移的趋势。都市区居住空间格局变化中隐含了郊区化作用的痕迹，中心区内位居顶端的街区人口密度的降低和具有极高人口密度街区分布的向外扩移，都表明郊区化使得传统内城居住拥挤的状况有所改善。

2. 外来人口空间分布

拥有高外来人口数量的街区主要分布在近郊区，远郊区县政府驻地街区对外来人口也颇具吸引力。从 2000 年的情况来看，外来人口属中、高数量型（≥12000 人）的街区，分布在中心区和近郊区的绝大部分地段，外加远郊区县的政府驻地镇及其临近的城镇化快速发展地段；外来人口属低数量型（＜12000人）的街区，则分布在近郊区的外围和都市区外围6区县的广大街区，以及中心区的部分街区上。从演化轨迹上看，虽然1990年街区外来人口数量普遍较低，但已为10年后外来人口的分布格局奠定了基础。

3. 家庭规模和性别比空间分布

北京都市区以户均人数为度量的家庭规模分布存在明显的空间分化。较大家庭规模的街区几乎全部分布在远郊区县，集中分布在顺义、通州、大兴和房山区；较小家庭规模的街区多数集中分布在中心区和近郊区，大部分远郊区县政府驻地街区，以及门头沟的大部分地区和昌平临近城八区的街区。这种分异特点说明在远郊区县普遍存在相对较大的家庭规模，与该地农村人口相对集中有关；而在中心区和近郊区家庭规模则相对偏小，尤其是近郊区分布了多数户均人数小于2.74人的街区，与近20年来大量的新一代家庭来此购房或迁居到此有关。北京都市区性别比也存在一定程度的空间分异。北京都市区有1/6的街区女性人口多于男性人口，5/6的街区男性人口多于女性人口。

4. 老龄化人口空间分布

大于60岁的人口主要分布在中心区及其临近地域，以及都市区外围边缘的局部地段。北京都市区内老龄人口的这种分布规律说明，一方面，老龄人口倾向于居住在基础设施条件相对便利的城区及其附近地域；另一方面，在都市区边缘的部分农村地区，老龄人口比重相对偏高。

5. 学历人口空间分布

高学历人口主要集于海淀和朝阳两区；文盲人口主要分布在都市区外围农村地区，以房山和门头沟两区为多。海淀区的东升、清华园、燕园、中关村、花园路、北太平庄、北下关、甘家口、八里庄和永定路，以及朝阳区的亚运村、小关和和平街都是高学历人口比重较高的地区。前者是北京高等院校、中国科学院研究所以及高科技电子产品交易市场的主要集中地区，后者也集中了大量中国科学院研究所。文盲人口比重的分布特点正好与高学历人口比重分布趋势相反。在农村地区，尤其是边远农村地区，文盲比重相对较高。

6. 少数民族空间分布

本节重点考察满族、回族、蒙古族、壮族和维吾尔族5个少数民族人口的分布情况（图5.9），发现满族人口的空间格局有其历史根源，回族人口分布相对均匀，壮族、蒙古族、维吾尔族等人口的空间集中主要源于在京求学的高学历人口。满族人口，主要分布在中心区及与其临近的近郊区，这种格局的形成与历史上满族人口主要居于内城有关。在北京，回族人口超过千人的街区有94个，而超过百人的就有156个，说明回族和汉族人口长期混居，其分布相当普遍和均匀。但也有少数街区因回族人口的聚居而数量相对突出，如著名的回族乡——通州于家务乡，中央民族大学所在地——海淀区的四季青（含紫竹院）。维吾尔族人口最多的街区主要是四季青和甘家口（超过

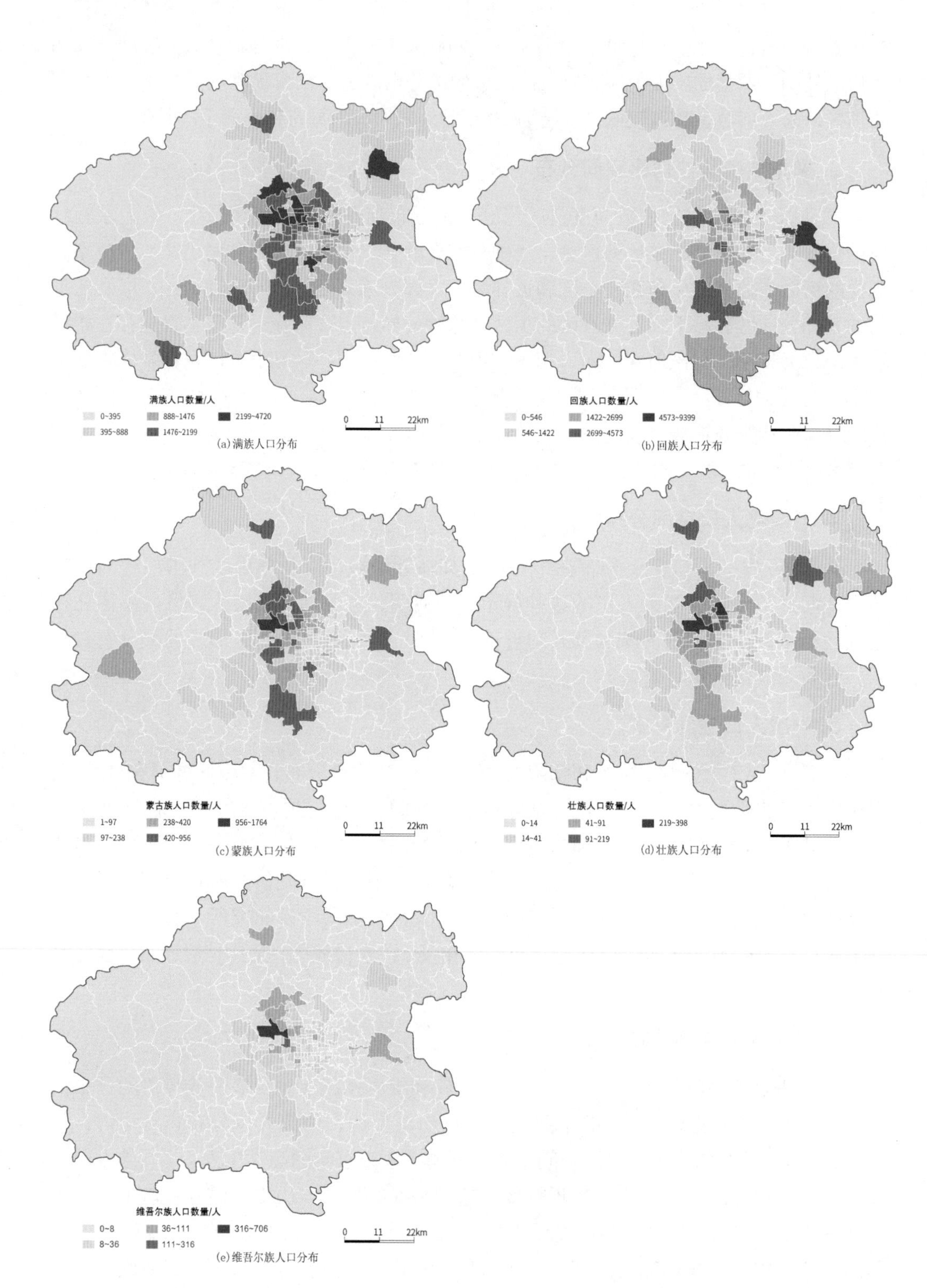

图 5.9　北京居住人口的少数民族状况空间分布（2000 年）

篇幅所限，图中只反映了满族、回族、蒙古族、壮族和维吾尔族 5 个少数民族居住人口的分布情况

300人）；蒙古族和壮族人口分布有一定相似性，主要分布在海淀区的四季青及其附近街区。形成上述格局的原因主要在于：一是中央民族大学位于紫竹院，故四季青（含紫竹院）的少数民族人口相对突出；二是海淀区的高校集中地带少数民族人口相对较多，说明少数民族人口集中分布多是缘于在京求学的大专以上学历人员；三是在北京形成了维吾尔族人口的集中聚落，即甘家口的“新疆村”，导致甘家口维吾尔族人口的相对突出。

（二）居住人口的就业状况空间分布格局及特征

居住人口的各种就业及未工作状况①的空间分布见图5.10。

1. 未工作人口和农业人口空间分布

北京的未工作人口主要集中在城八区和远郊区县政府驻地街区。北京农业人口的

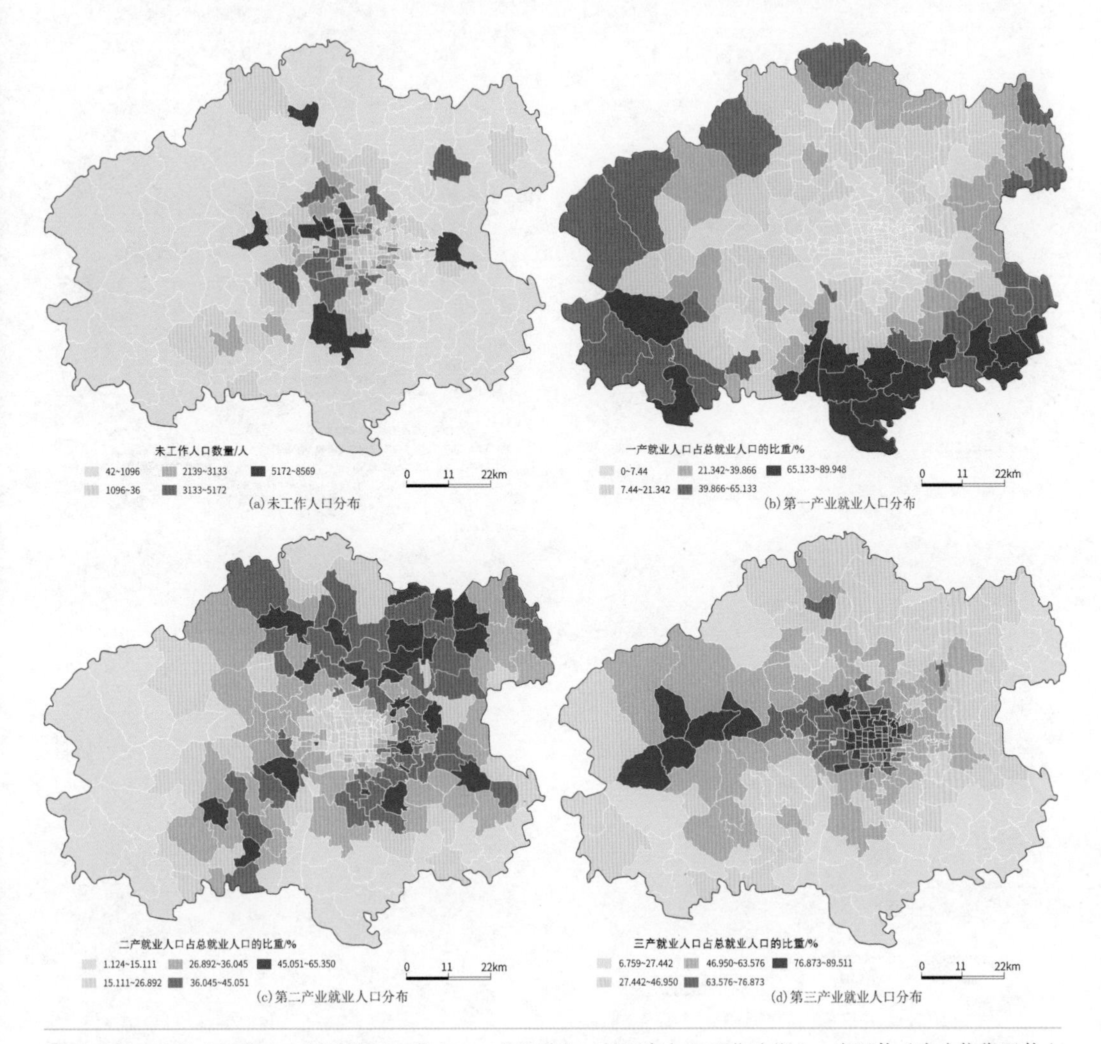

(a) 未工作人口分布　(b) 第一产业就业人口分布

(c) 第二产业就业人口分布　(d) 第三产业就业人口分布

① 人口普查中的未工作人口包括以下7类人口：在校学生；料理家务且无劳动收入；离退休（完全依靠退休金生活）；丧失工作能力；从未工作正在找工作；失去工作正在找工作；其他。

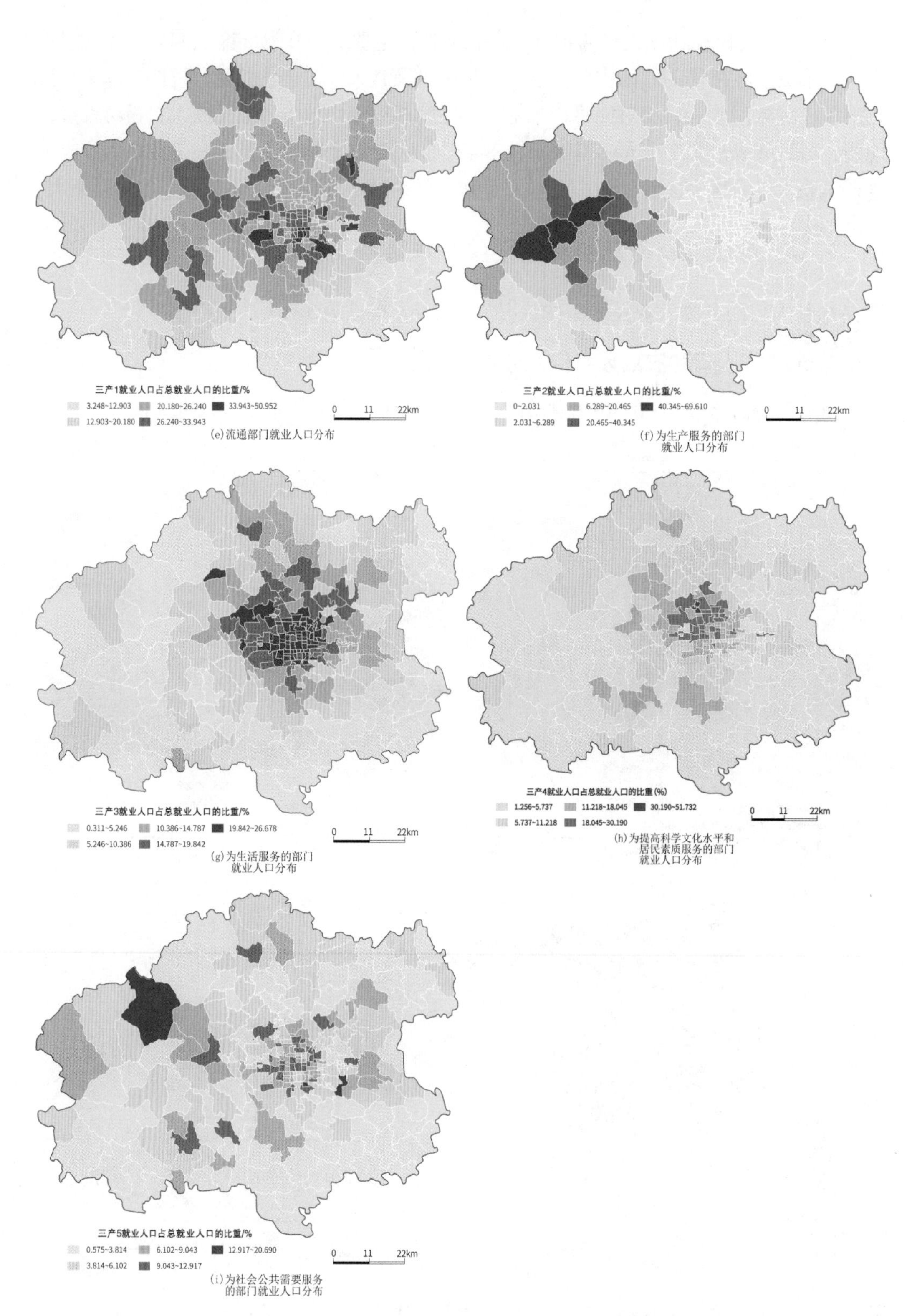

图 5.10　北京居住人口的就业状况空间分布（2000 年）

分布与地域城镇化水平成反比，主要集中在远郊区县的边缘地带，城八区农业人口已很少，在朝阳、海淀和丰台的外围部分乡镇，尚有一些农业人口分布。总体上看，北京都市区内农业人口分布最多的地域集中在都市区南部边缘地域。

2. 第二产业就业人口空间分布

第二产业就业人口比重较高的街区主要集中在朝阳、丰台和昌平、顺义；在通州、大兴和房山靠近城八区的方向，一些街区也分布有较高的第二产业就业比重；海淀区第二产业就业人口比重的优势并不明显。总体而言，第二产业就业人口比重较高的街区分布主要集中在两大块：一是都市区北部昌平和顺义两区的大部分地区；二是近郊区的东部和南部，主要由朝阳和丰台的部分街区构成。

3. 第三产业就业人口空间分布

第三产业就业人口比重最高的街区主要集中在中心区及其周边地域，另外在门头沟和房山的局部地带比重也较高，主要因为这里是北京煤矿的主要分布地带，采掘业人口比较集中导致第三产业人口比重较高。在都市区外围地域，第三产业就业人口所占比重则相对较小。如果以地铁一号线为界，将北京分为南城和北城的话，可以发现，第三产业就业人口比重最高等级的街区绝大多数分布在北城，南城的第三产业比较滞后。

4. 第三产业细类就业人口空间分布

流通部门（三产 1）就业人口分布相对分散，但也存在一些重点分布地域，如中心区以及近郊区的海淀、丰台和朝阳等，在都市区外围地域有大量街区三产 1 的就业人口比重极低。为生产服务的部门（三产 2）就业人口高度集中在西部的门头沟和房山两区的街区，原因前已述及，与采掘业人口在此高度集中有关。

为生活服务的部门（三产 3）就业人口分布趋势也十分明显，高度集中在城区和近郊区，并向南部和东部有所扩展，向西和向北有大幅度的扩展，甚至向北蔓延到位于远郊区的昌平区部分街区。这种分布格局反映了包括金融、保险、房地产业、社会服务业等在内的生活服务密集型产业的分布有集中成团的现象，与建成区发展趋势密切相关。

为提高科学文化水平和居民素质服务的部门（三产 4）就业人口的分布最容易理解，因为它们集中分布在海淀区的高校密集区地区，与其临近的西城和东城的部分街区，以及朝阳区的亚运村、大屯路一带，而在都市区外围的 6 个远郊区县分布较少。另外，就为社会公共需要服务的部门（三产 5）而言，比重相对较高的地区较为零散地分散在西城、东城的一些街区，以及近郊、远郊的区县政府驻地街区。

（三）居住人口住房状况的空间分布格局及特征

从月租金、购建住房费用、购买经济适用房、租房情况等多个指标来反映北京城市居住人口住房状况的空间分布（图 5.11）。

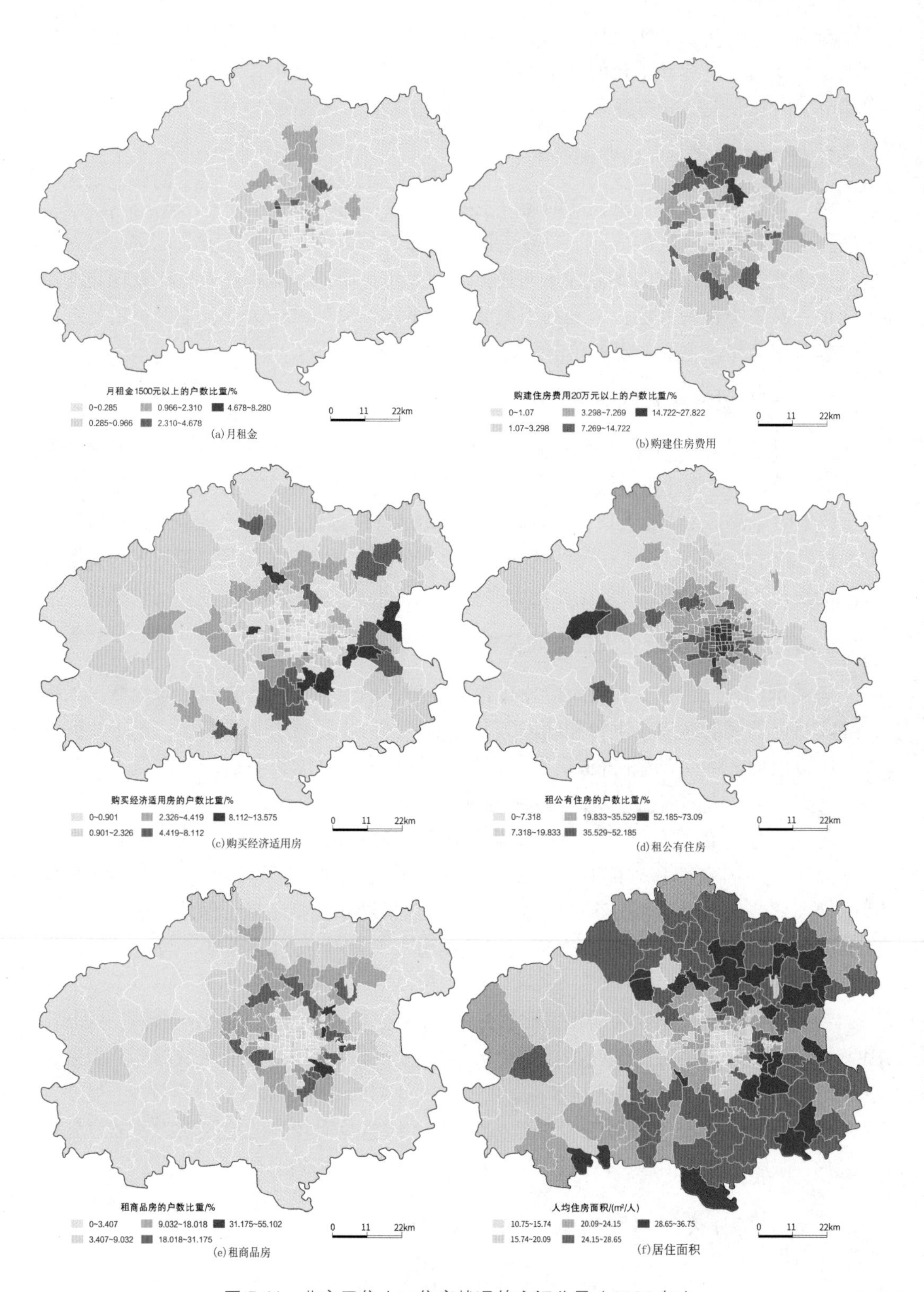

图 5.11　北京居住人口住房状况的空间分异（2000 年）

以人均住房面积来反映居住分异，北京人均住房面积较小的街区主要集中在中心城区，中心城区以外的广大地域普遍居住面积较大。从月租金1500元以上的户数比重分布来看，比重相对较高的街区有集中分布在城区及其周边近临的近郊区的特点。从购建住房费用在20万元以上的户数比重来看，集中分布范围比月租金1500元以上户数集中的地区向外有一些扩展。一些离城八区较近的远郊地区，如昌平的回龙观镇和北七家镇、顺义的后沙峪镇、大兴的亦庄镇等分布有较高的比例。比例超过7%的绝大多数分布在城区以外。就购买经济适用房户数的比重而言，高比重的街区零散地穿插在近、远郊区，与经济适用房项目的空间分布有关，如比重较高的亦庄镇、回龙观镇、望京等都是北京著名的经济适用房建设地点。租公有住房和租商品房住户比重的分布都呈现同心圆的空间格局并有近似的互补关系。租公有住房户数的比重按距城市中心的距离依次向外递减：中心城区的比重最高，其次是近郊区内沿，再次是近郊区外缘和部分临近的远郊区，最低的为都市区外缘地域。租商品房的户数比重分布也是同心圆的格局：中心城区和都市区外缘地域比重最低，比重最高的分布在近郊区内沿，比重比较高的则分布在近郊区外缘和都市区内沿。值得指出的是，若干位于都市区外缘传统的工业化和城镇化发展较快的地区租公有房的比重相对较高；远郊区县政府驻地街区租商品房的比重相对较高。

四、计划经济晚期及市场转型初期城市居住空间分异重构（1982~2000年）

（一）居住人口的社会指标分异重构统计特征

表5.8给出北京都市区若干社会指标的统计特征，包括极差、最大值、平均值和标准差。标准差代表相对于平均位置的偏离程度，标准差减小说明样本总体差异减小了。极差代表个体样本之间的两极分化，极差增大说明样本两极分化加剧。

结果表明，1982~2000年街区之间差异总体上趋于减小的指标包括人口密度、户均人数、满族和回族人口、文盲人口比重、未工作人口、第一产业和第二产业的就业人口比重，以及三产内部为生产服务的部门、为提高科学文化水平和居民素质服务的部门和为社会公共需要服务的部门的就业人口比重（三产2、三产4和三产5）等。另外，性别比、老年人口比重、外来人口、大学以上学历人口、蒙古族和壮族人口、流通部门和为生活服务的部门的第三产业就业人口比重（三产1、三产3）等社会指标的差异则趋于增大。

18年来各指标的标准差所表现出的样本总体上的差异性与极差所表现出的个体样本间的两极分化并不总是一致。最典型的是人口密度，总体差异减小但个体两极分化增大了，其含义是18年来在都市区居住密度更加均衡发展的同时，不同地域对人口居住的吸引力在两个极端上的差异反而增大，这与北京城市扩展和房地产发展特点相符。流通部门的就业人口总体差异增大但个体两极分化减小，是流通部门专业化程度普遍提高的结果。

表 5.8　1982 年和 2000 年北京都市区社会指标的统计特征差异

指标	2000 年				1982 年			
	极差	最大值	平均值	标准差	极差	最大值	平均值	标准差
人口密度 /（人 /km^2）	62186.8	62215.9	8902.6	11644.3	57035.9	57080.1	7497.6	13363.4
性别比（女= 100）	136.5	231.0	110.8	15.2	82.0	160.8	101.6	11.2
户均人数 /（人 / 户）	1.4	3.9	3.0	0.3	5.2	8.2	3.8	0.4
老年人口比重 /%	17.1	21.9	12.5	3.5	12.1	17.2	12.4	2.5
街区外来人口数量 / 人	138703.0	139037.0	18760.1	21973.4	8025.0	8047.0	839.5	1111.7
满族人口 / 人	4720.0	4720.0	831.8	804.9	7185.0	7185.0	483.1	848.3
回族人口 / 人	9399.0	9399.0	957.4	1278.6	13323.0	13323.0	959.2	1755.1
蒙古族人口 / 人	1763.0	1764.0	146.5	184.5	919.0	919.0	48.5	107.6
壮族人口 / 人	398.0	398.0	25.5	43.9	206.0	206.0	9.1	20.0
维吾尔族人口 / 人	706.0	706.0	12.7	51.5	—	—	—	—
文盲人口比重 /%	18.9	19.6	5.7	3.2	31.1	33.9	16.8	6.6
大学以上学历人口比重 /%	74.9	75.2	13.5	13.8	63.4	63.5	4.5	8.1
第一产业就业人口比重 /%	89.9	89.9	17.1	23.3	87.7	87.8	41.2	32.5
第二产业就业人口比重 /%	64.2	65.3	29.1	12.4	64.2	65.6	32.3	17.3
第三产业就业人口比重 /%	82.8	89.5	54.6	22.1	76.8	80.5	26.5	20.3
三产 1 人口比重 /%	47.7	51.0	21.9	8.1	64.5	65.4	8.9	7.9
三产 2 人口比重 /%	69.6	69.6	3.1	8.7	67.8	67.8	3.1	9.2
三产 3 人口比重 /%	26.4	26.7	13.0	7.5	8.3	8.3	1.7	2.0
三产 4 人口比重 /%	50.5	51.7	10.0	7.9	71.2	72.6	9.4	11.2
三产 5 人口比重 /%	20.1	20.7	5.8	3.2	18.8	19.2	3.4	3.4
未工作人口 / 人	8527.0	8569.0	1698.0	1509.2	77183.0	77574.0	7918.3	7912.2
机关干部人口比重 /%	16.0	16.3	4.8	3.3	11.6	12.1	3.1	2.2
专业技术人员比重 /%	48.5	50.5	14.1	10.5	53.1	57.0	11.3	8.8
办事人员比重 /%	22.3	22.8	9.1	5.4	12.8	13.0	3.1	2.7
商业服务人口比重 /%	50.5	51.5	22.0	9.4	20.1	21.8	9.2	5.7
农业职业人口比重 /%	88.6	88.6	18.0	23.7	80.2	80.4	36.4	29.0
生产运输人口比重 /%	69.3	74.6	32.4	13.5	57.5	68.6	37.0	14.4
房费 20 万以上比重 /%	27.8	27.8	2.0	3.6	—	—	—	—
购商品房户数比重 /%	27.9	27.9	2.4	4.1	—	—	—	—
购经济适用房比重 /%	13.6	13.6	1.6	2.2	—	—	—	—
租公有房户数比重 /%	73.1	73.1	21.0	20.7	—	—	—	—
租商品房户数比重 /%	55.1	55.1	5.8	8.4	—	—	—	—
人均住房面积 /m^2	26.0	36.8	22.2	5.5	—	—	—	—

（二）居住人口的系统分异重构

计算反映北京都市区居住空间的35个指标的信息熵，由于第三次全国人口普查没有关于住房指标的统计，因此1982~2000年相关指数的变化体现在住房以外的指标上（下文同）。

从计算结果上看，无论是在1982年还是2000年，绝大部分指标的信息熵值都在4~5bit。前后相比发现除了农业职业人口以外，其他所有指标的信息熵都是增加的，因此都市区居住空间系统整体上向越来越复杂化的方向演化，但农业职业人口的空间系统却趋于简单化，农业空间系统的这种变化特点与近20年来整个都市区产业结构调整与演化趋势相一致，即城区已无农业职业人口，近郊区的农业也逐渐被第二产业和第三产业替代，农业整体上处于萎缩状态。

信息熵的变化也可以在一定程度上反映系统分布的均衡程度，即基于空间数据的系统信息熵越大，空间差距越小，空间分布越趋于均衡。计算结果表明，18年间绝大多数社会指标的空间分布向均衡的趋势演化，只有农业职业人口趋于集中，这正反映了农业区位向远郊区相对集中的特点。以前后信息熵差值0.5bit作为标准，可以发现1982~2000年空间分布变动较大的社会指标包括人口密度、少数民族人口、大学以上学历人口、第二产业和第三产业的就业人口。尤其是满族和蒙古族人口，三产中为生产、生活和社会公共需要服务的就业人口（三产2、三产3和三产5），信息熵的增加值都在0.7bit以上，表明这些社会指标的空间分异经历了幅度较大的重构过程。

（三）居住人口社会指标的绝对空间分异重构

用不同方法所计算的参数关注的重点和细节不同。信息熵在反映不同对象的差异时，并无参照对象，是一种宏观统计量，更关注宏观的规律性，在反映系统整体演化和重构的规律性方面有优势，但在一些差异的细节上可能不突出。相比之下，分异指数设置了参照对象，其优势在于能突出更加微观的细节，因此，有必要计算北京社会指标的分异指数（表5.9）。

表5.9　北京都市区居住空间分异指数及其变化（1982~2000年）

指标	绝对分异指数			相对分异指数			信息熵		
	2000年	1982年	差值	2000年	1982年	差值	2000年	1982年	差值
总人口	0.298	0.321	−0.023	0.000	0.000	0.000	5.205	4.915	0.290
人口密度	0.554	0.657	−0.103	0.446	0.534	−0.088	4.693	4.096	0.597
性别比	0.044	0.035	0.009	0.302	0.319	−0.017	5.472	5.231	0.241
户均人数	0.044	0.034	0.010	0.324	0.335	−0.011	5.475	5.231	0.244
老年人口	0.330	0.308	0.022	0.124	0.089	0.035	5.179	4.946	0.233
外来人口	0.414	0.457	−0.043	0.181	0.187	−0.006	4.950	4.624	0.326
满族人口	0.376	0.539	−0.163	0.186	0.359	−0.173	5.044	4.290	0.754
回族人口	0.462	0.560	−0.098	0.319	0.342	−0.024	4.786	4.237	0.549

续表

指标	绝对分异指数			相对分异指数			信息熵		
	2000 年	1982 年	差值	2000 年	1982 年	差值	2000 年	1982 年	差值
蒙古族人口	0.417	0.617	−0.201	0.203	0.433	−0.230	4.921	3.984	0.937
壮族人口	0.476	0.584	−0.108	0.324	0.427	−0.103	4.679	4.063	0.615
维吾尔族人口	0.621	—	—	0.506	—	—	3.792	—	—
文盲人口	0.232	0.240	−0.008	0.204	0.176	0.028	5.299	5.026	0.273
大学以上学历人口	0.513	0.619	−0.106	0.292	0.417	−0.124	4.672	4.074	0.597
第一产业就业人口	0.508	0.368	0.141	0.635	0.515	0.120	4.665	4.760	−0.095
第二产业就业人口	0.322	0.469	−0.148	0.162	0.186	−0.023	5.137	4.583	0.553
第三产业就业人口	0.379	0.501	−0.121	0.114	0.245	−0.131	5.056	4.525	0.530
三产 1 就业人口	0.355	0.525	−0.170	0.105	0.259	−0.154	5.089	4.489	0.599
三产 2 就业人口	0.450	0.580	−0.129	0.398	0.558	−0.160	4.746	3.896	0.851
三产 3 就业人口	0.408	0.597	−0.189	0.168	0.353	−0.186	4.989	4.262	0.726
三产 4 就业人口	0.458	0.540	−0.082	0.223	0.314	−0.091	4.851	4.400	0.451
三产 5 就业人口	0.412	0.572	−0.160	0.184	0.335	−0.151	4.997	4.257	0.740
未工作人口	0.333	0.334	−0.001	0.075	0.064	0.011	5.149	4.893	0.257
机关干部人口	0.429	0.519	−0.090	0.229	0.242	−0.013	4.942	4.453	0.488
专业技术人员	0.449	0.490	−0.041	0.203	0.234	−0.031	4.886	4.545	0.341
办事人员	0.423	0.548	−0.125	0.164	0.272	−0.108	4.977	4.383	0.594
商业服务业人口	0.365	0.489	−0.124	0.116	0.208	−0.092	5.061	4.580	0.481
农业职业人口	0.506	0.365	0.140	0.634	0.512	0.122	4.678	4.777	−0.098
生产运输人口	0.292	0.430	−0.137	0.173	0.145	0.029	5.192	4.692	0.500
月租金 1500 元以上户数	0.628	—	—	0.471	—	—	4.189	—	—
房费 20 万以上户数	0.597	—	—	0.461	—	—	4.253	—	—
购商品房户数	0.607	—	—	0.511	—	—	4.113	—	—
购经济适用房户数	0.577	—	—	0.416	—	—	4.421	—	—
租公有房户数	0.501	—	—	0.298	—	—	4.790	—	—
租商品房户数	0.542	—	—	0.412	—	—	4.512	—	—
人均住房面积	0.100	—	—	0.349	—	—	5.450	—	—

基于空间数据的绝对分异指数是相对于绝对均衡分布的一种空间分异。从计算结果上看，大的趋势与信息熵的计算结果相似，但略有差异。除了老年人口、性别比、户均人数、农业职业人口等少数指标以外，1982~2000 年其他各指标的绝对分异指数都呈现减少的趋势，说明绝大部分社会指标的空间分异程度在下降。尽管整个社会的老龄化水平在提高，但不同区域老龄化水平提高的程度和变化趋势有所不同，从北京都市区老年人口比重与距离关系的重构可以清楚地发现 18 年来北京都市区老龄化水平

空间分异在加强，即老城区街区老龄化水平普遍提高很多，而相当一部分近郊区街区的老龄化水平还有降低的趋势，这实际上受到了近郊区由于外来人口相对集中和承接了大量发生郊区化的居民而年龄结构相对年轻化特点的影响，都市区整体上的老龄化水平空间分异得以加强。性别比和表征家庭规模的户均人数的空间分异也有所增强，但幅度相对较小。从性别比与距离关系的重构特点也可对上述结果进行解释：在距离城市中心5~25km 的范围之内，18 年中街区性别比有大幅度的提高，其他空间部分变化不大，整体的空间分异加强了。户均人数的变化也可获得类似解释。农业职业人口绝对分异指数的变化与农业的相对集中发展有关。从 2000 年北京都市区住房属性指标来看，绝对分异指数都在 0.5 以上，说明北京的住房存在比较明显的空间分异特点。

（四）居住人口社会指标的相对空间分异重构

计算相对于总居住人口分布的相对分异指数（表 5.9）。如果一个时段某一指标的相对分异指数减少了，说明其相对于总人口空间分布格局的一致性变强了。从计算结果上看，1982~2000 年相对分异指数增长的社会指标包括老年人口、文盲人口、农业职业人口、未工作人口、农业职业人口和生产运输人口。其他指标的相对分异指数都呈减小的趋势，说明这些社会指标空间分布格局与总人口的分布格局的一致性在变好。具体而言，人口密度自然与总人口的分布格局有较强的相关性；对外来人口、各少数民族人口、大学以上学历人口而言，可以理解为，总人口的分布、增长导致了其目前的空间格局；第二产业和第三产业与总人口分布格局的一致性变好，尤其是 18 年来发展起来的各种服务业，由于其服务对象多是针对城市人口，故与总人口分布的一致性增强。

老年人口、文盲人口，18 年来逐渐偏离与总人口分布格局的一致性，原因是它们有其独特的分布特点。将街区总人口、老年人口、文盲人口按从大到小排序，很容易发现它们之间的不一致性，如老年人口较高的老城诸街区，其人口总量并不突出；文盲人口数量突出的远郊区诸街区，其人口总量也不突出。农业职业人口相对分异指数的变化可获得与前面类似的解释，农业的相对集中与总人口分布关系不大。未工作人口的相对分异指数变化则告诉我们，人口分布集中的地区未必就是无工作人口集中的地区。

已有研究曾计算上海基于街区数据的住房指标的相对分异指数，可以与北京进行比较。2000 年，上海购买商品房、购买经济适用房、租公有房住户和租商品房住户的相对分异指数分别为 0.249、0.356、0.209 和 0.549。相比而言，北京商品房、经济适用房住户和公有房住户的空间分异都明显高于上海，但北京租商品房的空间分异低于上海。说明与上海相比，北京的商品房开发与居住人口的匹配性方面明显差于上海，但租房市场发育较好，与人口的空间匹配性比上海略好。

（五）居住空间群居性和混居性状况的重构

隔离指数可以在一定程度上反映某类人口与其以外的其他人口的空间关系，即可以衡量人口的群居性和混居性状况，但并非对所有人口指标都有意义，从 35 个指标中挑选出老年人口、外来人口、少数民族人口、文盲人口、大学以上学历人口以及未工作人口、各种行业人口和职业人口，计算上述指标的隔离指数及其变化（表 5.10）。

表 5.10 北京都市区居住空间的隔离指数及其变化（1982~2000 年）

指标	2000 年	1982 年	差值	指标	2000 年	1982 年	差值
老年人口	0.142	0.101	0.041	三产 1 就业人口	0.107	0.279	–0.173
外来人口	0.287	0.191	0.097	三产 2 就业人口	0.398	0.565	–0.167
满族人口	0.189	0.363	–0.174	三产 3 就业人口	0.169	0.359	–0.190
回族人口	0.325	0.350	–0.026	三产 4 就业人口	0.225	0.339	–0.115
蒙古族人口	0.204	0.434	–0.230	三产 5 就业人口	0.185	0.346	–0.161
壮族人口	0.324	0.427	–0.103	未工作人口	0.078	0.079	–0.001
维吾尔族人口	0.506	—	—	机关干部人口	0.230	0.249	–0.019
文盲人口	0.213	0.204	0.009	专业技术人员	0.205	0.256	–0.052
大学以上学历人口	0.358	0.441	–0.083	办事人员	0.165	0.280	–0.115
第一产业就业人口	0.638	0.599	0.039	商业服务业人口	0.118	0.224	–0.107
第二产业就业人口	0.165	0.248	–0.083	农业职业人口	0.637	0.583	0.053
第三产业就业人口	0.118	0.308	–0.190	生产运输人口	0.176	0.196	–0.020

计算结果显示的规律性非常明确。18 年中，除了老年人口、外来人口、文盲人口、第一产业就业人口和农业职业人口以外，其余所有指标的隔离指数都在下降。也就是说，从总体上看，北京都市区人口的混居性在增强，但老年人口、外来人口、文盲人口和农业人口相对于其他人口的混居性变弱而群居性特征增强。从 2000 年的绝对数值来看，隔离指数最高的是农业人口（第一产业就业人口 0.638，农业职业人口 0.637），其次是维吾尔族人口（0.506），其他指标都在 0.4 以下，绝大多数都在 0.3 以下。说明北京都市建成区内部的小块农地逐渐消失，农业用地更加向城市外围集中，这符合北京城市空间扩张的特点，而维吾尔族人口仍然表现出高度群居性，这与北京社会区研究（冯健和周一星，2003a）的结论相符合。值得强调的是，除了维吾尔族因 1982 年数据缺失而无法前后对比，满族、回族、蒙古族、壮族等少数民族的隔离指数都在下降，因此从总体上看，少数民族人口与汉族人口的混居性在增强，这体现出中国大城市的多民族融合特征。

五、市场经济条件下的城市居住空间分异重构（2000~2010 年）

（一）居住人口社会指标的统计特征

表 5.11 给出北京若干社会指标的统计特征，包括极差、最大值、平均值和标准差。标准差可反映一组数值的离散程度，标准差减小说明样本总体差异减小了。极差即一组数据中最大值与最小值之间的差距，代表个体样本之间的两极分化，极差增大说明样本两极分化加剧。

表 5.11 2000 年和 2010 年北京社会指标的统计特征差异

指标	2000 年				2010 年			
	极差	最大值	平均值	标准差	极差	最大值	平均值	标准差
人口密度 / （人 /km^2）	62186.8	62215.9	8902.6	11644.3	49375.9 ↓	49401.2 ↓	10728.9	11708.6
性别比（女 =100）	136.5	231	110.8	15.2	68.7 ↓	152.4 ↓	107.5 ↓	11.5 ↓
户均人数 / （人 / 户）	1.4	3.9	3.3	0.3	1.6	3.4 ↓	2.5 ↓	0.3
老年人口比重 /%	17.1	21.9	12.5	3.5	22.4	24.6	9.6 ↓	3.9
外来人口数量 / 人	138703.0	139037.0	18760.1	21973.4	197353.0	197420.0	27417.9	33394.0
蒙古族人口 / 人	1763.0	1764.0	146.5	184.5	2311.0	2312.0	292.3	340.0
回族人口 / 人	9399.0	9399.0	957.4	1278.6	10929.0	10929.0	994.2	1245.5 ↓
维吾尔族人口 / 人	706.0	706.0	12.7	51.5	725.0	725.0	34.7	88.2
苗族人口 / 人	—	—	—	—	629.0	629.0	50.3	78.3
壮族人口 / 人	398.0	398.0	25.5	43.9	775.0	775.0	56.6	85.8
朝鲜族人口 / 人	—	—	—	—	6699.0	6699.0	143.5	458.8
满族人口 / 人	4720.0	4720.0	831.8	804.9	6117.0	6122.0	1085.0	997.9
土家族人口 / 人	—	—	—	—	1463.0	1463.0	92.6	152.6
文盲人口比重 /%	18.9	19.6	5.7	3.2	16.2 ↓	16.6 ↓	2.3 ↓	2.1 ↓
大学以上学历人口比重 /%	74.9	75.2	13.5	13.8	80.3	81.3	28.2	17.3
第一产业就业人口比重 /%	89.9	89.9	17.1	23.3	71.7 ↓	71.7 ↓	6.3 ↓	12.7 ↓
第二产业就业人口比重 /%	64.2	65.3	29.1	12.4	66.6	68.5	22.7 ↓	13.0
第三产业就业人口比重 /%	82.8	89.5	54.6	22.1	74.5 ↓	95.5	70.5	19.3 ↓
三产 1 人口比重 /%	47.7	51.0	21.9	8.1	60.3	65.1	30.0	10.1
三产 2 人口比重 /%	69.6	69.6	3.1	8.7	82.6	82.9	3.4	6.9 ↓
三产 3 人口比重 /%	26.4	26.7	13.0	7.5	32.4	32.7	13.7	7.0 ↓
三产 4 人口比重 /%	50.5	51.7	10.0	7.9	68.2	68.8	16.0	10.3
三产 5 人口比重 /%	20.1	20.7	5.8	3.2	70.0	70.9	7.4	8.6

续表

指标	2000 年				2010 年			
	极差	最大值	平均值	标准差	极差	最大值	平均值	标准差
机关干部人口比重 /%	16.0	16.3	4.8	3.3	12.2 ↓	12.2 ↓	2.9 ↓	2.1 ↓
专业技术人员比重 /%	48.5	50.5	14.1	10.5	50.2	51.6	18.8	11.1
办事人员比重 /%	22.3	22.8	9.1	5.4	32.6	33.5	14.9	7.7
商业服务人口比重 /%	50.5	51.5	22.0	9.4	58.0	67.5	31.7	10.2
农业职业人口比重 /%	88.6	88.6	18.0	23.7	71.4 ↓	71.4 ↓	7.8 ↓	14.9 ↓
生产运输人口比重 /%	69.3	74.6	32.4	13.5	69.0 ↓	73.6 ↓	23.9 ↓	14.9
房费 20 万以上比重 /%	27.8	27.8	2.0	3.6	—	—	—	—
购商品房户数比重 /%	27.9	27.9	2.4	4.1	73.6	73.6	13.7	15.7
购经济适用房比重 /%	13.6	13.6	1.6	2.2	47.9	47.9	3.5	6.7
购买二手房比重 /%	—	—	—	—	14.6	14.6	2.6	2.7
购买原公有住房比重 /%	—	—	—	—	96.3	96.3	17.7	20.5
租赁廉租住房比重 /%	—	—	—	—	13.4	13.4	1.3	1.8
租赁其他住房比重 /%	—	—	—	—	87.9	87.9	30.2	18.3
租公有房户数比重 /%	73.1	73.1	21.0	20.7	—	—	—	—
租商品房户数比重 /%	55.1	55.1	5.8	8.4	—	—	—	—
人均住房面积 /m^2	26.0	36.8	22.2	5.5	72.9	83.2	29.7	9.1

注：（1）值得指出的是，在计算 2000~2010 年的居住人口空间分异指标时，街区单元范围及数量是在 2010 年的基础上进行处理的，而前面计算 1982~2000 年的相关指标时，街区单元范围及数量是在 2000 年的基础上进行处理的，因而两次所计算出 2000 年各种指标的空间分异数值略有差异，这种差异是参与计算的样本量略有差异所造成的误差，并不影响对相关特征的分析结论。下同。

（2）“↓”代表 2010 年的统计值相比 2000 年有所下降。

由表 5.11 可以发现，2000~2010 年，性别比、文盲人口、第一产业就业人口（农业职业人口）、机关干部人口这四个变量的极差、标准差、最大值和平均值均有所降低，说明北京性别比失衡的问题均有所缓解，各街区之间的差异也有所减小，各街区的文盲人口、第一产业就业人口和机关干部人口规模差异也有所减小，主要是这三类人口在这 10 年间的规模减小所致。第三产业就业人口，尤其是三产 2（为生产服务的部门）人口和三产 3（为生活服务的部门）人口在各街区的分布差异也减小，则主要是由于各街区第三产业就业人口均有所增加，其分布向均衡方向发展。特别地，人口密度指标和生产运输人口比重的总体差异增大但个体两极分化减小，说明各街区的人口密度差异增大，但在两个极端上的差异有所减小。而回族人口、三产 2 人口比重、三产 3 人口比重的两极分化增大，但总体差异减小。

（二）居住人口社会指标空间分异重构

1. 系统分异

信息熵可以反映两方面的信息，一方面可以反映居住空间系统的复杂程度，信息熵值越高则系统越复杂；另一方面也可以反映变量空间分布的均衡程度，信息熵值越低则空间分布的均衡程度越低。由表 5.12、图 5.12 可知，2000~2010 年，大部分指标的信息熵都在增加，表明北京居住空间系统整体上渐趋复杂，但也有不少指标的信息熵减少，包括第一产业就业人口、第二产业就业人口、三产 1 人口（流通部门）、商业服务业人员、农业职业人员、生产运输人口、购买经济适用房。表明这 10 年间，北京的第一产业、第二产业和商业服务业以及经济适用房等的空间分布逐渐趋于集中。相比 1982~2000 年，信息熵减少的指标明显增加，表明更多的指标集聚趋势明显。

表 5.12 北京居住空间分异指数及其变化（2000~2010 年）

指标	绝对分异指数			相对分异指数			信息熵		
	2010 年	2000 年	差值	2010 年	2000 年	差值	2010 年	2000 年	差值
总人口	0.305	0.298	0.007	0.000	0.000	0.000	5.215	5.205	0.010
人口密度	0.466	0.554	–0.088	0.405	0.446	–0.041	4.908	4.693	0.215
性别比	0.042	0.044	–0.002	0.311	0.302	0.009	5.500	5.472	0.028
户均人数	0.042	0.044	–0.002	0.326	0.324	0.002	5.499	5.475	0.024
老年人口	0.159	0.330	–0.171	0.373	0.124	0.249	5.469	5.279	0.190
外来人口	0.396	0.414	–0.018	0.184	0.181	0.003	4.978	4.950	0.028
蒙古族人口	0.386	0.417	–0.031	0.152	0.203	–0.051	5.018	4.921	0.097
回族人口	0.429	0.462	–0.033	0.309	0.319	–0.010	4.906	4.786	0.120
维吾尔族人口	0.651	0.621	0.030	0.537	0.506	0.031	3.976	3.792	0.184
苗族人口	0.448	—	—	0.253	—	—	4.805	—	—

续表

指标	绝对分异指数			相对分异指数			信息熵		
	2010年	2000年	差值	2010年	2000年	差值	2010年	2000年	差值
壮族人口	0.441	0.476	–0.035	0.256	0.324	–0.068	4.829	4.679	0.150
朝鲜族人口	0.517	—	—	0.362	—	—	4.321	—	—
满族人口	0.329	0.376	–0.047	0.131	0.186	–0.055	5.150	5.044	0.106
土家族人口	0.457	—	—	0.249	—	—	4.767	—	—
文盲人口	0.246	0.232	0.014	0.249	0.204	0.045	5.320	5.299	0.021
大学以上学历人口	0.421	0.513	–0.092	0.200	0.292	–0.092	4.960	4.672	0.288
第一产业就业人口	0.652	0.508	0.144	0.739	0.635	0.104	4.188	4.665	–0.477
第二产业就业人口	0.354	0.322	0.032	0.256	0.162	0.094	5.072	5.137	–0.065
第三产业就业人口	0.358	0.379	–0.021	0.095	0.114	–0.019	5.109	5.056	0.053
三产1人口	0.365	0.355	0.010	0.140	0.105	0.035	5.052	5.089	–0.037
三产2人口	0.324	0.450	–0.126	0.185	0.298	–0.113	5.175	4.746	0.429
三产3人口	0.388	0.408	–0.020	0.153	0.168	–0.015	5.055	4.989	0.066
三产4人口	0.418	0.458	–0.040	0.197	0.223	–0.026	4.969	4.851	0.118
三产5人口	0.297	0.412	–0.115	0.202	0.184	0.018	5.212	4.997	0.215
未工作人口	0.307	0.333	–0.026	0.138	0.075	0.063	5.196	5.149	0.047
机关干部人口	0.400	0.429	–0.029	0.251	0.229	0.022	5.004	4.942	0.062
专业技术人员	0.412	0.449	–0.037	0.186	0.203	–0.017	4.987	4.886	0.101
办事人员	0.396	0.423	–0.027	0.171	0.164	0.007	5.034	4.977	0.057
商业服务人口	0.366	0.365	0.001	0.142	0.116	0.026	5.051	5.061	–0.010
农业职业人口	0.615	0.506	0.109	0.714	0.634	0.080	4.318	4.678	–0.360
生产运输人口	0.355	0.292	0.063	0.311	0.173	0.138	5.088	5.192	–0.104
购商品房户数	0.524	0.607	–0.083	0.351	0.511	–0.160	4.697	4.113	0.584
购经济适用房	0.649	0.577	0.072	0.516	0.416	0.100	3.983	4.421	–0.438
购买二手房	0.470	—	—	0.315	—	—	4.822	—	—
购买原公有住房	0.508	—	—	0.421	—	—	4.731	—	—
租赁廉租住房	0.544	—	—	0.405	—	—	4.514	—	—
租赁其他住房	0.389	—	—	0.207	—	—	4.994	—	—
租公有房户数	—	0.501	—	—	0.298	—	—	4.790	—
租商品房户数	—	0.542	—	—	0.412	—	—	4.512	—
人均住房面积	0.111	0.100	0.011	0.334	0.349	–0.015	5.461	5.450	0.011

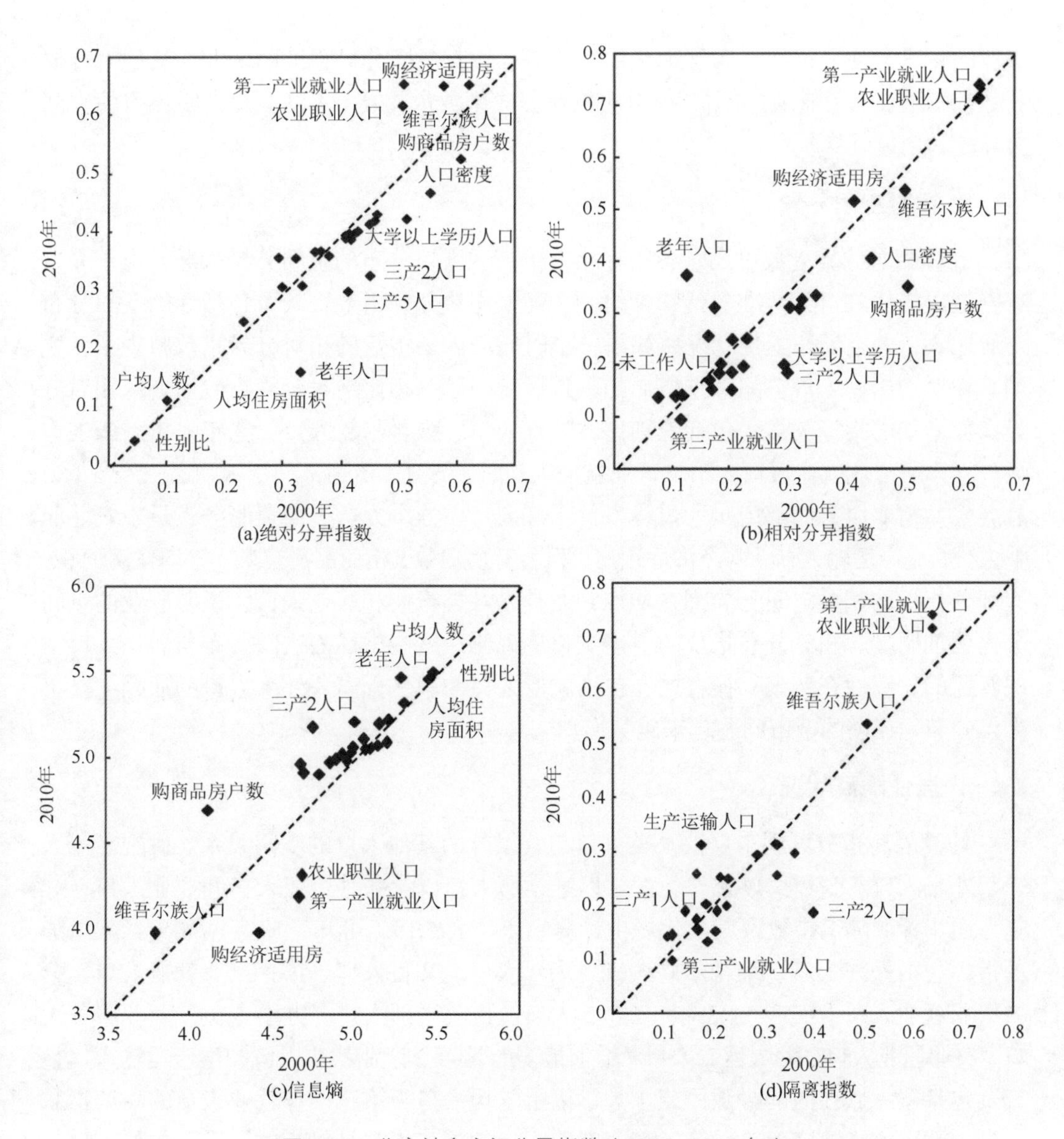

图 5.12 北京社会空间分异指数（2000~2010 年）

信息熵增加最多的变量是购买商品房（增加 0.584），其次是三产 2 人口（为生产服务的部门，增加 0.429），其余指标信息熵的增加均在 0.3 以下。表明北京近 10 年房地产市场的发展使得住房空间分异经历了较大幅度的重构，商品房的空间分布也渐趋均衡。

2. 绝对空间分异

计算绝对分异指数可反映各指标相对于绝对均衡分布的一种空间分异，即相对于街区数量的空间分异状况。绝对分异指数增加的指标包括总人口、维吾尔族人口、第一产业就业人口、第二产业就业人口、三产 1（流通部门）人口、商业服务人口、农业职业人口、生产运输人口、人均住房面积、购经济适用房。农业的相对集中发展和工业的郊区化使其空间分布更加集中，从而导致其空间分异程度的增加。从绝对分异指数值来看，住房来源和住房费用的绝对分异指数值均在 0.4 以上，表明住房的空间分异较为明显。

3. 相对空间分异

计算相对分异指数可反映各指标相对于街区人口分布的空间分异状况，由于人口普查是以居住人口为基准进行普查的，实际上相对分异指数反映了各指标的空间分布与居住人口的空间匹配性状况。如果一个时间段内某指标的相对分异指数减少了，说明其相对于居住人口空间分布格局的一致性变强了。相比绝对分异指数而言，相对分异指数增加的指标较多，包括性别比、外来人口、维吾尔族人口、老年人口、未工作人口、第一产业就业人口、第二产业就业人口、三产 1（流通部门）人口、三产 5（为社会公共需要服务的部门）人口、机关干部人口、办事人员、商业服务人员、农业职业人员、生产运输人口、购经济适用房、租公有房户数、租商品房户数、人均住房面积，大部分指标的相对空间分异都在增加，尤其是各类行业和职业人口，说明职业的空间分化更加明显。相对分异指数的上述变化还说明，这些指标的空间分布与居住人口空间匹配的一致性在变差，换言之，包括就业人口的职住分离、外来人口的通勤、空巢老人分布等在内的城市问题越来越突出。

4. 居住隔离状况

计算隔离指数可用来反映某类人口与其以外的其他人口的空间关系。挑选老年人口、外来人口、少数民族人口、大学以上学历人口以及各种行业人口和职业人口，计算上述指标的隔离指数及其变化。由计算结果（表 5.13）可知，10 年间隔离指数增加的指标包括外来人口、维吾尔族人口、老年人口、文盲人口、第一产业就业人口、第二产业就业人口、三产 1 人口、三产 5 人口、机关干部人口、办事人员、商业服务人口、农业职业人口、生产运输人口，增加最多的是第一产业就业人口和生产运输人口，其余包括蒙古族在内的少数民族、大学以上学历人口、第三产业就业人员的隔离指数增加。就隔离指数值而言，第一产业就业人口的隔离指数是最高的，维吾尔族人口、朝鲜族人口和生产运输人口的隔离指数也相对较高。不妨与前面 1982~2000 年北京的情况比照进行分析，老年人口、外来人口、维吾尔族人口、文盲人口、农业人口这些指标在 2000~2010 年隔离指数的差值为正值，仍然在沿袭 1982~2000 年的趋势，也就是说这些指标的群居性在继续增强而与其他人口的混居性在变弱，这和 2000 年前 18 年的趋势是一致的。不同的是，2000~2010 年又有一些新的指标跨入这些指标的行列，如第二产业就业人口、部分类型的第三产业就业人口（流通部门、为社会公共需要服务的部门）、机关干部人口、商业服务人员及生产运输人员，它们的群居性也在变强而与其他人口的混居性在变弱。尤其是生产运输业人员和第二产业就业人口，隔离指数差值较大，值得关注，实际上也反映了 2000 年以后北京制造业、物流业趋于集中发展的产业空间演化趋势。

表 5.13 北京居住空间隔离指数及其变化（2000~2010 年）

指标	2010 年	2000 年	差值	指标	2010 年	2000 年	差值
老年人口	0.188	0.142	0.046	第二产业就业人口	0.259	0.165	0.094
外来人口	0.295	0.287	0.008	第三产业就业人口	0.099	0.118	–0.019
蒙古族人口	0.152	0.204	–0.052	三产 1 人口	0.142	0.107	0.035
回族人口	0.313	0.325	–0.012	三产 2 人口	0.185	0.398	–0.213
维吾尔族人口	0.537	0.506	0.031	三产 3 人口	0.154	0.169	–0.015
苗族人口	0.253	—	—	三产 4 人口	0.199	0.225	–0.026
壮族人口	0.257	0.324	–0.067	三产 5 人口	0.202	0.185	0.017
朝鲜族人口	0.363	—	—	机关干部人口	0.251	0.230	0.021
满族人口	0.133	0.189	–0.056	专业技术人员	0.188	0.205	–0.017
土家族人口	0.250	—	—	办事人员	0.173	0.165	0.008
文盲人口	0.253	0.213	0.040	商业服务人员	0.144	0.118	0.026
大学以上学历人口	0.298	0.358	–0.060	农业职业人口	0.716	0.637	0.079
第一产业就业人口	0.740	0.638	0.102	生产运输人口	0.314	0.176	0.138

总结而言，北京市 2000~2010 年居住空间分异的演变特征为：①性别比失衡问题有所缓解，文盲人口、第一产业就业人口、机关干部人口数量减少，街区差异也减小；第三产业就业人口，尤其是三产 1 人口和三产 2 人口增加，在各街区的分布也更加均衡。②北京居住空间系统整体上渐趋复杂，第一产业就业人口、第二产业就业人口、商业服务人口，以及经济适用房的空间分布呈逐渐集中的趋势；商品房经历较大幅度空间重构，其空间分布渐趋均衡。③第一产业就业人口、第二产业就业人口空间分布的集中趋势导致其绝对空间分异增加，住房相关变量的绝对空间分异最为突出。④包括外来人口、老年人口、行业、职业在内的大部分社会指标的相对分异指数均有所增加，职业的空间分化更加明显，包括就业人口的职住分离、外来人口的通勤、空巢老人等在内的城市问题更加突出。⑤老年人口、外来人口、维吾尔族人口、文盲人口、农业人口这些指标继续沿袭过去群居性增强而混居性减弱的趋势，从事生产运输业的人口和第二产业就业人口的隔离指数差值较大，反映了北京制造业、物流业趋于集中发展的产业空间演化趋势。

六、城市居住空间分异与距离关系的重构

（一）1982~2000 年居住空间分异与距离关系的重构

人口密度与距离关系的重构规律十分明确（图 5.13）：18 年来中心区（距离城市中心约 5km 的范围）人口密度有所降低；近郊区（距城市中心 5~25km 的范围）人口密度有一定程度上升，尤其是距离城市中心 5~12km 的范围上升比较显著。人口密度分布的整体空间差异在减小。

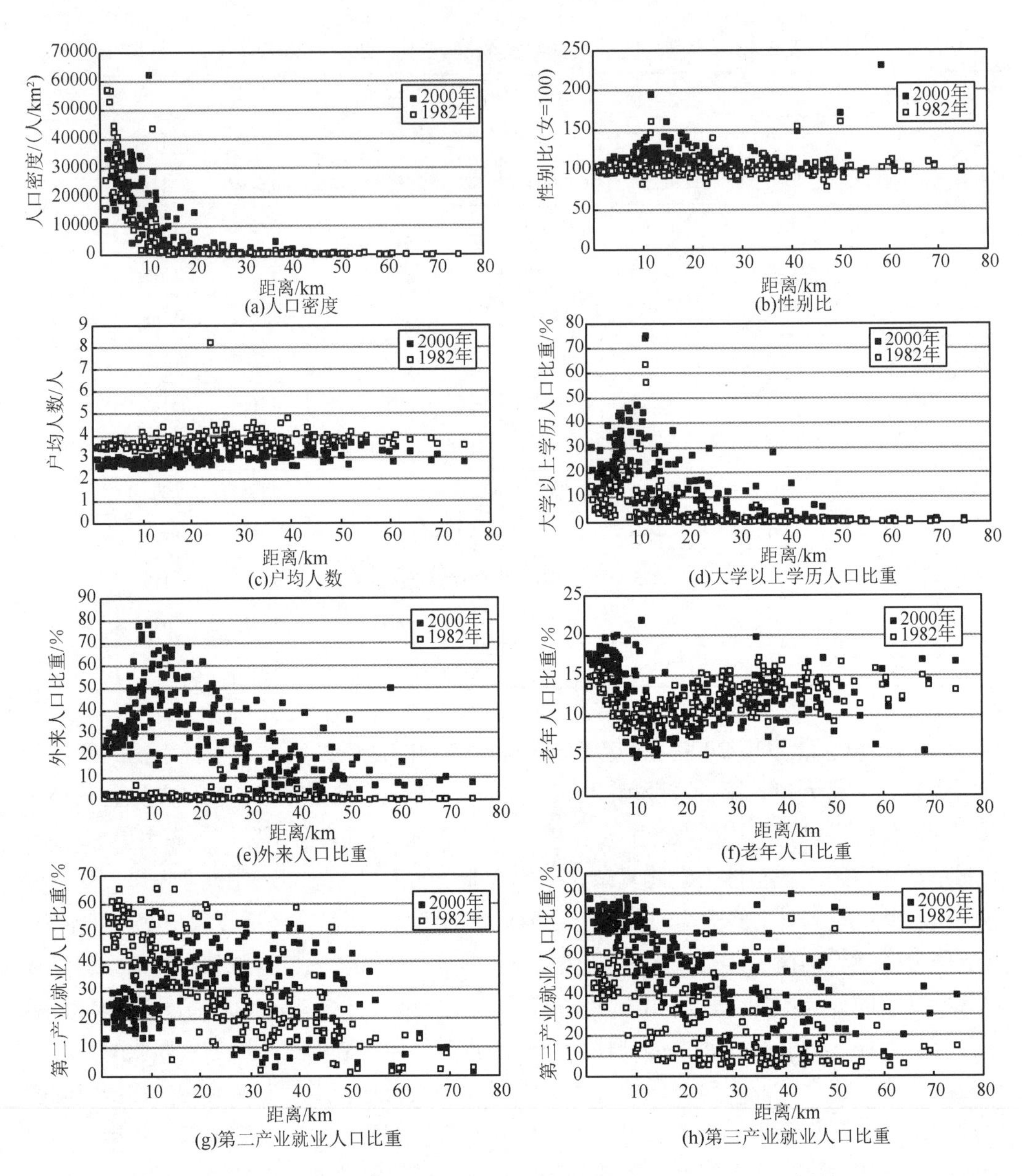

图 5.13　北京主要社会指标与距离关系的重构（1982~2000 年）

大学以上学历人口比重与距离关系的重构，既反映了改革开放以来学历水平的普及和提高过程，又反映了高学历人口在空间上的差异，尤其是在近郊区的街区（距离城市中心 0~25km 的范围），18 年来高学历水平的提高比较明显。外来人口的分布前后差异极大，1982 年绝大多数街区外来人口比重都在 5% 以下，2000 年大部分街区外来人口比重处在 10%~70%，外来人口分布实际上也具有“普及”的特点，这种特点反倒使空间单元之间的分异有所减小。高学历人口和外来人口都是这一类型社会指标空间分异的代表，尽管其有明确的分异特征，但“普及”的力量反倒使其空间分异比计划经济时代的情况有所降低。

老年人口比重与距离关系的变化表现出空间分异加强的特点。在中心城区及其附近，距离城市中心 0~8km 的范围，老龄化水平有比较明显的变化，1982 年这一距离段多在 16% 以下，2000 年则多在 16% 以上。在距离城市中心 8~12km 的范围，一部分街区的老龄化水平有所上升，也有相当一部分的老龄化水平有所下降。在距离城市中心 12~55km 的范围，街区的老龄化水平整体上有下降的趋势。这种变化大致反映了两种趋势：一方面，中心城区及其附近、部分远郊农村地区，老龄化问题比较突出；另一方面，近郊区及其附近的年龄结构有年轻化的特点。

第二产业就业人口比重与距离关系的重构清晰地再现了北京工业郊区化过程。在距离城市中心 0~25km 的范围内（约为近郊区），第二产业就业人口比重整体上呈现明显的下降趋势。在距离城市中心 0~10km 的范围内，下降趋势最为典型，1982 年这一距离段的比重基本上都在 40% 以上，而 2000 年则基本上都降到 40% 以下。在距离城市中心 10~25km 的范围内，整体上也有一定程度的下降。在距离城市中心 25km 以外的范围，第二产业就业人口的比重则有明显的上升趋势。从而表明，1982~2000 年期间，北京不仅已经开始工业郊区化过程，而且已完成相当一部分的“远郊化”过程，近郊区一部分工业向更远的“郊区”转移。

第三产业就业人口比重与距离关系的变化则反映了都市区产业结构高级化的发展趋势。在距离城市中心 0~10km 范围以内，第三产业就业人口比重有突出的上升趋势，1982 年这一距离段的比重基本上都在 65% 以下，而 2000 年则基本上都在 65% 以上。在距离城市中心 10km 以外的地区，第三产业就业人口比重几乎都有不同程度的提升，2000 年少部分远郊街区第三产业就业人口的比重高达 80% 以上，达到中心城区的水平。

（二）2000~2010 年居住空间分异与距离关系的重构

利用各街区到城市中心的距离与街区的属性值构建 2000~2010 年北京居住人口主要社会指标与距离的关系（图 5.14）。主要重构特征为：①人口密度呈不断增加的趋势，近郊变化尤为突出，距城市中心 5~25km 范围内的街区人口密度增加较为明显。②性别比有降低趋势，说明女性相对男性的数量在增加。③户均人数减少，反映了北京居民家庭规模在不断缩小。④学历水平普遍升高，近郊学历最高。各个距离范围内的大学以上学历人口均有所提高，峰值出现在距离城市中心约 12km 处，为海淀区高校和科研院所集中分布的几个街道，如燕园、清华园、学院路、中关村等。⑤外来人口峰值向外推移。2000 年外来人口峰值出现在距离城市中心约 10km 处，2010 年外来人口峰值出现在距离城市中心约 20km 处，且 0~15km 范围内的外来人口比重有所下降，说明外来人口也出现了外迁趋势，其空间分布呈现出郊区化特征。⑥老年人口比重有所增加，远郊更为明显。具体而言，距离城市中心 0~15km 范围内的老年人口比重有所降低，15~30km 的街区变化不大，30km 以外的街区老年人口比重增加明显。说明

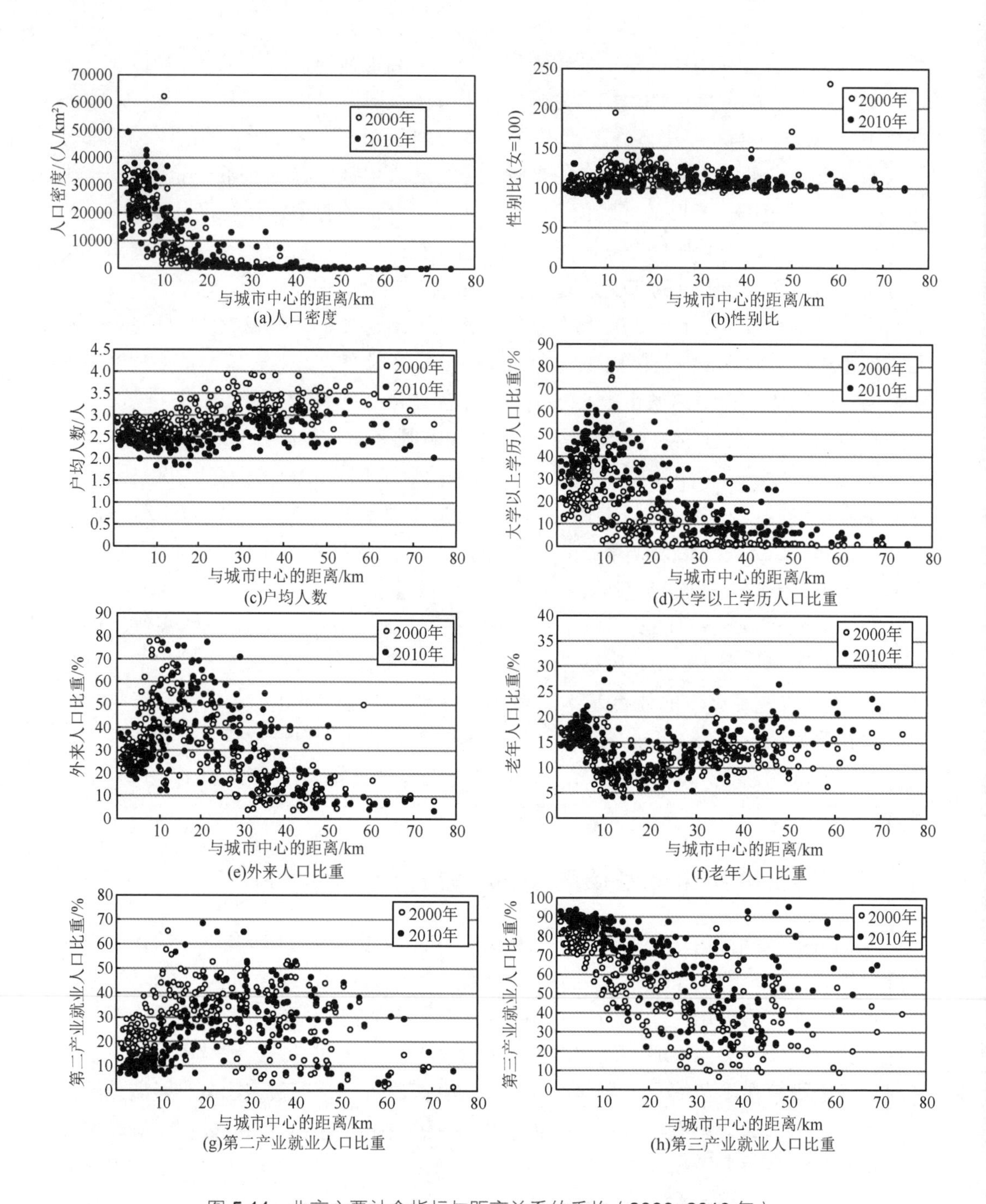

图 5.14 北京主要社会指标与距离关系的重构（2000~2010 年）

随着劳动力外出就业，农村老龄化问题更为严峻。⑦第二产业就业人口比重下降，近郊下降尤为明显，峰值向外推移。距离城市中心 0~20km 内的第二产业就业人口比重下降趋势明显。⑧第三产业就业人口比重普遍增加，空间差异缩小。近郊区的第三产业就业人口比重极高，远郊区也有大幅增长。

七、城市居住空间分异重构机制分析

社会空间可视作社会要素作用于空间的结果，也可视作一种过程，在这个过程中，社会和空间相互作用，其机理是“社会空间辩证法”（socio-spatial dialectic）（Knox and Pinch，2000）。另外，近年西方人文地理学强调“文化和制度转向”（Clark et al.，2003），侧重从文化和制度层面诠释人文现象的空间规律，这些都为我们提供了新的研究视角。实际上，可以从制度、市场、文化和社会变迁及其与空间相互作用的角度，对以北京为代表的转型期中国城市居住空间分异重构进行解释（图 5.15）。

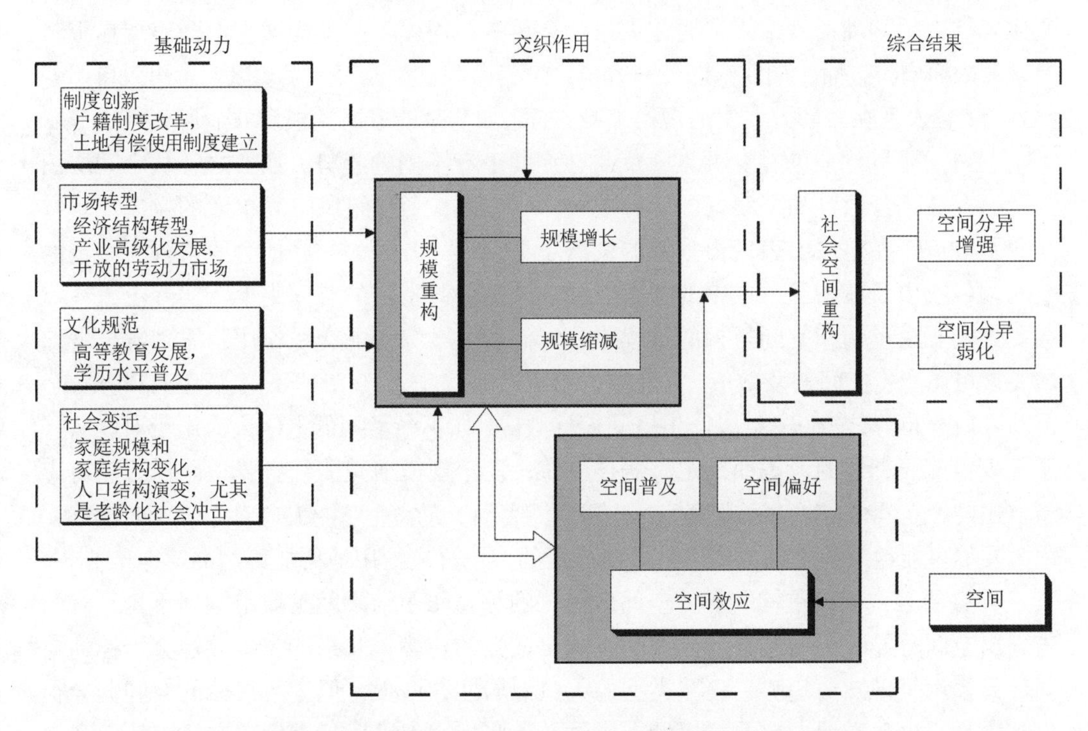

图 5.15 转型期中国城市居住空间分异重构机制的概念模型

包括户籍制度改革、土地有偿使用制度建立等在内的制度创新过程对城市空间上的流动人口和产业活动增长与布局产生重要影响。市场转型使得传统的城市经济结构面临严峻挑战，也加快了城市产业结构向高级化方向转变的步伐，如北京第一产业 GDP、第二产业 GDP、第三产业 GDP 占城市 GDP 总量的比重分别由 1982 年的 6.7%、64.4%、28.9% 演变到 2000 年的 2.5%、32.7%、64.8%，再到 2010 年的 0.9%、23.5%、75.6% 和 2019 年的 0.3%、16.2%、83.5%（北京市统计局，2020），可见第一产业所占比重已经微乎其微，第二产业所占比重逐渐降低，第三产业所占比重逐渐升高，目前其比重已经占到了 80% 以上。实际上，城市产业结构升级推动了城市就业空间的演变，城市内部空间层次上产业结构的转变推动了就业人口在城市空间上分异的发展。如按照全国人口普查所显示的居住人口的就业状况数据，1982~2000 年，北京中心区和近郊区在流通部门和为生活服务的部门就业人口比重上升极快，中心区三产 3 的就业人口比重上升了17个百分点，三产1的比重上升了11个百分点，这显然与中心区的用地置换及其经济功能的转变历程密切相关。向全国开放的劳动力市场，使北京的外来人口剧烈增长，如按人口普查数据北京外来人口从1982年的17万增至2000年的257万，1982~2000年的18年间增加了14倍，再到2010年的704.5万，2000~2010年的10年间增加了1.74倍。按最新的统计，2019年底北京市的常住外来人口已达到745.6万（北京市统计局，2020）。文化层面上的高等教育发展不仅使高学历人员比重增加，也使普通居民的平均学历水平得以提高。从人口、家庭和社会结构变迁的角度来看，家庭规模在普遍缩小，人口的老龄化特点日益突出。总之，来自制度、市场和文化等层面的基础动力带来了居住人口社会要素在规模上的重构，它们既表现在很多要素的规模增长方面，如北京的外来人口、第三产业就业人口、大学以上学历人口、老年人口，也表现在一部分要素的规模缩减方面，如北京的家庭规模和农业职业人口等。

另外，不同性质的社会要素，反映在空间上有不同的趋势。换言之，从空间层面来看，存在“分散”和“集聚”两种效应：一方面，各自组织空间单元的发展产生空间普及效应，在整体上表现出分散的发展趋势；另一方面，一些社会要素具有特定的空间偏好或出于节约经营成本的考虑，倾向于向一些特定的空间集聚。实际上，在社会要素的规模重构和空间重构的过程中，它们发生了综合的交织作用：发生规模增长的要素可以产生空间普及效应，如北京的第三产业就业人口、大学以上学历人口分布、流动人口分布等，它们也可以产生空间偏好效应，如不断增加的老年人口出于对就医、服务等设施便利性的考虑而决定其居住区位；发生规模缩减的社会要素同样可以对应于上述两种空间效应，如家庭规模对应于空间普及，而农业职业人口对应于空间偏好，因为要尽可能地节约土地成本，将价格昂贵的土地置换给用地更加集约的第三产业。

社会要素“规模重构”和“空间效应”的综合作用结果就是城市空间重构，有的表现出空间分异减弱的趋势，而有的表现出增强的趋势。北京绝大多数社会指标的空间分异程度呈现减弱趋势，多数类型的人口混居性在增强，但少数指标的空间分异程度在增强，少数类型人口的群居性在增强，这些规律都可以从制度、市场、社会和文化变迁上寻求基层动力解释，从规模和空间上寻求重构过程的交织作用，从空间分异增强和弱化上寻求重构的结果。

八、小结与讨论

城市各类居住人口都存在明显的、各具特色的空间分异特征，如居住人口密度、外来人口、家庭规模、老年人口、大学以上学历人口、少数民族人口等。各类就业人口和住房状况指标展现出在郊区化和城市产业转型背景下城市内部主要经济和社会要素的空间异差格局。通过计算信息熵、绝对分异指数、相对分异指数、隔离指数等指标可以定量地度量转型期中国城市居住空间分异重构特征。就北京的实证研究而言，除了老年人口、性别比、户均人数和农业职业人口等少数指标以外，1982~2000年北京绝大部分社会指标的空间分异程度在下降；同期，外来人口、各少数民族人口、大学以上学历人口以及第二产业就业人口、第三产业就业人口等与总人口分布格局的一致性在变好，而老年人口、文盲人口以及与农业相关人口逐渐偏离与总人口分布格局的一致性。18 年间城市人口的混居性普遍增强，但老年人口、外来人口和农业相关人口却表现出相对于其他人口的混居性变弱而群居性增强的特征。信息熵的变化实际上也反映出，除个别指标以外，城市居住空间总体上向更加复杂和异质性增强的方向演化，这与基于社会区分析的北京社会空间结构演化的研究结论完全一致（冯健和周一星，2003a；冯健，2004）。随着城市产业结构的升级调整及城市空间发展战略的实施，人口就业结构也相应地发生变化，并且在空间上有所反映，反映出就业与居住的空间关系、特定人群的居住和通勤方式所存在的特征和问题。这种趋势在 2000~2010 年的北京表现得非常明显。总体而言，城市居民职业的空间分化更加明显，老年人口、外来人口、维吾尔族人口、文盲人口、农业人口这些指标继续沿袭过去群居性增强而混居性减弱的趋势，这些指标的空间分布与居住人口空间匹配的一致性在变差，折射出包括就业人口的职住分离、外来人口的通勤、留守老人或空巢老人等在内的城市问题更加突出。

值得强调的是，2000 年以后，中国城市的房地产市场获得快速发展，大量的别墅区和经济适用房、政策保障房等在郊区得到建设，再加上郊区所开发建设的大量的普通商品房，使得郊区地区住房的复杂性大为增加，而且存在明显的住房类型分异。这个背景必然对 2000~2010 年中国城市居住空间分异产生重大而持久的影响，也必然会在第六次全国人口普查数据中体现出来，因而，利用分街区的第六次全国人口普查数据开展城市居住空间分异研究和历史演化研究，其结果令人期待。对 2000~2010 年北京居住空间分异的实证研究证明了上述猜想。研究结果表明，2000~2010 年城市住房系统复杂程度增加，商品房分布更加广泛，但其空间分异也在增大。10 年间，房地产市场的快速发展使得城市住房空间分布经历了较大幅度的重构，住房空间分异显著增加。廉租房、商品房、经济适用房、原公有房等各类住房的绝对分异指数均较高，表明各类住房较偏离于平均分布，呈现出一定的空间集中趋势。其中，购买商品房户数的信息熵在 10 年间显著增加，各街区购买商品房户数的平均值、最大值、极差、标准差等统计指标也明显增大，表明在各街区商品房数量迅速增加的同时，街区之间的差异也逐渐拉大，进一步加剧了城市居住空间的分异。

关于中国城市居住空间分异的研究方法，使用数据所采用的空间尺度等都需要进一步的讨论。对北京的实证研究表明，基于分异指数和隔离指数的分析给我们展现了在城市社会区分析以外的、有关城市居住空间重构的更多细节。这些细节可以从城市居住空间分异与距离关系的重构规律中得到更加直观的认识。而对城市居住空间分异重构的解释则需要从制度、市场和文化变迁的层面来寻求基础动力，需要借助社会空间辩证法建立解释性框架。

有学者认为，与居委会层次的数据相比，街区不适宜作为划分社会空间或居住空间的基本单元，主要原因在于基于街区的社会空间分异程度低于居委会（李志刚和吴缚龙，2006），我们不同意这种观点。实际上，分异程度是一种相对的概念，不同空间尺度之间不具有可比性，判断社会空间分异程度的变化应基于同一空间尺度不同时间点的对比。另外，研究数据种类的选择，还要考虑其来源的可操作性，对于中国人口普查数据而言，大众可获得的基本单元是街区而非居委会，况且使用居委会数据还存在难以准确复原居委会层次的城市地图及其变迁关系的缺陷。尽管我们不反对使用居委会尺度的数据，本节的研究还是进一步表明，“街区尺度”是展现中国城市社会空间分异或居住空间分异特征的具有可操作性的空间尺度。

第四节　城市社区的宜居性及其分异

一、城市社区的宜居性

城市社区，在我国也称为“都市社区”，主要是指在一定的区域范围内，由从事各种非农业活动的异质性人群聚集形成的共同体。城市社区具有人口密度大、社会结构多样化、政治和经济功能相对集中、生活方式差异较大、休闲娱乐活动丰富、基本公共服务设施完备等特点。随着中国城市社会经济发展水平的不断提高，城市居民不仅关注吃、穿等基本生存问题，更在意的是生活是否安全、交通是否便利、居住环境是否文明友好等，“宜居”的概念也随之产生。目前“宜居城市”已然成为我国所推崇的新城市发展目标，并将其作为衡量各个城市或地区竞争力、吸引力和发展潜力的一个重要考核标准。“宜居城市”就是指适宜人类生存、生活和发展的城市，同时包括优美整洁的自然环境、和谐文明的生态环境、安全便利的社会环境、舒适高效的人文环境，具有交通便捷、设施齐全、经济发达、人与自然高度和谐发展等特征（张文忠，2016）。

城市社区宜居性就是探究什么样的社区更适合居民居住，它包含社区的舒适度、安全性，公共服务设施的配套水平以及居民的幸福感和满意度等内容。社区宜居程度直接影响着城市居民的生活质量。社区宜居性可以使一个社区更具有吸引力，使居住愉快的居民对社区产生深深的依赖感与自豪感。社区宜居程度的好坏主要取决于居民自由交往领地的质量，也受到城市规划、公共政策和国家决策的影响。社区宜居度越高，人居环境质量越好，城市公共服务设施配置越完善，会促进居民的交流与沟通，增加社区活力，居民会产生强烈的归属感。因此，研究城市社区的宜居性对我国城市经济社会发展有重要意义。

二、中国城市社区宜居性评价

（一）中国城市社区宜居性评价指标体系

社区是城市的基本组成单元，是建设宜居城市的基础单位，是居民赖以生活、发展以及进行日常活动的主要社会环境，是政府管理居民、服务居民以及为居民开展社会工作的重要平台，具有社会属性、经济属性、地域属性及自然属性、环境属性等一系列特征。在我国，城市社区的基本功能就是居住功能，在这个基础上延伸出来的社会功能主要包括经济、社会化、社会调控、社会福利保障与社会参与等方面。城市社区宜居性评价的指标体系主要就是根据这五大功能进行建立，由此形成的指标体系如表 5.14 所示。

表 5.14　社区宜居性评价指标体系

模块	子模块	序号	指标名称	单位	属性
物理空间合理	场地选址	1	建筑场地防灾减灾达标率	%	约束
		2	社区人均住房建筑面积	m^2	约束
	风环境	3	建筑通风达标率	%	约束
		4	建筑物周围人行区风速	m/s	约束
	光环境	5	建筑日照达标率	%	约束
	热环境	6	住区室外日平均热岛程度	℃	约束
	声环境	7	市内噪声控制指标达标率	%	约束
服务设施完善	行政办公	8	步行 15 分钟可达社区服务中心的居民户比例	%	约束
	科研教育	9	步行 10 分钟到达小学的居民户比例	%	约束
		10	步行 20 分钟到达中学的居民户比例	%	约束
	医疗卫生	11	步行 15 分钟到达卫生医疗服务站的居民户比例	%	约束
	文化娱乐	12	步行 20 分钟到达体育设施的居民户比例	%	约束
	商业金融	13	步行 10 分钟到达商业设施的居民户比例	%	约束
基础设施配套	交通设施	14	社区停泊位数与汽车保有量之比	%	约束
		15	居民停车场、车库服务半径覆盖率	%	约束
		16	步行 10 分钟到达公交站台（含轨道站台）的居民户比例	%	约束
	市政设施	17	污水集中处理率	%	约束
		18	生活垃圾无害化处理率	%	约束
	灾险安全	19	人均应急避难场所面积	m^2	约束
	智能智慧	20	智能化住宅占比	%	引导
环境景观优美	环境质量	21	社区环境功能区达标率	%	约束
	广场公园	22	人均公共绿地面积	m^2	约束
	景观绿道	23	本地植物指数	—	约束
		24	室外透水地面面积比	%	约束
	雕塑小品	25	社区景观满意度	%	引导

续表

模块	子模块	序号	指标名称	单位	属性
邻里关爱和睦	适龄设施	26	老年人日间照料服务中心服务覆盖率	%	约束
		27	每百名老年人口拥有社会福利床位数	张	约束
	活动平台	28	居民对社区公共服务设施的满意度	%	引导
	虚拟空间	29	社区网络虚拟平台居民参与率	%	引导
治理服务高效	自治组织	30	社区居民对创建文明社区工作的满意度	%	引导
		31	物业管理覆盖率	%	引导
	邻里组织	32	社区民事案件投诉率	起 / 千户	引导
	治安组织	33	社区刑事案件投诉率	起 / 千户	引导
	志愿服务	34	居民社区活动参与率	%	引导

（二）中国城市社区宜居性评价

在我国城镇化快速发展的背景下，研究城市社区宜居性是促进社会实现可持续发展的必经之路。因此，很多学者从公共空间、城市交通、人居环境等不同的角度，结合相应的区域特色对中国城市社区适宜性进行探究。

城市社区公共空间宜居性问题是城市社区宜居性问题中最为关键的部分。城市社区公共空间代表了居民的生活和生活空间，它承载着城市社区的发展历史、社会文明和文化水平，公共空间越宽广，居民空间活动的自由度越高。城市社区公共空间也是城市规划中的核心部分，与城市社区中的房屋建筑等有着不可分割的关系。换句话说，城市社区公共空间是城市空间最重要的组成部分。学者一般从生产便利性、生活适宜性、生态健康性等因素对中国城市社区公共宜居程度进行分析。对长沙市社区宜居环境的评价研究，发现各区县社区宜居环境差异明显且在空间上呈现“核心 - 边缘”的分布格局，部分社区存在职住失衡、街区尺度较大、养老设施缺乏、医疗体育等公共服务设施空间分布不均衡的问题（周健，2018）。只有合理的安排城市社区中的公共服务设施，才能够实现社区的公平公正，达到人与自然、社会的协调发展。中国城市社区公共空间宜居性必须以人为本，正视社会公正问题，规划建设社区宜居性绿地、广场是提升城市宜居性的必要举措（伍学进，2010）。只有全面改善社区公共服务设施的品质，大力开发城市社区公共空间的资源，才能够更好地建设和规划中国的宜居性城市社区。

社区交通宜居性是中国城市宜居性研究中的重要内容，代表着不同类型居民能够行使自由选择交通工具的权利。在城市居民出行过程中，需要最大程度地满足居民的交通需求，以提升居民的幸福感。城市居民交通宜居性评价不仅能够直观地反映出居民内心对交通环境的主观感受，还可以直接反映该区域的交通情况是否适合居民居住，因而实现交通宜居性是建设宜居城市的重要举措。以西安市为例对城市社区交通宜居性的探讨表明，当前城市公共交通系统缺乏人本角度，大型居住社区与城市 CBD 沿线所经过的街道主观通勤便利性评价很低，快速轨道交通换乘不方便，这些现象导致许多街道宜居性差、居民满意度低，居民对功能全面的社区的主观通勤满意度普遍较高（毕金航，2017）。

从人居环境角度来看，较高的城市宜居性就是拥有适合人们居住的人文环境与自然环境，换句话说，宜居城市就是有着良好或者更好人居环境的城市，人居环境的质量直接关系着城市居民的生活品质（吕亚平，2012）。以大连市为例对城市社区人居环境宜居性的探讨表明，城市社区宜居度整体评价较好，但是城市内区域差异性显著，宜居度的高值区主要分布于风景优美的地区以及商业活动中心、行政中心所在地等地区（刘秀洋，2009）。

总体而言，以中国城市为研究对象，基于《中国城市竞争力报告》可以看出我国最适宜居住的城市主要分布在沿海地区，这主要与沿海经济相对发达、环境适宜人类居住、交通条件便利等因素有关。对比全国的社区，可以看出社区的宜居性差异很大，宜居性分异主要与城市发展程度和位置有关，北上广等一线城市的社区宜居性要比二三线城市高很多。相对来说，一线城市的社区通常无论从小区环境等社区硬条件，还是物业服务、周围配套服务设施等软条件都要好于二三线城市的社区。而在中国城市内部，也存在社区宜居性差异，相关研究表明城市社区环境呈现同心圆和多核心结构并存的分布特征，以大型商圈为核心，向外逐级扩散，距离商圈越近的社区宜居性越好；反之，距离商圈越远的社区宜居性则越差，居民居住的满意度越低（倪鹏飞，2018）。

三、中国城市社区宜居性分异

城市社区宜居性分异是城市地理学的热点研究话题，是中国社会面临的重点问题。目前，中国城镇化进程已经进入稳步提升阶段，城市建设的重点逐渐转向宜居城市建设，其中城市社区作为城市公共空间中的重要内容，直接影响着居民的日常生活、城市的健康和可持续发展。因此，我国学者从城市社区的居住分异、公共服务设施配置的空间分异、活动空间分异等方面对城市社区宜居性分异开展了大量的理论与实践研究。

（一）城市社区的居住分异

在城乡一体化快速发展的背景下，城市社区阶层分异现象日益显著，城市社区渐渐开始呈现多元化发展趋势。探讨城市社区居住分异是指通过比较不同时期、不同位置的居住社区的关键要素，判断居住社区在空间上和时间上的差异以及特点。

城市社区居住分异现象既是城市发展过程中必然出现的客观结果，也是不同阶层居民的主观意愿。从空间上来看，城市社区居住分异体现在住宅类型、自然景观、人文环境、设施配套等；从社会角度来看，则主要表现在居民的自身情况，如可支配收入、文化程度、职业类型、消费水平等。我国学者对于城市社区居住分异的研究主要分为两个方面：一是以单年数据为基础，以中国一二线城市社区为例，研究城市社区住宅价格的空间分异现象。如有学者从微观角度对成都市五个主城区社区案例进行探讨，发现高收入人群在主城区呈多核心的分布形态，低收入人群则趋近于城市边缘，退休人口及老龄群体呈环形分布在旧城区，只有改善弱势群体的居住问题、优化产业布局、发挥各产业优势，才能有效地改善社区居住空间分异情况，促进社会公平公正的发展（王申，2019）。二是选择具有房屋或者社区环境特征的要素，构建指标体系研究城市社区居住分异在空间上的变化情况。如有学者通过网络爬虫技术获取到武汉市的1397条小区数据，选取房屋年限、绿化程度、基础设施配套情况等具有城市社区居住小区特点的指标对居住小区的分异特征进行研究，发现了呈现中心区域小区周边配套密集而城市边缘区域小区周边配置匮乏的空间分异格局（龚婧媛，2018）。

（二）公共服务设施配置的空间分异

研究城市社区公共服务设施的公平配置是人居环境需要和构建宜居城市的必要条件，公共服务设施的空间分异情况直接影响着居民的生活质量。公共服务设施的配置程度在一定程度上代表了社区的地位，象征着城市社区宜居性分异程度，高档小区一般公共服务设施配套完善且可达性较高，社区资源配置良好。有学者以大连市沙河口区为例，通过网络分析工具开展分析，发现公共服务设施主要分布在商业区周边，70%以上住宅楼中的居民可以获得购物餐饮、生活服务、体育休闲、医疗设施、养老设施和科教文化六类公共服务设施，其中设施的分布、地物的阻隔和社区的封闭程度对居民获取各类公共服务设施影响最大（韩增林等，2019）。

（三）活动空间分异

活动空间分异是研究城市社区宜居性分异中的重要内容。居民的社会交往范围和空间活动特征由多种因素共同影响，如个人社会属性、家庭社会属性、社区公共空间属性等。居民进行社会交往的活动空间主要分为四类，即社区道路、社区广场、社区绿地和社区空地。不同阶层、不同年龄、不同性别、不同职业的人群在选择活动空间上具有明显的差异性，活动空间的可达性、规模大小及其安全程度对居民的选择会产生重大的影响。公共活动空间的空间分异、类别属性、范围大小直接影响着居民对其的使用情况，间接影响了城市社区的宜居程度。但是，不同的使用者在一定程度上会因为自身原因导致社区居民在空间使用上出现冲突的情况，最常见的就是时间冲突、空间冲突和声音冲突等（胡颖，2019）。因此，对城市社区活动空间分异的研究是十分必要的。有学者基于日常生活理论，以平江历史街区为例，对其日常生活空间的分异特征与现状、分异机制等方面进行探究，得出结论：居民在日常居住空间、消费空间和休闲空间方面呈现空心化、边缘化和碎片化特征，日常与非日常生活空间有着“去中心化”的半网络结构与“东重西轻”的树杈结构并存的空间结构，提出应辩证看待生活空间分异带来的积极影响与消极影响，重构生活空间体系以确保居民的日常生活，给予居民更多的幸福感与满足感（周凯琦，2019）。

四、中国城市社区宜居性分异动力机制

城市社区分异是我国城镇化加速发展进程中的必然趋势。目前，城市社区分异已然成为我国人文地理学、城市科学、社会科学和经济学等学科的热点话题。在城市长期发展过程中，社区宜居性分异的复杂性和多样性特征日益明显。因此，探究城市社区宜居性的空间分异特征及其动力机制具有一定的现实意义和理论意义。

（一）历史文化因素

历史文化因素是居民了解城市社区的基本要素。学者认为在我国城市发展过程中，古往今来自然形成的传统社区与街道所包含的传统历史文化底蕴对以后的居民在心理和生理上造成了不可磨灭的影响，并且这个影响将长期存在。也就是说，历史遗留下来的社区居住环境质量、生活质量、人居环境质量的好坏使得居民在心理上已经形成了对城市社区环境的认识（吴启焰和崔功豪，1999）。

（二）市场机制

市场机制对我国城市社区的规模和性质起着决定性作用，市场因素正在逐步成为社会空间重构的主要影响因子之一。在市场经济快速发展的前提下，以满足居民需求和市场要求为基础的住宅市场分化是促使居住社区分异的执行力量。住宅需求的阶层性分化会导致其供应的多样性，不同社会群体的住户，居住选址倾向的差异必然导致居住空间隔离分异（秦瑞英和周锐波，2011）。目前，在大城市中，城市规划思想直接影响着我国城市社区的空间分异和结构重组现象。由于我国社会转型与社会体制的改革，在社区形成、发展与转变的过程中，市场机制的作用不断增强，最终导致我国原有的老城区的区位结构布局发生改变，旧社区不断减少，新型社区逐渐增多，商业社区等也随之发展壮大（李东泉和蓝志勇，2012）。随着新型社区的功能越来越完善，规模越来越大，社区的宜居程度越来越高。

（三）政府决策

政府决策行为也在一定程度上影响城市社区宜居性的空间分异特征。城市社区的宜居性与国家地方政府政策有密切的联系。政府的决策行为具有两面性：一方面可以提高社区的宜居性；另一方面可以在一定程度上抑制社区的发展。首先，政府颁发的一部分决策性文件对城市的功能分区产生影响，从而影响城市不同等级的社区在空间上的分布位置。其次，城市社区的绿化条件、交通的通达性、建筑物的密集程度等均

会受到政府规划的影响，进而对城市社区宜居性质量的优异程度产生影响。政府职能对城市的空间管理与调控具有强制性，消除棚户区、重建危楼、对城市土地利用重新布局都有利于不同阶级的居民聚合在一起，也有利于城市社区的公平性（王兴中等，2000）。

（四）经济发展水平

经济发展水平是城市社区宜居性分异的动力来源。首先，城市社区宜居性分异特征是在城市社会经济发展水平和居民社会收入因子在空间上共同作用而形成的。社会经济条件为城市社区宜居性提供一定的经济支撑，为城市社区完善公共服务基础设施提供经济来源。其次，不同阶层的居民对空间的需求差异性显著，居民的行为需求对社区宜居性分异产生了重要的影响。高收入人群更倾向于选择基础设施良好、生态环境友好、治安水平优异的中高档社区，低收入的人群一般会选择符合自己可支配收入水平、位于商业中心边缘的小区，由此影响城市社区宜居性在空间上的分布特征，逐渐形成以商业区为中心向外逐级递减的以“同心圆”为模式的高级、中等、低级住宅区空间格局。

第五节　迁居与居民生活空间变迁

一、迁居的含义

随着社会经济的不断发展，人们对自身的居住需求发生改变，进而重新选择住宅位置，同时居民发生居住区位的变化，这种居民居住位置上发生变化的行为叫作“迁居”（侯明和王茂军，2014）。在我国，“迁居”相关概念存在统计方式、范围等指标混乱以及定义不明确的现象，这一问题的产生是由于我国户籍制度较为严格，居民空间移动行为不能与人口户籍身份转变同步进行，我国人口迁居状况存在复杂的内部特征。在国际上，人口迁居是时间、空间及位移的三维指标综合概念。例如，美国人口咨询局发布的《人口手册》将人口迁移定义为“为了某种定居目的，人口越过一定边界的活动”，威廉•彼得逊更具体地将迁居定义为“人口在某一时间内产生一定的地理位移，使其永久住处发生改变”（威廉•彼得逊，1984）。

迁居基本可分为主动迁居和被动迁居。主动迁居是指人口在迁居的过程中，具有一定的选择居住场所的能力，尽可能地根据自身需求买房、租房等进行居住位置的变换。针对主观因素而言，主动迁居受个人属性如年龄、文化水平、经济水平、婚姻状态和职业状态等影响；针对客观因素而言，主动迁居受当前住房的空间、配套设施、交通条件等影响。被动迁居是指在客观条件限制下，无法按照自身意愿择居，如在政府对区域进行整治改造或者单位给职工分配住房时发生迁居现象（柴彦威等，2000）。

二、中国城市居民迁居特征

（一）迁居者属性特征

1. 年龄和性别

迁居者年龄主要集中于15~60岁，其中高度集中于中青年人群（周春山，1996；刘宴伶和冯健，2014）。15岁左右的少年群体主要是随同父母迁居，父母或为其追求更优质的教育资源，或由于工作变动而选择迁居，也有部分青少年群体在达到初中学历时，选择辍学从事较低层次工作。20~30岁的青年人群多处于找工作和适婚年龄阶段，住房需求度较高。中年人由于事业逐渐稳定，经济条件改善，加上二孩政策的实施，家庭成员增多，是调整改善居住条件的阶段。60岁左右的低龄老年人处于退休年龄，因工作状态的改变而重新选择居住地，或选择与子女生活在一起。大于60岁和小于15岁的人口迁居流动性较小，一方面是迁居能力较弱，另一方面是对现有环境的依赖而不愿重新适应新环境。

就迁居者的性别而言，男性的迁居流动性更强，迁居范围比女性大，女性更倾向于向大城市的迁居，且更容易受到家庭的束缚（林李月和朱宇，2014）。

2. 文化程度和职业

迁居人口中，中高等教育水平人群迁居活跃度较高，初等教育水平人群迁居活跃度较低。职业与文化程度较大程度上相匹配，中等教育水平（包括初中、高中、中专）人群主要从事商业、服务业相关工作，如销售、快递员、厨师、汽修等需要一定专业技能但对学历要求不高的职业，这类工作流动性较强，收入呈中等水平，迁居程度最高。高等教育水平的工作主要是办事人员、行政办公人员、教师等白领阶层，工作相对稳定、收入可观，但为追求更高的收入选择跳槽，所以存在迁居行为。初等教育水平人群主要是低层次劳动力，工作时间较长、工资较低，且迁居落户门槛较高，迁居活跃度最低。

迁居者的经济状况与文化程度及职业相关联，经济水平较高的居民有意愿且有能力改变居住环境，发生迁居行为，与之相反，经济实力较差的人群更在乎的是满足日常开销，较小可能性选择主动迁居。

3. 婚姻状态和家庭结构

未婚和离婚状态的人群迁居活跃度较高，而已婚和丧偶的人群要更多地考虑兼顾家庭成员的想法和行动力，迁居行为相对较少，可见婚姻关系的存在对迁居有约束作用，而婚姻状态的改变（如离婚和再婚），会增加迁居的可能性。

家庭规模对迁居的影响，与婚姻状态一致，规模较小的家庭更容易产生迁居行为。两代三人户、四人户和一代户家庭，受工作和教育方面的影响较大，迁居想法较容易达成一致，且行动力较强，迁居可能性更高；而家庭成员人数较多的大家庭户，如两代五人户、三代户和四代户，整体迁居的新住宅可选择性较少、家庭成员对陌生环境适应能力不一致等问题，使得举家迁居的可能性较低，由于人均住宅面积较小或家庭成员工作、婚姻状态的改变，更多倾向于部分家庭成员的迁居，降低迁居成本（柴彦威等，2000）。

（二）迁居阶段性特征

1. 计划经济时期

1949~1978 年计划经济时期，单位制度是调控城市社会资源的主导因素，具体表现为单位福利分房和土地无偿使用，居民住宅是社会经济建设发展的依附品，居住模式被“单位”制居住渗透，政府按照就近原则规划住宅用地，将住宅安排在单位附近的区域，“单位”在城市空间中的分布与居住空间高度统一，而住房条件又取决于所在单位在社会经济发展中的位置（方长春，2014）。总体来说，居住空间在整体上表现出相对均质性，是由众多单位制住房组团而成的相对平等、稳定、均一的巨型蜂巢式空间结构。

在这一时期，居民对单位的依赖程度非常高，同一单位提供房源有限，居民必须按规定和职工级别耐心等待房源，想要改善住房条件也只能通过身份级别的升级（王宇凡和冯健，2013），受制于各制度政策，居民该阶段迁居行为较少，迁居距离多限于同一居住区内部不同房型之间的流动，主要表现为随着职工身份级别的改变，住宅面积、朝向、楼层等居住条件会有相应改变。

2. 改革开放至市场转型初期

随着福利分房的路子越走越艰难，从 1978 年加大住房建设力度，拉开了住房改革的大幕。从分期分批推进房改制度，到全面推进，经历了 1982 年的“三三制”售房方案，1988 年的提租补贴、租售结合政策，到 1998 年的住房商品化全面启动，推行租房公积金、公房租金提高且可出售等政策，这一过程使得居民对于住宅选择的自主性有所增强，促进了小范围迁居行为的发生。

这一时期是住房改革的过渡阶段，单位依然较大程度影响着居民住宅的选择，也就是说，即使土地使用无偿变有偿，住宅投资建设由国家、单位和个人共同承担，但居民对于住宅的选择，如住宅的地理位置、面积、配套设施等，依然受限于工作单位的性质。

3. 市场经济时期

1998 年以后，进入市场经济时期，随着非公有制经济的发展和住房制度的深化改革，住房实物分配阶段彻底终结，全面推行住房货币化制度，单位社区进一步瓦解，城市居民职业更加多元化，受职业与收入的影响，居民对于住宅的选择范围增大，不再以单位为分界，迁居行为更加频繁。

住房改革以来，居民迁居行为的发生主要受房地产市场的房源信息和住房需求与经济条件的影响。房地产市场的快速发展和二手房市场的日益蓬勃为居民提供了多种房源，通信技术的发达打破了信息获取渠道的约束，跨越时间与空间的限制，为寻找理想迁居地带来更大可能性。为满足不同消费群体，住宅因地理位置、房屋质量、配套设施和生态环境等不同，房价也有较大差异，居民可以根据自身偏好和经济实力选择住房，较大程度地促进了迁居行为的发生。

与此同时，在政府和开发商的不断推动下，不仅为了缓解城市中心区人口压力以及城市功能区过于集中的问题，也为了解决城市建设及快速发展过程中拆迁安置与回迁补偿的问题，城区中心区房价上涨，城市居住空间开始向郊区推进，保障性住房开始出现，较低收入居民群体向郊区迁居聚集。居民迁居方向随社会经济地位属性而发生变化，逐渐转向同质集聚、异质分异的发展态势，迁居距离也因日益便捷的交通条件而不断增加。

（三）迁居行为的空间分异特征

1. 城市内部迁居行为的空间特征

首先，在中大型城市中，中心城区居民迁出人口数量大于迁入人口数量。城镇化的快速发展与城市更新，旧城区的改造与拆迁，使得不少城市居民被动迁居，由于中心城区的房价较高，拆迁的经济补偿较少，或回迁房的居住条件无法满足居民的需求，只有少部分居民搬回至中心城区。中心城区人口迁入的主要原因是中心城区能提供大量的工作岗位，同时开发商为追求利润所建造的高密度住宅区也为人口迁入提供了保障，其中，大部分追求工作岗位的非户籍人口以租赁住房的方式迁居至该地段。

其次，近郊区居民迁入人口数量大于迁出人口数量，且迁居活跃度较高。由于城市中心的住宅资源紧俏、房价较高且涨幅较快，以及就业岗位的饱和，居民不得不寻找新的住宅甚至就业岗位，较容易产生频繁的迁居行为，经济基础较弱的市区居民和外来流动人口，成了近郊区的主要迁入人群。城市近郊区相对较低的房价与充足的房源，以及工业郊区化的发展可以为他们提供就业选择，成了他们的迁居目的地。随着房地产开发商以及外来人口向郊区蔓延，虽短时间内配套设施难以快速跟进，但大部分居民白天外出上班、晚上回家睡觉，可基本满足居民日常需求，外加郊区的交通条件越来越便利，基础设施不断完善，使得大量流动人口与经济基础薄弱人群迁居至城市近郊区生活。同时，因中心城区的过度开发带来一系列环境问题，城市居民消费观念逐步转变，追求良好居住环境的居民会从中心区迁居至安静且生态环境优异的近郊住宅区。近郊区居民迁出的主要方向是临近的城市中心，迁出的主要原因是城市中心的优质教育资源及工作岗位。

最后，远郊区迁入与迁出人口数量均较少，迁居活跃度较低。大城市远郊区是乡村城镇化的主要区域，经济发展和区域建设较中心城区和近郊区落后，对其他区域的城市居民吸引力较小，所以远郊区居民迁出率略高于迁入率，迁出的主要原因是追求更好的教育资源及工作岗位，迁入的主要原因是周边农户迁居以及工作岗位的变动。

2. 省际迁居行为的空间特征

改革开放以来，中国省际人口迁居规模不断增长，迁入人口与迁出人口呈集中且“多极化”分布态势，省际迁居重心向东向北偏移。人口迁居方向整体上呈现中西部流向东部地区，省际迁入人口主要集中于东部沿海地区，尤其是珠三角、长三角、京津冀三大都市圈的广东、上海、浙江、江苏、北京等地，省际迁入人口较多的地区有较少人口迁出，迁出人口主要集中于中西部地区，四川、安徽、湖南、河南、江西等是我国省际人口迁出规模较大的省份（刘盛和等，2010；刘宴伶和冯健，2014；杨传开和宁越敏，2015）。

中国城市居民省际迁居空间分异特征主要与自然环境、社会经济发展相关联（王桂新等，2012），东部沿海地区地势相对平坦、气候宜人，能够提供较好的居住环境，加上该片区城镇化和经济发展速度较快，城市综合实力较强，如北京是国家首都、上海是世界金融中心、广东是中国经济大省、浙江民营经济的飞速发展等，这些省市拥有较强的竞争力，能为不同人群提供丰富的工作岗位，对城市居民有较强的吸引力，促进居民跨省迁入至该片区。中西部地区的部分省份，城市宜居性较差，城镇化程度较低、经济发展相对较缓慢且人口密度较高，使得居民迁出人口规模较大。

三、迁居对居民生活空间的影响

中国社会正处于转型期，社会制度产生一系列变革，城市居民的生活方式、价值体系也都在发生明显变化。城市居民社会地位及经济水平出现分化，居民生活从追求“经济富裕”转变到精神层面上的“身心舒适”，再者因投资与消费意识逐渐增强，城市内部出现了较高频率的居民迁居行为，这不仅是居民在实际居住状况与预期居住条件之间差异的不断调整过程（刘望保等，2008），也影响着城市居民的生活方式。

（一）职住关系的变化

随着计划经济时期住房实物分配阶段的彻底终结，居民对住宅选择的自主性大大提升，迁居行为的日益增多，职住分离的情况越来越普遍。城市快速发展，城市空间结构不断进行调整，中心城区的高密度土地开发及房价飞涨，使得中心城区居民向外围迁居，但大部分居民仍选择在中心城区就业，从而职住关系随之发生较大变化。

首先是不同区域职住关系的变化。中心城区就业岗位丰富，但房价较高，多数居民不会在工作单位附近择居，职住分离现象非常突出；近郊区住房较多，配套设施日益完善，房价不高，大量中低收入群体和年轻人从最初的在中心城区工作地附近租房，到有一定经济基础后迁居至近郊区购房，较为活跃的迁居行为使得职住分离现象日益凸显，但产业郊区化使得近郊区也可提供较多工作岗位，部分居民选择在住宅周边工作，与中心城区相比，职住分离现象较弱；远郊区以第一、二产业为主，由于交通和收入的限制，迁居活跃度较低，大部分居民在住房附近就业，职住分离程度最低。此外，之前享受单位制分房的居民，居住地与就业地距离非常近，且主要分布在老城区，房改政策落实之后，拆迁搬家及工作变动，职住分离现象变得明显。

其次，迁居所产生职住关系的变化直接影响着通勤时间。城市居住地与工作地分布较为分散，中心城区工作日交通拥堵的情况日益严重，迁居至近郊区居住的居民通勤距离增加，所以无论是中心城区内部的迁居，还是中心向外围的迁居，在整体上，中等时间的通勤行为比例较迁居前都有着不同程度的增加，短时间的通勤减少，大部分居民需要提前出发，工作日预留出行时间相比迁居前有所增加；随着交通不断改善，交通工具的种类及数量日益增多，长时间的通勤情况得以改善（冯健和周一星，2004）。通勤时间对于不同收入的居民影响程度不同，收入较低的群体，因房价迁居到郊区，通勤距离变长且主要靠公共交通出行，通勤时间增加；而收入较高的群体，对住宅位置和出行方式的可选性更大，通勤时间受影响较小。

（二）出行方式的变化

随着城市空间不断向郊区扩张，部分城市居民不断向郊区集聚，但交通设施匹配程度不同，加上城市居民的经济实力、迁居原因等不同，导致其对交通工具的选择性以及对出行时间、费用等的承受度有所差异，因此迁居前后居民的出行方式发生了改变。迁居前，工作地和居住地距离相对较近，且其他休闲活动范围较小，城市居民普遍采用步行或自行车的非机动车出行方式，而较少选择小汽车出行。迁居后，随着生活水平的提升和城市基础设施的不断完善，小汽车拥有水平不断提高，选择公共交通和私家车出行方式大幅增加，相应地，非机动车出行方式减少。

对于城市内远距离迁居，主动迁居与被动迁居对出行方式的改变有所不同。因追求更好的住房条件而选择从中心城区主动迁居至近郊区的居民，以及因追求更好的教育和工作岗位而选择从近郊区迁居至中心城区的居民，经济实力较好，改善交通工具的能力较强，迁居前以步行和公共交通为主，迁居后多选择私家车为主要出行方式；而因拆迁等原因从中心城区被动迁居至郊区的居民，经济水平较低，对出行方式的选择性较小，迁居后更多的依赖公共交通（罗航，2017）。

（三）购物行为的变化

购物行为作为重要的居民日常活动之一，较大程度上受居住空间的影响。

首先，迁居对购物地点的改变。迁居前，主要以市场和超市为购买食品和生活用品的地点，以综合商场或专门店为购买衣物、电器等的主要地点；随着城区的升级改造，菜市场与居住地距离变远，小型生活超市日益增多，中大型超市种类齐全，迁居后，迁居地大多为远离城区商业中心的地段，工作日主要以居住小区内或附近的小型超市为购买食品和急需日用品的地点，非工作日会选择居住区附近大型超市和综合商场集中购买食品、生活用品和普通衣物，以及中心城区的大型商业中心购买高档衣物和贵重物品（李斐然等，2013）。

其次，迁居对购物方式的改变。居住地的变动并没有使购物频率受到较大影响，居民通过调整购物方式来满足日常所需（张文佳和柴彦威，2009）。由于迁居后配套购物地点变少或可达性降低，对新居住地周边环境较为陌生，加上电商平台服务的不断提升和快递业的飞速发展，使得迁居后城市居民网络购物的频率较迁居前增加，实体店购物有所减少，网络购物从最初的非必需品、急需品的补充购物方式，变成了如今的重要购物方式。

（四）休闲空间的变化

首先，休闲场所的改变。城市休闲空间主要包括城市发展过程中建设的公共休闲空间（如公园广场、酒吧咖啡馆、体育运动场馆、文化艺术馆等）以及自然生态休闲空间（如海边、滨水、森林等）。休闲活动对于远距离迁居群体产生较大的影响，工作日休闲时间较短，迁居前，城市居民居住条件相对较差，但居住地和工作地距离商业中心较近，休闲资源较为丰富，酒吧、饭店、电影院等成了年轻群体的主要休闲场所；迁居后，郊区餐饮业和商业娱乐的休闲场所较为分散且数量较少，可达性较低，但居住区内部公共活动面积增加，且自然环境舒适度提高，所以小区内和居住区周边成了迁居后的主要休闲地点。非工作日可自由支配的时间较长，出行方式的多样化，使得迁居对休闲地的选择影响较小。

其次，休闲方式的改变。迁居前，居民对住房的依赖度较低，不愿意过多地待在家中，工作日下班之后偏好逛街购物、享受美食、看电影等休闲方式，在非工作日，除了重复工作日的娱乐活动，近郊游也是比较受欢迎的休闲方式；迁居后，居住条件有所改善，通勤时间增加，使得居民更愿意享受宅家的休闲时光，工作日的主要休闲方式是居住区周边散步、看电视、上网等，在非工作日更多选择前往商业中心购物、交友聚会以及短途旅行。

（五）社交活动的变化

社交活动建立在一定范围内较为稳定的社会关系基础上，迁居导致居民与原有熟人网络逐渐分离，迁居后不仅增加了近邻朋友的空间距离，而且新居住环境较为陌生，无论是时间还是空间，较大程度限制了社交活动，使得很大一部分居民选择自己或者与家人展开日常活动，抑或是依赖网络社交平台。迁居不仅影响着社交方式，弱化了登门拜访的交往方式，而更多地通过电话、微信等方式与原有社交圈保持联络，也影响了社交频率，由于距离对原社交活动的抑制作用以及适应新环境需要一定的过程，迁居后的社交频率较之前有所降低（何彦，2017）。

此外，迁居对老年人的社会活动影响较大。老年人由于退休休闲时间大大增多，以及生理、心理方面的照顾与陪伴需求度提升，而家庭成员分居或工作繁忙，使老年人群体对社交网络的依赖度较高。迁居后，老年人群体由于行动能力、社交工具等方面的限制，难以维持原社交网络，加上适应新环境、融入新社交圈的能力相对较差，从而导致老年人外出活动时间大大缩短，社交活动类型减少，且社交满意度不高（李鹏飞和柴彦威，2013）。

第六节 居住、工作与交通通勤的互动关系

在研究城市居住空间时，除了涉及居民居住在哪里，还必然要涉及居民在哪里工作以及沟通二者联系的交通通勤方式。因此，居住（地）、工作（地）和交通通勤之间的互动关系，也是城市居住空间不可分割的重要组成部分。

中国城市居民的主流职住通勤模式主要经历了三个发展阶段：首先是以步行、自行车为主的短距离通勤为主导，其次是以自行车、公共交通为主的中短距离通勤为主流，最后是当前时期通勤模式的多样化发展阶段，机动车与公共交通并重的、向心性的长距离通勤成为现阶段城市居民主要的职住通勤模式。中国城市居民的居住地、工作地选择以及通勤方式、通勤时间和距离等都受到时代变迁尤其是社会经济发展的强烈影响，个体行为层面的互动关系呈现出阶段性特征，在城市空间层面的变化则体现为由“职住一体”转向“职住分离”的发展趋势。当前，中国城市居民的居住、工作与交通通勤的互动关系受到多元因素的共同作用而呈现出较大的差异性。

一、传统居住空间时期：单位大院内部的短距离通勤

计划经济时期，也是以单位大院为主导的传统居住空间时期。这一时期，中国城市居民的居住、工作与交通通勤特征体现为以步行、自行车为主要交通方式的短距离通勤。由于大部分单位大院形成了内部工作场所与居住地接近的空间分布特征，城市居民的职住通勤模式主要表现为步行距离内的单位内部通勤、单位之间的通勤以及市中心向近郊单位的逆向通勤（Ta et al.，2016）。在这一时期，单位是中国城市社会的基本单元，在物质空间层面的典型表现为单位大院，形成“麻雀虽小、五脏俱全”的物质空间和社会空间组织形态。在当时特殊的时代背景与社会经济条件下，中国城市居民就业由国家通过劳动人事部门统一安排。居民不需要面临在计划经济向市场经济转轨后日趋严重的就业压力，却在就业过程中相应受到了灵活性与流动性的制约，即往往是终其一生都在同一个单位工作。就业的稳定性与安全性使单位成员自上而下形成利益的共同体，为改善自身生活状况、提升单位成员的福利待遇而做出努力。加上计划经济时期企业只需要完成生产指标，而非追求生产利润，单位挪用生产资金建设附属的生活区、提供面向单位内部的生活福利成了必然的发展趋势（刘天宝和柴彦威，2012）。在具有时代特征的社会背景下和免费的土地使用制度下，尽可能地就近建设附属配套的居住区、多占用土地为未来发展预留空间成为单位行为的主要特征。有研究指出（徐晓燕，

2011），这一时期单位与住房之间的平均距离小于3km，居民享受了工作地与居住地相近的便利性，其交通方式通常为步行或骑自行车，通勤距离和通勤时间短。而在供职于不同单位的双职工家庭中，则需要夫妻其中一方进行所居住的单位生活区与工作单位之间的通勤，通勤距离往往大于另一方所进行的单位内部通勤。还有一种通勤，是城市内部的原住居民和住在国家分配住房中的小型单位（未配建生活区）员工与工作单位之间的通勤，其通勤模式往往为从市中心到近郊区的反向通勤。总体而言，在这一阶段，中国城市居民的居住、工作和交通通勤的互动形成了基于单位的职住平衡特征。

二、居住空间转型时期：逐渐突破单位空间限制的中短距离通勤

改革开放以后至1998年之前，住房制度开始改革，单位制居住空间的影响逐渐减少，属于中国城市居民居住空间发展的转型时期。这一时期，中国城市居民居住地与工作地之间的距离呈不断增加的变化趋势，短距离通勤占比减小，而中短距离通勤增加。

在这一时期，计划经济向市场经济转变，单位空间也随之打开了封闭性较强的空间界面，并逐渐融入其所存在的城市空间。单位社区向城市社区的转型意味着单位空间各组成部分的功能作用也发生变化，开放性的增强使面向单位内部服务的生产区和生活区逐渐承担更为多元化的城市职能；也意味着单位居民向城市居民的转变，在居住和工作方面拥有了更多的可能。原有的以单位内部短距离通勤为主的职住平衡状态逐渐被突破，单位内部通勤在总的职住通勤中占比逐渐下降，而单位之间的通勤和从近郊区到市中心或新建立的就业中心的通勤比例逐渐上升。

随着土地市场化改革的推进，土地价值逐渐得到显现。城市建成区内土地价值出现分异，市中心区土地价值与地租最高，随着空间向城市边缘推进，土地价值与地租逐渐减少。这一情况影响了居住区的开发建设，土地价格相对低廉的城市外围空间如近郊区成为新建住宅的优先选址。直到1998年福利分房制度终止前，中国居民仍享受着单位分房或以远低于市场价的价格购买住房的福利待遇，只是与计划经济时期不同的是，单位分配的房屋并不一定是在与工作地相近的单位大院，而是有可能位于与工作地有一定距离的城市近郊区。居民居住地呈向外迁移的总体趋势，而工作地仍以位于中心城区的原单位为主。中国城市居民职住分离情况逐渐加剧，通勤距离和通勤时间也相应增加。广州1984年居民平均通勤距离为2.54km，所需平均时间为26分钟。而这两个数字到1998年已分别增长为5.41km和34分钟（Mao et al.，2000），但仍可归类于中短距离通勤。受时代背景和社会经济发展因素的限制，这一阶段中国城市居民通勤的交通方式以自行车与地上公共交通为主。

三、市场化居住空间时期：以长距离通勤为主的多样化通勤

《国务院关于进一步深化城镇住房制度改革加快住房建设的通知》终止了福利分房的制度，拉开了货币化分配和房地产市场化改革的序幕。因此，1998年以后可视作

中国城市居民市场化居住空间发展时期。这一阶段中国城市居民的职住分离比例明显增加，且出现了长距离通勤乃至超长距离通勤。“凌晨到家、清晨出发”，长距离通勤者承受着巨大的通勤压力。

随着经济的进一步转型和城镇化的快速发展，以北京、上海、深圳、广州等城市为代表的大城市与特大城市建成环境发生着翻天覆地的变化。人口的迅猛增加使空间资源的稀缺性愈发得到凸显，城市建成区不断向外拓展，形成“摊大饼”式的城市空间发展格局。大多数中国城市的城市空间结构仍以单中心为特征，中心城区地价飙升。经济的发展伴随着产业结构的演替，中心城区“退二进三”的总体发展趋势使中心城区作为中心商务区的功能得到强化、进一步产生集聚经济效益，吸引大量企业选址。中心城区工作岗位数量与质量的增加和土地价值的增加形成相互促进的正反馈循环。

市场作用下，城区功能向就业区的转变意味着居住区功能的衰落，职住空间分离成为城市扩张与发展建设的必然规律。一方面，“寸土寸金”的空间价值属性使中心城区的空间利用率被尽可能地提升，居住空间拥挤、具有社会服务功能的公共服务设施及用地被大幅压缩，居民生活质量受到消极影响。另一方面，城市的快速扩张使城市新区的建设如火如荼，地价相对低廉使低容积率、高绿化率成为可能，居住环境总体优于位于中心城区的“老、破、小”；居民经济水平不断提升、具备了购置私家车的实力，加上城市基础设施的建设日趋完善，也为依赖于私家车的交通提供了便捷的条件；以上因素与中心城区对居民的“挤出效应”共同作用，引发中心城区的居民自发外迁。然而居住功能的完善并不代表经济发展的同步进行，产业的相对滞后使以新区为代表的外围城区无法提供数量充足的高质量就业岗位，外迁居民仍需要在中心城区寻找工作机会。同时，大量涌入城市的流动人口同样无法负担中心城区高昂的住房租金，只能寓居于鲜有就业岗位提供但住房价格和租金较为低廉的城市郊区或城中村，成为长距离通勤流的中坚力量。以北京市著名的郊区“睡城”天通苑为例，全职就业者的平均职住距离为 7.96km，平均通勤时间为 38.5 分钟。其中 25% 的被调查者职住距离超过 13.9km，平均通勤时间超过一个小时。居民总体通勤方向呈以天通苑为中心指向各个方向的不均匀放射格局，但从郊区向城市中心区的通勤仍为最主要的通勤方向，形成了长距离通勤的向心流（符婷婷等，2018）。

中心城区和郊区的功能差异在大城市和特大城市中尤为突出，北上广深等一线城市居民的上班地点均呈现“钱多离家相对远、钱少离家相对近”的特征。通勤距离超过 10km 的就业者在高收入人群中占比是在低收入人群中占比的 1.4~2.1 倍，而通勤距离小于 3km 的就业者在低收入人群中的占比为在高收入人群中占比的 1.8~2.1 倍[①]。“有一种遥远，是家与公司的距离”，为了兼得低廉的房价和更好的工作机会，大城市和特大城市的居民往往不得不忍受痛苦的长距离交通通勤。同城通勤中北京居民最为辛苦，平均通勤路程 13.2km，平均用时达 56 分钟[②]，通勤时间、距离均位于全国首位。

① 百度地图，2018 年度中国城市交通报告，2019。
② 极光大数据，2018 年中国城市通勤研究报告，2018。

如果以“为保证准时到达上下班目的地，每公里行程需要预留的规划时间”为通勤可靠性的判别标准①，高流量的长距离通勤带来早晚高峰的城市拥堵，地面交通面临的不可靠性较大。长距离通勤的不可靠性往往会给通勤者带来通勤焦虑，影响居民生理和心理健康情况，降低生活的满意度和幸福感。尽管地铁的可靠性使地铁通勤的预留时间相对较短，但路线绕行、中途停站和换乘等原因会使时间延长，使用公共交通通勤的居民往往需要比自行驾驶机动车通勤的居民花费更多的通勤时间（李强和李晓林，2007）。通勤问题不仅挤占了城市居民日常生活和工作的时间，还会增加居民个人出行的经济成本和城市社会整体的外部性。

总体而言，人口的流动使城市的区域功能发生转变，相应的就业居住空间关系也发生了变化，原来相对紧凑与职住均衡的空间格局被打破。“职住分离”和与之而来的长距离通勤成为一种新的城市病。从郊区到城市中心的长距离通勤成为最主要的通勤流，同时也包括由市中心指向郊区的逆向通勤流和郊区新城之间的侧向通勤流，通勤方式越来越多元化。

四、职住通勤的互动关系及影响因素

为了更好地衡量居民居住、工作与交通通勤的互动关系，学者通常从居住者的就业选择和就业者的居住选择两个角度进行深入研究，采用的相关指标如“居住者平衡指数”、“就业者平衡指数”、“职住比”和“就业可达性”以及应用先进数理统计方法的职住分离指数等。传统的职住通勤关系研究通常使用普查数据和问卷数据，但近年来公交刷卡数据、微博定位数据等新型定位大数据（龙瀛等，2012）也在不断为学者获取更加准确的职住通勤信息做出贡献。

职住失衡在不同空间单元中具有不同的表现形式。典型就业中心附近的地理空间单元通常体现为职大于住，而大型居住区所在的地理空间单元则表现为职小于住（赵鹏军和曹毓书，2018）。以北京为例，回龙观与天通苑是城市郊区的大型居住区，仅有不足 20% 的居民就近就业，属于标准的睡城；而建外街道等工作地属性较为突出的地区，仅有不足 5% 的就业者在此居住，成为职住失衡的另一种典型（郑思齐等，2015）。北京市的职住分离研究表明，随着职住比的增加，通勤时间呈先下降后上升的 U 形结构（魏海涛等，2017）。同样地，上海市的实例研究证明，职大于住的地区，就业者通勤距离较长，居住者通勤距离偏短；住大于职的地区，居住者通勤距离较长，就业者则偏短。职住关系趋于平衡时，通勤交通的总量越小，职住分离情况严重，则通勤交通的总量越大（宋小冬等，2019）。在一定程度上促进职住平衡可以减少尾气排放、减少环境污染（柴彦威等，2011），更可以提供更多的就业机会、促进规模经济的发展（Anas et al.，1998）。

城市层面的职住通勤是政策和社会经济动力的作用结果，也是居民个体选择行为

① 滴滴出行，2017 年中国主要城市交通可靠性分析报告，2018。

的宏观表征。市场化的就业环境下，城市居民在进行就业地和居住地的选择时拥有更大的自主权。主要的影响因素之一是居民的受教育程度。在同一空间单元内，高技能劳动力（及相应行业）对应较低的就业者平衡指数（就业者中在本空间单元居住的比例较低），主要是因为能够满足高技能劳动力求职需求的就业机会供给密度较低，需要就业者在较大的空间范围内进行搜寻以找到合适的工作机会。为获取更高的薪资待遇，高技能劳动力相应地需要在通勤距离和通勤时间上做出牺牲。当通勤时间距离的差异体现在工作类型上，通常表现为公司员工 > 商业服务业 > 事业单位 > 自由职业（魏海涛等，2017）。

此外，家庭结构和家庭内部分工也会影响居民的居住地、就业地选择，进而影响个体的职住空间距离和通勤时间。例如，有年幼子女的家庭通常需要倾注更多时间在孩子身上，因此家长在就业地或居住地的选择上更加倾向于缩减二者之间的距离，进而减少通勤时间。双职工家庭的居住地选择也需要考虑在不同就业者工作地之间的权衡，从而达到家庭整体利益的最佳平衡。

第七节　本章总结

基于居住功能视角的城市居住空间基本单元，是构成城市居住空间的最小空间单元，但基于空间统计视角的居住空间基本单元，往往比功能单元更大，需要与基层行政区划单位相衔接，以便利用相关的数据尤其是人口普查数据开展研究。事实证明，街区（街道乡镇）级数据是研究中国城市居住空间结构和居住空间分异的具有可获取性的重要数据，“街区尺度”是展现中国城市居住空间分异特征的具有可操作性的空间尺度，而村居级空间尺度虽然更微观，但数据难以获取，并且还存在难以准确复原居委会（村委会）层次的城市地图及其变迁关系的缺陷。

把北京的实证研究结果与上海、广州等大城市相比（唐子来等，2016；周春山等，2016a），可以发现 2000~2010 年城市居住空间结构演变既存在共性又存在特性。就主因子而言，共性在于影响居住空间结构的主成分构成较为稳定，大部分因子的影响都具有持续性，如知识分子、农业人口、人口密集程度等。特性在于上海的外来人口不再是主成分之一，而农业人口一跃成为核心成分。北京和广州的外来人口在社会区分异中的地位上升，且其分布由市中心往郊区蔓延。此外，北京的白领人口与户籍人口重合度较高，蓝领人口多为外来人口。就居住空间类型而言，共性在于知识分子、农业人口等均单独成为一类社会区，且随着市场经济的发展，社会阶层的分化更加明显，如北京和上海的白领职业者与蓝领职业者的分化，广州的中等收入阶层与低等收入阶层的分化等。特性在于北京和广州的老城区均为人口密集、居住拥挤的区域，而上海却为居住人口较少的城市地区。就居住空间结构而言，中国大城市都是圈层、扇形和多核心模式的叠加，但上海的圈层结构更加明显，北京的扇形放射状趋势更加突出，而广州的多核心模式最为显著。总体而言，中国大城市居住空间发展最新的特征包括基于职业分化的社会阶层分化特征已经显现，并形成相应的聚居区；户籍因素，尤其是是否取得被研究城市的当地户籍，也在居住空间中显现；年龄因素，尤其是老龄化因素，也对新时期城市居住空间的形成产生了作用并留下了空间聚居的痕迹。

2000~2010 年，城市居民职业的空间分化更加明显，这在北京的研究中已表现出清晰的规律性，老年人口、外来人口、维吾尔族人口、文盲人口、农业人口这些指标继续沿袭过去群居性增强而混居性减弱的趋势，这些指标的空间分布与居住人口空间匹配的一致性在变差，折射出包括就业人口的职住分离、外来人口的通勤、留守老人或空巢老人等在内的城市问题更加突出。基于分异指数和隔离指数的分析展现了在城市社会区分析以外的、有关城市居住空间重构的更多细节，而对城市居住空间分异重构的解释则需要从制度、市场和文化变迁的层面来寻求基础动力，需要借助社会空间辩证法建立解释性框架。

城市社区的宜居性也是反映城市居住空间状况的重要指标。社区宜居性评价需要从物理空间的合理性、服务设施的完善性、基础设施的配套状况、环境景观的优美性、邻里关爱和睦情况以及治理服务高效程度等模块建立专门的指标体系予以评价。另外，学术界还对中国城市社区宜居性分异及其形成机制开展了大量的研究，城市社区的宜居性分异主要包括居住空间分异、公共服务设施配置的空间分异、活动空间分异以及休闲空间分异等方面，宜居性分异形成的影响因素包括历史文化因素、市场机制、政府决策、经济发展水平、居民个人行为等方面。

迁居会对城市居住空间的发展产生影响，国内学术界对中国城市迁居者的属性特征、迁居的阶段性发展特征、迁居的空间分异特征等开展了大量的研究，迁居对城市居民生活空间的影响主要表现在职住关系有变化、出行方式的变化、购物行为的变化、休闲空间的变化和社交活动的变化方面。另外，居住（地）、工作（地）和交通通勤之间的互动关系，也是城市居住空间不可分割的重要组成部分。中国城市居民的居住地、工作地选择以及通勤方式、通勤时间和距离等都受到时代变迁尤其是社会经济发展的强烈影响，个体行为层面的互动关系呈现出阶段性特征，具体包括传统居住空间时期的单位大院内部的短距离通勤、居住空间转型时期的逐渐突破单位空间限制的中短距离通勤以及市场化居住空间时期的以长距离通勤为主的多样化通勤。这种互动关系反映在城市空间层面上的变化则体现为由“职住一体”转向“职住分离”的发展趋势。

第六章 交往空间

第一节 关系网：城市居民的人际关系与社会交往

一、关系与人际关系

在《现代汉语词典》中，关系被描述为指事物之间相互作用、相互影响的状态，表示人和人或人和事物之间的某种性质的联系（中国社会科学院语言研究所词典编辑室，2012）。从心理学角度看，人际关系是人们通过交流与相互作用而形成的一种比较稳定的心理关系，反映了个体或群体满足其社会需要的心理状态。本章所涉及的“关系”指的是社会联结（social tie），指社会中人与人之间关系的总和，与中国人观念中一般认为的关系（Chen et al.，2004）是不同的。

对关系的研究目前主要集中在社会学、经济学和心理学领域。心理学认为，人内心的感情是需要投注对象的，这便形成了人际关系，故而他们从内而外地阐述人际交往的本质和意义及其交往技巧等。而社会学和经济学则从社会关系网络、社会资本的角度入手开展研究。西方学者从不同侧面研究了人际交往的动机和模式。Schutz（1958）提出了人际关系的三维理论，认为每个人都有与别人建立关系的愿望和需要，只是有些人表现明显，有些人表现不明显。他将需要分为三类：包容的需要、控制的需要和情感的需要。每一类需要都可以转化为动机，产生一定的行为倾向，从而建立一定的人际关系。霍曼斯从经济学的角度提出社会交换理论（social exchange theory），认为人与人之间的交往，本质上是一个社会交换过程，这种交换不仅涉及物质的交换，同时还包括非物质品，如情感、信息、服务等的交换（谈谷铮，1986）。人们如何看待与他人的关系，主要取决于人们对关系中回报与成本的评价和体验。

在中国人的传统思想中一直重视人与人的关系。梁漱溟（2005）从中国传统文化出发，提出社会结构中人际关系的伦理本位思想，指出人生实存于各种关系之上，而此种关系，即是一种伦理，伦者正指人们彼此之相与，相与之间，关系遂生。对于中国人的人际关系的本质，翟学伟（2005）提出人缘、人情和人伦构成的三位一体的本土模式，他认为人情是其核心，它表现了传统中国人以亲情（家）为基本的心理和行为样式；人伦是这一基本模式的制度化，为这一样式提供一套原则和规范，使人们在社会互动中遵守一定的秩序；而人缘是对这一模式的设定，它将人与人的一切关系都限定在一种表示最终本源而无须进一步探究的总体框架中。社会学家费孝通（2005）在研究中国乡村结构时提出了差序格局的概念，影响深远：每一家以自己的地位作为中心，周围划出一个圈子，这个圈子的大小要依着中心势力的厚薄而定；以己为中心，像投入水中的石子所荡起的波纹一样，一圈圈推出去，越推越远，越推越薄；每个人都有一个以自己为中心的圈子，同时又从属于以优于自己的人为中心的圈子。杨国枢等（2008）在此基础上，将差序格局的关系网分为三层：家人、熟人和生人。黄国光等（2004）提出人情和面子的理论模型，综合了人情、关系、面子、报答四个综合概念，建构中国人社会行为的理论模型。他们将中国人的人际关系划分为三类：情感性关系、工具性关系和混合型关系，其互动规范分别适用需求法则、公平法则以及人情法则。罗家德（2005，2006）及罗家德和叶助勇（2006）提出中国人关系可分为熟人关系（familiar guanxi）、拟似家人关系（pseudo familial guanxi）和弱关系（weak guanxi）三种（图 6.1），其中拟似家人关系指除了家人之外，还包括那些结拜成兄弟，或结亲成姻亲的人。此外，王绍光和刘欣（2002）对各种角色受到信任程度的资料作因素分析，发现四种因素中最不值得信任的是社会上的多数人以及一般性连带，即陌生人及一般认识的人；其次是认识而有互动的人，包括领导、同事与邻居；较值得信任的连带被称为朋友，包括密友及一般朋友；最值得信任的则是“亲人”，包括家庭成员、直系亲属及其他亲属。

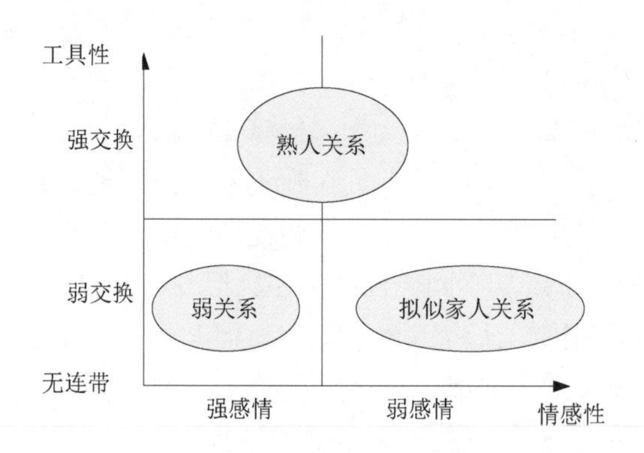

图 6.1　中国人关系维度和位置划分

资料来源：根据罗家德（2005，2006）的理论绘制

关系就像一根根看不见的线，把一个个的个体人紧紧串联在一起，构成了一个复杂和庞大的关系网络，所有人都处在其中。每个人都生活在各种群体、组织和亲属、朋友的人际关系中，个人可以看作是个点，人与人之间的关系可以用线来表示。这种点与线的结构和动态变化就是社会网络。

二、社会关系网络

社会关系网络是研究社会结构，特别是社会资源理论的核心概念。现代社会学家将社会定义为一种结构，一个由相互联系的制度构成的可辨别的网络，而各种社会联系就是构成社会网络的基础。这样，亲戚网、朋友网、群体和制度性复合体作为连接各层次的人的子网络，进一步联系成大的社会网络（杨上广和王春兰，2007）。个人、家庭、组织、机构都可以看作是网络中的节点。社会网络同时也形成了一个人的社会资本的大小。Bourdieu（1983）最早从阶级的观点出发来定义社会资本，他认为社会资本是社会网络关系的总和，影响个人的各种回报。Coleman（1988）将社会资本定义为一种过程，通过这种过程已有的人际联系（诸如植根于种族社区里的联系）可以成为经济合作中可用的资源。Granovetter（1973）提出划分强关系和弱关系理论，由于弱关系更可能带来异质性的信息，因此在求职中可能比强关系更有力。芝加哥大学的 Burt（1984，1992）提出社会网络中“结构洞”的存在。边燕杰（1994）结合中国实际，提出在计划经济工作分配体制下，个人网络主要用于获得分配决策人的信息和影响而不是用来收集就业信息，因而在网络中更关键的是强关系对决策人施加的影响。华裔社会学家林南（2005）将社会资本定义为内嵌于社会网络中的资源，提出了地位强度假设和关系强度假设，即出生地位水平和弱关系与社会资源的获得呈正相关。国内的实证分析方面，主要有张文宏和阮丹青等在调查和统计的基础上，从社会网的规模、关系构成、紧密程度、趋同性、异质性等方面分析了天津城市居民人际交往网络的基本情况，并探讨了与美国讨论网的差异及其原因（张文宏和阮丹青，1999；张文宏等，1999）。齐心（2007）以石家庄某社区为例，研究了城市新型住宅小区中居民的社会网络问题，提出跨越边界的社区的存在。值得指出的是，学术界已经重视从空间的角度研究社会关系网络。例如，Newman（1972）提出空间领域性（territoriality）分类，在研究人们行为活动与城市环境关系的基础上，确认人的各种行为活动要求有相应的领域，特别在居住环境中，他提出一个由私密性空间、半私密性空间、半公共性空间及公共性空间构成的空间体系的设想（图 6.2）。另外，也有学者开始了对空间与社会交往之间制约关系的研究，尤其是对半公共半私密空间的研究。日本建筑师黑川纪章从茶道中悟道提出灰空间，又称缘空间，一方面指

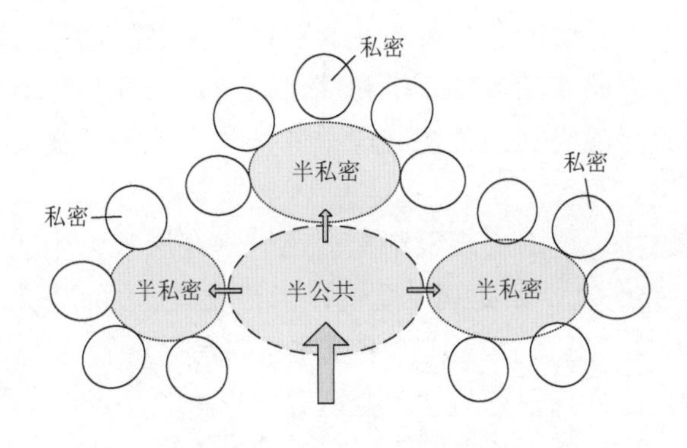

图 6.2 空间领域性分类图

的是一种色彩，另一方面指介于室内外之间的一种过渡空间，可以达到室内外空间融合的目的（王雪梅等，2010）。

三、问题的提出与实证研究地区

（一）问题的提出

当前，随着转型期我国社会经济的快速发展，城市中不同社会阶层的“社会空间隔离”日趋明显，由此产生的“社会问题”也不断显现（顾朝林，2007；李强，2010）。城市社区生活中，人们的交往缩小到很弱的程度，更彰显出个人的独立，紧密联系的社区仿佛已经消失。任其发展将极大地影响和制约城市社会融合与和谐发展。相比于传统乡村社会，都市人的社会人际关系网络跨越了地域边界，邻里关系似乎已经呈现冷漠的特点。很多时候，邻里的居民之间只是一墙之隔，甚至近距离相望，但彼此生活空间没有交集。然而，值得强调的是，都市中的居民仿佛处于一种矛盾的状态：一方面，他们希望过一种有着家庭或个人独立空间的生活；另一方面，他们从内心渴望根植于温情和关怀的生活空间。在这种矛盾状况下，究竟当前中国城市居民对邻里空间还怀有什么感情？邻里具体的人际关系网络表现出什么特点？邻里人际关系网络与空间之间的互动关系如何？这种互动关系又如何形成社区成熟的社会空间？基于互联网技术的虚拟空间对邻里关系和居民社会网络的形成以及社区归属感的形成起到什么作用？

上述问题更多是从社会交往和社会网络联系的层面来诠释城市居民的生活空间，对它们的有效回答无疑会促使城市生活空间的研究从静态视角向动态视角推进、从个体视角向网络联系视角推进以及从实体空间视角向虚拟空间视角推进，对于理解动态而充满联系的城市生活空间具有重要的理论意义。

（二）实证研究地区与问卷调查

为了进一步探讨前面所提出的研究问题，选择以北京最著名的大型居住区回龙观，作为主要的实证研究地区。在对回龙观居民的个人社会关系网络和邻里关系开展问卷调查和访谈调查的基础上，分析和探讨回龙观居住社区形成的过程和可能存在的社会交往层面的微观机制，透视城市中的人与人之间社会关系及其与空间之间的联系。

西方学者提出，社区范围应该限制在居民对本区域日常生活有一种大致了解的范围内（Hawley，1950）。“回龙观”既可以指行政概念的回龙观镇，也可以指边界不确切的回龙观文化居住区。回龙观镇隶属北京市昌平区管辖（图 6.3），全镇面积 20.7km^2，按第六次全国人口普查数据，全镇有住户 12.4 万户，居住人口 32.5 万人。回龙观文化居住区，是北京市经济适用房建设的重点地区之一，1998 年开始开发，

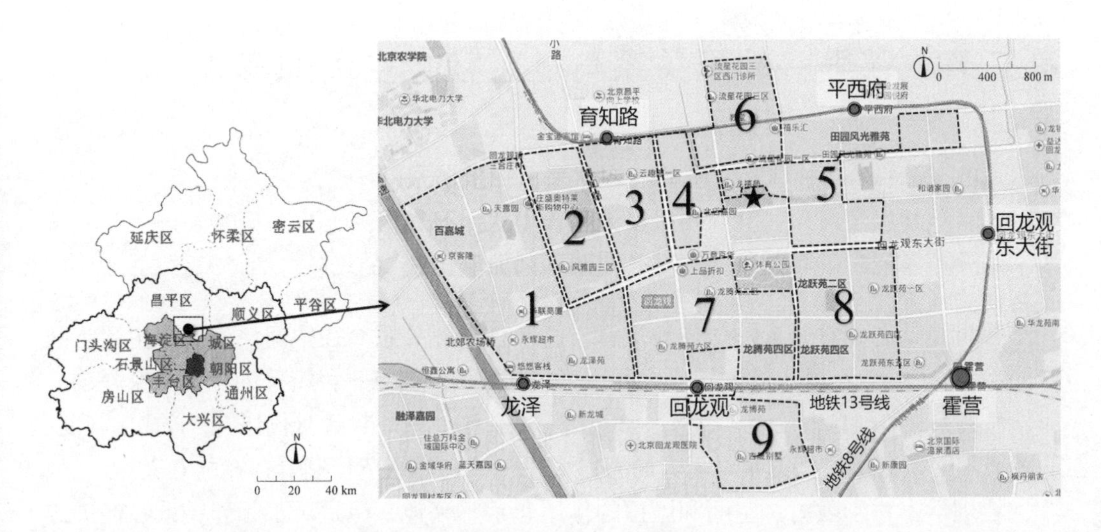

图 6.3　研究区回龙观区位图及调查小区分布

规划总占地规模约 11.27km^2，总建筑面积约 850 万 m^2，设计居住人口约 30 万人，目标是着重解决科教人员的住房问题。回龙观是全国乃至亚洲较大的相对独立的居住社区之一（张王，2002），以经济适用房为主，兼有拆迁安置房、回迁房、单位团购房等房型存在，房屋租赁现象突出。回龙观区域住房以多层板房为主，属于中等级住宅区。在回龙观的 20 多个生活区中，外来人口占比近 80%，是典型的移民生活区。

本章所采用的回龙观社区概念，主要是“回龙观文化居住区”，属于回龙观镇行政辖区内。发放调查问卷的地域，主要集中在八达岭高速以东、霍营以西、轨道交通 13 号线以北以及马连店以南的区域，是回龙观文化居住区的主体范围。调查小组于 2010 年 8 月至 2011 年 4 月期间，赴回龙观调研 20 余次，除了开展大量的居民访谈以外，重点开展了有关居民社会空间的问卷调查，调查方式主要是以入户和室外公共空间结合，抽样样本采取划分片区（9 个片区）以及片区内部随机抽样相结合的办法，共发放 560 份问卷，回收有效问卷数为 550 份。按照小区建立时间以及空间布局等情况，将回龙观社区划分为西边小区（回收有效问卷 58 份）、风雅园片区（59 份）、云趣园片区（53 份）、龙禧苑片区（32 份）、龙锦苑片区（31 份）、流星花园片区（59 份）、龙腾苑片区（69 份）、龙跃苑片区（42 份）和南边小区（26 份）九大片区（其他 121 份，为被调查者不愿意透露具体小区），各片区问卷发放的份数大致参考各片区的规模进行分配。回龙观是北京市规模最大、最具知名度的郊区大型居住区，也是住房制度改革后北京最早建立的经济适用房集中区之一。随着房地产市场的发展，回龙观的住房市场化程度和房屋租赁比例高，大量的外来人口尤其是“新移民”居住于此，不仅使社区居民的社会构成复杂，还使得社区的社会空间秩序面临重构。因而，对于住房制度改革后新成长起来的大型居住区而言，回龙观具有较好的代表性。

第二节 邻里：邻里关系与社区社会空间的形成

一、城市生活空间的地域基础：从邻里到社区

（一）邻里、邻里关系及中国城市的邻里关系

邻里是具有相对邻近的居住地域背景的一种人际关系交往空间，是城市生活空间的重要组成部分。社区中的人跟人之间因为地域邻近，拥有一种特殊的社会关系联结，即邻里关系。中国自古就有“远亲不如近邻”的传统，另外封建时代还有“连坐”制度，从多个角度彰显出邻里关系对于人的感情交往、社会的规范控制等存在的意义。

地理学家对于距离、空间和区位的作用非常感兴趣，但是对于相邻关系在促进或阻碍社会互动中起到什么样作用，却没有统一的意见。Festinger 等（1950）曾经对麻省理工学院已婚的工程学生之间的互动关系进行研究，发现微观范围的距离非常重要，但似乎仅仅是住房的空间布局就控制了朋友之间的关系 。它的代表性和普遍性遭到质疑。有些学者指出，邻里关系只有在居民被安置到新开发的住宅这一过程中才具有重要性；另一些则认为，社会距离和共同的价值观是决定朋友关系的主要因素，现代科技和大众通信使得世界缩小，距离制约弱化，再加上个人移动能力的增强和职住分离的存在，使得人们从邻里关系中释放出来（Webber，1964）。

在中国，邻里关系是社会学研究的焦点。有关中国城市邻里关系的状况，很多调查给出了具体结论，概括这些结论，可以汇集成两种观点。

一种观点认为，近年来随着社会转型和住房变革大背景的变化，作为一种人际关系的邻里关系在逐步淡化，重要性逐步降低，甚至在某些地方已经消失了。北京零点公司 1996 年的调查分析显示[①]，住在楼房区的居民邻里相识度比平房区居民低得多。34.1% 的平房居民表示认识所有的邻居，而同一指标在楼房区只有 15%。据 2006 年 4 月“华商报”对西安市邻里关系进行的问卷调查结果显示：22% 的被调查者根本不认识自己的邻居；45% 的人只是偶尔和邻居见面打个招呼；77% 的人不太了解邻居家成员情况；63% 的人和邻居关系一般；对邻里关系状况表示满意的占 14%；有 57.7% 的人没有帮助过邻居。据 2007 年 7 月“嘉兴日报”对平湖市邻里关系进行的问卷调查结果显示：近 80% 的城市居民叫不出 5 个以上邻居的名字；92% 的人遇到突发状况不会先想到向邻居求助；56.6% 的人和邻居关系一般；77.6% 的人不愿意做邻居家的“和事佬”。同时，调查发现不同住房类型内的邻里关系存在很大不同。新商品房社区人际关系比老式小区更为淡漠，原先在部分城市邻里中存在的熟人社会、半熟人社会消失无踪。王颖（2002）对上海市 17 个新村与 1018 户居民进行面上的调查资料显示，传统街坊社区与偏农村的社会边缘化社区邻里交往比较密切，单位公房社区邻里交往

① 陈以省 . 邻里关系应当珍视 . http：//news.sina.com.cn/c/2005-11-14/08597433436s.shtml. 2005.11.14.

有所减弱，而商品房社区邻里交往很少。特别是在高档商品房小区中，居民的社会交往以超越小区空间范围的亲戚与朋友为主。

另一种观点认为，当前中国城市的邻里关系依旧存在，只是展现出新的特点。安云凤（2001）调查了北京1500人的邻里关系。发现69.8%的人选择跟邻居之间是互相关照较为紧密的关系，只有1.7%的人选择互不来往。北京居民中良好的邻里道德传统依旧存在。同时考证了城乡、年龄、受教育状况对其的影响，发现城镇居民邻里关系比农村居民更疏远，年龄对邻里关系的影响是年龄越大邻里关系越密切，年龄越小邻里关系越疏远；此外，受教育程度越高，邻里之间的交往越少，关系越疏远。对于邻里互助，他设计了一个假设场景（若邻居是一位孤寡老人，是否愿意照顾他），有77%的人选择同意，不同意的比例只为6.5%。2006年，孙龙和雷弢（2007）对北京老城区居民的邻里关系做过调查分析，认为当前北京城区居民的邻里关系在总体上呈现表面化和浅层次的特点；邻里之间日常互动的频率相对比较低。封丹等（2011）研究门禁社区与周边小区的邻里关系，指出虽然有社会地位的差异和门禁围墙的存在，但是，与南非、阿根廷等国家不同的是，中国门禁社区与周边邻里存在功能性互动，并未给周边邻里造成被隔离和被歧视的心理感觉，地理空间上的邻近性反而为不同阶层和不同生活背景的居民之间的相互了解、融合和沟通提供了机会和可能。

（二）社区与中国城市社区研究

社区的概念最早由德国社会学家裴迪南•滕尼斯（Tonnies）于19世纪末提出，他认为社会由具有共同系数和价值观念的同质人口所形成的关系密切、富有人情味的社会组合方式（gemeinschaft），向由契约关系和理性意志形成的社会组合演化。目前公认的社区定义是芝加哥学派的领军人物Park（1936）和社会学家Hillery（1955）界定的，他们指出社区的本质特征应该包括：①一定的地域；②共同的关系；③社区互动。对于社区和社会的区别，吴文藻先生提出："社会是描述集合生活的抽象概念，是一切复杂的社会关系全部体系之总称，而社区乃是一地人民实际生活的具体表词，它有物质的基础，是可以观察到的"（董长弟，2008）。从地理学角度出发，社区体现一种社会性和区域性叠加的性质。结合中国的实际，可以将社区定义为聚居在一定地域内、相互关联的人群形成的共同体，生活在其中的居民对社区有一定的归属感和认同感，共同拥有一种社会文化和实现互动的方式。关于社区范围的界定，Hawley（1950）提出社区的规模应该限制在居民对本区域的日常生活有一种大致了解的范围内，人们对自己的社区十分熟悉，耳闻目睹那些不会引起其他地方的人关心注意的日常琐事。这样，就可以较为清楚地界定社区的边界。

社区的本质是关系还是地域？社区最重要的特征是特定地域，还是共同联系，学者有不同的观点。目前已有的对于社区的关系和地域的探讨，主要有社区消失论、社区继存论、社区解放论等几种不同的观点（程玉申和周敏，1998）。第一种是社区消失论。滕尼斯和涂尔干等社会学家认为，现代工业给人类社会的组织方式带来了革命性的变化，社区作为基层共同体在城镇化和城市生活的冲击下，开始变得模糊，居民对某个特定地理空间的归属感趋于弱化，互动和联系等也不再局限于居住空间之中。芝加哥学派的 Wirth（1938）对比了城市社区居民与传统农村居民之间的关系，认为城市居民之间的关系由首属向次属转化，维系社会的力量在弱化，社区也由此逐步消亡。第二种是社区继存论，指出社区在城镇化和社会变迁过程中仍旧在一定程度上被保留着。这源于 1952 年奥斯卡•刘易斯发表《未崩溃的城市化》，通过研究发现墨西哥村民移居城市后生活方式没有显著变化，人情味和社会合作依旧。他指出，许多住在大城市的人，仍旧保留自己小圈子的活动，小圈子内的人保留亲密和互助互信的关系，圈外人似乎对他们没有多少影响。1962 年，赫伯特•甘斯在《城市村民》中描述波士顿西区意大利移民的生活，指出社区以城市村落的形式继续存在着。第三种是社区解放论。20 世纪 70 年代，Fischer（1975）指出，城市中存在的种种问题不是人口众多导致的，而是由于城市中存在的亚文化人口。他们形成一个小圈子，经过长时间的互动，逐渐会产生一种相互了解并为大家所接受的规范、价值观和生活方式。于是，城市中就存在两种并存的现象：群体内部的凝聚与整合以及群体之间的摩擦和冲突。Wellman（1982）提出要重新考虑社区的概念，注重社区居民应该从地域和场所的局限中解放出来，接触更广泛的朋友，这就是所谓的“社区解放”。

针对国内社区的实际情况，学者在研究上存在很大的分歧。王小章（2002）认为中国邻里存在着“社区的生长点”，因为基层共同体赖以存在的基础毕竟还在那里，人们与其家庭所在的地方以及这个地方的其他人总是存在着一些特殊的联系、特殊的利益关联，从而促成个人对地域的归属感、认同感及共同利益的产生。城市社区存在的可能性与人性有关，社区对于满足个人的心理需求有重要价值，如果能够创造像社区成员之间互惠的社会资本，就可能在成员中建立社区归属感与共同利益（冯钢，2002）。但是也有学者持不同意见，认为虽然社区生活共同体在居民生活中仍旧很重要，但是更为重要的是“脱域的共同体”（王小章和王志强，2003）。现代城市社会中发达的社会分工、现代化的交流手段、日趋理性的社会互动、频繁的社会流动等因素使得封闭的生活共同体变得不可能，社区居民的物质与精神需求更多地来自社区之外而不是社区之内（沈新坤，2004）。

二、邻里关系及其制约因素

（一）邻里关系特征

1. 邻里相识与交往

调查显示，居民邻里陌生程度较高，交往较疏远，认识人数普遍在 7~10 人（表 6.1），整体样本中位数是 10 人，认识 20 人及以下的占到 78.89%，剔除居民认识的邻居中的亲戚和同事关系后，陌生程度更高。有 7.89%（共 40 位）居民一个邻居都不认识，具体分析其社会经济属性，大多数属于高学历的年轻人，平时工作较忙，以租赁房屋居多，缺少邻里交往。邻里之间相互了解和串门情况显示（表 6.2），36.47% 居民对同一楼

表 6.1　居民认识小区邻居人数情况

认识邻居数目 / 人	样本数 / 个	百分比 /%
0	40	7.89
1~3	58	11.44
4~6	79	15.58
7~10	123	24.26
11~15	29	5.72
16~20	71	14.00
21~30	38	7.50
31~50	27	5.33
51~100	22	4.34
101 以上	20	3.94
总计	507	100

表 6.2　邻里之间相互了解和串门情况

同一楼层了解情况	样本数 / 个	比例 /%	登门拜访或串门	样本数 / 个	比例 /%
非常了解	46	8.83	经常来往	45	8.64
了解基本	285	54.70	偶尔串访	240	46.06
一无所知	190	36.47	互不往来	236	45.30
总计	521	100	总计	521	100

层的邻居一无所知，45.30% 居民邻里互不往来。邻里之间的认识很大程度停留在“点头之交”，很多人都不知道对方名字和家中的情况。与北京老城区中大部分人（84.1%）大致清楚邻里情况（孙龙和雷弢，2007）差别较大。现代城市居民交往中，由于居住在楼房，比较强调私密性和安全性，并且城市生活中人们的节奏加快，社会异质性和安全性挑战人们对他人的信任，邻里串门和相互拜访的现象越来越少。

目前邻里互相交往的主要形式和方式以人情往来为主（图 6.4）。大部分邻里交往的原因是因为人情往来和日常需要，日常娱乐和打发时间等也占据一定比重。很多居民是出于礼貌或者人情，相互间打打招呼或者进行表面的浅层次邻里交往，不涉及重要问题间的交往。

一个有意思的现象是，虽然邻里交往不如老城和乡村社会密切，但是从被调查者的感受出发，邻里交往意愿和邻里关系却看起来非常良好。整体上居民认为自己跟邻居的关系是和睦的，认为自己和邻居关系冷淡的比例只有 8.64%，并且有 3/4 的人能

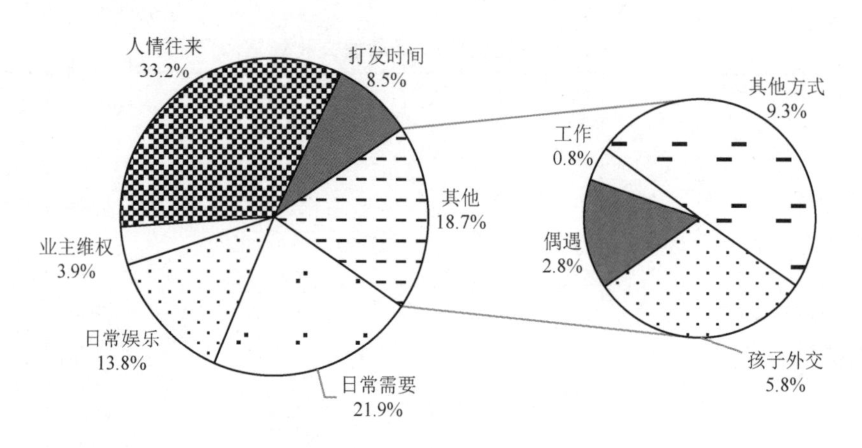

图 6.4　邻里交往的主要形式

很友好地应对邻居的主动交流，意愿积极（表 6.3）。八成以上居民在回龙观社区拥有朋友，只有 17% 的回龙观居民在回龙观区域内没有来往比较多的朋友。对居民的重要问题讨论网的调查也显示，居民会询问和寻求帮助的重要关系网络成员，一半以上比例位于回龙观范围内。

表 6.3　邻里关系和邻里交往意愿

邻里关系	样本数 / 个	比例 /%	邻里交往意愿	样本数 / 个	比例 /%
和睦	251	48.18	和他聊起来	395	76.55
一般	225	43.18	随便敷衍两句	67	12.98
冷淡	45	8.64	根本不理	9	1.75
总计	521	100	看情况	45	8.72
			总计	516	100

2. 邻里守望与互助

日常生活中，居民求助对象以朋友和亲戚为主，邻里互助情况相对较少。据调查（表 6.4），回龙观居民在日常生活中遇到困难的求助对象，首先是朋友，其次是亲戚，之后是同学同事和物业，再次是邻居。在首先寻求帮助的对象调查上，亲戚代替朋友占据最高比重，邻居的选择性更小。但同时，调查邻里守望相助的意愿却依旧友善，但是互助较为低层次和突发性。假设面对邻居求助，只有 3% 的人表示不会伸出援手（主要是租赁房屋的居民）。目前，78% 的居民曾经得到过邻居帮忙，同时 70% 的居民帮助过邻居。

3. 邻里矛盾与冲突

据问卷调查，在回龙观居住的居民中，约 83% 的居民没有与邻居发生过矛盾。看到或者遇到邻里之间的矛盾主要是不遵守公共道德和看问题角度不同导致。在邻居之

表 6.4 居民寻求帮助对象类别

所有对象类型	首先寻求帮助对象		寻求帮助的对象	
	样本数 / 个	比例 /%	样本数 / 个	比例 /%
亲属	236	46.00	353	68.81
同事同学	64	12.48	283	55.17
朋友	108	21.05	365	71.15
邻居	22	4.29	168	32.75
物业	76	14.81	233	45.42
其他	7	1.37	23	4.48
总计	513		1425	

间发生矛盾后，采取的解决方式以主动调和为主，必要的话会寻求物业、居委会等第三方机构出面调和。

4. 邻里活动和交流

调查回龙观居民参与邻里交流活动的情况（表 6.5），六成居民听说过邻里交流活动，大部分都是居委会组织通知，其中约 24% 的人参加过此类活动，多数是退休在家的老年人。调查居民参与邻里交流活动的意愿，约 55% 的人表示愿意参加、凑热闹或进一步认识邻居；其余居民表示不愿意参加邻里交流活动，一方面因为没有兴趣，另一方面因为没有时间。

表 6.5 邻里活动参与情况与参与意愿

参加情况	样本数 / 个	比例 /%	知晓活动途径	样本数 / 个	比例 /%	参加意愿	样本数 / 个	比例 /%
知道 * 参加	127	23.92	邻居介绍	74	18.97	会 * 认识邻居	128	25.45
知道 * 没参加	190	35.78	居委会通知	199	51.03	会 * 凑热闹	152	30.22
不知道	214	40.30	网上获知	77	19.74	不会 * 没兴趣	109	21.67
总计	531	100	其他	40	10.26	不会 * 没时间	114	22.66
			总计	390	100	总计	503	100

根据不同的触发事件、缘由和不同的交往深度，居民邻里相互认识和交流方式有多种类型方式（表 6.6），如入住小区初期的集体采购、日常生活中的维权和文体活动、“童子军”外交和依托社区网的互动等。相同的生活背景，成长周期较相似，以及交往事件的存在，使得相互之间维持了较好的邻里关系。回龙观社区聚集了大量经济适用房，首批居民大多是刚出校园、工作类型集中在 IT 和教育

等行业的年轻人，并带有“北漂”的突出共同点，相互之间较容易沟通和交流。刚入住时，邻居一起集采（集体采购）、装修，有此机会开始认识并相互建立关系。在日常生活中，很多居民因为在公园或小区绿地中健身或自发参与打球等，开始认识并进一步交往。一些人因为曾经参加了社区的维权事件（董月玲，2005），使得居民在社区共同利益需求的驱使下，一起面对外扰。此外，居委会组织的定期和日常的文体活动（大部分是针对老年人），使得部分居民加深交往得以培养感情。在回龙观，出现了以孩子需求为中心开展的新的邻里交往模式，在西方被称为“童子军”（Knox and Pinch，2000）。在调研中发现，因为孩子需要到公共空间玩耍，很多家长经常碰面久而久之就互相熟悉了；孩子们一起玩耍，家长会带孩子互相串门逐步加强邻里之间的往来，尤其是女性，存在很多以孩子为中心开展的“场所外交”。询问居民是否支持自家孩子和邻居家孩子玩耍的意愿，只有 4% 的人表示不支持。此外，扎根于回龙观实体区域的社区互联网，通过虚拟网络中人们的互动与实体物理空间相结合，促使居民邻里互动良好，社区归属感增强，对邻里交往产生了深远的影响。

表 6.6　居民邻里相互认识事件触发图

类型	事件和内容	主要发生场所	级别
入住小区初期的集体采购	集采、装修	小区内各自住房	浅度、中度
日常生活中的维权和文体活动	见面打招呼	楼道和小区道路	浅度
	打球、健身	运动场地、小区绿地	浅度、中度
	维权事件、文化活动	室外空间、居委会	中度
“童子军”外交	晒太阳、玩耍	公共绿地、小型游乐场所	中度
	孩子间互相来往	某孩子的家中	中度
依托社区网的互动	网络论坛讨论	虚拟网络	浅度、中度
	集采、二手买卖等	虚拟网络与实体空间结合	中度
	文体活动	虚拟网络与实体空间结合	中度、深度

5. 邻里偏好和感知

调查居民对于邻里类型的偏好，数据显示大部分居民偏好的邻里类型是能够乐于助人、热情有礼，其次要讲公德，能和睦相处，互不干扰。在社区生活中，居民感知的邻里以及邻里关系究竟是怎么样的呢？在问卷中设计三大题目，分别询问居民对于不同空间范围的邻里关系的密切、一般和冷淡的认识情况：小区邻里交往、自己邻里关系、社会邻里关系，来研究空间与邻里感知之间是否存在差异。表 6.7 显示居民对不同尺度范围内的邻里关系的认识相关性明显。

表 6.7 三大邻里关系之间的相关性

参数		小区邻里交往感知	自己邻里关系感知	社会邻里关系感知
小区邻里交往感知	Pearson 相关性	1.000	0.355**	0.254**
	显著性（双侧）		0.000	0.000
	N	544	519	520
自己邻里关系感知	Pearson 相关性	0.355**	1.000	0.246**
	显著性（双侧）	0.000		0.000
	N	519	521	507
社会邻里关系感知	Pearson 相关性	0.254**	0.246**	1.000
	显著性（双侧）	0.000	0.000	
	N	520	507	521

** 在 0.01 水平（双侧）上显著相关。

具体分析各尺度范围内的邻里关系（图 6.5），显示不同尺度邻里关系感知比较混乱，尺度范围越大，冷淡越明显。现代居民觉得自己的邻里关系是较为和睦的，但是向更大更远的尺度感知，范围越大，冷淡的感觉更为明显，邻里感知较为混乱。主要原因包括：一方面居民自我感知邻里较为和睦，但同时也受到社会宣传和新闻舆论的影响；另一方面，通过各种传媒渠道和案例剖析，居民感知现代社会的邻里关系较以前更为复杂，相对较冷淡。这种感受和实际的落差，使得中间过渡尺度的小区邻里关系的探讨结果较为混乱，大部分人选择一般。

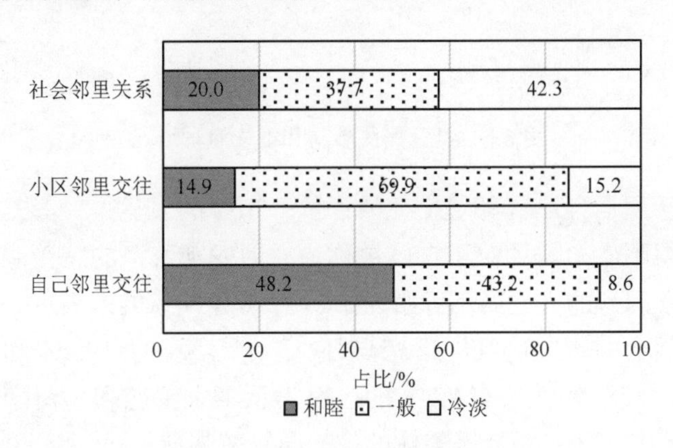

图 6.5 邻里关系认知情况

（二）邻里归属感及影响因素

1. 邻里责任感与归属感

西方学者认为，邻里关系要形成一个良性互动状态（Sugden，1986）。良性互动的邻居联系扩展开来，会形成一个社会资本的积累，既满足了单个人的社会需求，也促使整个社区创造出更加舒适的生活环境（Hanifan，1916）。有着高水平社会资本的邻里往往是培养子女的良好居所，这里公共场所整洁、居民友善，街道相对安全（Jacobs，1961）。

如果居民所住的社区，邻里之间能够为他人安全心存忧虑，能够为遇到困难的他人伸出援手，那么这个社区就会比较安全。调查中假设居民在小区中看到小偷正在偷东西的场景，有 57% 的居民选择打 110 报警，有 17% 的居民选择告诉管理员，有 15% 的居民选择上前阻止，以 40 岁以下的男性中青年为主。整体上，不理会小偷的比例仅为 2%。这从一定程度上表明居民的社区整体责任意识较为强烈。

调查居民对于“社区是我家，建设靠大家”理念的看法，87.5% 的人表示同意和比较同意，只有 3.4% 的人表示不同意和不太同意（图 6.6）。当社区集体利益受到损害时，77.2% 的居民表示肯定会或者可能会参加社区居民发起的联合活动，向政府主管部门反映问题或联名上书，只有 6.3% 的居民表示不会，这其中以户口在外地、租赁房屋者为主。整体上，居民社区参与和维权意识较强烈。

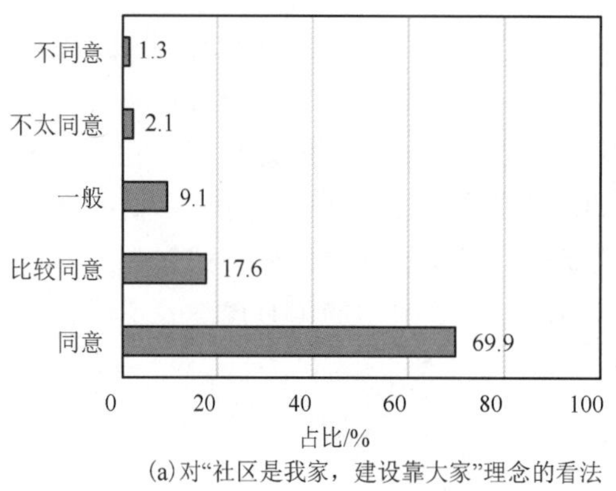

(a) 对“社区是我家，建设靠大家”理念的看法

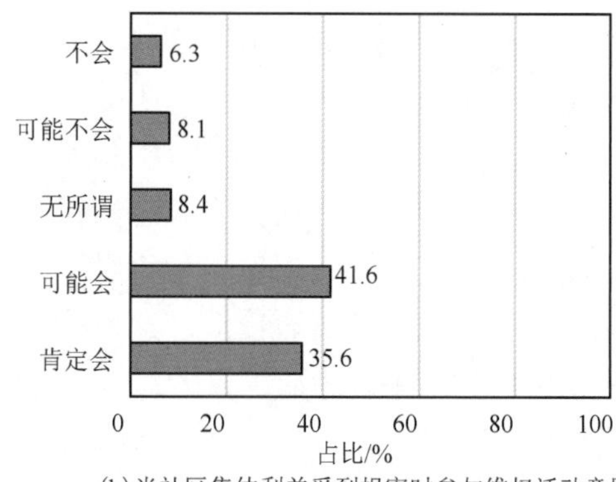

(b) 当社区集体利益受到损害时参与维权活动意愿

图 6.6　社区居民参与和维权意识情况

调查居民对于所居住小区邻里交往的评价，70% 的人觉得一般，15% 的人觉得密切，15% 的人觉得陌生。居民对于自己被称为“回龙观人”的感受调查显示，16% 的人觉得舒服和自豪，4% 的人觉得不舒服、被歧视，还有 56% 的人表示一般，感受不强烈。调查“倘若搬家后会对现在的社区留恋与否？”统计发现，19.4% 和 52.0% 的居民表示会非常留恋和比较留恋。只有 8.2% 的居民表示不太留恋和不留恋。其余 20.4% 的居民表示无所谓。表明居民对社区整体的依恋还是较强烈。

整体上看，回龙观居民邻里之间具有典型城市邻里的特点，交往较为陌生化，但同时邻里关系在居民生活中依旧扮演着重要的角色。随着时间推移，居民逐步融入新社区，社区邻里感知良好，居民内心非常渴望根植于温情和关怀的邻里关系。

2. 邻里关系影响因素

结合被调查者的个人属性（性别、年龄、社会经济属性）、居住时间长短、房屋类型，邻里互助经历及意愿、参与邻里交流活动情况等探讨其与邻里关系的相关性。其中，受教育程度和月收入存在非常明显的正相关关系，因此选用受教育程度表征被调查者的经济属性。同时，通过认识邻居数量来衡量邻里关系，利用相关系数讨论居民的基本属性与邻里关系之间的相关性。结果如表 6.8 所示。

表 6.8　影响邻里关系的主要因素

	相关性检验	男	年龄	北京户口	党员	未婚	受教育程度
邻里关系	Pearson 相关性	0.041	0.072	0.056	–0.054	–0.047	–0.121**
	显著性（双侧）	0.334	0.091	0.189	0.206	0.270	0.005
	N	550	550	550	550	550	550
	相关性检验	入住时间	租赁房	邻里互助意愿	邻里互助经历	参与邻里活动	认识邻居数
	Pearson 相关性	0.184**	0.054	0.099*	0.112**	0.077	1.000
	显著性（双侧）	0	0.205	0.020	0.008	0.072	
	N	550	550	550	550	550	550

* 在 0.05 水平（双侧）上显著相关；** 在 0.01 水平（双侧）上显著相关。

分析结果表明，性别、年龄、户口、政治面貌和婚姻状况对于邻里关系没有显著关系。其中，男女性别没有显著影响邻里关系差异，出乎预期，原因应该在于城市女性平等加入就业市场，夫妻双职工家庭大量存在，原先主要由女性主导的邻里关系已经淡化。受教育程度与邻里关系存在显著负相关关系，受教育程度越高（也即月收入相对越高）的人，认识邻居数反而越低。在居住情况上，入住小区时间长度与邻里关系存在显著正相关关系，即入住时间越长，认识邻居越多。租赁房屋和居住自购房对邻里关系没有显著影响。此外，邻里有过互助经历或者本身互助意愿较强烈的人，邻里关系较好，认识邻居数较多。而参与邻里活动的多少与邻里关系没有显著相关，应该是因为邻里活动类型使得交往的人群较为固定，对于邻里认识没有显著的影响和作用。

通过问卷调查和访谈调查，了解造成社会邻里冷漠的主要影响因素，发现主要是现代生活节奏快、工作压力大，住宅私人化以及公共空间缺失［图 6.7（a）］。首要影响要素选择上也呈现同样的特点［图 6.7（b）］。还有一部分人觉得现代邻里关系不是冷漠（譬如求助后被拒绝），而是大家都没有时间交往。进一步深度访谈也论证了这一观点。邻里关系受制于意愿、时间和场所缺失。很多从乡村社会来的居民觉得现代人防备意识、警觉心理变得更为强烈，互相不容易交往。同时，城市生活的快节奏和工作压力使得居民很难有时间投入邻里交往。另外，现在楼房住宅设计缺少公共交往场所也是一个重要因素。

3. 邻里关系制约机制

将影响和制约邻里关系的因素，提炼和概括为 4 类因素：时间（time）、意愿（intention）、事件（event）和空间（space）。并据此构建制约邻里关系的概念模型（TIES 模型，图 6.8）。

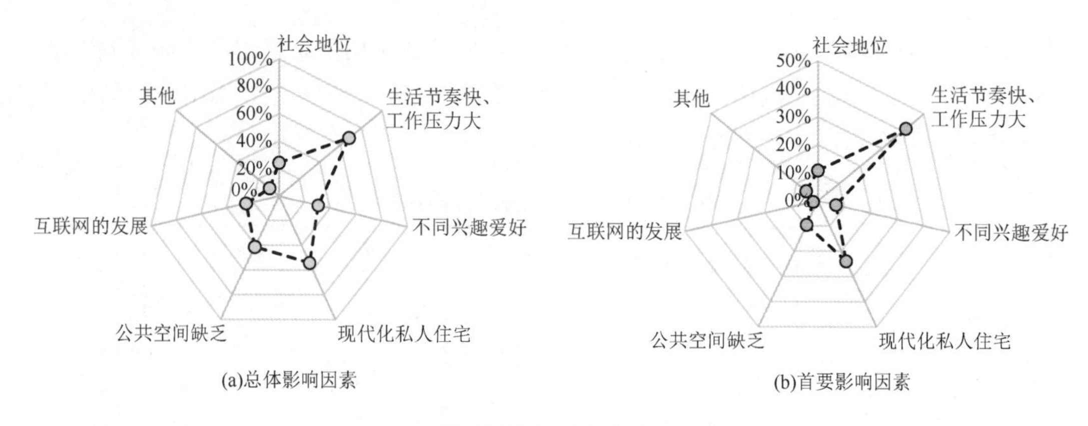

图 6.7　影响邻里关系冷漠的主要因素

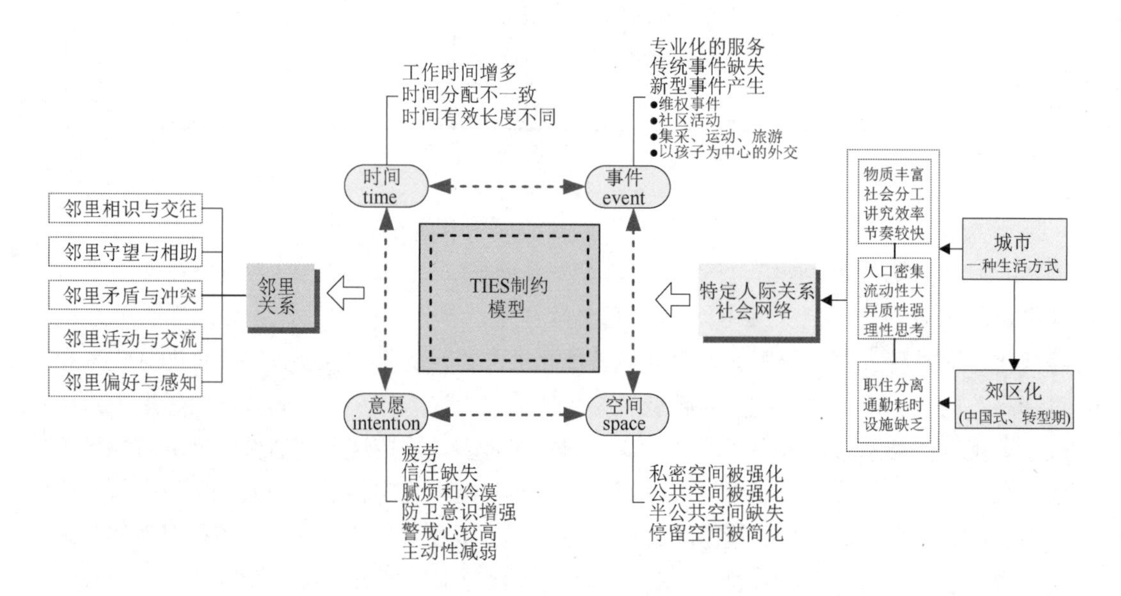

图 6.8　邻里关系制约模型（TIES 模型）

首先是时间因素。对回龙观居民 24 小时活动路径分析表明，在工作日居民工作时间和通勤时间占据绝对主体，再加上离家和回家时间不一致，在住所附近相遇有较大难度，与人交往主要发生在户外锻炼、家庭户外游戏等时间段。时间制约还通过能力制约等其他形式表现出来，由于经济条件等因素的制约，使得通勤工具存在差异，不同居民之间拥有时间的有效长度也不相同。其次是意愿因素。城市生活方式的节奏快、压力大，郊区化导致通勤时间延长以及居民疲劳的增加，降低了人际交往的主动性。另外，信任危机和防卫意识也影响到居住交往的意愿。再次是事件因素。城市人群的异质性、流动性使社区居民缺失共同关心的话题，影响到社区的互动。城市生活中的一些新事件，如社区维权、邻里集体采购、社区文体活动、儿童交往等，在维系邻里关系方面发挥了重要作用。尤其是居民间存在以孩子为中心开展的交往，如带孩子的家长相遇，与孩子相关的事情成为共同的话题进而认识、熟悉，再如孩子之间的交往促成两家家长之间互相交往，在邻里关系中都较为常见。最后是空间因素。公共空间、半公共空间对邻里关系和社区感知的影响显著，为邻里交往提供了空间载体。

依托于居民在空间上的邻近和集聚形成的特殊社会关系网络——邻里关系，受制于时间、意愿、事件以及实体空间的制约，在郊区大型居住区，传统社会的睦邻友好关系和社区意识被强烈冲击。当然，这四个制约因素相互之间也存在影响，不是决然分开的。这些制约的背后，更重要的是城市生活方式，以及郊区化和城镇化的深深烙印，尤其是与定居郊区所伴生的严重的职住分离和耗时较多的通勤，以及郊区大型居住区本身设施的缺乏，加剧了居民的不安全感，形成了郊区居住区特定的人际关系和社会网络。

三、从邻里空间到社区形成和社会空间再生

在郊区邻里空间的平台上，行为主体之间通过交往产生一定数量和质量的邻里关系，才使邻里空间具备了社区的功能，进而促进了郊区邻里社会空间功能的再生。

（一）从邻里空间到社区的形成

回龙观居住区最早是由于政府为应对住房制度改革、解决海淀区高新产业与高校职工的住房问题，同时为安置旧城区的拆迁居民而形成的郊区邻里空间。随后，市场逐渐发挥出主导性作用，大量的“新北京人”在回龙观集聚，形成了郊区大型居住区的特色（图 6.9）。有趣的是，尽管回龙观各居委会也组织了一些文体活动，但形成回龙观稳定社会关系和邻里关系的恰恰不是行政因素，而是居民自发的因素和社会共同意识的觉醒，文体活动、维权事件、依托“童子军”的家长之间交往都成为构建邻里关系的有机动力。当然，信息化交流手段从虚拟空间层面对邻里关系的建立和形成也起到了非常重要的推动作用。

总体上看，回龙观共同地域的形成是政府引导和市场主导的直接后果，这使得社区具备空间的基础，因为社区首先是在空间上形成的（格兰特，2009）。来自不同背景和身份的居民聚集在一起之后，以家庭生活为重心并围绕此展开不同程度的交往。公共休闲场所（实体物理空间）和社区网（虚拟空间）固化了居民之间的联系并由此形成回龙观独有的亚文化圈。当社区成员之间的联系与文化条件相对具备后，关系共同利益的事件又催化了共同意识和归属感的产生，最终形成了典型的郊区社区。可以说是居民在社会生活方面的互动发展最终形成和创造了社区。

（二）居住区社会空间再生

邻里关系联结使得居住在郊区大型住区的居民产生一种互动，拥有对这一地域的特定的感知、认同和归属感，形成了郊区社区，在一定程度上再生了郊区社会空间，其中也体现了社会空间与郊区邻里关系辩证统一的思想。郊区空间提供了必要的基础，

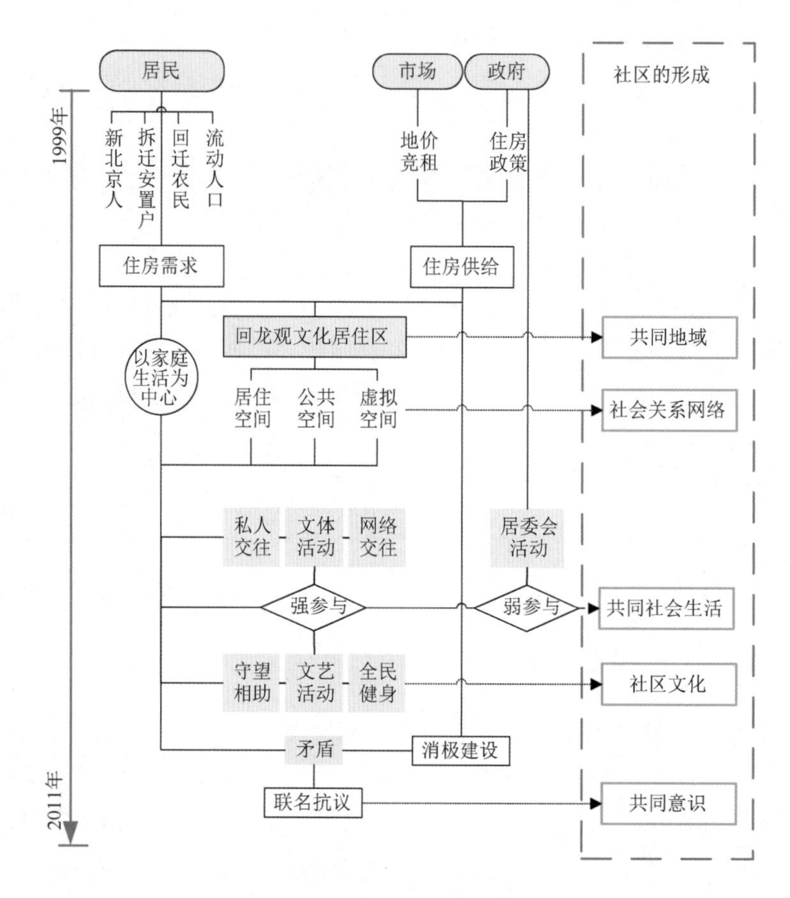

图 6.9　回龙观居住区社区的形成及其驱动力

邻里之间因为居住邻近、生活空间存在交集，相互之间存在互动并产生了一定的社会联系，最终创造了新的郊区社区。通过分析发现，地域是社区的出发点和基本平台，这一点互联虚拟网络无法替代，但虚拟空间对于郊区邻里关系建构和社区归属感有着重要意义。也就是说，社区的地理空间要素与社会互动要素（邻里关系）仍然最为重要，若没有前者，依托互联网的网上社区虽然也可以实现互动，但网民会缺乏地域归属感，难以形成活动和互动的空间平台；若没有后者，地理空间只是一个物质实体的空壳，不能称为社区。这样就充分说明了邻里关系与社区形成的关系，它既符合社会空间辩证法的原理（Soja，1980；Knox and Pinch，2000），又从现代郊区社区的层面进一步诠释了社会空间辩证法。

邻里关系重塑了郊区社会空间。郊区的居民，除了原住民以外，很多是城镇化背景下从乡村进入城市开始新工作和生活的行为主体，也有一部分来自遭受被动拆迁改造的老城居民（郊区化的行为主体），他们原先的社会关系网络遭遇地域变动而面临巨大挑战，流动性和防备心理建构成的新人际关系网络塑造了破碎的社会空间。当郊区居民因为居住邻近，积极维权、参与各类活动，形成良好的邻里关系和社区意识后，最终产生对郊区地域的认同感和归属感，促使“地方”产生情怀，在一定程度上重塑了原先基于人际关系网络的社会空间，从而也使得郊区社区成为承载大都市社会空间的重要载体。总而言之，正是因为回龙观居住区存在一定数量和质量的邻里关系，才促使回龙观社区的形成，才使得居住在回龙观的这些城市“新移民”在丢失、破坏和脱离原居住地邻里关系和社会关系网络的背景下，在回龙观这样的郊区大型居住区构建了新的社会关系，促使了社会空间的再生。

四、小结与讨论

本节以北京最为著名的郊区大型居住区——回龙观作为研究对象，对其邻里关系状况、制约因素及与社会空间的关系等开展调查。通过对北京回龙观案例的研究，可以得出快速城镇化背景下中国城市居住区居民邻里关系和交往的若干一般性特点。

整体上看，回龙观具有典型城市邻里的特点，邻里交往较为浅层化，交往的主要形式以人情往来为主，但居民有较高的交往意愿，对邻里关系状况评价较好。日常生活中，邻里之间发生冲突的情况较少，邻里互助情况相对较少但具有很强的互助意愿。根据不同的触发事件、缘由和交往深度，邻里交流方式有入住小区初期的集体采购、日常生活中的维权和文体活动、“童子军”外交和依托社区网的互动等类型，正是这些交流形式使居民相互之间维持了较好的邻里关系。从邻里责任感与归属感来看，回龙观居民整体责任意识强，社区参与和维权意识强，社区依恋非常明显。可见，回龙观邻里关系在居民生活中扮演了重要角色。另外，定量分析结果表明，性别、年龄段、户口、政治面貌和婚姻状况与邻里关系没有显著关系，而受教育程度与邻里关系存在显著负相关关系，入住小区时间长度与邻里关系存在显著正相关关系，此外，邻里有过互助经历，或者本身互助意愿较强烈的人，邻里关系较好。

构建了制约邻里关系的概念模型，探讨快速城镇化背景下中国大城市郊区新社区形成与社会空间再生的关系。郊区的邻里关系，受制于时间、意愿、事件以及实体空间的制约，在这些制约的背后，更重要的是城市生活方式，以及郊区化和城镇化的深深烙印，形成了郊区居住区特定的人际关系和社会网络特点。政府引导和市场主导使郊区居住区具备社区的空间基础，但对社区形成起到更直接作用的是居民在社会生活方面的互动，当然这种互动基于实体物理空间（公共休闲场所）和虚拟空间（社区网）提供的平台，以及通过固化居民间的联系而发生的社区文化，还有关系到居民共同利益的事件所催化的共同意识和归属感。

最后，值得指出的是，类似回龙观这样的郊区居住区的形成既有离心扩散型郊区化的原因，也有集中型城镇化的原因，应该是多种城市空间发展动力综合作用的结果。它的邻里关系和社会空间再生的意义在于，它作为1998年中国住房制度改革后最早建立的郊区大型居住区，经历了住房高度市场化的影响，大量的城市“新移民”（以年轻的外来人口为主）居住在此，他们的社会关系网络和邻里关系面临重建，社区的社会空间秩序也面临重新建构。不妨回到最初提出的两个研究问题上，本节的实证研究对它们进行了初步解答。对回龙观这样高度市场化的郊区大型居住区而言，其所存在的一定数量和质量的邻里关系正是郊区社会空间再生的关键因素，这进一步诠释了西方学者的社会空间辩证法理论。另外，尽管依托信息化交流手段和频繁迁移流动的郊区邻里可能导致社区之外的社会交往，但社区内的地理空间载体在维持社区归属感及提供有效的活动和互动平台方面仍然扮演着不可替代的角色。换言之，在现代信息化社会里，“地理”仍然重要和不可或缺，这也是地理学开展社区研究的重要性和必要性所在。

第三节　社会网络：社会关系重构与社会-空间互动

一、社会关系网络特征

（一）社会关系网络特征属性

关系可以从类型、强度、重要性、互动方式和频率的角度分别加以刻画（Marsden and Campbell，1984）。在回龙观居民的重要问题讨论网中，成员与被调查者的关系网络整体统计情况如表 6.9 所示。

表 6.9　居民的重要问题讨论网成员关系情况

项目	总体			男性			女性		
	样本数 / 个	比例 /%	排名	样本数 / 个	比例 /%	排名	样本数 / 个	比例 /%	排名
朋友	484	32.35	1	304	36.98	1	180	26.71	2
父母子女配偶	398	26.60	2	189	22.99	2	209	31.01	1
同事	255	17.05	3	150	18.25	3	105	15.58	3
兄弟姐妹	124	8.29	4	59	7.18	4	65	9.64	4
邻居	93	6.22	5	39	4.74	6	54	8.01	5
其他亲戚	69	4.61	6	39	4.74	5	30	4.45	6
同学	29	1.94	7	21	2.56	7	8	1.19	8
老乡	24	1.60	8	13	1.58	8	11	1.63	7
其他	16	1.07	9	8	0.98	9	8	1.19	9
空白	4	0.27	—	0	0	—	4	0.59	—
总计	1496	100	—	822	100	—	674	100	—

1. 关系类型

朋友、家人、同事构成回龙观居民的重要问题讨论网。回龙观居民的重要问题讨论网的角色关系类别，以朋友为最主要的关系对象，其次是父母子女配偶等家人，再者是同事，三者占比达到 76%。这其中，朋友占比达到 32.35%，为最高，同时朋友关系是个非常模糊的心理学概念。很多人是从心理亲疏角度来定义“朋友”，普通同学、同事、老乡或者某些场合偶遇的人，由于某些触发点升级到一定的心理亲密程度，就成了朋友，成了重要问题讨论网中的主体。其次是父母子女配偶等亲密家人，再者同事的比例也较高。表明居民在生活和工作中核心接触交往的人在重要问题讨论网中依旧占据最大比重。但是，对比齐心（2007）对某社会区关系网的调查结果，结论有所不同，齐心发现无论在谈心、咨询或帮助方面，同事所占比例都达 50% 左右的情况。相比较而言，受大城市人口规模和市场经济的影响，不同于原先依托单位大院形成的居住社区，回龙观居民关系类型中朋友和父母子女配偶等家人的重要性更为突出，同事关系的重要性则有所降低。

邻居关系重要性突出，社区融入程度较高。邻居在重要问题讨论网中占据第五位，高于同学和老乡。单纯的老乡在讨论网中比例较低。回龙观社区居住的人与一般的外来从事低端产业的农民工不同，高级知识分子占比较高，很多拥有北京市户籍，老乡抱团现象较少并且逐步融入当地社区。

从性别上来看，差异显著，男性更注重朋友关系，女性则更注重父母子女配偶等家人关系。从关系的空间分布来分析，女性重要关系讨论网的对象与空间距离的正相关关系更为明显，关系的地域空间属性更为突出。男性调查者的重要问题讨论网中，朋友关系比例更高，达 36.98%；而女性被调查者中最突出的成员类型是父母子女配偶等家人，其次才是朋友。相比较而言，男性被调查者将同事、同学纳入重要问题讨论网的比例要高于女性，而女性被调查者中将邻居纳入讨论网的比例要稍微高于男性。

2. 关系质量

讨论网成员相识年限以 10 年内为主 [图 6.10（a）]，认识 5 年及以下的“新”关系人重要性突出 [图 6.10（b）]。纳入重要问题讨论网的关系对象，相识的平均年龄在 10 年以上。其中，调查社区居民重要问题讨论网内成员的认识年数，67.2% 的人是 10 年内认识的，占据绝对地位。再加以细分，被调查者在认识 2~3 年的坐标点上凸显最高值，其次是认识 4~5 年和认识近 10 年的比例。

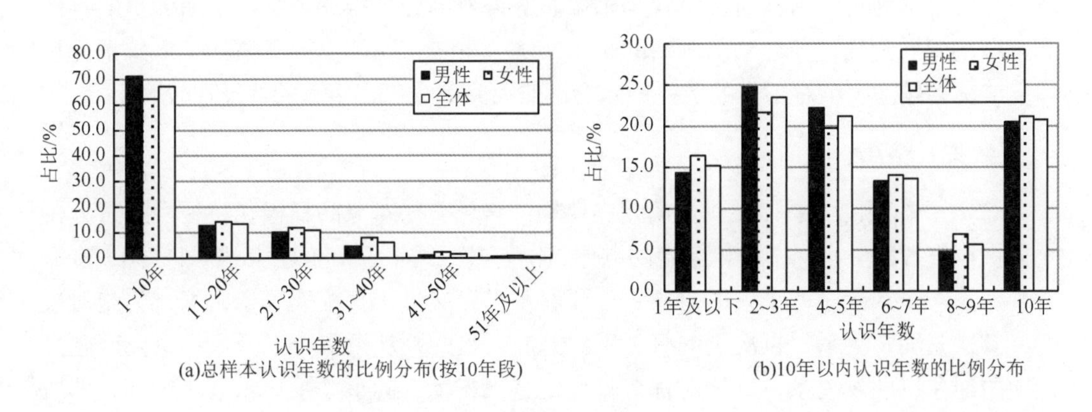

图 6.10　居民的重要问题讨论网成员认识年数

性别差异上，女性被调查者对新知和故交的情感联系高于男性。数据显示，男性重要问题讨论网中认识10年以内人的比例较女性高，女性被调查者则将认识更长时间的人纳入讨论网的比例更高。再放大分析，男性在认识2~5年的比例值上较女性高，但是女性将认识1年及以下，以及认识5年以上的人纳入讨论网的比例都比男性高。

3. 关系互动方式与内容

社会网络成员之间主要的联系方式为见面。调查显示网络成员平时交流以见面为主的达60.1%；其次是借助电话交流，比例为47.1%，网络和书信等联系方式占据较小比重。男女被调查者之间在联系方式上基本无差异（表6.10）。有学者研究，后现代城市中的社会秩序也随之改变，人与人之间面对面的交流不再是社会联系的主要方式，而是倾向于使用电话、传真和网络等工具（Dear and Flusty，1998）。但是调查显示，回龙观社区居民遇到对重要问题讨论的情况，还是以面对面交流为主。

表6.10　社会网络成员之间讨论问题互动情况

项目	总体			男性			女性		
	样本数/个	比例/%	排名	样本数/个	比例/%	排名	样本数/个	比例/%	排名
工作等公事	680	46.51	1	393	48.64	1	287	43.88	2
小孩的发展	549	37.55	2	259	32.05	4	290	44.34	1
亲朋邻里的事情	543	37.14	3	261	32.30	3	282	43.12	3
电视娱乐旅游等消息	491	33.58	4	265	32.80	2	226	34.56	5
个人感情	446	30.51	5	216	26.73	6	230	35.17	4
社会政治时事	437	29.89	6	258	31.93	5	179	27.37	7
婚姻和性	349	23.87	7	167	20.67	7	182	27.83	6
其他	75	5.13	8	40	4.95	8	35	5.35	8

调查社会网络成员之间主要讨论的重要问题类别集中在工作等公事、小孩的发展，以及亲朋邻里的事情等方面。在性别差异上，女性围绕小孩的发展讨论最多，男性则以工作等公事为首。男性对于电视娱乐旅游等消息的分享排序第二，亲朋邻里的事情和小孩的发展随之；女性紧随其后的是工作等公事、亲朋邻里的事情和个人感情。总体上，男性较为突出对工作的重视，而女性兼顾家庭和工作事务的特征比较突出。

4. 关系格局

个人中心网的关系存在明显的差序格局，居民交往对象凸显极化特征。通过分析个人被调查者的中心网中被提名者的顺序，比较各个不同关系的比例（表6.11，图6.11），发现从第一个人到第五个人的对象，首要联系人以父母子女配偶等亲密家人为绝对核心，其次是朋友关系，再次是同事关系。尤其明显的是从第二个人开始，重要问题讨论网中对象以朋友关系占据绝对优势且比例越来越大，同事关系比重逐步增加，邻居的比例也稳步上升。重要问题讨论网的对象的关系越来越疏远，存在明显的差序格局。

表 6.11 居民重要问题讨论网中涉及对象的顺序关系一览表

项目	第一个人		第二个人		第三个人		第四个人		第五个人	
	样本数/个	比例/%	样本数/个	比例/%	样本数/个	比例/%	样本数/个	比例/%	样本数/个	比例/%
父母子女配偶	233	50.33	96	23.94	45	15.25	16	8.04	8	6.11
兄弟姐妹	44	9.50	38	9.48	19	6.44	13	6.53	9	6.87
其他亲戚	15	3.24	20	4.99	18	6.10	10	5.03	6	4.58
朋友	104	22.46	141	35.16	119	40.34	81	40.70	56	42.75
同事	35	7.56	67	16.71	54	18.31	53	26.64	28	21.37
邻居	21	4.54	23	5.73	21	7.12	13	6.53	14	10.69
老乡	4	0.86	4	1.00	5	1.70	7	3.52	4	3.05
其他	2	0.43	2	0.50	7	2.37	1	0.50	4	3.05
空白	5	1.08	10	2.49	7	2.37	5	2.51	2	1.53
总计	463	100	401	100	295	100	199	100	131	100

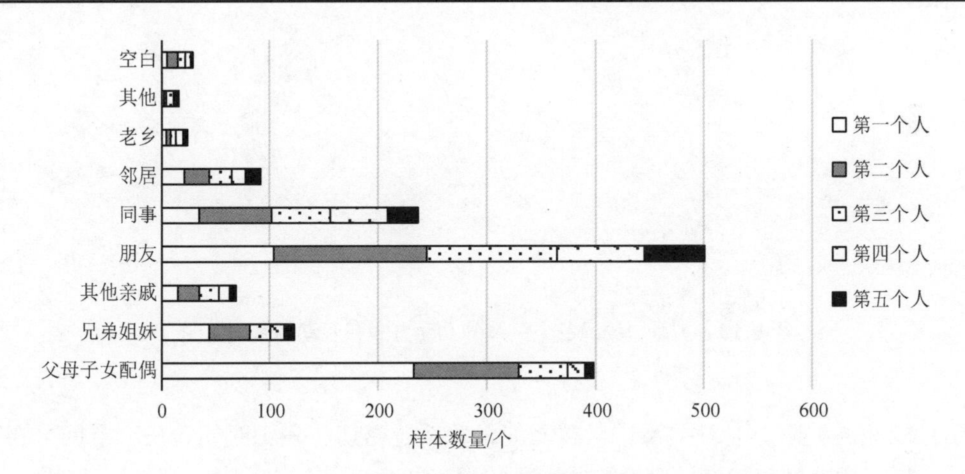

图 6.11 关系讨论网内不同顺序的关系属性分布图

回龙观以新北京人为主体，城市生活使得居民交往对象的极化现象严重。一方面，与自己最亲近的家人关系越来越密切；另一方面，其他亲戚、老乡等的关系已经大大不如乡村社会。因兴趣爱好或者机缘巧合遇到的朋友在居民的生活中扮演了越来越重要的角色。邻居关系的纳入也表明社区在人民的生活中显得越来越重要。

对象关系越疏远，空间距离越大，居住地离开越远。从关系讨论网人物空间分布一览图（图 6.12）可以明显看出，重要问题讨论网涉及的关系人的空间居住表现出由“本小区内>回龙观内>本市>外地”集聚特征，排名越靠后，对象的空间距离则越大。

各个对象之间的联系方式以见面为主导方式，其次为电话联系。重要问题讨论网内成员的交流还是以面对面的交往方式为主，其次为电话，网络和信件等方式占比较小。联系频率较为频繁，达到每周几次级别，首要联系人甚至达到几乎每天联系的频次（图 6.13）。

结合关系类型在空间上的疏远变化，可以推测关系人空间分布距离与关系远近存

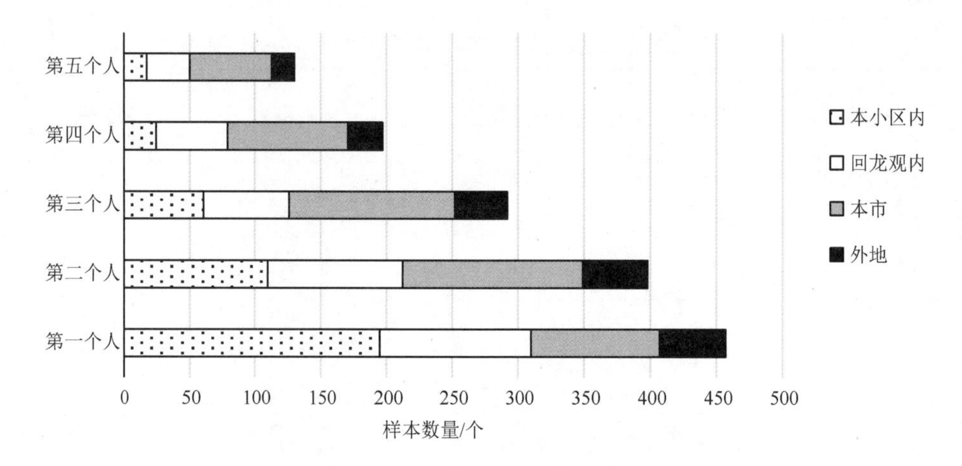

图 6.12　关系讨论网人物空间分布一览图

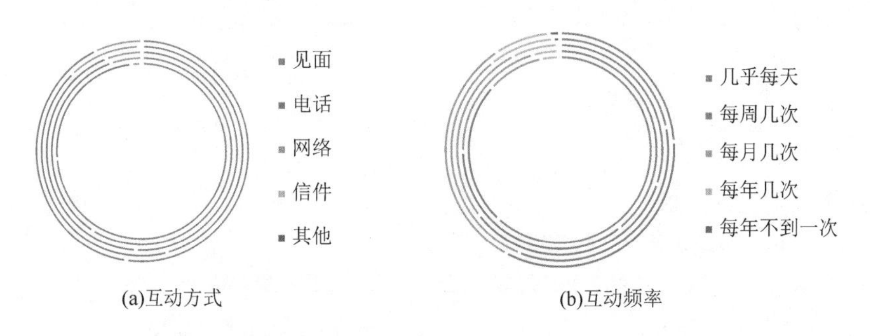

图 6.13　关系讨论网各个关系的互动方式和互动频率一览图
由中心往外的圈层分别表示第一个人到第五个人

在明显的相关关系。对象关系排名越靠前，关系越密切，相识时间较长，空间分布相对越靠近，联系频率越高，联系方式逐步以见面为主。

（二）关系成员网络特征

社会网络的规模可以衡量被调查者的社会资源拥有的丰富程度。分析社会关系网络特征主要可以从网络结构和网络成员相似性两方面入手。

1. 网络结构

结构性包括社会网络的规模或大小、密度、同质性和中心度等。互动性特征包括关系是否多重性、互动的频率以及持久性，关系交往的内容以及方向性问题。

对 463 个样本的统计分析发现，社区居民的讨论网平均规模是 3.25 个，即每个被访者平均有 3.25 个讨论对象（表 6.12）。讨论网中比例最高的是 5 个讨论对象，其次是 2 个和 3 个讨论对象。

调查研究发现，被调查者中心网内的关系人之间以相识居多。被调查者的社会网络关系圈内成员之间大量拥有共同认识的关系圈（表 6.13）。进一步分析居民共同认识

表 6.12　社区居民讨论网规模

	规模数值	样本数 / 个	比例 /%
讨论网规模	1	59	12.74
	2	105	22.68
	3	99	21.38
	4	65	14.04
	5	132	28.51
	6	3	0.65
总计		463	100
平均值 / 个		3.25	
标准差		1.25	

表 6.13　讨论网成员共同认识的关系圈

项目	男性		女性		总体	
	样本数 / 个	比例 /%	样本数 / 个	比例 /%	样本数 / 个	比例 /%
没有共同认识的人	77	9.66	80	12.29	157	10.84
一群不太熟共同认识的人	142	17.82	110	16.90	252	17.40
一群很熟悉共同认识的人	357	44.79	292	44.85	649	44.82
好几群很熟悉共同认识的人	216	27.10	166	25.50	382	26.38
总计	792		648		1440	

的关系圈，发现44.82%的被调查者认为与某一个成员之间拥有一群很熟悉共同认识的人，26.38% 的人拥有好几群很熟悉共同认识的人，只有 10.84% 的人与具体某个成员之间没有共同认识的人，只是单独认识对方。从性别差异上来看，女性与男性在较为亲密的关系圈上分布比重相同，但是女性被调查者与没有共同认识的人的比重较男性大。

居民重要问题讨论网的平均强度为 1.80，网内成员之间的相互关系在“一般”和“亲密”之间，相互熟识程度较高。将被调查者的重要问题讨论网内的关系人之间的关系分为亲密、一般和陌生三大类，希望揭示被调查者的中心网内各成员间的关系强度。讨论网规模小于 2 的调查对象不在此分析中。据有效调查数据显示，在被调查者的重要问题讨论网内，数据总关系（无方向）是 1704 对，成员关系之间亲密的比例达到 35.5%，相互之间陌生的比例达到 30.3%。将关系“亲密”赋值为 1，关系“一般”赋值为 2，关系“陌生”赋值为 3，来考量关系强度。计算得到居民重要问题讨论网的平均强度为 1.80。得分越低，说明关系强度越高，反之说明关系强度越低。

2. 网络成员相似性

相似性通常由调查对象在某一方面同属一个群体的人数占全体讨论网成员的百分比来表示。指的是社会网中心人物与其他社会网成员在各个社会特征方面的相似程度。对于重要问题讨论网中成员的相似性，主要从性别、年龄、教育程度、收入差异等方面来刻画和描述。

有学者认为，具有相似特征的个人比较容易建立关系。因为具有相似性的人们容易形成共同兴趣，从而相互容易取得理解和支持（Marsden，1988）。也有学者认为，不同地位的人更容易相互支持，相互产生互补性并交流物质和服务（Wellman，1990）。

被调查者与社会关系网络成员的性别、年龄、政治面貌、教育程度、收入差异相似度较高（表 6.14）。性别相似性指全部由同性别的成员组成的比例，调查显示，整体上性别相似比例达到 63.2%。在年龄方面，社会网络成员中，正负 5 岁之内的占主要比重，达 65.31%，讨论网内成员的年龄较被调查者年长 5 年的比例高于年轻 5 年的比例。在政治面貌方面，被调查者与社会关系网络成员较相似，以非党员为主。在教育程度方面，相同的样本比例达到 65.91%，学历相似性特征也非常突出。在收入差异方面，被调查者中 45.25% 比例的人收入属于同一级以内。

表 6.14　关系网成员与被调查者年龄、政治面貌、教育程度和收入差异相似性

类别	范围	男性		女性		总体	
		样本数 / 个	比例 /%	样本数 / 个	比例 /%	样本数 / 个	比例 /%
年龄	正负 5 岁之内	553	67.27	424	62.91	977	65.31
政治面貌	相同	491	59.73	386	57.27	877	58.62
教育程度	相同	546	66.42	440	65.28	986	65.91
收入差异	同一级以内 *	370	49.14	244	39.10	614	45.25

* 收入具体分级为：① 500 元以下；② 501~1000 元；③ 1001~2000 元；④ 2001~4000 元；⑤ 4001~10000 元；⑥ 10000 元以上。

性别差异上，男性的亲密关系网成 员的性别、年龄、政治面貌、教育程度、收入差异相似性较女性更高。在性别方面，男性被调查者的亲密联系网中以男性成员为主，占据 67.5%；女性以女性为主，比例为 57.9%。女性较男性相似性比例稍低，与女性结婚成家影响有关。在年龄方面，男性居民的网络成员年龄分布更为集中，相似性更高，女性则相对分散。在政治面貌方面，男性相似性较女性高，但同时不清楚的比例也较女性高。男性居民的重要问题讨论网成员的学历相似性更高。在教育程度方面，被调查者向学历更低的人讨论的比例高于向学历更高的人讨论的比例。在收入差异方面，男性的相似性更高，并且男性被调查者整体高于网络成员的月收入情况，而女性调查者则整体低于网络成员的月收入情况。

总之，讨论网网内成员与被调查者在性别、年龄、政治面貌、教育程度、收入差异等社会属性上同质性高，异质性较低，比较而言男性的同质性高于女性。

（三）关系网络与空间分布

社区居民网络成员的居住空间分布，以回龙观范围内占据主要比例。根据统

计情况，网络成员以居住在回龙观中（包括小区内）为主，样本数为 778 人，占到 52.8%，其中本小区内的比例占 27.8%。再者是本市内（非回龙观范围），样本数为 512 个，占到 34.8%。分布在外地的人数最少。性别差异上，男性和女性被调查者大体一致，但女性较男性调查者空间距离的两极化特征突出。男性的网络成员分布在回龙观内（非本小区内）和本市的比例稍高，女性在本小区内和外地的比例相对高一些。这与女性更看重感情维持、更关注近距离空间有关。

对象关系越疏远，空间距离越大，居住地离开越远。从提名对象的顺序与空间分布情况中可以明显看出，随着提名关系人顺序趋远，其空间居住表现出由小区内→回龙观内→本市的演变路径，对象的空间距离不断增大。具体各类关系在空间分布上的表现特征是，父母子女配偶以在本小区内分布为主，其次是回龙观和外地。朋友和同事关系的分布主要是在本市以及回龙观（非本小区内）。兄弟姐妹和其他亲戚在 4 个维度空间上都有分布。邻居主要在本小区内和回龙观内分布。结合提名顺序与关系亲密的差序格局，表明关系人居住地的空间距离与关系亲密存在明显的相关关系。

居住在外地的成员以父母关系为主，同年龄段的朋友较多。讨论网中关系对象目前居住在外地的比例占到 12.4%，并且关系类型以父母子女配偶、兄弟姐妹等亲属关系为主，再结合年龄分析，在外地的大部分为父母。同时，外地分布的朋友关系比例较高，尤其是同年龄段的特征凸显（图 6.14）。

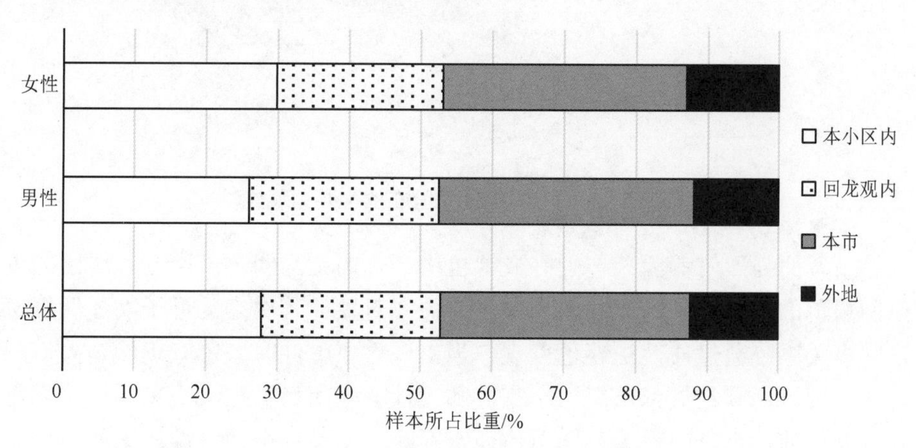

图 6.14　关系网成员的居住地分布

不同空间范围内，主要关系类型不同，形成了关系网络空间分布格局（图 6.15，图 6.16）。回龙观范围内的关系类型以父母子女配偶等亲属关系为主，集中分布在回龙观内本小区中，其次朋友关系也较丰富，同事和邻居占到一定比例。在本市（非回龙观）范围内，网内成员以朋友关系为主，其次是同事关系。结合外地分布关系以及关系人的相关特征，分析得出以父母、兄弟姐妹、朋友关系为主。

二、基于人际关系网络的社会空间

研究发现回龙观这一个城市郊区社区的居住者一方面与最亲近的家人关系越来越

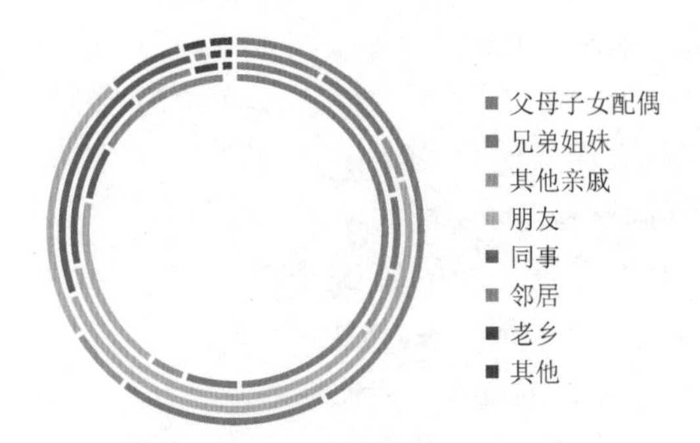

图 6.15　关系网成员空间分布情况

由中心往外的圈层分别表示本小区内、回龙观内、本市和外地

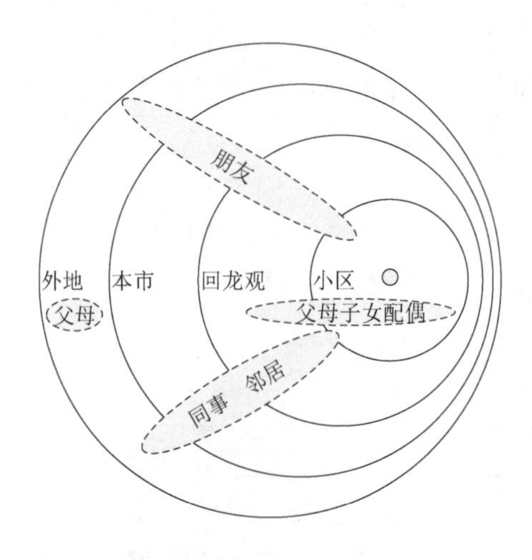

图 6.16　不同空间范围内分布的主要关系类型

密切，另一方面强烈依赖因兴趣爱好或者机缘巧合遇到的朋友。回龙观居民的重要问题讨论网角色的关系类别，以朋友为最主要关系对象，其次是父母子女配偶等家人，再者是同事关系。通过质性访谈也发现，当出现重要事件时，家庭仍然是人们获得支持的首要来源。尤其在大都市里，小家庭和大社会之间日益拉大距离，使得家庭越来越重要。而任何一个家庭作为社会单位而存在时，也是一个地域性社区的单位。同时以"趣缘"和"业缘"形成的朋友重要性突出。城市中的个体在寻找重要问题咨询时，志同道合、心灵相近，以"趣缘"和"业缘"形成的朋友的数量较家庭和直系亲属等重要性突出，但是排名次序表征的重要性却不能完全表示对家庭关系的替代和排挤。大城市中，人们更倾向与同质性的人讨论重要问题。可能因为同样年龄、同样背景的人的共同关注点更为相似，话题和同感较容易把握和产生，更容易产生共鸣。

邻里对象关系被纳入居民的重要问题讨论网，表明邻里已经逐步形成社区氛围。调查发现，将邻居纳入重要问题讨论网的被调查者，小区在生活中占据重要性较高。相对应的调研对象大部分是家庭主妇和退休的老人，还有部分夹杂着同乡、同事或其他关系的人。分析单纯拥有的邻居关系，涉及的对象一般在社区中待的时间比较长，相互之间在生活上也有比较多的交集，在公共空间的利用上有较多的重合，小区的生活对于他们而言是非常重要的一部分。他们与邻居之间的关系比较友好，相互谈得拢的人也能进一步交往。在交往过程中，主要交谈和涉及的话题都比较大众化和表面化，如家里（尤其是孩子）的情况，自己的身体状况以及爱好，小区发生的新闻和事件等。而小区中的绿化休闲、健身锻炼地带，社区中的公园和公共空间的存在，为这些活动交往提供了必要的空间，促进人际互动结成相对稳定的交往关系，在一定程度上调解着社会关系。地域邻近形成的邻里关系，对于居民的社会关系网络有一定程度的重要贡献，也表明被调查者已经逐步融入当地社区。

随着对象排序先后顺序，关系越来越疏远，存在差序格局。社区居民的重要问题讨论网平均规模是 3.25，关系强度为 1.80，相互熟识程度较高。对象关系排名越靠后，相识时间越短，互动越少。讨论的重要问题类别主要集中在工作、小孩发展和亲朋邻里等事情，联系方式以见面逐步向电话联系转变，共同认识的圈子也越来越窄。讨论网成员相识年限以 10 年内为主，认识 5 年及以下的“新”关系人重要性突出。讨论网网内成员与被调查者在性别、年龄、教育程度、政治面貌等社会属性上相似性很高，即同质性高，异质性较低。

地域空间的分离和社会设置的地域性对个人社会网络存在重要影响。居处的聚散与关系亲疏有一定关系，因此，空间距离给研究社会联系提供了一个门径。空间上的邻近或集聚有助于关系网络的加强，譬如面对面交往对于相互间交往的意义仍旧十分重要，松散的关系网络得益于空间而变得更加紧密；而空间的距离对于原先建立的关系的维持也会产生消极影响，就如“夫妇的正常关系不易在分居的状态下维持。日日相处一堂的父子和万里云山相隔的父子，在社会身份上固然没有什么不同，可是实际生活上的关系相差可以很远”（费孝通，2005）。关系网络在一定程度上依旧受制于空间。就方向规律而言，回龙观社区居民的对象关系越疏远，空间距离越大，居住地离开越远。从各项统计数据的集中趋势统计表可以明显看出，提名关系人的空间居住呈现“本小区内>回龙观内>本市>外地”的演变路径，对象的空间距离不断增大（图 6.17）。结合前面关系变得越来越疏远，可以推测关系人居住地的空间距离与关系远近存在明显的相关关系。

在性别差异上，男女性被调查者差异显著。就考察的各项指标相似程度而言（表 6.15），男性被调查者网络成员的同质性都比女性高。男性更注重朋友和同事关系，女性相对注重家庭意识和邻里关系。女性对故交保持情感联系高于男性，且关系网络成员相识时间两级化较为明显。同时，女性被调查者较男性被调查者空间距离两极化特征突出。

表 6.15 男性和女性社会关系网络差异

性别	网络成员相似性	关系类别侧重	对故交的情感联系	网内成员相识时间	网内成员居住空间距离
男性	较高	更注重朋友和同事关系	较低	相对较集中，处于时间长度中等状态	回龙观内和本市比例相对较高
女性	较低	更注重家庭和邻里关系	较高	相对较短时间和长时间的对象比重较高	本小区内和外地的比例相对较高

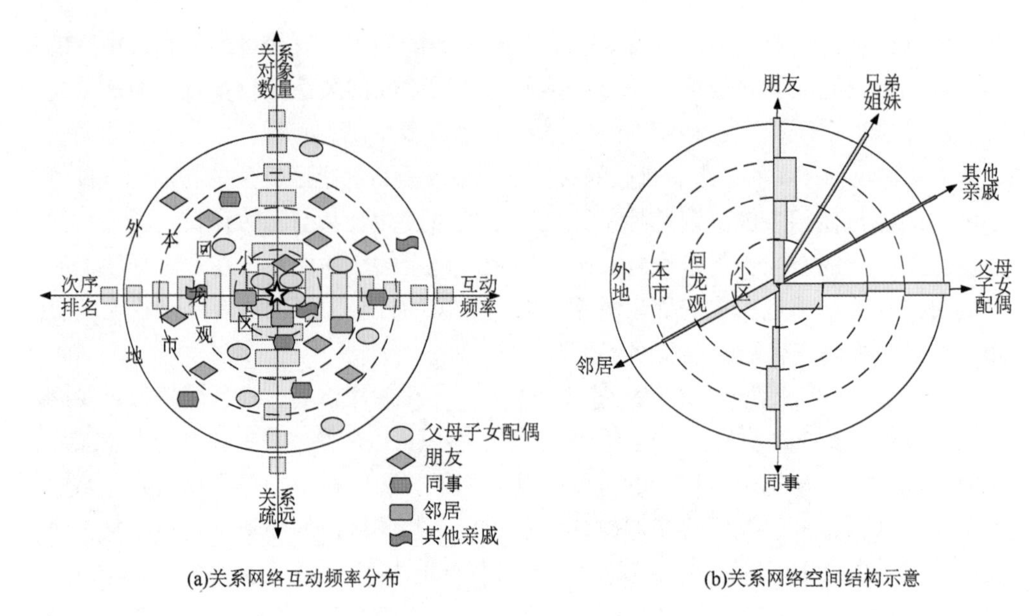

图 6.17 居民的关系网络与空间分布示意图

三、小结与讨论

基于北京回龙观居住区居民社会关系网络的实证研究，在一定程度上反映了快速城镇化背景下中国大城市居住区居民的社会关系网络特征，这种社会关系网络反映的是居民基于社会交往的一种生活空间特征，其关注的社会空间尺度既包括了家庭、邻里和社区以内，也超越社区范围向城市其他功能地域延伸。这种研究的理论意义在于：第一，自从 20 世纪 90 年代末期的中国住房制度改革至今，在城市房地产市场蓬勃发展的推动下，中国各大城市建设了大量的城市居住区，它们多数布局在郊区，这些居住区承载了多样化的行为主体的居住空间。居民涉及从城市中心区或老城区因旧城改造而迁移出的传统城市居民，因城镇化而进城工作和购房居住的原乡村人口，本市所吸引的异地来的农村或城镇的外来人口，本市户籍人口中购买经济适用房或政策保障房的一般工薪阶层等，这些复杂的居住人口都面临着在新居住区重构其社会关系网格的任务。因此，在社区发展建设十几年后，对类似回龙观这样的中国城市大型居住区开展实证研究，有助于揭示这一类社区的社会关系网络特征，以回应社会学中有关社区的相关理论（多是针对传统的乡村社区）。第二，从城市地理学的角度来看，在研究居住区社会关系与空间之间的联系这一理论话题方面，类似回龙观这样的大型居住区为学术界提供了丰富而生动的案例，有助于回应国际城市社会地理学的重要理论“社会空间辩证法”，并为这一理论提供中国快速城镇化背景下所建设的居住区的案例诠释。

研究表明城市大型居住区社会人际关系网络与空间之间具有统一辩证的关系，相互之间是一个持续的交互过程。一方面，社会关系受限于空间，社会空间也在调解社会关系。通过实证调查发现，在城市中人们的社会关系网络依旧体现出以趣缘、亲缘等非空间纽带为主的联系，但是在这一过程中，空间对于居民关系的制约和影响也是显著存在的。区位邻近影响了居民的相互交往，影响了居民社会关系网络的建构，关系的空间差序格局依旧存在。物理环境和空间距离会阻碍居民的某些行为，促进或扼杀某些关系的发展。空间在一定程度上是社会关系的容器。这都在某种程度上验证了前人有关"社会空间辩证法"的相关理论论断（Soja，1980；Knox and Pinch，2000）。另一方面，人际关系网络在塑造和影响空间方面有着非常重要的作用。布厄迪（Bourdieu，1989）提出空间在某种程度上是一个关系的体系，而不单单是一个物理空间的几何学概念，空间实体的距离与社会关系的距离存在着联系并相互影响。居民依据拥有的资本总量和资本的结构被划分进不同的社会空间。社会关系网络本身就是一种重要的社会资本。由于居民在城市空间中生活和工作，他们逐渐对环境施加影响，尽最大的可能调整和修改它，以满足其需求，反映其价值，最终创造并刻画了其所居住的城市空间。然而与此同时，居民自身又逐步与其物理环境和周围人群相适应，这是一个双向过程。

第四节　虚拟空间：基于社区互联网的社会交往

一、虚拟空间：互联网对人际关系的影响

现代的信息通信技术，尤其是互联网的迅速发展，彻底改变了人们的生活方式，导致人与人之间的交往不仅仅局限于地缘与血缘关系，众多网民基于兴趣、个体意愿和沟通动机在赛博空间（cyberspace）中形成众多无边界的网络虚拟社区（virtual community）。借助技术发展，紧凑社区得以建设，高速流动性在精神和情感上使得人们不再在乎城市和社区复兴名义上的整体性（波特菲尔德和肯尼斯·B. 霍尔·Jr，2003）。个体社区，不再局限在邻里和空间就近性的地域约束中。第二次世界大战以来，尤其是20世纪80年代开始，西方学术界逐渐重视对虚拟社区的研究。与传统社会生活相比，针对虚拟社会关系有三种不同观点：吞没论、共生论和重塑论。吞没论指现实生活中的人越来越被人类创造的符号象征世界所制约和消融，最终虚拟和真实的分界模糊，主体消失（叶启政，1998），现实社会将被虚拟社会取代。共生论指虚拟社会与现实社会并存，虚拟社会成为日常生活中的一部分。重塑论指互联网信息进一步改变了社会结构和过程，虚拟社区增加了社区的多样性和社会纽带的联系（黄佩，2010）。整体上，在虚拟社区中的网民异质性较大。首先，虚拟社区参与的便利性大，使得网民在社会阶层、年龄、性别、民族和宗教等方面差异极大；其次，不同于面对面交往时相互间会有一定的顾忌，网络上的互动都是短暂和偶然的，虚拟社区中人的责任有限；再次，网络上话题分散，而不仅仅集中在家庭、邻里和社区共同利益上较为固定和持久的话题。网民相互之间缺少信任感和亲密感。在网络上，寻找信息的便利性确实胜过实体空间，但在寻求同情和支持方面，恐怕会令人失望。

互联网对于人际关系的影响，吉登斯（2003）总结了两种对立观点，一种观点认为互联网提高或补充了现有的面对面的互动，人们可以远距离地和家人及朋友联系，同时互联网还促进新的互动关系形成，扩大和丰富了人们的社会关系网络。另一种观点认为，过分沉溺于网络中的交流，必然会带来现实世界中面对面互动的减少和人际接触的减少，从而损害人际关系，强化了社会隔离和“原子化”。一项对美国成年人的随机调查结果表明，人们在网上花的时间越多，就越失去与社会环境的联系，15%的对象报告了其社会活动的减少（Norman and Erbring，2002）。

但是通过对回龙观社区居民的关系网络和邻里关系的调查研究，发现社区互联网在居民生活中扮演着重要的角色，对于整个社区的认知感和归属感都起到了巨大作用。很多被访者经常无意中提到回龙观社区网（www.hlgnet.com），仿佛回龙观的社区实体存在于互联网上。因此，本节将基于回龙观的案例，尝试探讨基于互联网的社会交往。

二、基于社区互联网的邻里和社区

2000年3月9日回龙观社区网网站（www.hlgnet.com）首次开通，据悉，回龙观社区网网站的创始人便是回龙观二期龙禧苑的业主，社区网的雏形只是其个人主页。自2001年10月7日初步稳定下来，社区网经历了3次改版。回龙观社区网自始至终坚持小区居民自发建立的公益性网站性质。截至2011年初，回龙观社区网注册人数超过33万，其中还包括已经搬出回龙观和想搬入回龙观或者只是为了参与社区活动的人。网站日均IP访问流量达到17.6万次，日均PV页面浏览量超过70万次，全球排名第5848位，中文排名677位，访问量远远高于北京著名的大型居住区天通苑和望京社区，是亚洲最大的访问浏览社区类网站（表6.16）。

表6.16　回龙观社区网访问量与天通苑社区网和望京网的比较

网站	网址	日均IP访问量	日均PV访问量	全球排名	中文排名
天通苑社区网	www.ttysq.com	6600	22440	118484	14744
望京网	www.wangjing.cn	23400	191880	34913	3731
回龙观社区网	www.hlgnet.com	175800	703200	5848	677

数据来源：根据第三方排名网站alexa统计，网址http：//alexa.chinaz.com/；统计时间为2011年初，下同。

社区互联网上讨论互动和买卖采购等活动频繁，与居民日常生活联系紧密。按调查年份，回龙观社区网共有11个板块，包括生活提示、活动通知、生活手册、好人好事、曝光台、交易市场、新闻中心、生活地图等，内容丰富。统计分析网民浏览板块情况（表6.17），主要集中在讨论互动类，充分体现了社区bbs网站的特性；其次为买卖采购类（包括二手买卖和集体采购）访问比例也较高，与居民的日常生活联系紧密。

表 6.17 回龙观社区网各板块访问分布情况

类别	分网站地址	近月页面访问比例 /%	人均页面浏览量 / 次
讨论互动类	bbs.hlgnet.com	54.72	2.15
买卖采购类	sales.hlgnet.com，jc.hlgnet.com	23.48	14.60
搜索服务类	search.hlgnet.com，fuwu.hlgnet.com	8.52	11.70
社区服务类	news.hlgnet.com，guide.hlgnet.com，map.hlgnet.com	11.40	7.64
其他	photo.hlgnet.com 等	1.88	6.00
合计		100	

数据来源：整理自第三方统计网站 alexa。

业主大会的存在表征网络社区具有一定规范性。网站的管理和资金收支由民选的业主大会投票决定，业主大会的选举则由注册网友投票产生，所有注册用户都有平等的投票权。2002 年网站进行了第一次选举，产生了 30 位业主大会代表，任期一年，任期届满时重新进行换届选举。网站的财务开支每半年向业主大会汇报一次，同时定期开会研究网站发展，讨论网友建议，包括网站维护、更换设备、网站对外捐助，都要通过表决。网站在营运几年后就已经开始盈利，广告收入全部用于网站建设和网友活动。

在回龙观，居民普遍对社区网的信赖度较高，认可其对邻里交往存在较大益处。问卷调查数据分析显示七成居民听说过社区互联网，知晓和使用比例较高。获知社区互联网存在的主要途径是网上搜索（48%），其次是通过家人、亲戚、朋友、同学和邻居告知，还有部分是通过社区网的传单和张贴的广告海报获悉。居民使用社区网频率较高，五分之一的居民基本每天都上去浏览。22% 的居民在社区网上认识的人在现实生活中见过且关系很好，其中很多是球友以及交流孩子养育经验的家长。

三、虚拟空间对社区居民社会交往的作用

（一）虚拟空间为社区居民交流和互助提供了空间平台

结合前面对实际邻里关系的分析，从虚拟空间角度再次切入，主要选择回龙观社区网上的“好人好事”专栏，分析新型邻里关系。从 2002 年 4 月 3 日开始，回龙观社区网上开设了好人好事栏目，网民在网上公布感谢信，至 2011 年 5 月 1 日已经有 4630 条留言（表 6.18）。无论是发帖者还是感谢对象都是以网名的昵称出现，内容事无巨细，勾勒出一番邻里友好的景象。

表 6.18 回龙观社区网“好人好事”栏目帖子数量统计情况

年份	2002[a]	2003	2004	2005	2006	2007	2008	2009	2010	2011[b]	共计
帖子数量	264	331	418	950	869	580	526	396	224	72	4630
百分比 /%	5.70	7.15	9.03	20.52	18.77	12.53	11.36	8.55	4.84	1.55	100

a 2002 年的帖子从 4 月 3 日开始；b 2011 年的帖子截至 5 月 1 日。

邻里居民之间的举手之劳，有助于邻里认同感的加强。得益于社区网络的出现，居民可以摆脱被拒绝的尴尬，将不需要的东西，在网上张贴通知请需者来取。如果有解决不了的小问题，也在网上发帖询问，有意者无偿应征施以援助。结合虚拟网络和实体空间的关系，分析好人好事栏目的感谢事件，主要可以分为 3 种类型（表 6.19）：第一类，匿名相识，以网上和暂时性交往为主，以赠送小孩子玩具和小物品为代表，可能有部分需要线下见面，但是接触比较初期和短暂；第二类，由在实体空间中面对面引发的事情，进一步在网上加深联系，以临时向邻居帮助赠予东西和拾金不昧等为主；第三类，在现实中和网络上都有较为紧密的联系，邻里达到朋友的程度，以重大突发性事件的施以援助为载体。网络平台与真实空间之间联系紧密，相互影响和促进。

表 6.19　依托社区互联网的好人好事栏目类型

	特征	内容	示例
第一类	匿名相识，以网上和暂时性交往为主	如匿名赠送小东西、小宠物、衣服等	我在亲子小屋说儿子这段时间咳嗽总是不好，时尚小玉 123 不仅介绍偏方，还赠送一包砂板糖，让我给儿子试试。非常非常感谢！ ——四号火车（2011 年 03 月 28 日） 感谢老贾送我们家的小兔子，女儿很喜欢，谢谢老贾一家。 ——june（2011 年 03 月 29 日） 谢谢老夏给我家闺女找到了童谣的配乐。我可是搜了 *N* 天都没完成的任务，抱着上社网试一试的心情发了一个寻求配乐的帖子，真是太让我高兴了，老夏网友给我发来了非常棒的配乐，谢谢你！你费心了。再次证明世上好人多！！！ ——happykitty（2010 年 12 月 13 日）
第二类	线下面对面，初步交往	现实中举手之劳，网上表示感谢	感谢东亚上北的蒋先生帮忙搬东西。东亚上北 4 号楼的蒋先生（老家天津）和他女朋友，主动帮我们搬东西，多谢了。祝你们生活和事业都蒸蒸日上。 ——四宜斋（2011 年 03 月 07 日） 今天早上我悲剧了，被锁在卧室出不去，我在回龙观淘宝汇总里面求助了下，好心的人和我联系了，并让其老公来救我，在其老公和小区保安的共同帮助下，终于我房间的锁弄好了。借此平台，特地感谢“绿野通途马甸”网友姐姐及其老公还有小区的保安，谢谢你们了，祝你们好人一生平安，也谢谢回龙观社区网这个平台，让我觉得住在咱们回龙观真的好温馨，有个大家庭的感觉。 ——卡酷汽车用品专卖（2011 年 03 月 11 日） 感谢陈先生、彭先生拾金不昧。本人不慎将身份证等遗失，现在陈先生和彭先生已经将捡到的东西还给我，我非常感激他们。更可贵的是他们通过各种联系电话找到了我，我非常感动。我感到回龙观大社区真温暖，好心人也很多。我以后也要向他们学习，多做好人好事，尽我自己的能力，为回龙观大社区再添一份温暖！ ——momoma（2011 年 01 月 22 日）
第三类	密切联系，深度交往	联系紧密，邻里达到朋友的程度，以重大突发性事件的施以援助为载体	非常感谢北方的狼，在我出差在外的时候，把快生产的老婆送到医院。 ——三曼多 1985（2011 年 01 月 02 日） 前几天宝生病了，宝爸工作忙，感谢 xushi 帮忙挂了社区医院的号。以前也曾多次电话咨询，态度一直非常好，解答详尽，谢谢！ ——小小胡萝卜（2011 年 03 月 04 日） 感谢和谐“猫眼”老公送我小儿去三院急诊。12 月 21 日凌晨 5 点多，我小儿突发疾病，需要急送医院就诊，匆忙之中打通了“猫眼”老公电话，张大哥二话没说，起床开车送我小儿到北医三院急诊。对张大哥，真诚地说一句，谢谢您了。 ——秋天的风（2010 年 12 月 21 日）

这些邻里互助事件虽然极其微小，但是他们的存在为回龙观营造了助人以及互助的温暖氛围。很多居民得到社区其他居民的帮助（认识的或者不认识的，网上的或者现实生活中的），并深受感动，他们在网上表达谢意并表示会继续传承和发扬社区精

神（图 6.18）。社区互联网提供了这样一个平台，促使社区良好的互助氛围的营造和保持。

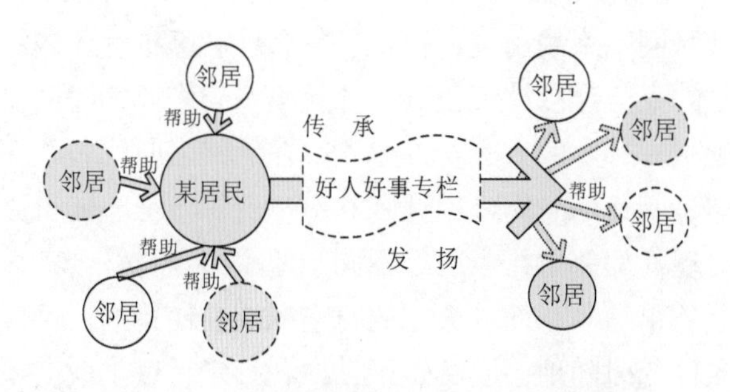

图 6.18 借助网络平台的邻里互助示意图

（二）虚拟空间的时空撕裂特征创造了多重空间围观的条件

本书选取一个有关“婆媳不和事件”争论的典型进行分析。事情源于 2011 年 3 月 24 日上午，网民蓝韵玫瑰在回龙观社区网 bbs 上发了一个帖子，述说她的一个邻居跟婆婆关系不融洽，并且对此加以评价，认为她这邻居处理不当，要是她本人遇到这种情况，应该会得到更好的处理。意外的是，当事人也即邻居（网名 Keliy）在社区网上看到她的帖子，就发帖澄清，述说自己的委屈和婆婆待人的严苛，以求澄清事实。结果一天时间内近万人浏览，留言超过几千条，引发社区网内的大讨论。讨论主要从两个角度切入，一个是对 Keliy 的婆媳问题展开，另一个是针对蓝韵玫瑰在网上发布邻居的私事。

Keliy 发布帖子述说一直以来与婆婆相处过程中自己所受的委屈。此后，不断有人回帖跟帖，有人表示对 Keliy 的理解和支持，有人理性分析，有人劝架安慰，也有人对她恶语相向。大家你来我往，上演了一场网络版的邻里闹剧。在 Keliy 的帖子后面，大部分社区网内跟帖者都感同身受，表示对 Keliy 的理解，认为这个社会上婆媳关系本来就很难处理。大家纷纷给当事人留言，劝慰她要理性处理，好好过日子。也有部分网民表达与发帖者不同的意见，认为从她的文字中看出她心胸不够开阔，应该为与婆婆关系的处理不当负主要责任。此外，还有部分围观者表示漠然，认为每个人家中都有自己的事情，掺和也没什么意思，纯粹是围观态度。

这其中，因为涉及蓝韵玫瑰在社区网上闲谈实际生活中邻居家的事情，跟帖者的态度也很不相同。一部分人表示她是在解决邻里纷争，跟大家一起讨论并试图解决问题，应该给予肯定和表扬；另一部分人认为既然是邻居家里的私事，不宜在网上随便发帖述说，提出“观网（回龙观社区网）不是完全虚拟的世界”，不应该把邻居的事情拿上来讨论，要为实体生活中的人考虑。

婆媳不和事件引发大讨论的故事结局是，当事人 Keliy 表示“很受伤”，发表最后一个跟帖“真正最后一次回复”，希望远离是非，不再讨论。而蓝韵玫瑰的原帖也被彻底删除，不留源头，仅剩下大家的跟帖无法彻底删除。这一事件覆水难收，相信Keliy和蓝韵玫瑰的友谊也将遭受重大挫折，两人的邻里关系也变得非常微妙。

互联网网络具有虚拟性、延迟性和时空撕裂性，由此塑造出新的邻里关系和社区居民的交往空间。互联网网络的出现，强化了匿名性和虚拟性。网络留言跟帖的形式，使得人们对同一事件的反应可以持续很久，并且不一定需要即时回复和应答，存在一定的时间延迟性，体现了一种新的人际交往方式。在无网络时代，很多事件发生需要时间和空间的同步性，但是网络的时间延迟性和共享平台等特征，使得原先密切结合的时间和空间被严重撕裂。现代的邻里纷争已经不同于原来的乡村社会，城市居民多数难有空闲时间和心情去讨论邻里纷争，而社会网的时空撕裂性使得居民可以利用“时间碎片”和不受限制的空间条件随时随地去发帖、跟帖，在一定程度上改变了城市社区居民用于人际交往的时空利用方式。回龙观社区网的婆媳不和事件引发的讨论正好是一个典型案例，表明现代邻里和社区在互联网等新技术的影响下，正演绎着一种新的社会交往方式。

现实生活中的居民都是存在于一定的物理实体空间中的，但社区网因与社区地域结合紧密，故而具有特殊的性质，实际上是一种半虚拟社区。从参与婆媳不和事件的讨论者中可以看出虚拟网络（尤其是社区互联网）并不完全是虚拟和匿名的。虚拟网络重构了实体物理空间，延伸和扩大了物理空间；同时虚拟网络又受限于实体物理空间，现实中的角色和空间地域对于居民在虚拟网络上的行为起了限制和规范作用（图6.19）。居民的责任感也得到了加强。同时，网络的传播条件和言论环境以及公共性的特点都

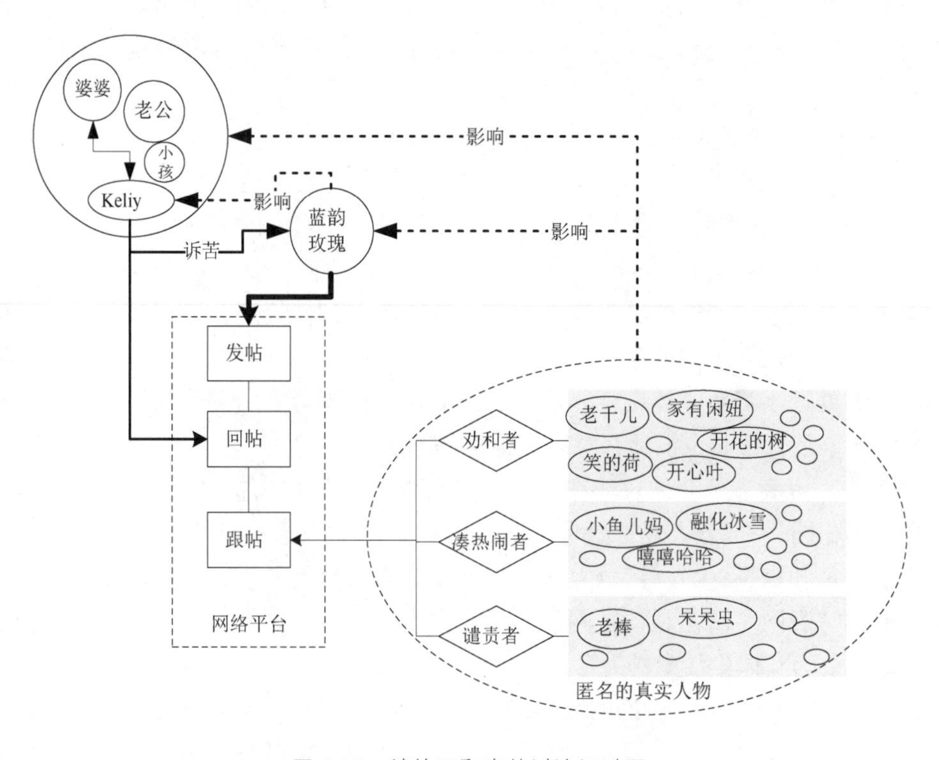

图6.19　婆媳不和事件讨论经过图

使得事件的可控性减弱，对于事态扩大后引起的事端，甚至可能会再融入居民的实际生活空间，不再是完全的虚拟和匿名。对于当事人来说，会对其现实生活中的人际关系和社会交往产生影响甚至是负面影响。

（三）虚拟空间承担起社区居民群体活动的组织空间媒介的作用

社区互联网上有很多邻里文体活动板块，据不完全统计，回龙观社区内居民自发组织的社团大大小小有几十个，以文体性质为主，如回龙观社区足球协会、网球协会、羽毛球协会、游泳队、登山协会、野猪剧社等。特别是回龙观足球超级联赛（简称回超）更是全国最大规模的社区足球联赛，产生很大的影响。自2002年回龙观业主自发成立第一支业余足球队——野猪林足球队后，足球运动在居民中逐年得到发展。2004年社区自发组织举办第一届回龙观业主足球联赛，开创了国内社区体育运动走向规模化、制度化和公益化的先例。回超被称为北京最具人气的草根联赛，规范程度已不亚于职业联赛，而这一活动对于整个社区的邻里关系和社区归属感的影响也非常深远。

回龙观社区网的建立为共同的社会生活搭建了理想的平台。回龙观足球队的成员都是借助社区网平台认识的网友，无论是足球队名字还是队员的名字，都统统习惯以网名称呼，经常出现肥牛、国庆、园丁等队员名字。队员都是回龙观当地各个小区的业主，都有本职工作，职业背景不同，但是通过回超实现了以球会友和相互串联在一起。目前已经有二十几支球队存在，一年一度的回超联赛更是参与者过百，现场观看人次过万。2010年第七届回超比赛报名球员接近800名，整个赛季共进行210场比赛。实体空间中相关活动的开展，反过来又促使在虚拟空间中认识的居民之间的交往（图6.20）。日常训练和赛场中，业主队员积极参与，赛后庆功祝贺，相互之间培养了深厚友谊。2005年，天龙队与上届冠军野猪林队争夺决赛权比赛，天龙队拼尽全力最后夺得冠军，比赛结束后，据相关人员描述“十几个成年人抱在一起失声痛哭，这是参加工作以后根本没有见过的”[①]。同时每次比赛时，赛场边上有很多抱着宝宝来看爸爸踢球的家属。为相互间的邻里交往提供了良好的契机，时空间事件和意愿各因素共同作用，最终也促使了良好邻里社区氛围的形成。

实体活动在虚拟空间中得到强化。活动结束后，参与者或组织者又在社区网上张贴相关活动的总结和居民参与的场景照片（还有投票评选足球宝贝等活动），参与者也积极回帖回应，获得非参与者的旁观。实体空间中存在的活动都能在社区网上找到相关板块和曾经的现场照片。随着这些活动规模的壮大和习惯的形成，依托网站作为公共平台的核心，借助网络媒介进一步扩大了邻里相关活动的影响，也增强了社区居民的归属感和依赖感。

回龙观足球联赛是居民日常生活互助“组织化”的一个表现，是回龙观业主自发

① 曹晓芳．“回超”之路．http：//blog.sina.com.cn/s/blog_4a075838010005et.html.2005.7.

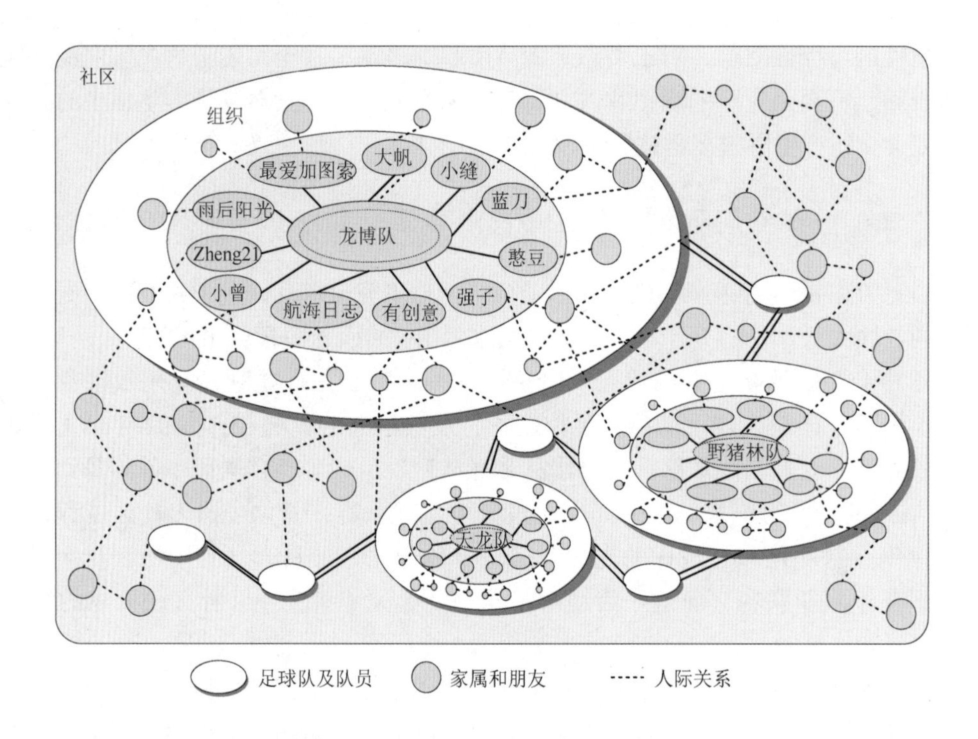

图 6.20　依托社区互联网的回超体育活动

形成并拥有的最大社会资本之一。一方面，回龙观社区网的建立为共同的社会生活搭建了理想的平台，在这里组织召唤居民参加文体活动，直至最后活动发展得愈加规模化和组织化；另一方面，实体空间中相关活动的开展，反过来又促进和加强了虚拟空间中的人际交往。最后，实体活动在虚拟空间中得到再强化。这其中，人们在参加文体活动时的意愿起到了非常重要的作用。在从事文体活动时，人们是放松和开心快乐的，目的非常单纯，不涉及职业身份背景等情况，队员的参与就是为了锻炼身体和休闲（回超提出“让足球的回归足球，让人民的回归人民”），整体氛围比较融洽。曾经在活动场合有过几面之缘的人，倘若在小区中再见面，相互间会倍感亲切。

四、虚拟空间与实体空间的互动

网络作为一个强大的传播工具，可在远隔万里的人们之间传递信息。但是，信息的流动本身并不能培植真正的社区。只能说，互联网产生了更大、效率更高的社交网络，强化了居民与社会的联系。同时，虚拟空间也具有一定的负面作用，网络上认识的新朋友缺乏社会背景和交流基础，匿名性和流动性使得人们随进随出、匆匆而过，使得承诺、信任和互助等关系无法发挥，欺骗和背叛也经常发生。这在一定程度上说明面对面交流存在的必要性。另外，网络为认识居民的同质化和地域的局限性等提供了可能性。

无论现实中的身份如何，每一个虚拟社区中的居民都拥有平等的参与权、发言权，都能得到迅速的回应，同时享受到被尊重的愉悦和满足。实用便捷的社区网站，为业主提供了一个交流与沟通的场所，产生一种新的生活方式，使得社区居民的价值观发生很大变化。社区互联网沿袭了互联网络的一些特性，如匿名性、延迟性和时空撕裂性等，但也表征出一定的地域实体空间性，网上行为和真实空间行为的关联性较高甚至可以实现叠加。网民的相识以网络昵称匿名为主，呈现一定的虚拟性。在活动组织和线下的交往过程中，居民相互之间都使用昵称称呼。很多人都不知道经常一起参加活动的人的真实姓名和工作的单位。网络的匿名性特征一方面表现出网络虚拟性的痕迹，另一方面也凸显出一种信任和亲切。

值得一提的是，一些专用词汇的出现和使用，彰显了独特的社区文化内涵。回龙观社区网特有一些语言：对业主使用“野猪”的称呼，对社区网用“野猪林”的称谓。蓝猪特指男性业主，粉猪指女性业主；班长是头儿、老大的意思，如“六班长”就是大家对网站创始人刘强的尊称; FB即“腐败”的拼音缩写，指回龙观人的自发聚餐，吃喝玩乐; 龙币是回龙观社区网上流通的虚拟货币，在网上发帖子越多，帖子越热门，龙币越多，也是一种资格和地位的象征，现实中可以用来在各种FB的竞卖中竞夺物品。

虚拟空间和真实空间存在叠加现象，居民在网上网下的互动频繁。网站已经成为业主生活的主要空间，而且业主注册为会员时要求IP地址与自己所住的楼层住户保持一致，他们之间的交流不再是网络上的虚拟和想象，而是与具体生活和实体的个人结合起来，因此可以说，拥有实体空间里邻里关系支撑的社区网在一定程度上演化成了具有丰富内涵的实体空间。

社区互联网促成的社会生活为该社区进一步的融合发展起到了积极正向的作用，形成了一种新的邻里关系，培养了社区归属感。正是因为这些线上线下的事情，营造了回龙观社区的氛围。助人以及互助是一种形式，邻里吵架和纷争也是另类的组成，社区文体活动加深了人们之间的人际交往。虚拟空间的存在促使居民对实体社区的认知加深，凝结成社区归属感。作为一种全新的交流平台和形式，社区网上的交流内容对于实体空间和社区自治起到了补充作用，前者对后者的影响显著（董月玲，2005）。在虚拟空间里，居民之间产生很多共同语言，强化了居民对社区的归属感。对部分回龙观人来说，回龙观是他们的“家”，而不仅是住所。

以互联网为代表新的沟通交流手段确实产生了新的社区形式，人们可以跨越社区、城市和区域的限制，甚至在全球范围内建立社会关系，全球成为一个大的社区。但是它并不排除地方上的社会网络建构和社会行动组织运行，发挥了一种“再地方化”的时空重组效应。社区互联网对于实体社会空间是一味添加剂，它促进了真实社会空间的建构（图6.21）。

这种社会空间的建构过程，一般可分成三个阶段：第一阶段，社区互联网为邻里交往和活动提供了平台和媒介，使得人们能够相识，建立初步的联系；第二阶段，通过在实体物理空间中，人与人面对面的交流和互动，进一步强化了在虚拟空间中所建

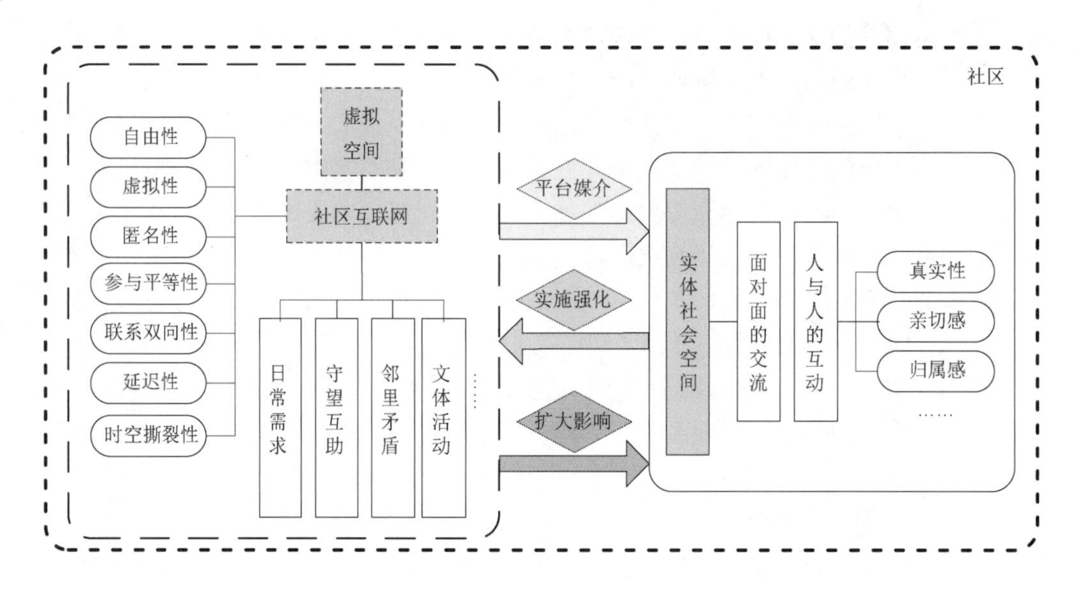

图 6.21 虚拟空间和实体空间的互动叠加机制

立的联系和交往；第三阶段，通过在虚拟网络上对活动的进一步联系和强化，扩大了实体空间活动和行为的影响。这三个阶段不分主次、相互促进。网上和网下的互动，虚拟空间和实体空间的叠加，使得居民的感知空间得到进一步强化。

五、小结

互联网（尤其是社区互联网）的存在对于居民的社会交往和感知产生了非常重要的影响。在回龙观，居民普遍对社区网的信赖度较高，认可其对邻里交往存在较大益处。回龙观的实证研究表明，虚拟空间对社区居民社会交往发挥了重要的作用，虚拟空间为社区居民交流和互助提供了空间平台，虚拟空间的时空撕裂特征创造了多重空间围观的条件，虚拟空间承担起社区居民群体活动的组织空间媒介的作用。虚拟空间和真实空间存在叠加现象，居民在网上网下的互动频繁，可以说拥有实体空间里邻里关系支撑的社区网在一定程度上演化成了具有丰富内涵的实体空间。从居民生活空间的角度来看，互联网最重要的意义不是科技，也不是信息，而是沟通的手段。实用便捷的社区网站，为业主提供了一个交流与沟通的场所，产生一种新的生活方式，使得社区居民的价值观发生很大变化，虚拟社区里的居民热情而慷慨，富有同情心和责任心。社区互联网沿袭了互联网络的特性，包括匿名性、延迟性和时空撕裂性等，但也表征出一定的地域实体空间性，网上行为和真实空间行为叠加并产生较高的关联性。以互联网为代表的新的沟通交流技术产生了新的社区形式。但是它并不排除地方上的社会网络建构和社会行动组织，发挥了一种“再地方化”的时空重组效应。社区互联网促进了真实社会空间的建构，线上和线下的互动以及虚拟空间和实体空间的叠加使得居民对社区的感知空间得到进一步强化。

第五节　本章总结

本章从社会交往的角度切入，基于北京回龙观居住区的案例调查，试图探讨城市居民的社会关系网络特征，通过探究邻里关系状况透视由一定地域范围内的关系所建构的社会交往空间,分析社区的地域性和关系性,探讨社会空间与各个关系之间的联系。最后，讨论社区互联网这一现代信息平台对于关系联结、城市社区的影响和作用以及虚拟空间与实体空间的互动关系。

首先，在社会关系网络方面。整体上，居民的社会关系网络差序格局更加复杂。家庭仍然是人们获得支持的首要来源。以趣缘和业缘形成的朋友关系重要性突出。地域空间的分离和社会设施的地域性对个人社会交往网络存在重要影响。地域邻近形成的邻里关系，对于居民的社会关系网络在存一定程度的贡献。提名关系人的空间居住演变路径，表明关系人的居住地空间距离与关系亲疏存在明显的相关关系，即对象关系越疏远，居住地离开越远，对象的空间距离越大。其次，在邻里关系方面，回龙观所代表的大城市居住区具有典型城市邻里的特点，交往较为陌生化，存在浅层次人情交往。据此建构制约邻里关系的 TIES 模型，包括时间（time）、意愿（intention）、事件（event）和空间（space）因素。在这些制约因素的背后，更重要的是城市生活方式以及郊区化的深深烙印。城市居住区社区居民之间有相对较好的关系和互动，社区的感知和认同强烈。回龙观的实证研究也表明中国城市新居住区的形成过程特征，共同地域的形成、社会关系的形成、共同社会生活的产生、社区文化的建立以及共同意识的形成等构成了“新社区”建立和维持的机制。真正意义上的城市社区的形成，需要一定的地域，需要存在各种机制和事件，其中，居民之间所建立的关系联结起着最为主导性的作用。

通过对人际关系网络和社会空间的研究发现，社会关系受限于空间，社会空间调解社会关系。人际关系网络在塑造和影响空间方面有着非常重要的作用。社会人际关系网络与空间之间具有辩证统一的关系，相互之间是一个持续的交互过程。通过对邻里关系和社区空间的研究发现，空间提供了必要基础，邻近关系重塑了社会空间。基于关系联结使得居住邻近的人们产生一种互动，居民将社区当作自己的“大”家，积极维权、参与各类活动，形成良好的邻里关系和社区意识后，最终产生对地域的认同感和归属感，促使“地方”产生情怀，在一定程度上重塑了原先基于人际关系网络的社会空间。对社区互联网的研究发现，它的存在并不排除地方上的社会网络建构和社会行动组织，反而发挥了一种“再地方化”的时空重组效应。社区互联网促进了真实社会空间的建构。网上和网下的互动，虚拟空间和实体空间的叠加，使得居民的感知空间得到进一步的强化。

第七章　活动空间

第一节　活动空间及其研究

一、活动空间的概念与类型

活动空间是个人进行大部分活动的空间，包括决定特殊区位的行动空间（Johnston et al.，2000）。活动空间也可以理解为居民在城市地域上进行各种生产和生活活动所到达的空间范围，与城市各种物质空间不同的是，活动空间的概念强调个人的主动行为，属于居民使用城市设施、参与社会组织活动中所形成的一种无形空间（柴彦威，2000）。人类的活动可以在各种空间尺度上被实施，如家庭的、邻里的、经济的或城市的地段，较大空间尺度上的活动空间则可能是不连续的，它往往由一些点组成，这些点被已知路径连接但被地区所分隔（Chombart de Lauwe，1952）。居民的活动可分为很多类型，如可以从活动事项方面对居民的活动空间进行类型划分，与地理学者所关注的“空间”比较密切的活动有居住活动、工作活动、出行活动、购物活动、休闲活动等类型。也可以从时间的尺度上对居民的活动空间进行分类，长时间尺度的，如基于一生或一生的局部时段的生命路径和生命历程中的居民活动，短时间尺度的，如基于一天时空利用的生活路径所展示的居民活动。活动空间属于行为地理学的范畴，对居民活动空间开展研究有助于把握城市空间的社会特点，有助于推动城市规划从物质形态规划向社会形态规划的转型。

二、城市活动空间研究

活动空间研究主张从个人主体性角度认识城市空间（闫晴等，2018）。活动空间是个体与环境的直接接触，对于人们形成和划定自身行为空间范围有着重要的作用，是理解个人行为最为主要的方面。对活动空间的研究发展了“能动的人”的行为地理学方法和关注“被动的人”的时间地理学方法，二者的有机结合能够实现对人的行为活动的整体研究。有学者提出基于日常活动空间的活动分析法，用来实现对人类行为研究关键问题的整合和处理（柴彦威和沈洁，2008）。活动空间与个体在社会中扮演的角色紧密相关，个体活动的时间与空间方面都是其定义的一系列自己期望参与的活动的结果，随着时间的变化，居民通过自身的经历，根据其在空间中相互作用的区位以及对那些地方的认知强化程度，不同程度地建立其对地域的熟悉（Gollege and Stimson，1997）。

个人的日常活动由工作、回家、购物、娱乐等习惯性行为组成（Chapin，1974），包括往返于家庭的活动、定期活动地点（如工作地或学校）以及这些活动内外的活动（Golledge and Stimson，1997），可以理解为通常在家庭、工作单位、消费场所、非消费的公共场所和其间的移动中发生（张雪伟，2007），具有稳定性、可变性和灵活性等特点（Carpenter and Jones，1983），并随着城市空间的不断重构与扩张、交通与通信信息技术的迅猛发展和个人主观能动性的不断加强而日趋复杂化、多样化和个性化（周素红和闫小培，2005；柴彦威和沈洁，2006；甄峰等，2009；申悦和柴彦威，2013）。有学者认为个人的活动和空间结构存在相互依赖性，空间选择上也具有偏好性（Rushton，1969），强调人的主观能动性与活动之间的关系，价值观和心理活动也成为对活动空间诠释的重要方面。还有学者侧重认知过程，地理学家 Gollege 和 Stimson（1997）在专业著作 *Spatial Behavior*：*A Geographic Perspective*（《空间行为：地理学的视角》）中提出“锚点理论”，说明了活动空间形成的规律性。

20 世纪 90 年代以来，对个人活动的研究发生了由对空间行为活动的研究向对空间中的行为活动研究的转变，从关注与所处空间环境无关的普适模型和规律转向了对不同行为与环境差异性呈现，重视行为规律的非普适性（柴彦威等，2012）。行为主体的社会领域和生活方式按照日常生活模式出现，且日常活动具有其空间结构。群体的社会空间与日常活动特征的场所结合在一起，形成群体的活动行为与空间的互动。不同的城市亚群体尤其是弱势群体和边缘人群的活动空间特征引发了学者的特别关注。刘玉亭等（2005）发现城市贫困群体具有空间活动单一、时间利用碎片化的活动特点，形成了以居住空间为核心的狭小的日常活动空间。塔娜和柴彦威（2017）注意到了北京典型郊区低收入居民的行为空间困境，利用潜在活动空间和实际活动空间共同说明了低收入居民在时空可达性和实际利用城市空间能力上的劣势。赵晔琴（2017）关注了农民日常生活中身份建构和空间型构，认为他们的活动催生了“移民空间”的形成。还有学者从女性主义视角，重点关注了中国城市女性的居住行为空间（柴彦威等，2003）。高校学生日常活动空间也进入了研究者的视野。Holton （2017）剖析了英国高等教育学生利用夜间社交活动作为他们在大学过渡期间确立身份的社会交往机制，发掘了学生身份概念、社团活动与夜间活动空间的互动关系。陶印华和申悦（2018）分析了高校学生日常活动与城市空间的互动和对市区空间的利用，发现郊区学生的日常活动空间具有市区指向性，但不同群体对市区的依赖程度有所差别，并且与市区学生相比，郊区学生日常活动空间范围明显偏大。

随着地理信息技术的进步，活动空间研究具有了更为丰富的数据来源并得以采取更加多元化的技术手段。基于智能手机的通话详细记录（CDR）（Xu et al.,

2016）、移动定位数据（GPS）（申悦和柴彦威，2013）、手机信令数据（闫晴等，2018）、公交刷卡数据（SCD）（刘丽敏等，2018）、兴趣点数据（POI）（徐冬等，2018）为研究群体时空间活动特征提供了新的解决途径（曹劲舟等，2017）。结合地理信息系统（GIS）和大数据，可以对活动群体之间的差异进行比较，探讨不同群体的行为活动对城市空间的利用存在怎样的差别（Kwan，1999）。前述对城市亚群体活动空间的研究中，即存在对大数据手段的应用实践。然而基于大数据的活动空间研究也容易造成个人能动性的忽视，成为学术界不得不反思的重要问题。因此，学术界也开始探索基于小样本深度访谈调查或小样本三维空间可视化的定性方法在城市活动空间中的应用，以弥补单纯使用大数据的不足。Kwan（2007）提出基于地理信息系统的叙事分析法，将时空路径与质性研究中的口述史、生活史和传记等叙事材料相结合，形成狭义概念上的地理叙事（geo-narrative），在地理空间技术框架内引入情感地理分析，使个人的生活体验得以更好展现，是成功地运用“小数据”、地理叙事方法和三维空间可视化方法开展定性活动空间研究的典范。这一尝试实现了将行为与主体的质性分析与时间地理学方法和地理信息系统的融合，创立了定性 GIS 的研究范式。同时，这一类研究并向地弥补了传统的定量研究忽视主体情感和主观能动性的缺陷，将传统时间地理学中无主观偏好、具有共同生活经历和社会背景的中立人变成鲜活而立体的个体（关美宝等，2013）。近年来，西方的定性 GIS 和地理叙事方法开始传入中国，促进了从定性方法研究中国城市活动空间的发展。

总体而言，活动空间研究主要可以分为基于人口空间布局和居民行为大样本调查的宏观层面研究和基于时间地理学影响下关注个体行为活动、时间与空间结合的微观层面研究，研究方法从传统的统计数据分析、问卷调查分析、活动日志分析发展到利用定位数据、GIS 和大数据分析进行的活动空间研究以及利用小样本深度访谈调查数据与三维空间可视化研究方法、地理叙事方法相结合的个体活动空间研究。

第二节　基于生命路径和生命历程的活动空间

一、基于生命史的长期空间行为与活动空间研究

时间地理学强调基于微观个体的分析，但其根本思想在于建立微观个体情境与宏观背景和模式之间的联系，即通过微观分析折射宏观问题（Hägerstrand，1970；Lenntorp，1976）。为分析这一微观影响，时间地理学者对长期 - 短期行为进行思考并构建了长期生命路径选择和日常行为之间的关系（Pred，1981a，1981b）。

个体的生命史通常展现了其长期的制度性角色，这些角色往往受到其家庭背景、

社会地位、教育背景等因素的影响，并与这些因素互动。这使得个体会主动或被迫参与到一些特定的例行或非例行的企划中，并受到活动的约束。而这种参与又会反作用于个体，让他们形成自己独特的日常生活模式，这种生活模式会影响个体对自身、家庭和周围因素的选择，并通过这种选择改变其过往的长期制度性角色。活动空间研究中所关注的“个体”的概念，除了基于个人的个体以外，还有基于家庭的个体。家庭中每个个体的长期制度性角色，往往从与家庭内个体日常活动的相互作用开始，活动路径和时间的选择同样受到整个家庭提供的生命路径机会的约束（Pred，1981a，1981b）。因此，家庭的生命路径与家庭中每个个体的日常行为存在辩证关系，受到其所处历史阶段、地理背景和社会文化制度的制约，也受到这些因素变化的影响。特别是基于家庭的迁居、就业等长期行为的决策，对整个家庭的日常活动模式都具有一定的锁定效应（Thrift and Pred，1981）。

因此，长期空间行为和活动研究需要在时间和空间的框架内，以“时空间”情境性和时间社会性为视角，重视能动性与制约的互动关系，综合考虑社会文化过程和空间过程的综合作用，探讨生命路径形成过程中活动制约的本质，以实现对于个体生命历程的全面理解。本书采用微观个体视角，选取三个目前居住在北京市郊区的家庭作为典型样本，基于长时间尺度，分析样本生命路径与行为活动空间的变化。

二、研究样本

本书共选取了三个居住在北京郊区的典型家庭样本，样本 JT1 是中国传统式大家庭，男性家长 1979 年出生，37 岁（所有年龄均为调查时），女性家长 1981 年出生，35 岁，二人均就业，育有一子，家庭经济条件较好（表 7.1）；样本 JT2 为典型的核心家庭，二人均为 1970 年出生，46 岁，男性家长就业，女性家长目前辞职在家，育有一女，家庭经济条件好（表 7.2）；样本 JT3 中，男性家长 1982 年出生，34 岁，女性家长 1983 年出生，33 岁，二人均就业，尚未有孩子，家庭条件一般（表 7.3）。

表 7.1 样本 JT1 生活史与职业史

年份	生活事件	职业经历	
		男性家长	女性家长
1979	夫出生	学业中	‖
1981	妻出生	‖	学业中
1997	夫上大学	北京航空航天大学	‖
1999	妻上大学	‖	北京科技大学
2005	夫就职	国家知识产权局专利局	‖
2006	妻就职	‖	中国农业机械化科学研究院
2009	结婚	‖	‖
2014	长子出生、夫父母迁入同住	‖	‖

表 7.2　样本 JT2 生活史与职业史

年份	生活事件	职业经历	
		男性家长	女性家长
1970	夫出生	学业中	‖
	妻出生	‖	学业中
1990	夫上大学	西北农林科技大学	‖
	妻上大学	‖	中国农业大学
1994		中国农业大学	‖
1997	妻就职	‖	某国有企业
1998	结婚	‖	‖
1999	长女出生、妻母亲迁入同住	‖	‖
	夫就职	北京市农林科学院	‖
2004	妻母亲迁出	‖	‖
2015	妻辞职	‖	‖

表 7.3　样本 JT3 生活史与职业史

年份	生活事件	职业经历	
		男性家长	女性家长
1982	夫出生	学业中	‖
1983	妻出生	‖	学业中
2000	夫上大学	北京理工大学	‖
2001	妻上大学	‖	天津师范大学
2004	夫就职	金山软件	‖
2005	妻就职	‖	北京某传媒公司
2009	恋爱	‖	‖
2011	结婚	‖	‖
2012		网易游戏	‖

三、基于个体生命路径和生命历程的城市居民活动空间

家庭和单位是居民时空间路径中的两个重要停留点，除工作和家务外，居民大部分的活动都是围绕着这两个停留点而展开。因此，在对三个样本家庭个体生命路径的刻画着重围绕其居住空间和工作空间，刻画其行为活动空间的变化过程。

（一）已婚有子女扩展家庭

样本 JT1 家庭中夫妻二人居住地和就业地的改变如图 7.1 所示，男性家长王先生

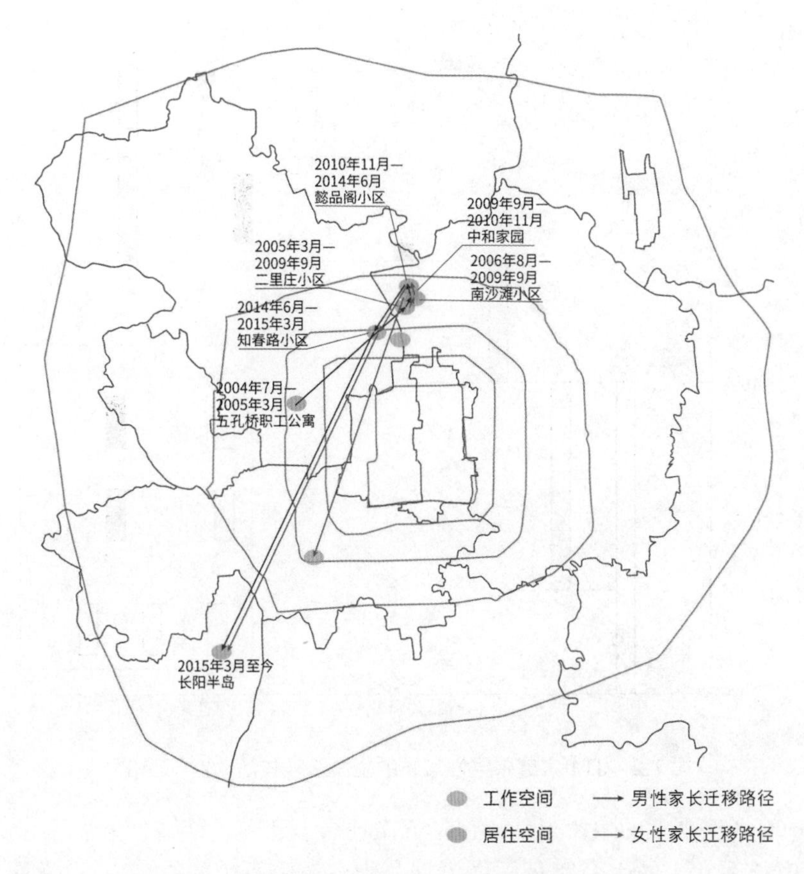

图 7.1　JT1 家庭夫妻居住空间与就业空间变化

就业地在这十年间均未发生改变，女性家长乔女士的工作地点发生了一次变动。其中男性家长的居住地发生了五次迁移、女性家长的居住地经过了四次迁移，其中两人有三次居住迁移发生在两人婚后。第一次迁移在 2010 年，两人成家一年后于北沙滩懿品阁小区购置小户型商品房一套；2014 年 2 月，由于女方怀孕需要照料，男方母亲迁入，家庭成员增加以及女方工作地点的改变，促使夫妻二人在丰台区长阳半岛另行购置商品房一套，随后将现居住房屋卖出，因新房未完工及考虑到装修因素，该家庭暂时租住在知春路小区周转；2015 年正式搬入新居。

男性家长王先生的生命路径如图 7.2 所示，从小与父母同住，生命路径为以家为驻点垂直向上延伸，之后开始上学，居住路径和职业路径分离。1997 年由于考上大学来到北京，居住地和职业路径驻点发生改变并重合。2005 年正式入职，居住地和职业路径驻点发生改变，此时职住距离较长。工作一年后由于职住距离较长发生第一次迁移，居住路径改变，职住距离缩短。工作三年后与女方结识，相识一年后发生第二次迁移，居住路径改变。一年后结婚，同时期得到晋升，但居住地点和工作地点没有变化，两条路径平行向上延伸。次年购买新居，居住路径改变，职住距离略有上升。4 年后由于家庭结构改变，居住路径有两次变动，职住距离再次上升。在这一过程中，他的社会角色完成了从儿子到丈夫到父亲的转变，由生命路径的转折可以看出，在王先生的

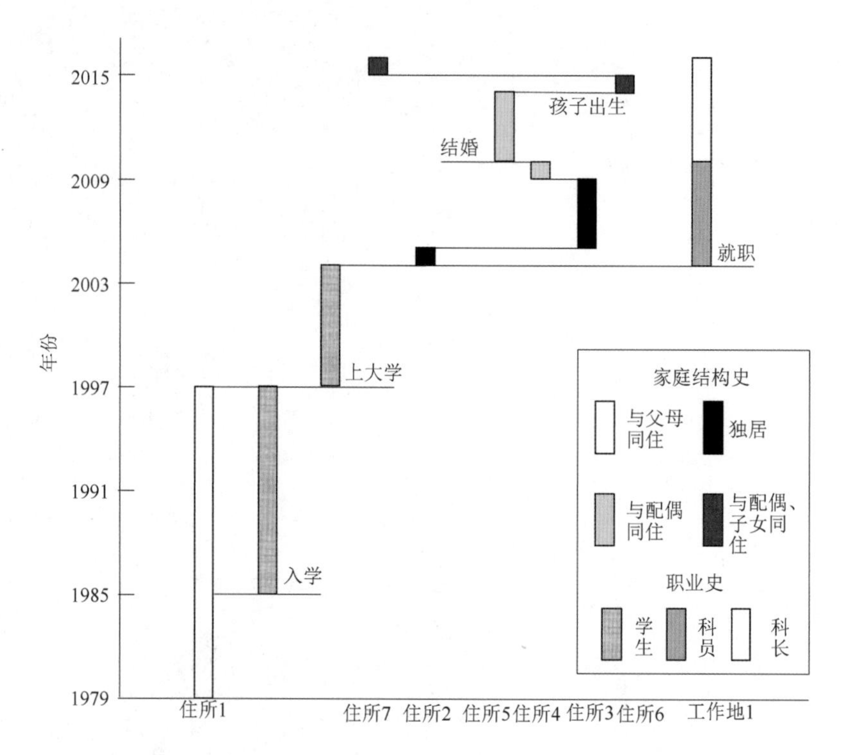

图 7.2　JT1 家庭中男性家长的生命路径与活动空间变化

生命历程中有 8 次重大的生命事件，包括五次迁居、恋爱、结婚、生子等。

女性家长乔女士的生命路径同样可划分为三个阶段（图 7.3）：求学期间，生命

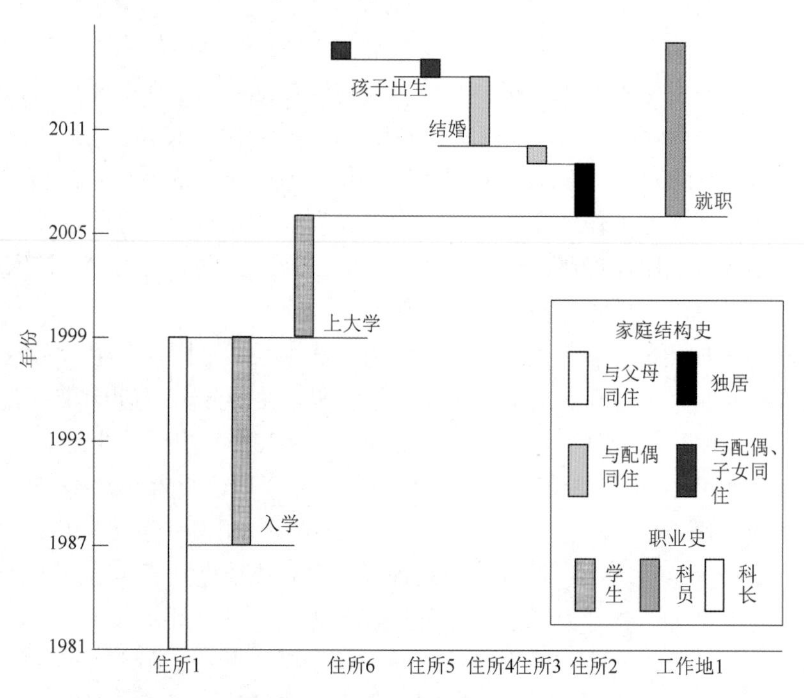

图 7.3　JT1 家庭中女性家长的生命路径与活动空间变化

路径为以家为驻点垂直向上延伸，居住路径和职业路径分离；入职后单身阶段，居住地和职业路径驻点发生改变，此时职住距离接近；结婚后，居住路径发生三次改变，工作地点发生一次变化，工作地从原本的北沙滩搬至丰台科技园，职住距离也随之变动。在这一过程中，她的社会角色完成了从女儿到妻子再到母亲的转变。由生命路径的转折可以看出，在乔女士的生命历程中有七次重大的生命事件，包括四次迁居、恋爱、结婚、生子等。

（二）已婚有子女核心家庭

样本JT2家庭中夫妻二人居住地和就业地的改变如图7.4所示，近20年内，男性家长的就业地未发生改变，女性家长的就业地发生了两次改变。女性家长的居住地发生了三次迁移，两次发生在两人婚后。第一次居住迁移为1998年，两人结婚后搬入女方父母单位分配的住房中；第二次居住迁移发生在2004年，由于单位住房面积狭小房型较旧，两人在上地 - 清河地区购买商品房一套并搬入新居。

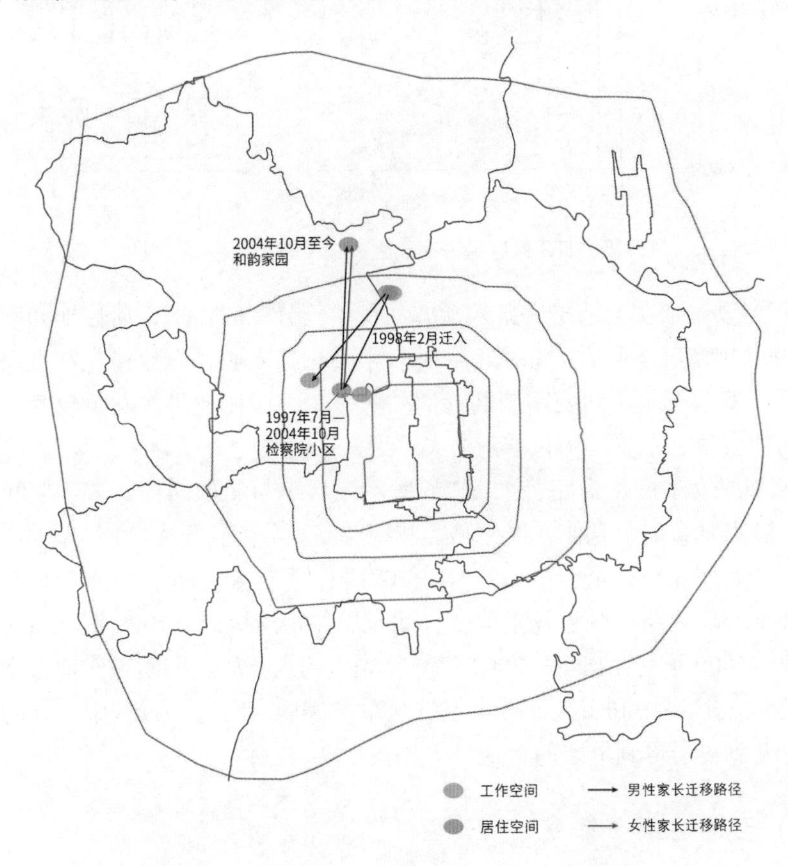

图7.4 JT2家庭夫妻居住空间与就业空间变化

男性家长陆先生的生命路径如图7.5所示，于1990年考入西北农林科技大学，1994年由于考上中国农业大学研究生来到北京，居住地和职业路径驻点发生改变并重

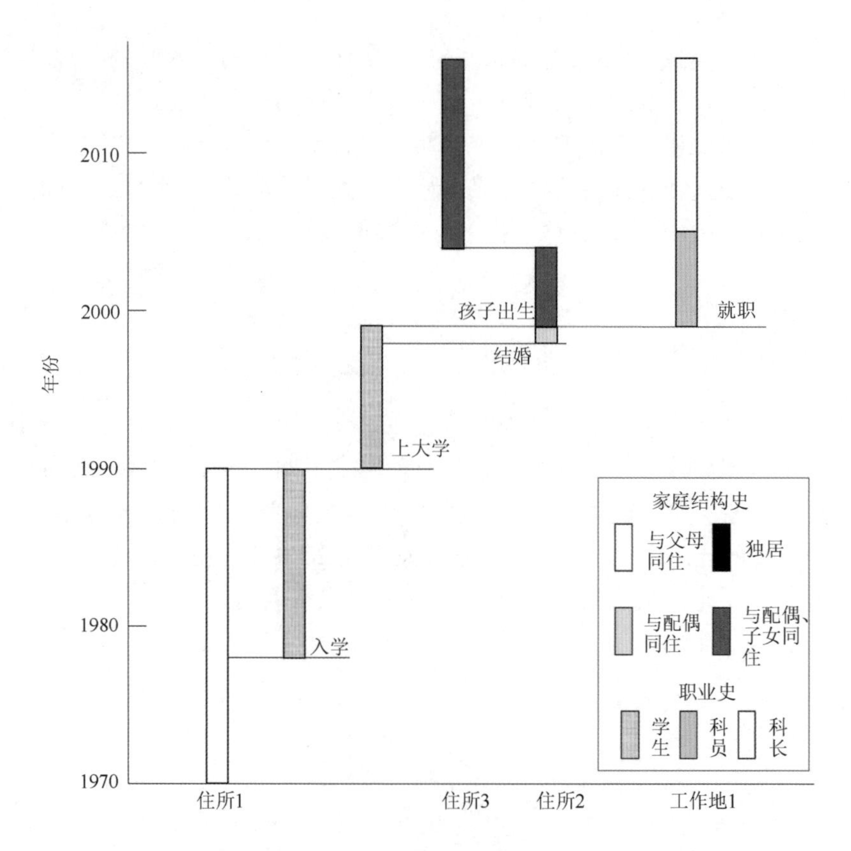

图 7.5　JT2 家庭男性家长生命路径与行为空间变化

合。1998 年与妻子张女士结婚后搬入女方父母单位分配的住房，居住地和职业路径驻点分离。1999 年结束学业后于北京市农林科学院正式入职，职业路径驻点发生改变。工作四年后于安宁庄西路和韵家园购置商品房一套，居住地再次发生改变。在这一过程中，他的社会角色完成了从儿子到丈夫再到父亲的转变。

女性家长张女士的生命路径如图 7.6 所示，从小与父母同住，求学期间，生命路径为以家为驻点垂直向上延伸，居住路径和职业路径分离；于 1990 年考入中国农业大学，居住路径和职业路径重合；1997 年正式就职于某国有企业，搬入母亲单位分配的住房，居住地和职业路径驻点发生改变，此时职住距离接近；1998 年与陆先生结婚，居住地不变；2000 年女儿出生；2004 年与陆先生迁入新居，期间工作地未发生变化；2015 年出于女儿读高中和个人职业考量，从单位辞职。在这一过程中，她的社会角色完成了从女儿到妻子再到母亲的转变。

（三）已婚无子女家庭

样本 JT3 家庭中夫妻二人居住地和就业地的改变如图 7.7 所示，男性家长的就业地发生了两次改变，第一次为 2009 年跟随公司地址变动，第二次是 2012 年从金山软件跳槽至网易游戏；女性家长的就业地跟随公司的搬迁发生两次变化。男性家长在

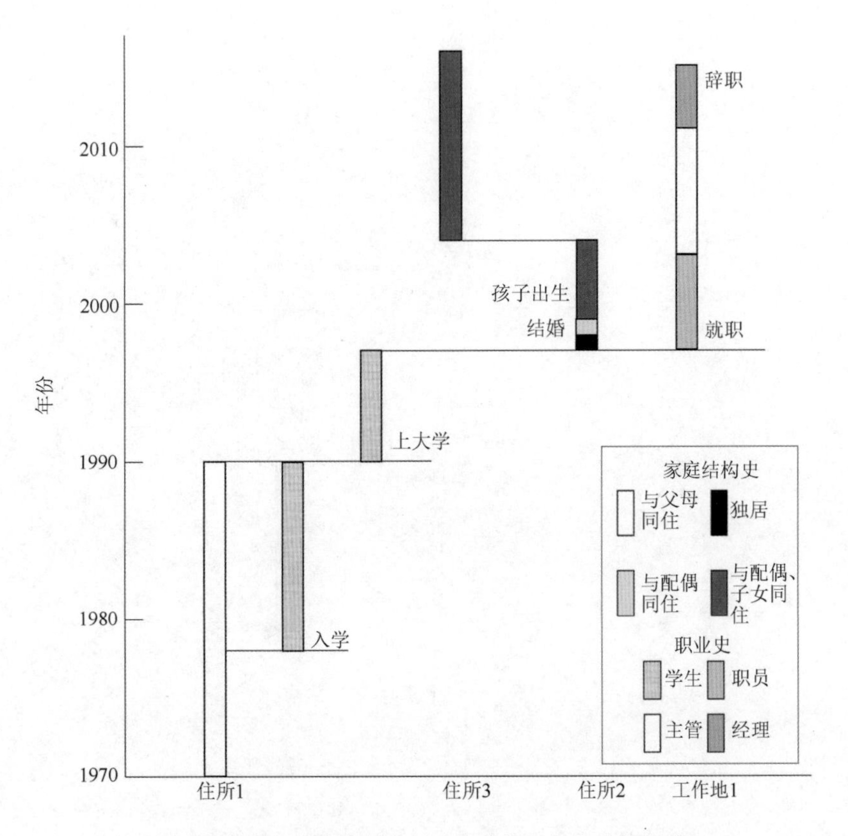

图 7.6 JT2 家庭女性家长生命路径与行为空间变化

2007 年于小营西路购买商品房一套，婚前由于就业地变动，女性家长的居住地变动较为频繁，婚后迁入小营西路住房并同住至今。

男性家长刘先生的生命路径如图 7.8 所示，2000 年由于考上大学来到北京，居住地和职业路径驻点发生改变并重合。2004 年正式在金山软件入职，就近和同事合租，居住地和职业路径驻点发生改变，此时职住距离较近。2007 年，刘先生在父母的资助下于小营西路购买商品房一套，职住距离拉大。2009 年由于公司整体搬迁至位于上地小营西路的金山软件大厦，其职业路径驻点发生改变，职住接近。2012 年刘先生由金山软件跳槽至网易游戏，职业路径驻点再次改变，职住距离再次上升。在这一过程中，他的社会角色完成了从儿子到丈夫的转变，刘先生在 2011~2012 年对职业状况表现出不满意，因而选择了跳槽，之后满意度回升。由生命路径的转折可以看出，在刘先生的生命历程中有四次重大的生命事件，包括迁居、职业变动、结婚等。

女性家长范女士的生命路径（图 7.9）同样可划分为三个阶段：求学期间，生命路径为以家为驻点垂直向上延伸，居住路径和职业路径分离；入职后单身阶段，居住地跟随职业路径驻点发生两次改变，此时职住距离接近；结婚后，居住路径改变，工作路径不变且向上延伸。在这一过程中，她的社会角色完成了从女儿到妻子的转变。后面将着重分析结婚前后范女士日常生活行为的变化。

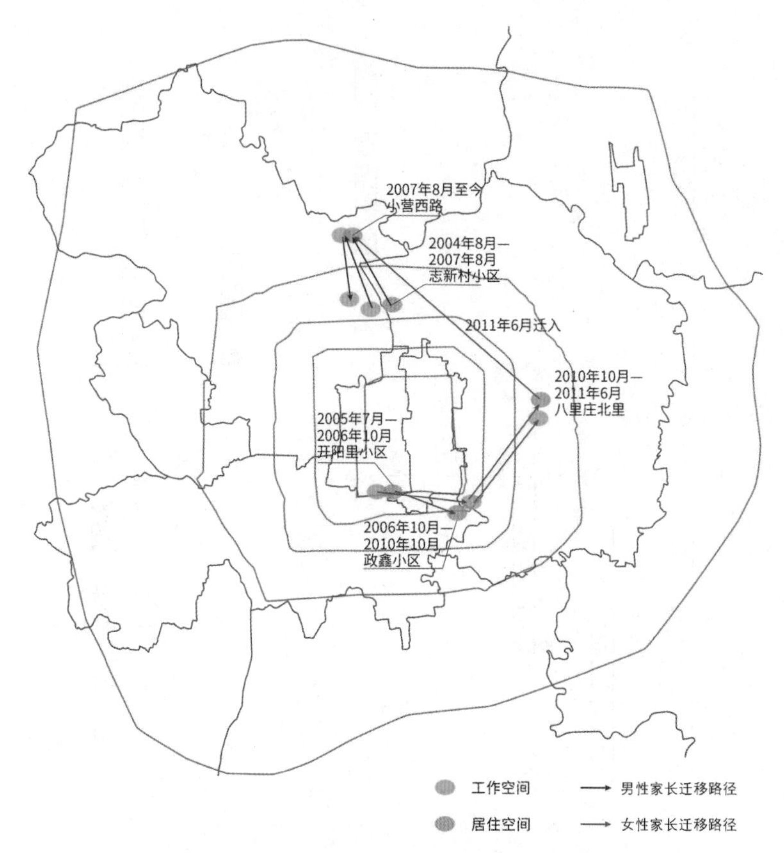

图 7.7 JT3 家庭夫妻居住空间与就业空间变化

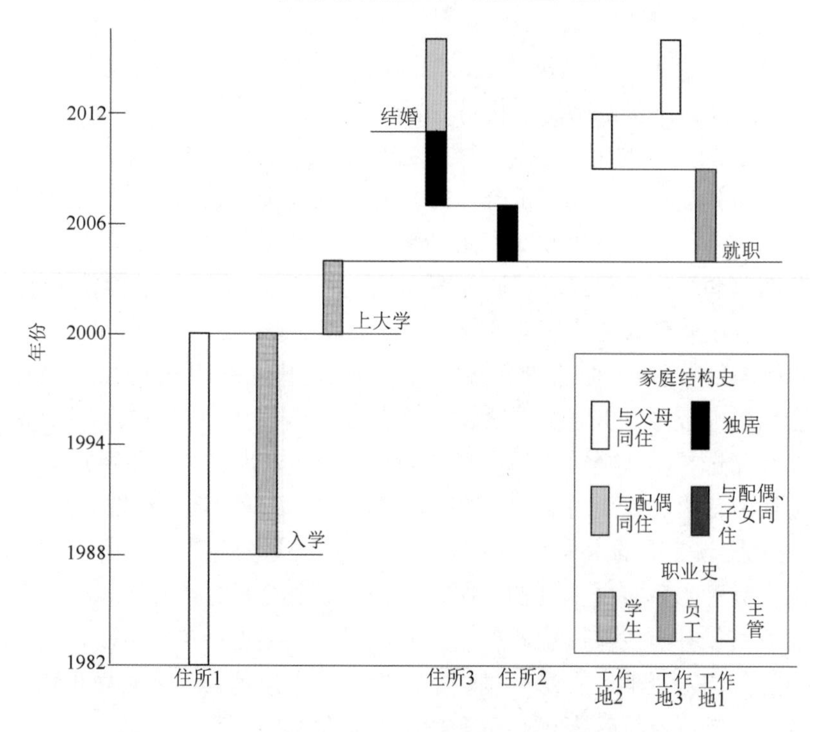

图 7.8 JT3 家庭男性家长生命路径与行为空间变化

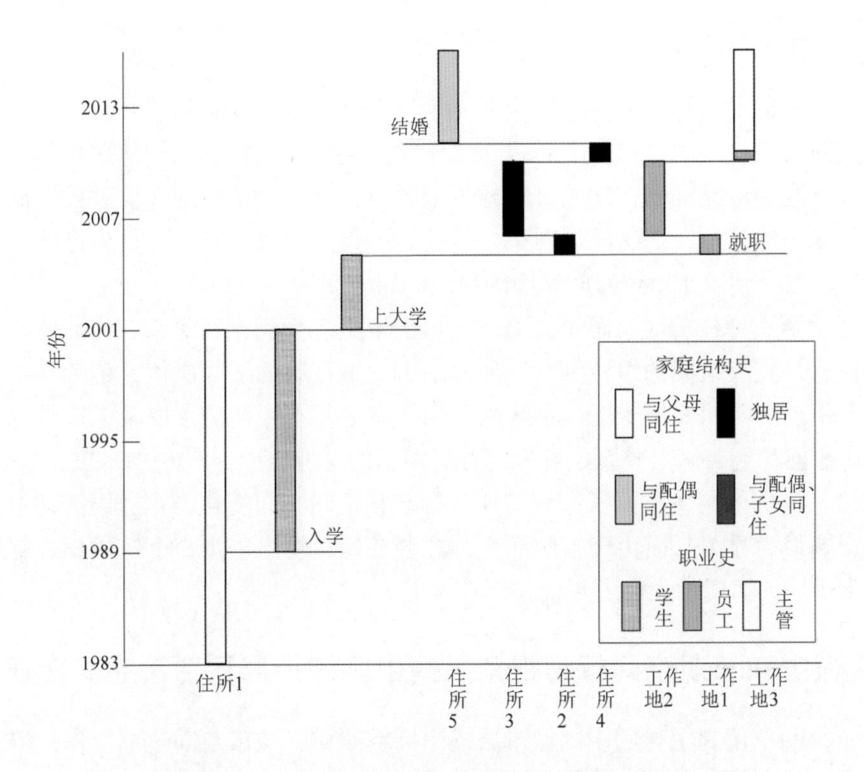

图 7.9 JT3 家庭女性家长生命路径与行为空间变化

（四）居民的长期性行为与空间的互动

在个体生命路径和生命历程中，作为日常活动最重要的空间形式，职住空间的互动展现了其行为空间的变化过程。将个人看作一个整体进行分析，可以把握人的一生中不同生命事件的关联关系，分析迁居机制、职住距离、家庭关系等问题。对于时空间制约的理解上，不同长期行为的制约因素会有较大的差异，且与短期行为明显不同。就迁居行为而言，能力制约、组合制约、权威制约都有较大影响。可将上述三个家庭活动空间的变化分为三类：工作地不变，居住地变化（JT1、JT2）；居住地不变，工作地变化（JT3 刘先生）；居住地随工作地变化（JT3 范女士）。

当工作空间固定，居住空间不稳定时，出于通勤成本的考量，个体会自发寻求最适合自己的经济条件和通勤时间的居住空间，迁居行为受到收入等能力制约和单位制度、住房歧视、户口等组成权威制约。以样本 JT1 为例，男性家长和女性家长的行为空间均属于工作地不变，居住空间围绕工作地变化。早年，男性家长的居住空间并不稳定，随着城市空间的变化而改变，他的迁居行为决策受到个人收入的能力制约。

但居住空间较为固定（特别是购房后），工作地点改变带来的通勤成本远小于改变住房的成本。因此这种市场机制导向下的工作空间变动，并不会影响其居住空间变化，只会带来其日常行为模式的调整。比如样本 JT3 中的男性家长，当其在上地购买住房后，经历了两次工作变动，但由于通勤成本较小，选择改变通勤方式以适应变化，日常活动依旧围绕居住空间展开。

当居住空间和工作空间都不固定时，未婚个体会自发寻求最适合自己的经济条件和通勤时间的居住空间，居住空间跟随工作空间变化。这种职住相依型是制度和市场作用下最普遍、最经济的空间组合模式。未婚时，样本 JT3 中的女性家长（范女士）出于通勤成本的考量，在这一过程中，其迁居决策受到收入和日常行为连续性需求的能力制约，也受到工作单位时间制度等组成的权威制约。

但婚后再选择住房时，整个家庭的迁居决策更多受到家庭关系、代际照顾、生活必需的住房设施等组成的组合制约。如样本 JT1 生育后的迁居决策，是考量了夫妻二人的通勤距离和时间安排、迁入小区能否满足家庭基本生活需求以及未来教育子女的需求、房屋面积能否满足整个家庭等问题后做出的选择。

总之，不同的制约影响了家庭的迁居行为和活动空间变化。在迁居活动中，权威制约的影响最为显著。而由于空间演变、社会变迁、技术进步、个体成长，制约本身也会发生改变，需要加入历史年代、年龄等考虑。

四、生命史和长期空间行为视角下的中国城市居民活动空间变迁

在传统的单位制主导的中国城市居民生活空间中，城市空间是单位化的空间，是计划经济体制在城市中的空间化（刘天宝和柴彦威，2014），居民工作变动的机会和可能性较小，住房由单位分配，只有个人的职称和地位明显提升了，才能向单位申请更大面积的住房，即便如此住房的调整还要经历漫长的等待、排队和繁复的手续。相对而言，在住房资源紧缺的计划经济年代，个人的居住空间、工作空间相对稳定，个人和家庭的生命历程基本上难以对个人的生活空间变化产生决策性的影响。

在中国向市场经济转轨的过程中，单位对社会尤其是对居民生活空间的影响逐渐消解，市场开始占据主导地位，个人根据其经济条件可以做出决策来改善生活条件，尤其是住房条件和就业条件，并进而影响职住关系及各种相关活动的时空利用和时空安排。在这种背景下，居民的生命历程和生命路径开始与个体活动空间的决策产生联系。生命历程中的重要生命事件，如结婚、子女诞生和老人共同居住等家庭结构变化，会产生新的住房需求，在市场经济条件下，当城市居民具备一定的经济实力条件后就可能在重要生命事件的激发下，做出重新选择住房和迁居的决策。当然，生命历程中的重要生命事件对市场转型以后的中国城市居民重新选择工作（择业）也会产生影响，进而又影响到职住距离及各种相关的活动，而家庭又是一个整体，尤其是在居住方面，夫妻一方的居住、就业区位的调整，可能会导致另一方的相应调整。在市场转型期以后的中国城市，对于已婚有子女的扩展家庭而言，由于孩子的诞生，老人为了照看第三代而前来一起居住，很多情况下是两个老人一起来照看孩子并照顾家庭的生活起居，这样在短时间内造成家庭对居住空间的较大需求，这种生命周期的变化往往会刺激居民购买新的更大面积住房的行为，同时由于生活成本的增加、生活压力增大，居民尤其是男性居民的职业也可能会面临调整，生活空间的上述变化又进而会影响各种日常

活动空间的开展。这是中国传统文化观念所造成的三代人的紧密的家庭关系完全不同于西方城市的特点。对于已婚有子女的核心家庭而言，夫妻双方都经历了从为人子女到夫妻再到扮演父母角色的转变历程，家庭成员的增加也会导致对更大居住空间的需求，但因为这种核心家庭没有和老人居住在一起，故没有产生上一种家庭类型所面临的那么大的居住和生活压力。在中国的二孩政策实施后，一些家庭迎来了第二个孩子的诞生，居住空间的压力会进一步增强，也有的家庭在一个孩子的条件下本来不需要老人帮助，而第二个孩子诞生后不得不请老人来帮忙照看孩子，则转变为“有子女扩展家庭”，变成了第一种家庭类型。但不管怎么说，这种生命历程中角色的转变会成为居住空间变化的动力之一。还有一种家庭是已婚无子女家庭，相对其他两种类型家庭而言，居住空间需求不会短时间内发生较大增长，居住需求相对稳定，更多的是因为夫妻一方为改善工作待遇而产生的新的求职行为导致职住距离的变化从而产生居住区位的调整，而夫妻另一方的就业和居住则会迁就这一方来形成自己的决策。

生命历程理论作为关注个人生命史和社会变迁互动关系的社会学理论，能够有效地补充时间地理学在社会过程分析中的不足，通过重新构建居民长期空间行为路径，可以整合社会心理因素、多重社会角色和多维社会时间（柴彦威等，2013），这是从学术层面来看长期空间行为研究的意义所在。而通过结合中国城市的发展实践来看，生命历程和生命路径与居民活动空间之间的关系是一个复杂的系统关系，有趣的是，这种关系在西方城市一直存在，但在中国，是经济体制转型及伴生的社会转型促发了这个系统关系的“复活”。

第三节 基于生活路径和生活日志的活动空间

生活日志记录了一天内居民所发生的活动，包括活动发生的地点和各项活动所持续的时间。生活路径则以时空坐标系的形式，形象化地展示居民一天的时空活动轨迹。与生命路径和生命历程相比，生活路径是一种展现短时间尺度的居民活动时空间利用特征的有效方式。生活路径一般会描绘居民在睡觉、家务、私事、娱乐、工作和购物等活动类型的时空利用方式，空间上以自家所在地为基准，涉及距自家一定距离的空间地点，如工作地点、购物目的地、娱乐场所等各种活动所发生的地点，时间上从0点持续至24点，描绘的是居民的日常活动路径。由于城市居民的时空间利用会存在明显的工作日和非工作日的差别，因而城市居民的日常生活路径也会表现出工作日和非工作日的差别。居民日常活动空间变化的研究需要一条明晰的线索，可以借鉴生命历程的相关研究成果，来寻找个体生活路径变化研究的线索。生命历程理论中采用轨迹、转折点、持续期等概念来描述社会变迁过程中个体的发展，强调生命事件对于个体的影响程度，认为每一个人都可以在历史和社会环境提供的机会和制约下通过选择和行动来构建其生命历程（Elder，1998）。其中转折点是个体生命事件发生变化的时间和方向，有助于理解生命轨迹的延续性和断裂性及内外部因素对生命历程的影响，因此对转折点的研究显得尤为重要（刘望保，2015），而这些转折点恰恰可以利用起来作为反映日常生活空间变化的线索。针对家庭中作为转折点的重要生命事件的分析不仅可描述该事件前后两种状态的变化方向，还可以将事件状态的变化与社会环境、个体基本特征及其他重要事件的变化动态地关联起来。将行为活动及其社会空间影响纳入事件状态后，可以动态地分析这些生命事件前后居民日常活动空间状态的变化，以及这两种状态受到社会空间影响的差异。

一、迁居行为及地理背景改变与居民日常活动空间

（一）居住空间变化与职住关系

居住空间的改变带来地理背景的改变与制约，居住地所在的城市给家庭提供了丰富的设施和获取相关服务的可达性，以及家内个体从事不同日常事务活动的最小化组合制约的机会。比如样本 JT1 和 JT3 中几次迁居前后男性家长日常生活行为和活动空间的变化，均受到其所处城市空间和职住关系的影响（图 7.10）。

样本 JT3 中，迁居前，男性家长刘先生与同事合租在志新村小区，距离公司地点较近，日常活动空间与工作空间重合，通勤方式以自行车和公共交通为主。非工作日则以家内活动为主，活动范围较小，外出活动多为指向城市中心的远距离休闲、购物和就餐活动等。

考虑到北京房价的上涨和成家等问题，2007 年，刘先生在父母的资助下以按揭贷款方式在小营西路购买商品房一套，装修后正式迁入。“……我爸有先见之明，那几年北京房价涨得挺快的，家里就出了首付买了这套房子，我每个月慢慢还房贷……”这次迁居后，刘先生的通勤距离明显上升，通勤方式也改为以地铁和公交等公共交通出行。每日通勤时间增加，出行类型也更倾向于多目的单次出行，在通勤途中完成就餐、购物等活动，生活方式转向城市依赖型，非工作日活动仍以家内活动为主。

2009 年，金山软件搬迁至上地小营西路的金山软件大厦，刘先生的工作地点也随之改变。此时从刘先生家到公司地址仅有 1km，通勤方式以步行为主。由于职住接近和公司时间制度比较灵活，刘先生在时间利用上弹性更高，日常下班回家后再外出进行家外非工作活动比例上升。由于社区餐饮设施、服务设施、休闲设施和零售商业设施的密度不足等，家外休闲活动距离明显增加，就餐、休闲、购物等活动更倾向于上地、中关村区域；非工作日仍以家内活动为主，家外非工作活动更趋向奥森公园方向（图 7.11）。

样本 JT1 中，第一次迁居前（图 7.12），由于与他人共同居住在五孔桥公司提供的宿舍，对个体自由限制较高，王先生的日常活动基本围绕工作地展开，与工作空间相重叠，居住地仅有少量休闲活动。工作日其活动空间和工作空间重合，对时间的利用较为规律，通勤方式以公共交通为主。而非工作日以休闲活动为主，活动范围较大，基本以城市中心和远郊区风景区为主。生活方式以“活动分布集中、出行活跃”型为主。

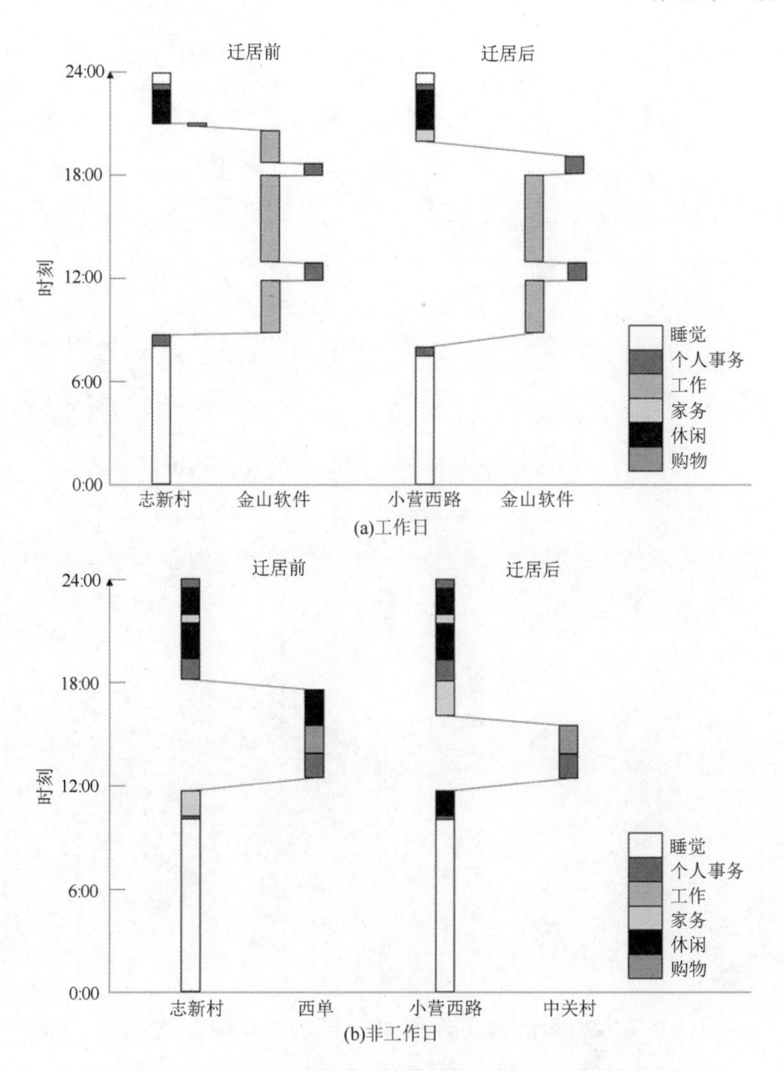

图 7.10　第一次迁居前后 JT3 家庭男性家长日常活动路径

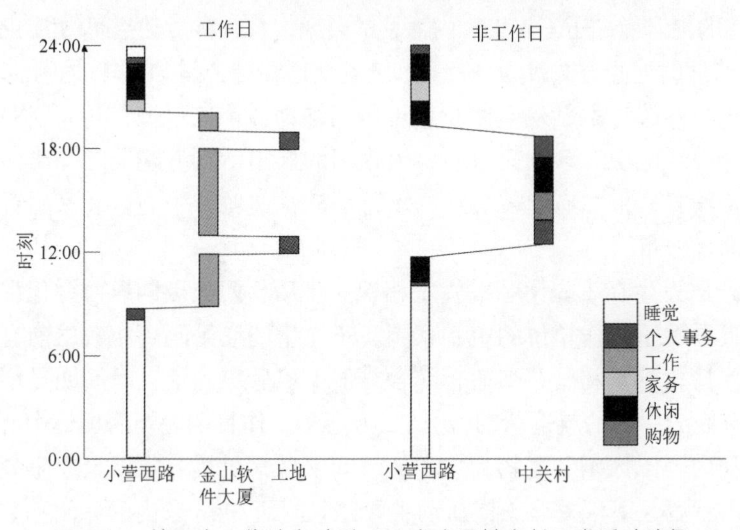

图 7.11　第一次工作地变动后 JT3 家庭男性家长日常活动路径

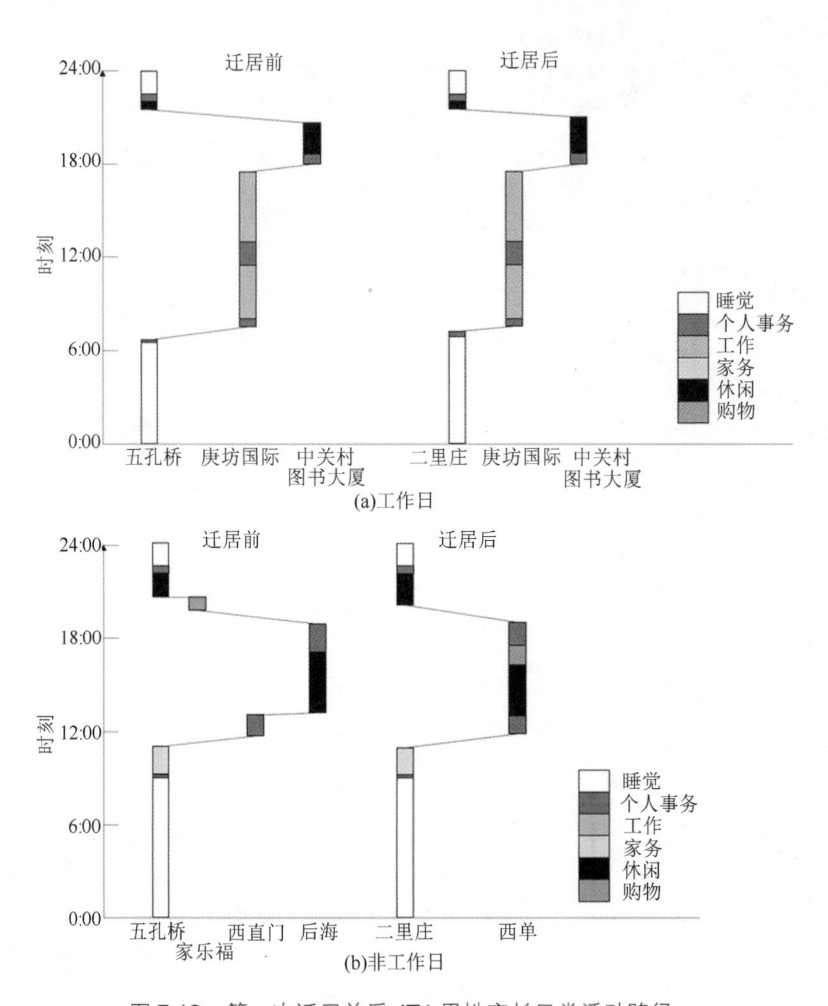

图 7.12 第一次迁居前后 JT1 男性家长日常活动路径

而迁居后，王先生和朋友合租在二里庄附近，职住接近带来通勤距离降低，住宿面积增加及条件的提升增加了王先生家内活动的时间，其日常活动空间仍以工作空间为主，范围略有扩大,此时通勤方式改为自行车和公共交通相结合。非工作日休闲活动保持不变。

在这期间，王先生的活动空间特征可以归纳为城市依赖型，其时空路径破碎化程度更高，在外一天之中有多次短时间、短距离的外出活动，晚上的外出活动也多于其他类型。非工作日，依旧有比较活跃的出行活动，向城市中心以及家附近区域的外出活动在全天都有分布。

第二次迁居发生在王先生和乔女士相识一年后，两人因同居而合租房屋，合租地点选择为接近乔女士工作单位的中和家园。王先生的通勤距离相较之前有所增加，通勤方式仍然保持自行车和公共交通相结合。但下班后家内活动时间明显增加，日常活动也多为以家庭为中心的就近活动,比如二人会于工作日的晚饭后奥体中心散步运动。非工作日活动内容以休闲和购物为主；从时间上看，早晨基本以家内事务为主，中午会有少量外出就餐，下午的非工作活动主要是家附近 3km 以内的休闲和购物，晚上几乎没有家外非工作活动（图 7.13）。如果有远距离非工作活动，时间安排上会相应调整。

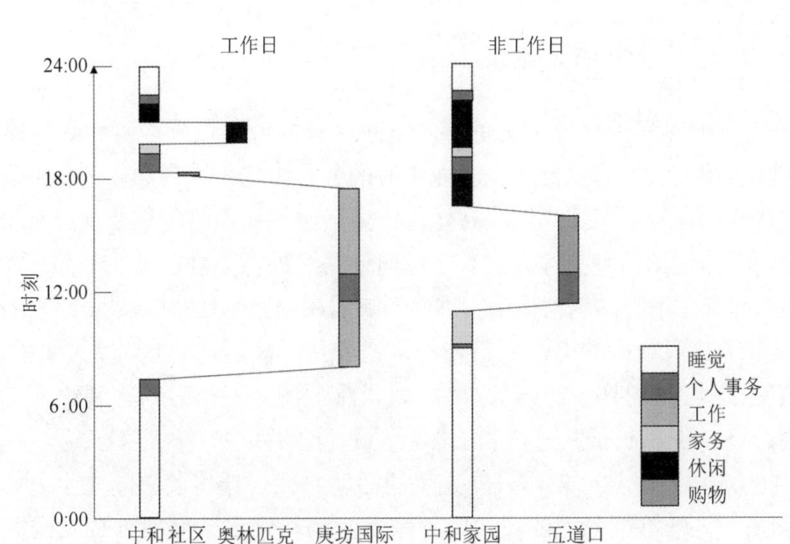

图 7.13 第二次迁居后 JT1 男性家长日常活动路径

“……有时候周末想去爬山，那就肯定得早起了……我们参加了一个徒步协会，一般早晨 7 点多集合……主要去京郊，野山、野长城都想试试……带上吃的喝的，在外边就是一整天……差不多晚上 6 点能到市内，再一起吃吃饭聊聊天，到家就该 9 点了……也干不了什么，泡个澡歇一歇就睡了……”（样本 JT1 家庭的男性家长王先生）

（二）迁居决策与家庭结构

城市住房和居住是日常生活的基础条件，同样也是根据家庭结构和收入做出的重要生命决策的结果。一个家庭选择了一种类型的汽车、一个工作居住或者学习的地点，也就相当于选择了每一个成员潜在的活动参与和出行方式。

样本 JT1 家庭中的第五次迁居发生在王先生和乔女士长子诞生后，2014 年 2 月，由于乔女士怀孕需要照料，王先生母亲迁入，家庭结构遂发生改变，家庭人口的增加和旧居空间较小的矛盾促使王先生夫妇决定购买新居。而新居的位置、面积等则综合考虑了女性家长乔女士工作地点的变动和家庭经济的承受能力，最终选择为距离乔女士工作地较近的丰台区长阳半岛小区。

“……总要从家庭出发的，她休完产假，虽然有我妈在，但还要带小孩、要哺乳，那新房肯定是离她越近越方便……我们又想买新楼盘，不想要小户型，当时正好了解了这边的小区，过来考察了几次，幼儿园、小学、初中都有配套，至少小孩上学不用担心，最后决定就买这儿了……”（样本 JT1 家庭男性家长王先生）

正式迁入新居后，出于照料小孩的需求，王先生的父亲同时迁入，此时王先生的社会身份完成了从丈夫到父亲的转变，家庭结构和居住空间的改变同时影响了王先生日常活动空间的变化。

（三）就业与通勤活动安排

城市功能与土地利用状况决定了不同空间区位的城市设施配置，交通路网状况限制了不同空间区位的交通联系能力，就业中心的分布决定了城市职住分布格局与通勤的总体方向，这些因素合起来成为居民在城市中生活必须要面临的重要地理背景因素。这三个因素对于个体使用何种交通方式、选择何种路线进行通勤以及在工作日能否进行非工作活动等都起到了重要的制约作用，进而影响居民的通勤效率以及非工作活动安排。

比如样本 JT2 家庭中的男性家长陆先生，职住距离随居住地和就业地的变化而变动，进而改变了其通勤时间与通勤距离。而职住距离、工作时间等制约了其可达的城市空间机会，进一步限制了其进行非工作活动的可能性。

图 7.14 为迁居前后某一工作日陆先生的活动路径。迁居前，陆先生夫妇一家三口共同住在张女士父母单位分配的住房中，张女士的母亲出于照料外孙女的需求与他们同住。居住地离工作地较近，陆先生的通勤方式以公共交通为主，通勤时间 20 分钟左右，日常活动基本围绕居住地展开。非工作日以全家出行的购物、休闲等活动为主，活动范围以居住地为核心扩展。

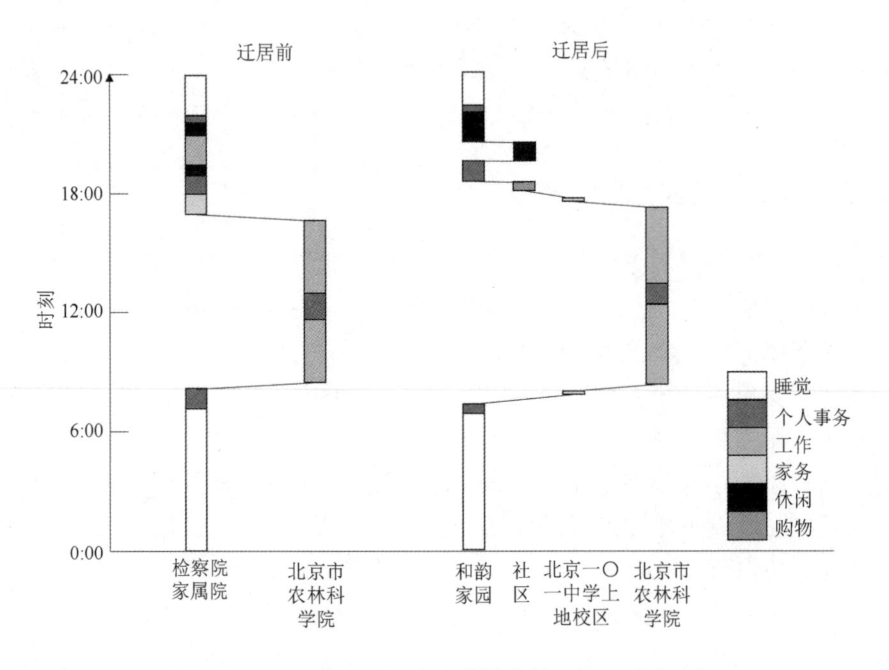

图 7.14　迁居前后 JT2 家庭男性家长工作日活动路径

迁居后，张女士母亲迁出，由于陆先生的工作时间更为灵活，他承担了更多接送女儿的任务。居住地的改变增加了通勤距离也增加了通勤时间；在上下班过程中接送小孩给陆先生施加了更多的时间制约，这同样限制了陆先生参与家外非工作活动的能力，家外非工作活动明显减少，仅有的购物、用餐等活动多发生在接到女儿后。上地地区的交通路网变化导致的路径选择行为则直接影响了他的出行安排。

“这条路之前没通，你只能从小营西路那边走，早晨特别堵，但我要送孩子上学嘛，就得看好时间了，赶在没堵前出门……现在这边路通了后可以直接上G7走肖家河到三环，省事多了……”（样本JT2家庭的男性家长陆先生）

工作单位的时间制度和个人职业追求同样制约了个体通勤活动安排和一日的时间利用。以样本JT1家庭男性家长王先生为例（图7.15），2010年4~9月王先生由单位安排负责一项重要项目，5个月中基本所有的工作日都在加班，最繁忙时甚至没有双休日。由于升职和项目安排带来的工作压力，王先生将更多的时间安排在工作上，每日工作时间明显增加，家内活动时间减少，工作日基本没有休闲活动，非工作日同样会安排一定时间的工作活动，非工作活动内容以外出购物和少量的休闲娱乐为主，其余时间几乎没有家外非工作活动。

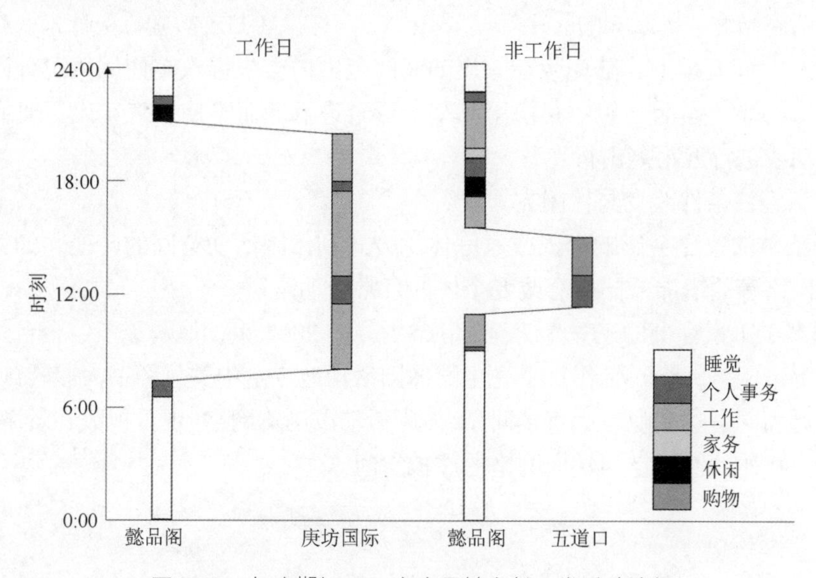

图7.15 加班期间JT1家庭男性家长日常活动路径

二、经济条件及社会角色变化与居民的日常活动空间

人类所具有的社会性既赋予了个体不同的社会角色和社会关系，也限制了个体必须要在一定的家庭或者其他组织中承担责任。

（一）社会地位变化与经济条件

升职带来社会地位的变化，对个体日常行为空间的直接影响不明显。JT1和JT2中男性家长升职前后的日常活动路径基本没有变化。但长期来看，社会地位的提升改变了家庭的经济条件，进而影响到家庭的移动性和休闲活动等。

首先，经济条件改变与移动性。

随着中国城市家庭私家车保有量的快速增长，汽车已日渐成为居民日常出行的重要交通工具，郊区化、汽车的增长与机动车道路系统建设互相促进，推动了北京市居民的出行结构向汽车出行转变。家庭经济条件的改变使得居民有能力购买汽车，从而改变自己或配偶的移动性。拥有汽车增加了居民的就业可达性和通勤相关的移动性，同时也导致了相应的高峰期交通拥挤等城市问题，降低了城市交通运行的效率。不同汽车所有权和汽车驾驶权的家庭时空路径具有差异性。

以样本 JT2 为例，2006 年，该家庭购买了第一辆汽车并由男性主人陆先生驾驶。工作日时，他的活动空间较没车时略有收缩，因为他在获得汽车驾驶权的同时也需要承担起家庭中接送孩子的职责，表现出明显的近家趋势。而非工作日汽车扩大了家庭的休闲活动范围，使用汽车出行往往意味着进行远距离活动，导致活动空间显著增加。

“以前周末主要是去我爸妈那，顺带在超市买点吃的，远一点就带小孩去公园写生……有车后就自由一点，周末去我家接上我爸我妈一起出去逛逛和吃吃饭……远点的可以去稻香湖啊、龙泉寺啊……” （JT2 家庭的女性家长张女士）

同时在时间安排上，陆先生在一周的时间范围内会根据汽车使用情况分配日常活动。例如，将非工作活动集中在使用汽车出行时进行，而不使用汽车出行时倾向于减少出行活动或进行近距离出行。

其次，经济条件改变与休闲方式。

经济条件的改变会影响个人或家庭休闲方式和休闲活动空间的转变，如家庭中电子设施或网络等的增加，同样会改变个体的日常活动路径。

以样本 JT1 家庭中的王先生为例（图 7.16），2007 年，他购买了一台台式计算机并安装了宽带网络，此后，工作日王先生的休闲活动地点由中关村图书大厦转到了家内，在单位附近和同事吃完晚餐后直接回家，休闲活动以浏览网络、观看视频和玩游戏为主。活动空间由物质的实体空间转向网络的虚拟空间。

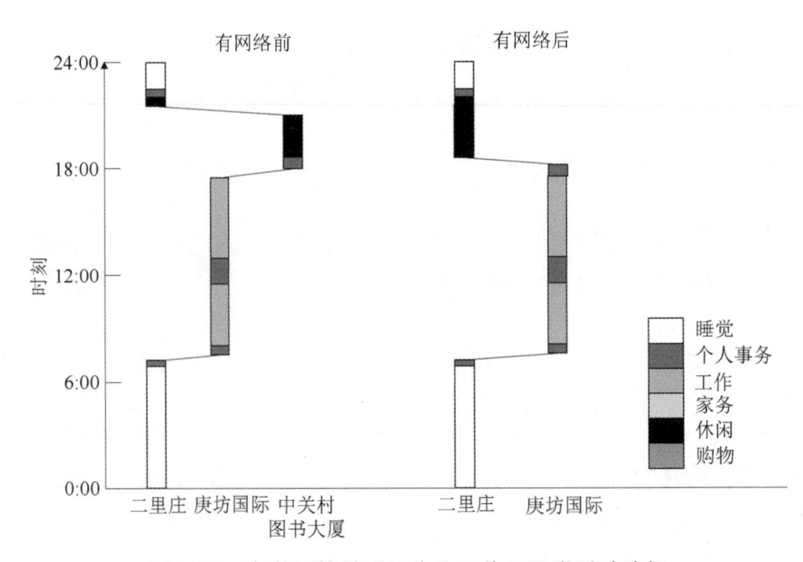

图 7.16　安装网络前后王先生工作日日常活动路径

（二）家庭中个体社会角色变化

家庭中个体的社会角色由儿女转变为丈夫、妻子直至父母，所需要承担的责任同样增加，这类长期性角色的变化同样影响到其日常活动企划。

首先，从单身到已婚转变带来的影响。

在样本JT3家庭中，结婚前，范女士的居住地跟随公司搬迁发生两次变化，无论从右安门迁到方庄，还是从方庄迁到八里庄，每次都是被动地跟随就业地的改变而迁移，但一直维持在职住较为接近的状态，通勤方式以公共交通为主，通勤时间较短，具有明显的近距离通勤特征，日常生活空间与就业空间重合，具有本地指向的特征。工作日的非工作活动多以围绕工作地周边的购物、用餐为主；非工作日的休闲活动范围较广，多为上午10点以后出发，指向城市中心的购物中心（图7.17）。

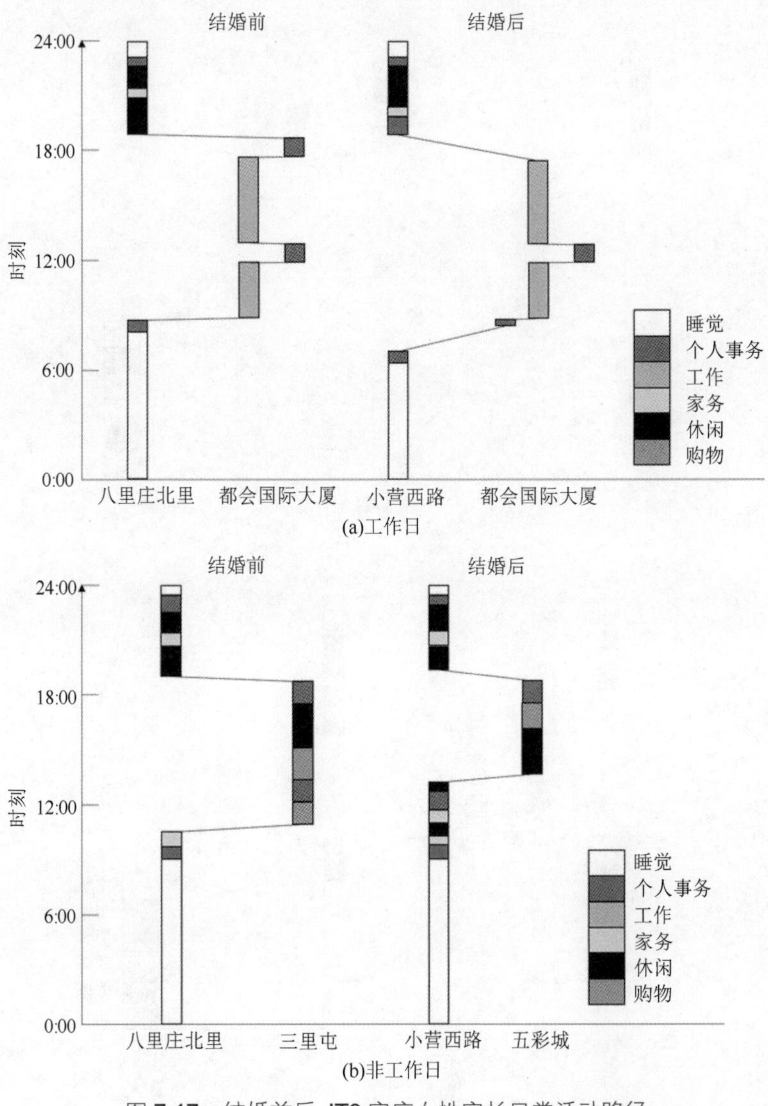

图7.17 结婚前后JT3家庭女性家长日常活动路径

结婚后，范女士迁入刘先生购买的商品房，通勤距离明显增加，由职住接近型转变为长距离通勤型，通勤方式以公交和地铁为主，每日通勤时长超过 3 小时，通勤特征表现为早出、晚归、向城市中心长距离公共交通通勤。工作日早晨出门提早至 7 点出发，整日工作时间较长，几乎整个白天都在工作地，晚上回家较晚，到家后以家内休闲活动为主，极少进行家外活动。其工作日的日常生活受到工作活动的显著制约，非工作活动以早通勤路上的就餐和工作地附近的外出就餐为主，偶尔有少量休闲活动，呈现白天在工作地、晚上在城市中心与居住地的两端化倾向。非工作日活动内容和丈夫刘先生相同，以休闲和购物为主，多指向家周边的购物中心和远郊区。

其次，从妻子到母亲角色转变带来的影响。

样本 JT1 家庭中乔女士在家庭中的社会角色就经过了从妻子到母亲的变化，不妨以她结婚和生子前后日常生活行为的变化为例来开展学术观察（图 7.18）。

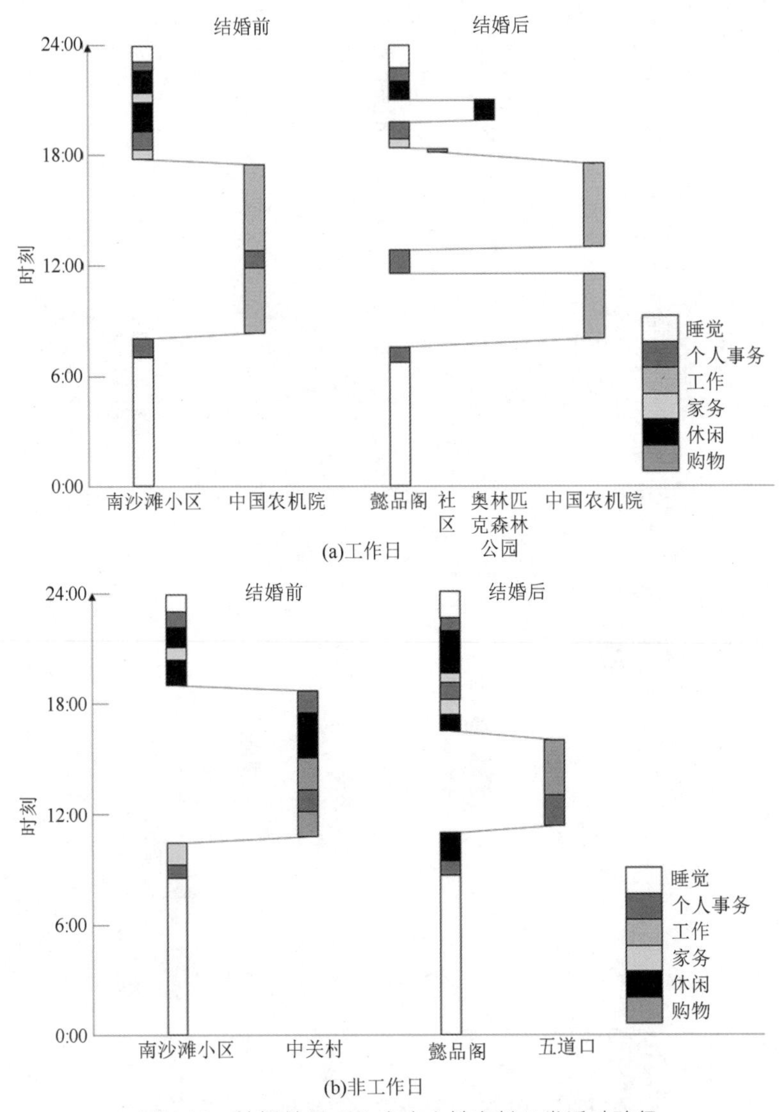

图 7.18　结婚前后 JT1 家庭女性家长日常活动路径

结婚前，由于职住距离接近，工作空间和居住空间基本重合，乔女士的时空路径在工作日具有本地指向的特征，就业空间与日常生活空间重合，可以看出有明显的晚出、早归、近距离通勤的特征。非工作时间的休闲活动多指向城市空间，以临近中关村地区为主；非工作日活动以家内活动为主，偶尔有指向城市中心的购物娱乐活动。

结婚后乔女士的生活方式为家庭责任优先型，工作日的时空路径最为收缩，几乎围绕在家周边，相比于男性家长来看晚上回家更早而且回家后的外出活动较少。其工作日的日常活动受到工作和家庭责任的双重制约，非工作活动少且集中在家附近，以其他非工作活动（家务、个人事务、联络等）为主；非工作日也几乎以在家内活动为主，家外活动呈现以家为圆心向四周的距离衰减分布。在非工作日的非工作活动也相对较少，以 12km 以内的休闲活动为主，离家较晚，主要集中在中午 12 点左右的 5~10km 的休闲活动和下午的少量在家附近 2km 内的购物活动。外出活动以家附近为主，在下午或晚上有少量远距离出行。家周边的郊区空间主要是工作日中午和晚间为其提供必要的生活设施，主要的使用目的是其他非工作活动。城市空间主要在非工作日白天为其提供了生活设施，用于休闲和购物活动。

生子后，由于单位安排，乔女士的工作地点更换至丰台科技园，工作空间和居住空间同时发生改变，但对乔女士的生活方式改变影响不大（图 7.19）。家庭成员的增加带给乔女士更多的是哺育小孩的压力，其生活方式依旧保持为家庭责任优先型。为方便乔女士上班，夫妻二人购置了小汽车并由乔女士上班使用，其移动性有所增加，通勤方式由公共交通改变为小汽车出行。倾向于下班直接回家，在通勤过程中进行家外非工作活动的比例较小，偶尔也会进行回家后的家外非工作活动来弥补通勤过程中的可达性制约。

三、家庭结构变化与居民的日常活动空间

是否结婚、是否有小孩、是否与老年人合住这些家庭生命周期因素以及家庭中的

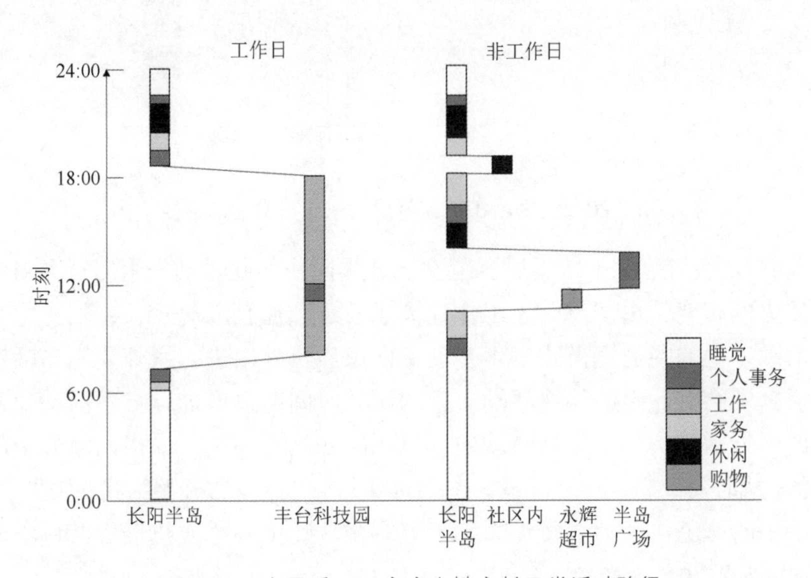

图 7.19　生子后 JT1 家庭女性家长日常活动路径

个体角色与地位等主观因素共同决定了居民个体所处的家庭类型特征，如是单身家庭、已婚无子女家庭、已婚有子女核心家庭还是已婚有子女扩展家庭等类型。家庭类型特征又决定了家庭中个体能获得的资源和帮助，也决定了个体是否受到工作与家庭的双重制约，因为它影响到一个家庭中的责任分工和时间分配，同样对于个体的日常活动空间和就业选择等具有极为重要的影响。本节重点关注核心家庭、扩展家庭男女家长在时空制约和行为模式上的差异，分析外界力量对家庭责任分工和性别差异的影响。

（一）双职工家庭：以可支配时间为核心的责任分工

在双职工家庭中，其责任分工仍以夫妻双方的可支配时间为核心，夫妻二人均受到就业和家庭责任的双重影响，其中受时空制约较小的成员更倾向于承担更多的家务，男女家长之间的工作与通勤活动安排会对家务劳动分工模式产生重要影响。在样本 JT3 家庭中，由于女性家长范女士通勤和工作时间较长，该家庭责任分工更倾向于非传统的劳动分工，即工作日由男性家长刘先生承担更多的家务劳动（图 7.20）。反之，非工作日，女性家长会承担更多的家内家务活动，家内休闲活动时间花费明显短于男性家长。

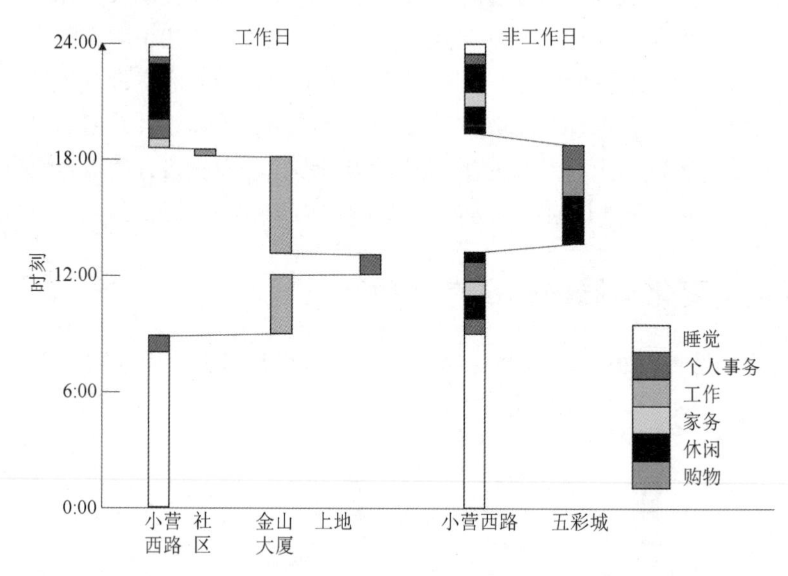

图 7.20 结婚后 JT3 家庭男性家长日常活动路径

2011 年刘先生与范女士结婚后，范女士迁入同住。此时刘先生的社会身份完成了由儿子到丈夫的转变，由于范女士工作地离家较远、通勤距离较长，刘先生承担了更多的家务活动，他的晚通勤模式发生变动，回家后再外出进行家外非工作活动的比例下降，晚通勤中会有一定的购物活动。家内活动时间明显增加，日常活动也多为以家庭为中心的就近活动。非工作日活动内容以休闲和购物为主，多指向家周边的购物中心或远郊区。从时间上看，远距离非工作活动以上午 7 点左右开始为主，如去远郊爬山、徒步等；下午的非工作活动主要为去邻近五彩城购物中心（或位于生命科学园的永旺商城）的休闲和购物。

由于公司内部竞争和升职等问题，刘先生于2012年选择跳槽至网易游戏，工作地发生第二次变动，刘先生的通勤模式又回到了2007年迁居后的状态，通勤距离拉长，通勤方式以地铁和公交为主。刘先生工作制度灵活以及范女士离工作地较远等原因，刘先生依然是家中家务活动的主要承担者，家内分工变化不大，但回家后再外出的活动极少，晚上几乎没有家外非工作活动（图7.21）。

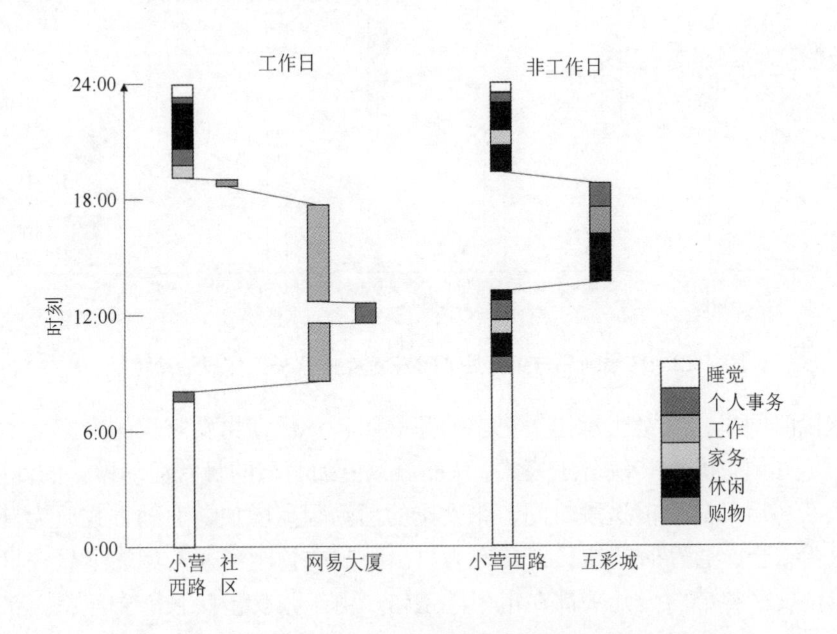

图7.21 第二次工作地变动后JT3家庭男性家长日常活动路径

（二）成长型家庭：活动受更多的时空间制约

家庭生命周期通常由家庭规模（家庭成员总数）、年龄、婚姻状况以及家庭中孩子的出现及其年龄等方面决定。尤其是孩子的出现会对家长的活动模式产生重要的影响。

对于有小孩的双职工家庭来说，就业压力与家庭责任之间的矛盾正在成为影响大城市居民生活质量的重要因素。子女诞生后，核心家庭成员受到更多时空间上的制约。以样本JT2家庭为例，结婚前，由于职住距离接近，工作空间和居住空间基本重合，张女士的通勤方式以自行车和步行为主（图7.22）。时空路径在工作日具有本地指向的特征，就业空间与日常生活空间重合，可以看出有明显的晚出、早归、近距离通勤的特征，非工作时间的休闲活动多在居住空间周边。结婚后由于陆先生尚有学业在读，张女士承担了更多家务分工，工作日的时空路径收缩，非工作日也以家内活动为主，家外活动多集中在家附近，偶有少量远距离出行。

生育后，出于哺育小孩的压力，张女士的生活方式依旧保持为家庭责任优先型，但工作日的时空路径更为收缩，在通勤过程中基本没有家外非工作活动，下班回家后也以家内活动为主，以照顾女儿为核心的家务活动成为张女士在家内的主要活动，个人休闲时间受到极大的挤压。

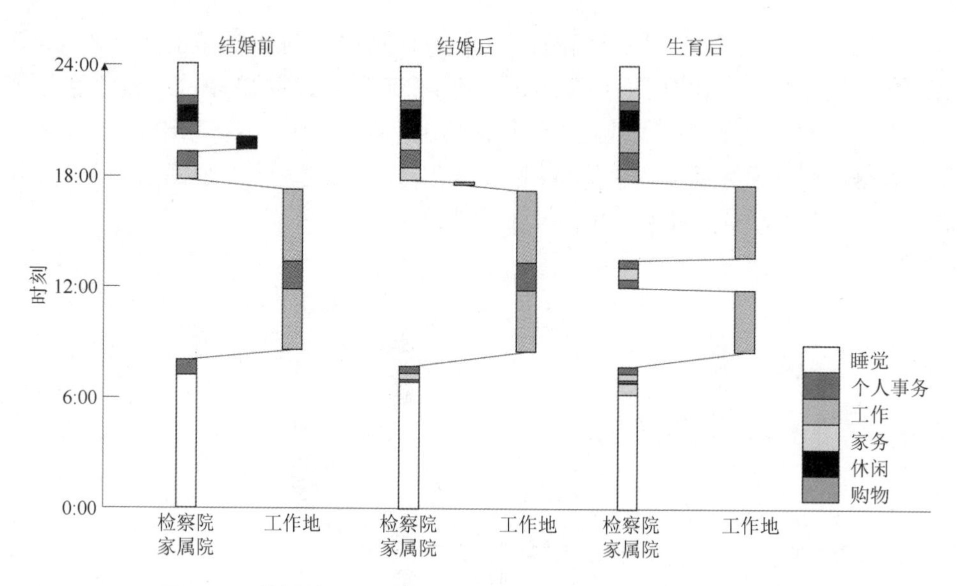

图 7.22　结婚前后与生育后 JT2 家庭女性家长工作日活动路径

在这段时间里，张女士承担了更多的家庭照料责任，男女家长的家庭分工更倾向于“男主外、女主内”的传统分工模式，从而导致更加明显的日常活动模式的性别差异。

迁入新居后到辞职前这段时间，张女士的通勤距离增加，通勤方式改为自行车和公共交通相结合，通勤时间增长，转变为早出晚归的长距离通勤型。早晨较早出门，工作时间较长，整个白天几乎都在市中心工作。由于张女士父亲需要照料，张女士母亲从该家庭中迁出，夫妻二人开始共同承担照料女儿的任务。考虑到两人工作单位的时间制度和弹性，由陆先生负责接送女儿，张女士负责做饭等家务劳动，回家后几乎不会再外出进行家外非工作活动，日常活动发生地点也多以在家的周边和社区内为主。

2015 年，张女士的女儿考入北京一〇一中学，出于个人职业发展和照顾女儿学业的考虑，张女士辞去了在国有企业的工作。此后张女士的白天时间安排更为灵活，承担了大部分的家务和送女儿上学的工作（图 7.23），接女儿放学的任务仍然由张先生承担，时间安排上同样受到女儿学校时间制度的制约。

“……之前那个公司考勤越来越严格，效益也低，发展还不如刚工作的时候……女儿挺争气，考了个好学校，我也想在她身上多投入点精力……正好我有个朋友在做教育培训，只用周末的时间上课，平时就编编教材，在网络上给学生答疑，每个月工资也还不错，那就顺势提前退了……平时在家写写稿子、做做家务，周末去上课，轻松还能照顾家里……”

（样本 JT2 家庭的女性家长张女士）

（三）扩展型家庭：老年人加入带来的时空间弹性

家庭也可以从扩展家庭成员（如父母、岳父母、兄弟姐妹）那里寻求帮助，扩展家庭成员的参与会影响家庭责任分工的性别差异，改变男女家长的行为模式。而在中国城市老年人生命历程中，随着第三代的出生，由于子女工作忙碌，在第三代具有较

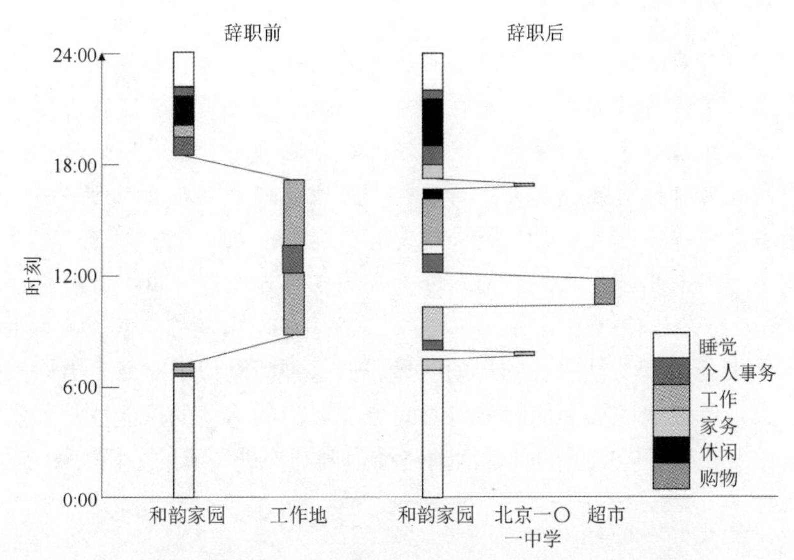

图 7.23　辞职前后 JT2 家庭女性家长工作日活动路径对比

强独立能力前老年人往往代替了“保姆”承担起照顾他们的责任，形成特定阶段典型的家外移动性与日常生活模式。在扩展家庭中，工作日老年人的加入减轻了家务和照料小孩的负担，让他们有更多的时间和空间弹性来进行自由活动。这使得夫妻双方都感受到更少的时空制约，可以参与更多的时间弹性的活动。

以样本 JT1 家庭中的老年人为例（表 7.4），从两位老人一周的家外移动性可见，工作日由于需要陪同照顾孙子，夫妻双方除在社区内散步遛弯外，日常出行均围绕购物、外出办事等生活维持性活动在社区周边展开，其余大多数时间待在家里，无其他家外出行；由于每次必须有一人待在家里陪同孙子，两位老人均独自外出进行活动（上午陪同孙子在社区散步除外）。在非工作日，常常是儿子驾车进行家庭出行活动，就餐或郊游等，从而形成较大的活动范围。日常休闲均以室内低等级休闲为主，如读书、练字、看电视等，男性家长偶尔会去社区活动中心与其他老人一起打牌。

表 7.4　JT1 家庭老年人一周家外移动性

	时间	活动内容	频次	位置	活动同伴	活动历时 /min	出行同伴	交通方式	出行历时 /min
女性家长	工作日	遛弯散步	7	小区内	自己	40		步行	
		购物	5	便民菜市场	自己	40	自己	步行	15
		购物	2	玉鹏超市	自己	20	自己	自行车	20
	非工作日	用餐	1	半岛广场	配偶，子女，孙子女	90	配偶，子女，孙子女	步行	20
男性家长	工作日	遛弯散步	3	小区	自己	90	孙子女	步行	
		购物	2	便民菜市场	自己	40	自己	步行	15
		购物	1	玉鹏超市	自己	20	自己	步行	30
		个人护理	1	社区附近	自己	180	自己	步行	5
		社交	1	社区内	自己	40	自己	步行	5
	非工作日	用餐	1	半岛广场	配偶，子女，孙子女	90	配偶，子女，孙子女	步行	20

“我们退休了也没啥事儿，就过来帮忙照看孙子，邻居、朋友认识的不多，我们俩平时主要在家里待着看看书、看看电视，一般不出门……主要还是看孩子嘛，孩子现在大点了，家里东西多，怕摔着，还得仔细盯着他……下午空气好了老伴儿就推孩子出去散步，我有时也陪她一起去，孩子大了，她有时一个人看不住……不带孩子的时候就看看书、练练字，我就这么个兴趣爱好，那是乐在其中……老伴就看看电视，主要是听戏……周末儿子、儿媳妇都在嘛，我就轻松点，有时出去打打牌，在社区活动中心，有好几个老伙伴……” （样本 JT1 家庭男性家长王先生的父亲）

老年人的参与对于女性家长的帮助明显，但这种帮助似乎对减少男性家长的时间制约作用更大，更多地增加了他们参与时间更加灵活的活动的可能性。不妨以 JT1 家庭中男性家长第五次迁居前后的日常活动路径为例开展进一步的分析（图 7.24）。

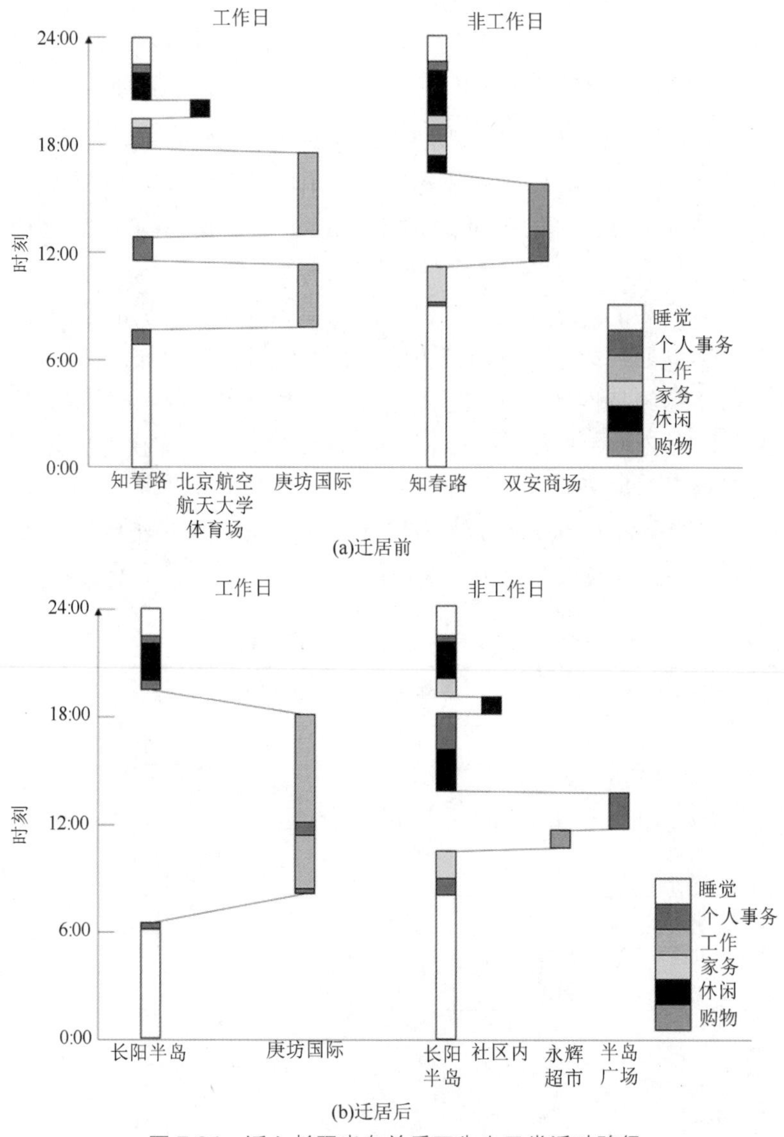

图 7.24 迁入长阳半岛前后王先生日常活动路径

迁居后，由于通勤距离明显增加，王先生的生活方式由职住接近型改变为长距离通勤型，每日通勤的总时间接近三小时，通勤方式以地铁为主。早晨较早出门，工作时间比较长，整个白天几乎都在市中心工作，晚上回家比较晚，回家后的外出活动比较少。上午的非工作活动主要在 8 点左右，以单位附近短时间的就餐活动为主；中午的非工作活动最多，主要在 12 点左右，为工作地附近的外出就餐为主，也有少量休闲活动，晚上的非工作活动主要集中在 17~21 点，以远距离休闲和家附近的就餐活动为主，工作日的购物活动很少。而非工作日，基本以在家附近活动为主，偶尔会有半天左右的外出活动到城市中心或者远郊区，以休闲和购物活动为主。而在非工作日，老年人的帮助对于男女家长缓解时空制约的作用都很小，考虑到老年人本身也有照料的需求，周末在家的固定活动会有所增加。

四、生活路径和短长期空间行为互动视角下的中国城市居民活动空间

市场转型以来中国城市居民生命历程中的重要事件，包括迁居、就业选择、家庭内部成员的社会角色变化等，会通过改变地理背景、移动性和家庭内部的责任分工来影响每一个家庭成员的惯常活动模式（柴宏博和冯健，2016）。城市居民的生命历程属于长期空间行为视角，而城市居民的惯常活动则属于短期空间行为视角，这说明居民的长期和短期行为存在某种程度的互动。

中国城市居民的就业、迁居等长期行为通过工作环境或居住环境的改变，使得居民个体在日常生活中所接触的社会空间及物质空间也发生变化，个体身处的社会文化氛围常常也会因此发生变化，工作安排或居住空间区位发生变化后个体往往会根据实际需求改变日常活动的时间和空间的利用方式。为了适应新的外界环境，个体往往会通过调整日常行为，使得个人的日常活动与所处的微环境节奏相协调。个体通过完成新环境所允许的例行化活动来维持自身的本体安全感（吉登斯，1998）。当个体调整日常行为的生活节奏与周边环境契合且被个体认可或被迫接受后，在相对稳定的时期内个体的这一新的日常行为方式便被延续下来固化为日常生活模式，直到被新的影响因素所改变。

中国城市居民居住空间和工作空间的改变带来家庭中居民个体职住关系的改变，也带来地理背景的改变与制约，影响居民个体从事不同日常活动事务的最小化组合制约的机会。对于中国城市的郊区居民来说，居住空间与就业空间分离，可能通过小汽车、公共交通等方式到其他地域或者城市中心进行就业。而由于职住分离，个体生活空间围绕着居住空间和就业空间展开，休闲、购物等家外非工作活动空间向外扩展，构成居民复合的生活空间特征。工作地与家外非工作活动具有较强的空间关联，是购物、休闲和外出就餐等家外非工作活动的主要起点之一。

社会地位的提升对中国城市居民个体日常活动路径没有显著的直接影响，但升职等地位提升带来家庭经济条件的改变，影响家庭的移动性和休闲活动的方式。小汽车的使用是增加居民移动性水平、提高居民对城市空间利用水平的主要因素。家庭小汽车所有权的增加能够显著扩大工作日居民的活动空间，增加居民的移动性。

长期行为中的一个中国城市家庭的居民个体社会角色变化和家庭结构变化，以及短期行为中的男女家长的工作与通勤活动安排，共同对家庭内部的家务劳动分工模式产生重要影响。在通勤时间上，当男性家长通勤距离长于女性家长，家庭更倾向于选择传统的家庭分工；如果女性家长工作较长的时间，那么该家庭更倾向于非传统的劳动分工。在家庭结构上，没有小孩的已婚年轻家庭更可能选择非传统的分工模式，总体上是以可支配时间为核心的一种责任分工；核心家庭中，总体上看，家庭成员的活动存在较多的时空间制约，男性职工的家庭分工显著影响了工作日女性职工的活动空间模式，家庭劳动的分工可调和性别对个人活动模式的影响；扩展家庭中，中国城市家庭中的代际援助有助于已婚女性居民平衡就业与家庭生活，老年人的加入为家庭带来时空间利用的弹性。在非传统分工家庭，男女家长之间的性别差异比传统分工家庭的性别差异更小，男性家长反而在家务活动以及购物活动上花费的时间更多，男女家长在其他活动上的时间分配并没有显著的性别差异。并且，非工作日，无论哪种家庭，女性都承担了更多的家务活动。

第四节　基于家庭和地方秩序嵌套的活动空间

“家”在地理学研究中是一个既具有实体空间内涵又具有社会文化意义的符号。家通过基于房屋居舍建造的实体空间将家庭“内部”和“外部”分离开来，带来了实体空间上的分割，家内和家外成为两个不同的空间并带来相应社会关系的差异。因此，有学者提出“家”是一个充满了二元矛盾概念的象征性地点，内部与外部、私密与公共、男性与女性、神圣与世俗等都是家空间二元性的体现（封丹等，2015）。家空间是由围墙隔离出来的独立空间，这个空间中包含了个体与他人、个体与社会、家庭与社会的组合关系。它同样是一个由不同空间和资源组成的系统，对空间中的每个个体提供了一系列的限制和机会。在家空间中，活动的发生就是每个个体按一定秩序使用家内空间（如厨房、卧室）和家庭资源的过程，在这一过程中，个体之间会存在矛盾和组合，这就需要家庭实现内部的协调机制以便家内空间和资源能被合理使用。家展现了个体与家内其他成员以及家内的活动与空间的互动关系。家是“人类存在的参考位置”（Relph，1976），家的归属感是通过围墙、门禁等边界与家外更大范围的空间相对立而展现出的，个体在社会中有对外交往的需求，个体也会通过交通出行以跨越这个边界到达公共空间中。社会空间是人与人、人与空间互动的场所，家空间与社会空间之间存在既对立又包容的关系。家是理解社会和空间的关键场所（Domosh，1998），因此本节希望从家庭的视角出发，讨论个体日常行为活动与家庭活动秩序。

一、家庭作为活动空间的可进入性

家空间作为私人空间的典型代表，为家内成员提供基本的保护和安全感以及情感依托，也是基于血缘关系的社会交往的主要空间。家外社会空间则更具有开放性，是个体与基于业缘、乡缘等关系与熟人或陌生人聚集的空间，在这里个体与家庭和核心亲属相分离，更多地表现公众意愿。两者是互相对立的，个体在公共空间受到挫折或受到伤害时，会退回到家内的私人空间以寻求抚慰。家空间有其私密性，亲属可以自然获得进入该空间的权利，但其他人则需要获得家庭成员的邀请或允许才能进入，进入家空间的难易程度直接反映了家庭的人际交往模式和对私人空间的保护程度。

在日常生活中，居民个体选择谁做活动同伴，直接影响了个体对之后活动地点的决策。根据已有的访谈和活动日志，参考赵莹等（2013）的研究，将个体的活动同伴按是否具有血缘或姻缘关系和自主化程度划分为4种基本类型（表7.5），并对受访居民的选择意愿进行调查，进而分单身样本和家庭样本来分别讨论居民对家空间的开放程度。

表 7.5 活动同伴类型划分

活动同伴	说明	备注
独自活动	选择不和任何人一起，独立完成日常活动	
核心亲属	配偶和子女	血缘、姻缘关系
其他亲属	父母、祖父母、兄弟姐妹以及其他亲属	
朋友同事	没有血缘关系但保持较频繁联系者	后天形成

资料来源：根据赵莹等（2013）整理而成。

将与同伴活动的见面地点划分3类，即自己家（邀请亲朋好友来家中做客，不必出家门）、他人家（受邀或主动去他人家探亲访友等，属于家外活动，但需要进入他人的私人空间）和公共空间（排除自己家和他人家的一切公共场所，包括休闲娱乐场所、餐厅和公共场所等）。

所有单身样本均更倾向于与活动同伴在公共空间见面，活动同伴以朋友同事为主。其中，单身男性样本去他人家和邀请别人来自己家的意愿较为接近，对家的开放程度明显更高，周末或节假日会邀请朋友来自己家中聚会，他人家多为去同住的北京的老乡好友家。这种地缘维系下的联系依赖程度较高，是在老家原有的地缘联系在异地重建的结果，由于受到户籍制度、土地制度等的排斥，这些新北京人在城市中处于相对孤立的状态，社会资源不足，来自同一个地方的老乡和读书时期建立的友谊成为他们在城市中最重要的社会资源，他们通过地缘联系建立起社会网络，成为一个共同的整体。

而单身独居女性的戒备心理极强，邀请他人来自己家中的意愿极低，对家空间私密性的要求也更重，除有血缘关系的亲属外，轻易不会同意他人进入自己家中，一般的交往活动更倾向于选择公共空间。

"以前有被老乡骗过钱，怕被人骗，有防范心理……主要还是和老家熟悉的朋友来往，一般都约在外边……我自己也性格比较内向，不太会主动……你看现在微博上的新闻，类似的案例太多了……就不敢让太多的人到家里来……"（样本B4）

这种差异侧面反映了当下社会秩序的不完善和一些焦点新闻给单身女性带来的安全感缺失,这种不安定感促使他们将自己和家空间严密地保护起来,避免受到外界侵害。

而在家庭样本活动地点和活动同伴选择中,居民选择核心亲属作为活动同伴的意愿性更强,并且活动场所也以选择在自己家和公共空间的意愿更强。

当活动发生的场所在自己家中时,个体会更愿意选择核心亲属作为活动同伴,其他亲属次之,朋友同事的意愿最低。当活动发生的场所为他人家中时,一般都是受到邀请后进入他人家空间,个体主动选择的活动极少,最有可能发生在其他亲属家中。说明目前居民对家的保护性相对较强,基于血缘和姻缘关系的亲属更容易获得信任,因此也更容易进入家空间。

"……我就去父母家陪陪他们,一般不去别人家的,特别是同事家,好多只知道他们住哪一片儿,具体在哪个小区都不知道……偶尔朋友约了就去他们家吃个饭聚一聚,但也很少,也就逢年过节那几天……现在我们还是都约在外边饭店里,主要还是觉得在别人家里不方便,有点别扭,毕竟跟自己家不一样……" (样本 A12)

当活动发生在公共空间时,工作日个体更倾向于选择朋友同事作为活动同伴,这一般建立在业缘关系和共同的工作空间基础上,而且受到工作时间和空间的制约;非工作日则多选择与同住的其他家庭成员一起活动,多为休闲购物等。特别是已婚有子女扩展家庭,活动多发生在自己家和公共空间,在他人家的活动极少,可能是成年子女与父母同住增加了自己家的日常交流,而替代了在他人家的活动。

总之,家空间作为行为空间,家庭成员明显地表现出以血缘关系为"亲"、以朋友为"疏"的亲疏之别,这与我国传统的家庭观念息息相关,这种建立在血缘关系上的联系更容易获得信任也更容易维系稳固。个体对自己家空间的保护程度极高,向他人开放的程度很低,进入他人家空间的意愿也比较低。这种强烈的保护意识来自公共秩序不完善带来的安全感缺失,也是社会文化等多种因素在日常空间中的体现。随着城镇化的快速发展,在个体权益和安全性尚需要得到进一步完善和保护的背景下,居民对个体私人空间保护的程度越来越强,因而不具备血缘关系的朋友或同事进入他人家中的机会相对较少,特别是快速信息化带来各类负面事件的传播越来越广泛,居民也会越来越收缩家空间可进入度的阈值。比如样本 A17,在微博上看到同小区居民与快递人员因产生纠葛而影响到个人日常生活的消息后,选择将快递地址由家中改为小区门口以规避同类事件的发生。

二、家庭作为活动的地方秩序嵌套

在现实生活中,人们的日常生活往往需要持续地穿梭于多个地点之间,比如要从家去工作地,或者从家去商场等,因此人们的日常活动往往会受到不同地方秩序的组合影响,即地方秩序的嵌套。活动的地方秩序不仅影响居民一日的活动,从一周或更长时间尺度来看,也表现出规律化、制度化的特点(Hägerstrand,1985)。Ellegárd 等(2016)将时空路径扩展到多维路径,认为可以用时间地理学中情境(context)的概念来理解活动的地方秩序嵌套。

（一）家庭活动的地方秩序

Ellegárd 等（2006）认为，家是人们生活中的一个核心空间和重要节点，家庭成员在时间与空间上相互配合形成家庭的地方秩序，这种秩序影响了每一个家庭成员的日常活动，共同维持了家庭生活的正常进行。他创造了活动导向的路径表示方法，并对“路径”从日常活动所处的复杂情境性角度出发进行新的发展与多维度分解阐述，将时空路径扩展到多维路径，用时间地理学中情境（context）的概念来理解活动的地方秩序嵌套。他将情境分为 3 个维度，分别为每日活动情境（everyday context）、地理情境（geographical context）和社会情境（social context）①。

以样本 JT2 家庭中女性家长辞职前后，陆先生和张女士的日常活动的情境为例开展实证分析。在图 7.25 和图 7.26 中，左边是基于活动路径构建的地理情境，代表了活动发生的地点、驻停时间以及使用的交通方式；中间是基于日常活动的每日活动情境，代表了不同类型活动发生的顺序和活动持续的时长；右边是其社会情境，代表了活动同伴。

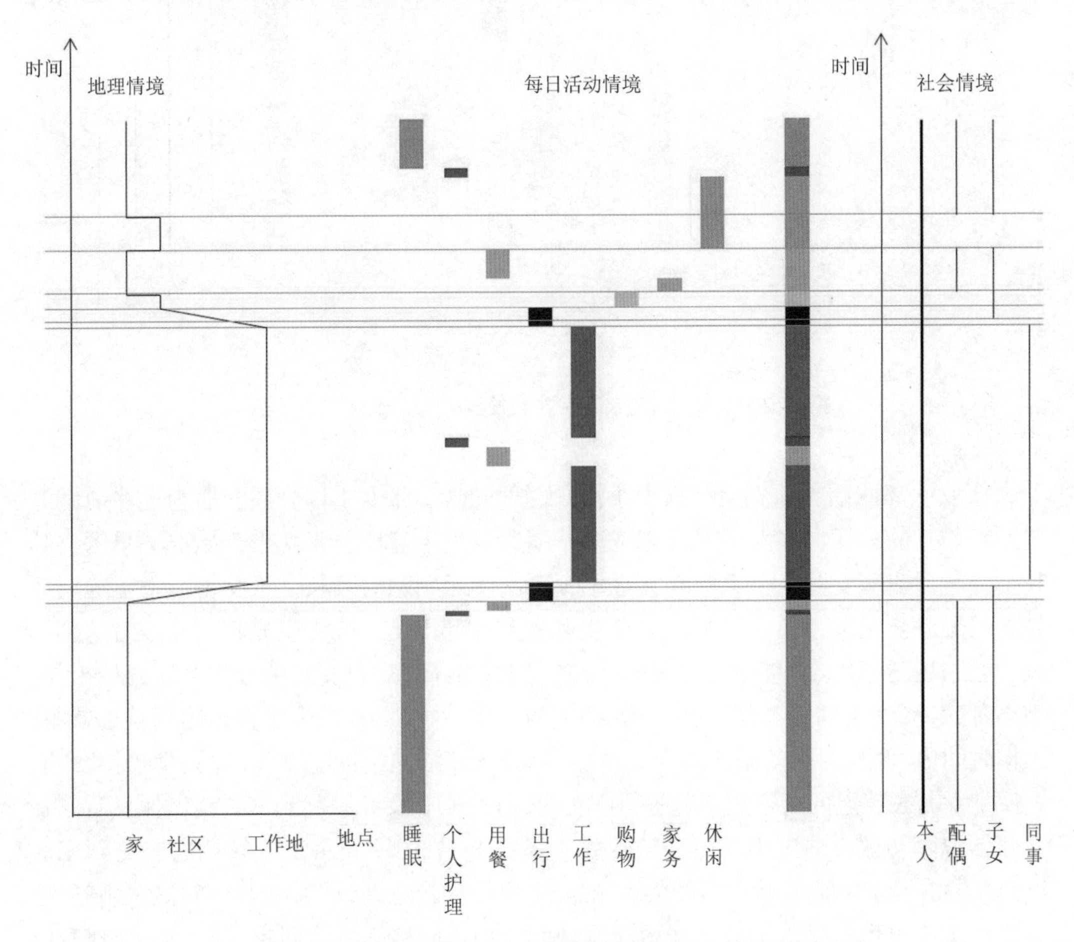

图 7.25　样本 JT2 家庭女性家长辞职前男性家长工作日活动情境

① 2015 年 10 月 14 日 Kajsa Ellegárd 教授在北京大学的讲座：Time-geography：Beginning and Development.

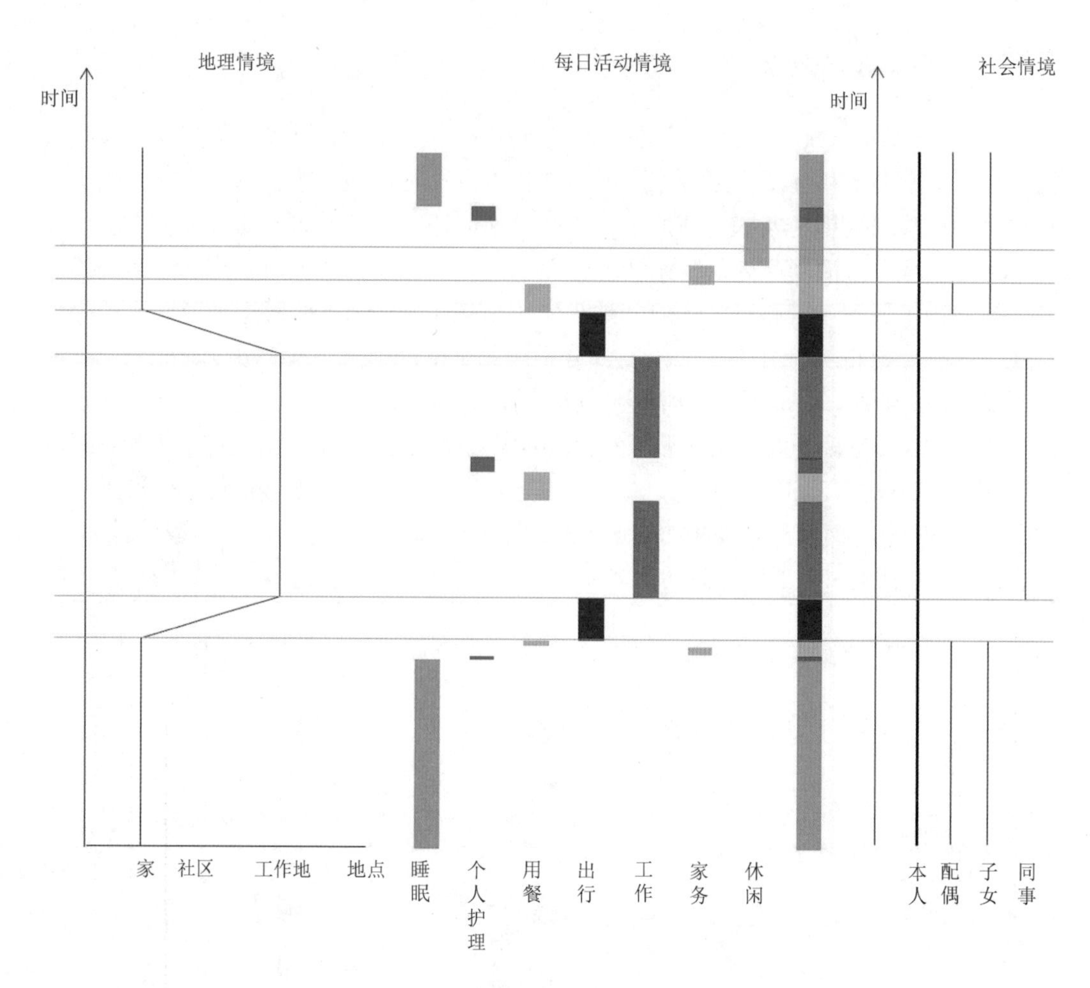

图 7.26　样本 JT2 家庭女性家长辞职前工作日活动情境

张女士辞职前，陆先生是家中小汽车的驾驶者，张女士以公共交通为主要通勤方式。工作日的早晨，张女士先起床洗漱，随后陆先生起床，张女士开始准备早餐，陆先生洗漱后叫醒女儿，全家一起共进早餐。由于通勤距离较长，张女士结束早餐后率先出门等待公交车，10 分钟后，陆先生和女儿一起出门。陆先生先将女儿按时送到学校，再去往工作地，到达工作地时间早于正式上班时间，稍做整理阅读报刊后开始工作。半小时后，张女士到达工作地点，开始一天的工作。中午两人均在工作地附近就近就餐。工作时间内，两人的活动同伴均为单位同事。16:50，陆先生提前下班，先去学校接女儿，随后带女儿去邻近的超市购买晚餐所需食材，17:50 和女儿一起到家。稍做休息后，女儿开始温习功课，陆先生开始准备晚餐。张女士 17:10 下班回家，转两次公交到家后已经 18:30，全家一起吃晚餐。晚餐后，陆先生出门散步运动，张女士收拾餐桌洗刷餐具，并打扫家内卫生，收拾干净后开始看电视剧。一小时后陆先生回家，两人一起观看电视节目，直到 21:40 张女士先开始洗漱，20 分钟后，陆先生也开始洗漱，之后两人先后入睡。至此，该家庭完成了一日的家庭活动。

张女士辞职后，这种秩序就发生了改变（图 7.27，图 7.28）。家庭中小汽车的驾驶权由陆先生独自使用转变为夫妻二人轮流驾驶。

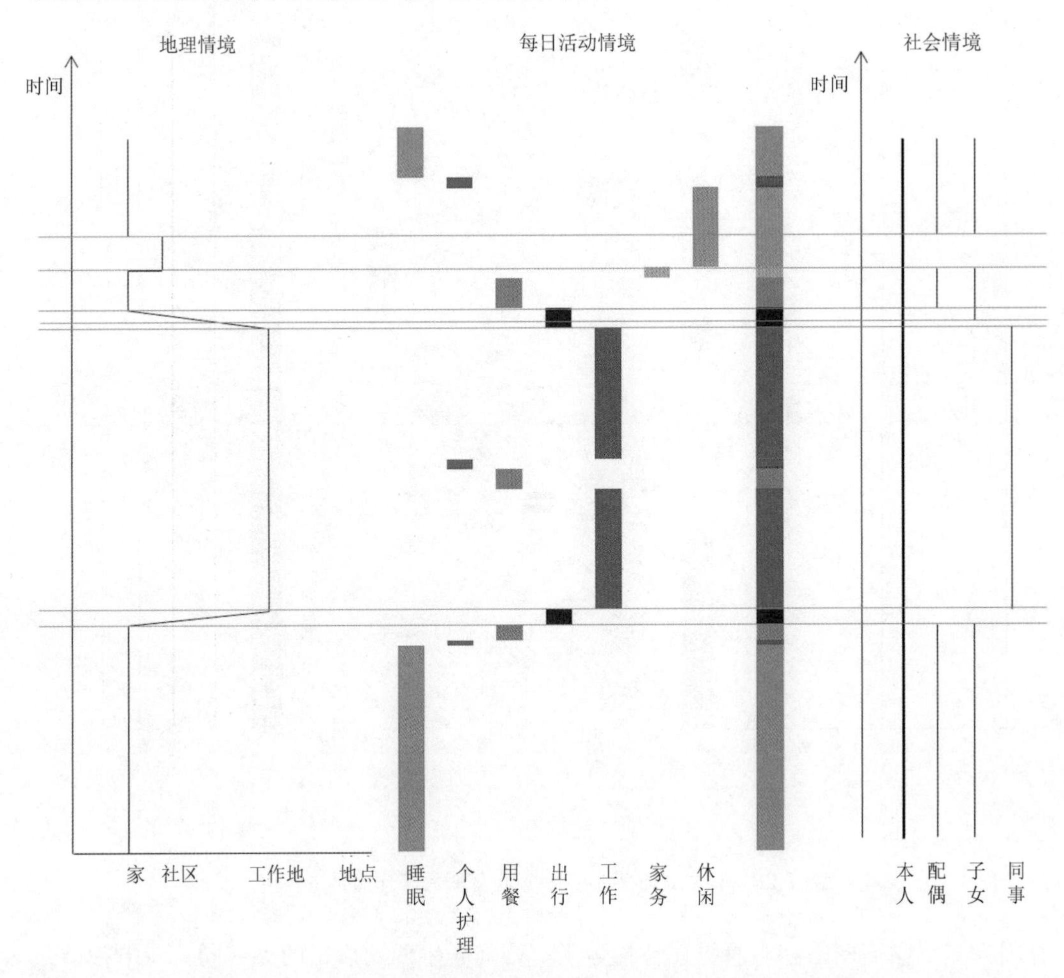

图 7.27　样本 JT2 家庭女性家长辞职后男性家长工作日活动情境

工作日的早晨，张女士较之前晚起 20 分钟，起床后先叫醒女儿，随后准备早餐，和女儿一起用过早餐后开车送女儿去学校。张女士和女儿走后，陆先生起床洗漱，开始享用早餐，待张女士回家后，陆先生开车出门上班，张女士进行洗漱等个人护理。此时，张先生已经到达工作地点开始工作。洗漱后，张女士开始洗刷餐具、整理家务、清洁家中卫生。10:30，社区里朋友打电话叫张女士一起出门，两人乘坐超市的班车去往位于西二旗的超市购买食材。一小时后，两人乘公交车回家，到家后，张女士开始准备自己的午餐。用完午餐并清洗餐具后，张女士开始午休，一小时后起床开始工作，为周末的课程备课，并通过网络回答学生提出的疑问，期间有少量休闲活动，多为浏览网页视频等。17:00，陆先生下班离开单位，先去学校接女儿，然后和女儿一起回家。17:00，张女士开始准备晚餐，40 分钟后，陆先生和女儿到家，一家人共进晚餐。晚饭后，陆先生承担了清洗餐具的家务，完成家务后出门散步。张女士则直接进行休闲活动，

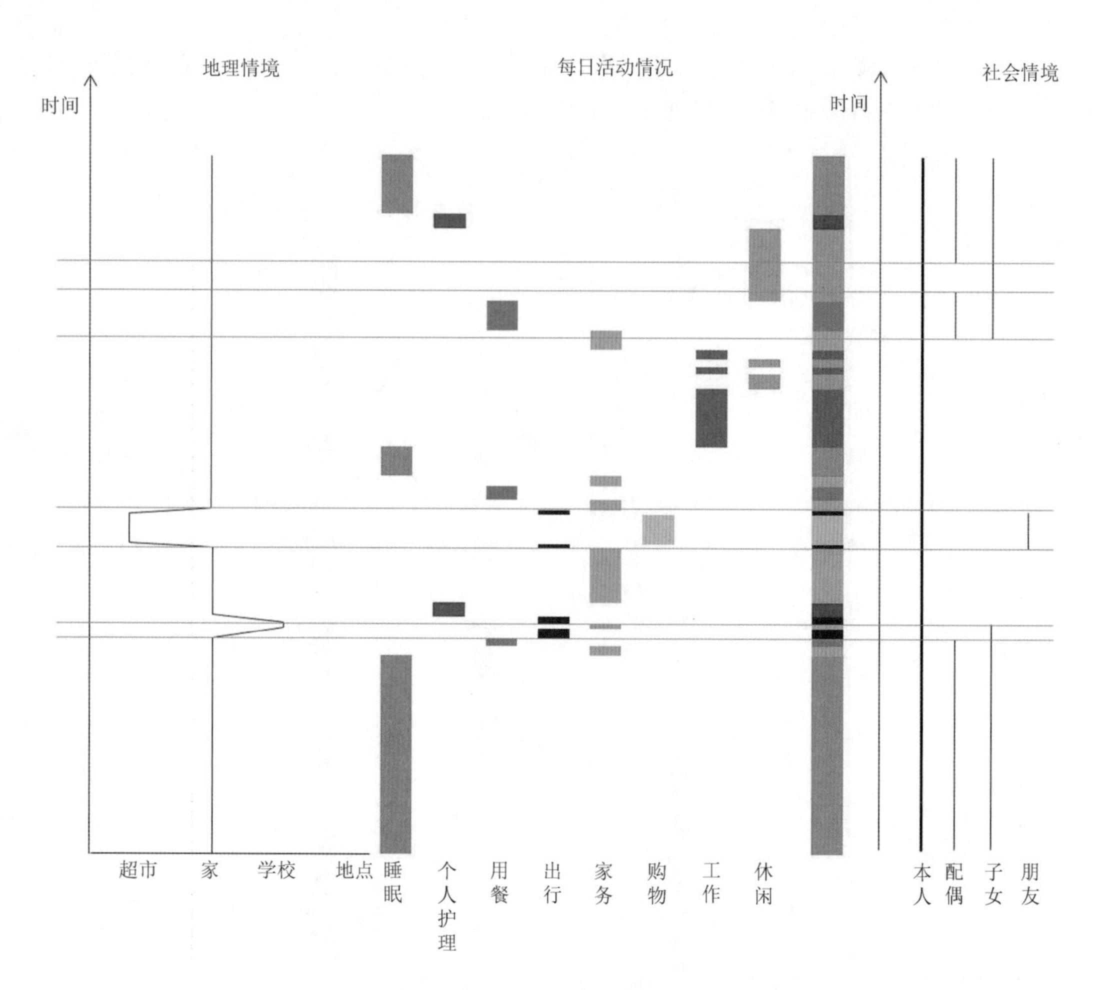

图 7.28　样本 JT2 家庭女性家长辞职后工作日活动情境

休闲方式以浏览网络和观看电视节目为主。待陆先生回家后，两人一同观看电视节目直至洗漱入睡，与之前的时间利用一致，完成一日的家庭活动。可看出辞职后张女士的时间弹性更大，因此承担了主要的家庭责任，包括接送小孩、购物等，个体的休闲活动比例上升。

前一种情境下工作日的家庭秩序是女性家长负责早餐和晚餐餐具的清洗，男性家长负责接送孩子、购物以及晚餐的准备；而后一种情境下，该家庭工作日的秩序改变为女方负责早餐、送小孩上学、购物和晚餐的准备，男性家长仅承担接小孩和清洗晚餐餐具两项工作。家庭地方秩序的完成需要家庭成员之间的交流与配合，共同决定完成家庭活动中的任务分工、地点、时间以及完成的方式，这种地方秩序同样也会影响到家庭内每个个体的时空间行为，形成规律化、模式化、惯常化的居民行为方式。

（二）家庭资源利用的地方秩序

Ellegård 教授对“活动的地方秩序嵌套”这一概念的另一个重要发展是将人类的

活动路径与地方资源的时空供给进行结合，直观地展示了行为主体如何有秩序地使用地方资源完成活动的过程（Ellegárd et al.，2016）。

不妨以家内接送小孩的企划为例开展实证分析。张女士辞职前，作为家中小汽车的驾驶者，陆先生较妻子通勤时间更短，因此承担起接送小孩的任务。用红色表示接送孩子的活动（图 7.29）。可以发现，陆先生每天需要完成两次接送孩子的活动，这一活动在工作日重复进行。以星期四下午的接小孩活动（16:40~18:00）为例，分析接送子女过程中发生的基本事件。红色的线代表陆先生的活动轨迹，黑色的线代表陆先生女儿的活动轨迹。选择某星期四下午的活动，陆先生下班后先到达女儿的学校，接上女儿共同回家，在回家途中去社区周边的超市购买蔬菜和其他日用品，最后一起到家。整个活动的完成过程中，发生了 5 类基本事件，其中每类基本事件的发生次数分别是停留（发生 7 次）、组合（发生 1 次）、离开（发生 5 次）、到达（发生 5 次）、移动（发生 5 次）。

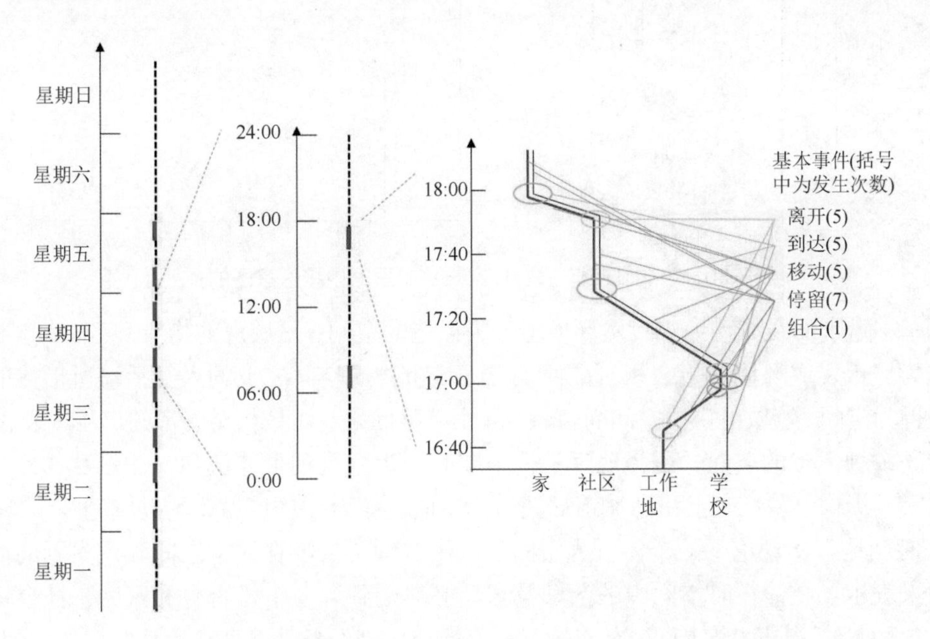

图 7.29 样本 JT2 家庭女性家长辞职前家中接送孩子的企划

但当张女士辞职后，接送孩子就变成夫妻二人轮流进行的活动，并在工作日重复进行。以蓝色的线代表张女士的活动轨迹（图 7.30），仍然选择星期四，上午（6:40~8:00）用完早餐后，张女士将孩子送到学校，而后返回家中。下午（16:40~18:00）陆先生下班后先到达女儿的学校，接上女儿共同回家。这种企划的改变实质反映的是家庭中秩序的改变。

三、家庭视角的中国城市居民行为活动空间

城市空间作为人类活动的空间载体，其本身便是城市物质空间、经济空间与社会空间等的复合体。实际上，城市建筑空间和经济空间是城市居民为了满足其生产与生

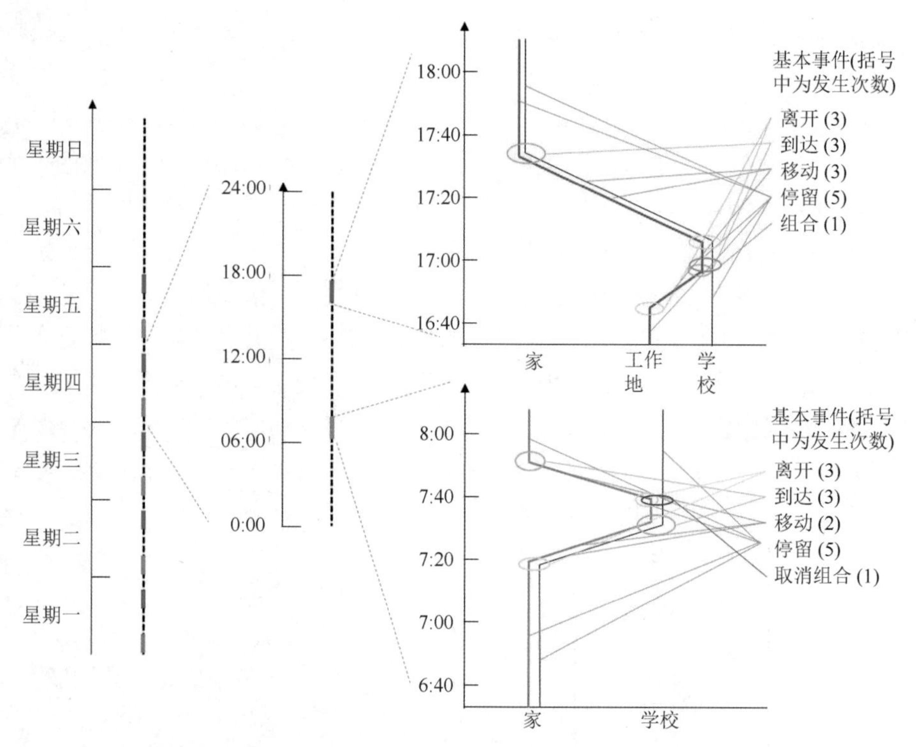

图 7.30　样本 JT2 家庭女性家长辞职后家中接送孩子的企划

活的基本需求而在城市地表自然环境上人为创造的空间，是城市的物质（实体）空间，也称为城市建成环境。与之相对，便是位于城市物质空间之上的人类活动所形成的社会与行为空间。较城市物质空间而言，城市社会与行为空间是相对无形的、动态变化的，甚至是一种虚拟的空间。行为地理学认为空间行为会受到个体认知、偏好及选择等主观因素的影响。从广义上讲，城市居民行为空间的集合便构成城市活动空间。

时间地理学理论下的个体行为空间可以由制约下的潜在活动空间和观察到的活动空间来表示。个体在时空间中的活动及移动必然受到源于个体自身和家庭、社会环境等的各种制约，同时个体行为空间的范围不能超出制约条件下潜在活动空间的范围。

（一）家庭视角的中国城市居民长期 - 短期空间行为活动的互动

个体不同类型的长短期空间行为活动在个体不同的生命历程阶段的形成过程具有明显差异，与其身处的社会环境、物质环境及个体和家庭因素紧密相关，但不同因素对不同行为的不同发展阶段的制约影响是不同的，不同行为之间便是通过影响因素的变化引致其他行为做出调适，引发个体空间行为活动之间的互动。从家庭的视角出发，长期空间行为活动通过改变空间距离、时间安排和制约条件迫使个体选择改变已有的家庭秩序或调整个体的时间安排来引发个体短期空间行为活动的变化。当个体的短期空间行为活动变化后，为了维护整个家庭内部秩序的稳定，其他家庭成员会被迫或主动调整自我的行为活动企划，进而改变日常生活模式，即影响长期的空间行为活动（图 7.31）。

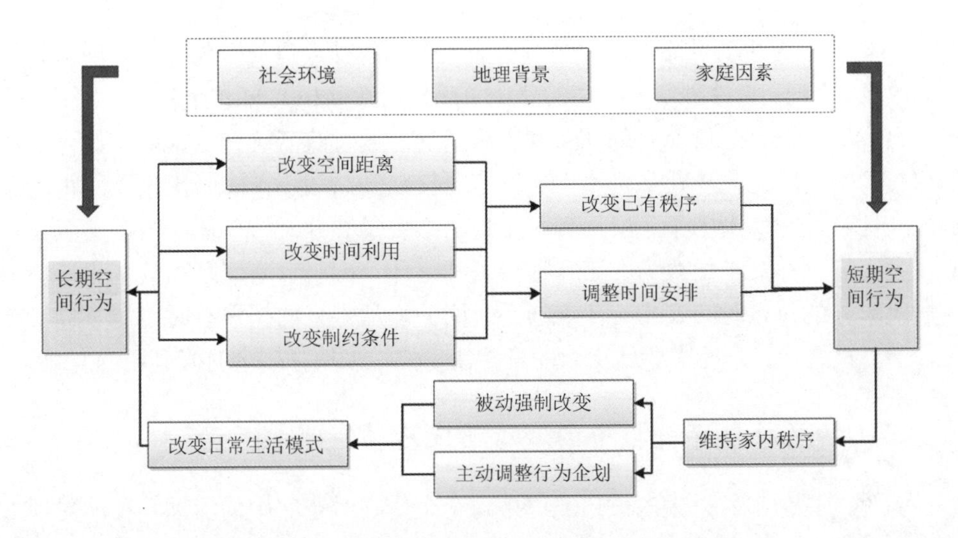

图7.31 家庭视角的长短期行为活动互动示意图

从前面的实证案例可以看出，家庭生命事件（如生命周期变化、社会角色转换）和所处地理背景变化会影响中国城市居民家庭中每个居民个体日常生活模式的变化，这种模式的变化受多种因素的影响，并与就业、迁居等长期行为活动形成互动关系。

工作空间和居住空间共同作用带来中国城市居民行为空间和活动空间的变化。中国城市家庭中每个居民个体的日常活动均围绕其工作地和居住地这两个锚点展开，当职住接近时，个体短期的空间行为活动多在社区范围内完成；而当职住分离时，通勤距离的增加挤压了个体的时间利用，从而带来其他如购物等短期行为活动的相应调整。中国城市家庭通过调整短期空间行为活动以使其中每个个体的日常活动与整个家庭所处的微环境节奏相协调，变化后的短期空间行为活动经历一段相对稳定时期延续下来并固化为该家庭新的日常生活模式。

从就业、迁居等长期行为活动与个体日常生活模式的互动过程可以看出，中国城市居民的就业、迁居行为活动通过改变环境因素促使个体的短期行为活动发生变化而引致日常生活模式的变化。其中，就业对短期行为活动的影响改变了中国城市居民的日常生活模式，如样本JT2家庭中的女性家长张女士，辞职后日常生活由工作优先转变为家庭生活为重，活动空间也发生相应改变。而迁居行为活动通过改变地理背景而改变了中国城市居民与原居住空间环境相关联的短期行为活动，如迁居后社区配置不同带来购物行为方向的转变。

短期行为活动的变化对中国城市居民日常生活模式的影响则是通过短期行为活动自身变化或集合方式的变化来实现日常生活模式的变化，当环境相对稳定时，这种变化便延续下来形成新的日常生活模式。当家庭、环境等因素对个体短期空间行为活动产生影响时，具有认知能力的个体通过调节其他行为活动来适应这种变化，有时是通过调节同一条行为链上的其他类型短期行为活动，有时则需要通过就业或迁居等长期行为活动实现该目的。

个体短期行为活动可能引发中国城市居民个体或外界迫使个体做出长期空间行为活动的改变。有时，当这种空间距离的变化引起日常活动相关的出行距离发生变化时，个体会自我决策是否坚持原有的惯常性行为活动，通过改变这种行为或者放弃该行为来响应行为空间的变化。比如样本 JT1 家庭居住在懿品阁小区时，由于职住距离极为接近，女性家长乔女士中午一般回到家中自己准备午餐并进行午休，当搬迁至长阳半岛职住分离后，乔女士便改为在工作地用餐和午休。同时，空间距离的变化影响中国城市居民个体的每日时间安排，比如通勤时间的增加带来的挤压有时可能导致某类空间行为活动被搁置，个体需要做出新的日常活动安排来填补剩余时间利用的空缺。

（二）物质社会环境与中国城市居民活动空间的互动

从家庭的视角出发，中国城市家庭中每个个体在时空间中的活动和移动受到来自个体自身条件、所处社会环境和家庭中其他个体行为的各类制约。此时个体的行为空间既包括实际可以观察到的家庭中个体的活动空间，即个体为满足自身需求同时，在活动的地方秩序维持下在城市空间开展各种日常活动以及活动之间的移动所包括的空间范围，同时也包括家庭内和家庭外居民个体间通过各种方式交流、学习等所形成的认知空间。家庭作为重要的活动的地方秩序嵌套，家内成员在这里可以进行稳定的企划，并隔绝外界的干扰。

物质环境包括物质空间结构、物质设施及其服务管理等个体所能接触或利用的实体空间与虚拟空间因素。已有研究偏重于物质环境对个体行为的制约，通过对个体在怎样的空间中如何完成日常活动的研究，揭示环境因素尤其是时空间因素对个体行为的影响与作用机制（Kwan，2008；Schwanen et al.，2008）。物质环境是个体空间行为占据并利用的物理载体，在个体主客观因素均允许的状况下，个体空间行为的实施还需要依赖物质环境提供行为发生的场所、设施及相应的服务，也包括活动衍生的出行需要相应的交通工具等物质支持。

随着中国社会及科技的发展，环境逐渐由实体空间走向虚拟空间，个体的行为活动也衍生出虚拟行为活动，但虚拟行为活动的发生需要一定的物质环境进行支撑，虽然制约的规则有所转变，但物质环境作为行为活动发生的载体及制约条件并没有本质性的改变。以网络技术的发展和应用为例，一方面，网络的普及在一定程度上弱化了时空制约，使得一些活动可以在虚拟空间进行；但另一方面，对特定物资设备的需求又强化了物质环境对虚拟空间相关行为的制约，如样本 JT2 家庭中女性家长张女士目前的工作就同时在虚拟空间和现实空间开展，周末去往辅导机构给学生上课，工作日则通过网络答疑解惑、批改作业，但由于网络视频对设备及网络接入条件的要求，这也同时限定张女士在这一时间段内必须留在家中无法外出。

物质环境一直充当个体空间行为和活动的物质载体和工具，并由此对其行为形成制约，物质环境的改变会促使其行为活动的对应变化，进而作用到活动空间，但这种变化也需要家庭中其他个体和自身能力的配合和支持。物质环境在变化，但其对行为活动空间的作用机制依然存在。

社会环境包括社会制度环境、传统文化、行为规范及道德准则共识、社会文化氛围、社会交往网络等。个体与社会存在同构关系，个体行为的部分特征由所处具体社会环境的情境所决定并受此制约（Valentine and Sadgrove，2012），社会环境对个体意识形态等主观观念的形成具有重要作用，并因此影响了个体空间行为的形成。一是，当中国城市社会环境发生变化时，具有理性的家庭会通过协调和调整自身空间行为使其满足新社会环境构建的行为规范，通过新环境所允许的例行化活动来维持整个家庭的安全感；二是，当中国城市家庭中个体在进行个别空间行为决策时，会根据社会环境，尤其是社会制度、传统文化观念、行为规范及道德准则共识等具有更强束缚能力的环境因素，进行行为决策的选择。从另一个角度看，中国城市居民的行为活动也在推动物质空间变化。当居民进行某项行为活动的需求增加，而其居住空间内又不具备这些条件时，居民会通过向社区、物业甚至相关行政部门提出诉求来改变物质空间。以样本 JT1 家庭所居住的长阳半岛小区为例，由于该社区最早的住户多为无力在市区内购房的新北京人家庭，社区居民整体年龄以中青年为主，社区内最初没有考虑老年人活动设施问题。后来有一部分老年人因为照料第三代、寻求代际援助等迁入该社区，对活动场所和设施有一定的需求，但社区内仅有的可以跳舞活动的广场堆积了很多废弃建筑材料，安全性极差。在部分家庭和居民的强烈要求下，社区物业对该区域进行了清洁整改和修缮，又在社区管理委员会中建设了老年人活动中心，平时会有一些老年人聚集在这里开展下棋、打牌和聊天等娱乐和社交活动。

第五节　本章总结

随着我国主要的大城市相继进入快速城镇化阶段，城市居住区蓬勃发展并承担了复杂的社会功能，这些居住区的家庭和居民也在开展着复杂而多变的行为活动。本章运用质性研究中的深度访谈方法，结合对北京回龙观居住区的三个样本家庭，从微观研究视角出发，探讨了基于生命路径和生命历程的活动空间、基于生活路径和生活日志的活动空间以及基于家庭地方秩序嵌套的活动空间，讨论了快速城镇化背景下中国城市居民个体行为活动与城市空间的互动关系。

在中国城市家庭和居民个体的生命路径中，作为日常活动最重要的空间形式，职住空间的互动展现了居民行为活动空间的变化过程，居民长期行为活动的制约因素存在较大的差异性，且与短期行为活动明显不同。个体就业与迁居的行为活动互动密切，共同受到环境、个人及家庭因素影响，并促使个体的日常活动模式发生变化。

在从生活路径和生活日志考察居民活动空间时，需要结合中国城市家庭和居民个体生命历程中居住空间、工作空间、经济社会角色和家庭结构变化等重要生命事件作为研究线索，探讨其对个体日常生活路径的影响。居住空间和工作空间的改变带来中国城市家庭中每个个体职住关系和地理背景的改变与制约，影响其从事不同日常活动事务的最小化组合制约的机会；社会地位的提升通过提升家庭经济条件影响家庭的移动性和休闲活动方式；家庭结构变化和家内个体社会角色变化则直接影响家庭内部的家务劳动分工模式和家内资源的利用方式。

在中国，城市居住区的生活扩大了居民在活动和出行方面的性别差异，但是家庭作为一种协调机制，通过不同的家庭战略选择影响着和限制了个体的日常活动模式，帮助个体更好地应对自身生活中面临的压力，从而构成了更为复杂的活动地方秩序嵌套。家庭中固定的资源利用、空间配置和时间配置，形成了家庭成员相对固定的行为活动准则与活动秩序，进而促进惯常性行为活动的发生，这个秩序形成的过程也是人与空间不断适应和不断互动的过程。

第八章 休 闲 空 间

第一节 城市休闲空间的形成与演变过程

一、休闲空间与中国城市休闲空间研究

城市休闲空间是城市发展过程中的产物，休闲需求拉动了城市休闲经济的发展，休闲经济在一定程度上推动了休闲空间的供给。城市作为人类重要的聚集地，自然成了时空意义上休闲的重要承载体（苗建军，2003）。满足城市居民的休闲需求是城市应具备的功能，也是城市发展水平和市民生活质量的体现（魏小安和李莹，2007）。休闲需求与休闲空间供给在不断的矛盾调和中发展，产生了耦合机制，衍生出休闲空间的多样化结构模式演变和空间异化（陶伟和李丽梅，2005；冯维波，2006；楼嘉军和徐爱萍，2011）。休闲经济以及休闲产业直接影响城市空间的布局，休闲经济与休闲空间存在互相依赖、互相影响的关系（郭旭等，2008）。城市休闲空间承载了居民的休闲游憩行为，是城市生活空间的重要组成部分。

中国城市休闲空间分布差异较大，同时具备显著的圈层结构特性（杨振之和周坤，2008；冯维波，2010；楼嘉军等，2016）。城市内部的休闲空间具有多样性、多等级的结构，逐步呈现多中心极核布局的特征，包括城市绿地、城市广场、游憩商业区（RBD）等多个中心极核（保继刚和古诗韵，2002；郑胜华，2005；朱鹤等，2014）。城市外围的扩展融合区域中，环城游憩带（ReBAM）是最为典型的休闲活动地（吴必虎，2001；赵媛和徐玮，2008；赵莹等，2016），休闲空间布局受到经济、需求、社会、文化多方面因素的影响，城市空间的发展演变过程与经济社会的发展和休闲需求密切相关（郭旭等，2008；柴彦威等，2013；马红涛等，2019）。中国城市的地理范围差异较大，城市发展演变的时间历程也不尽相同，由此形成的中国城市空间系统结构差异较大，不同城市的休闲空间结构模式也不尽相同。北京、上海、广州、深圳这样的大城市在不同时期的休闲空间结构模式存在演变的规律性（刘志林等，2000；吴必虎和贾佳，2002；保继刚和古诗韵，2002；张建，2008；林章林，2016；楼嘉军等，2016；徐爱萍和楼嘉军，2019）。

中国城市休闲研究也在逐渐向着“人本化”的方向发展（张中华，2012；李雪铭

和李建宏，2010），对城市休闲的研究逐渐从休闲空间、休闲制度、休闲设施等方向转移到了对城市居民休闲行为的探究上。在后现代的休闲时空观影响下，学术界开始研究休闲行为的空间意象及其对休闲行为的影响。休闲空间是城市休闲活动的硬件载体，城市居民的休闲活动和行为以及休闲过程中的认知、感悟和情感表达属于“软件”因素。休闲城镇化需要解析城市作为“地方”的主体性和休闲个体的感知、体验、态度以及它们之间的情感表达关系，进而打破休闲空间与城镇化之间的发展瓶颈，形成城市内外和谐发展，具备地方性特色的休闲化城镇。

二、休闲需求和休闲经济驱动力

中国传统文化中休闲的思想一直存在，休闲不仅是对美好生活的追求，也是一种生命的自然状态（刘耳，2001）。休闲作为人类的需求之一，是高于基本生理需求之上的高阶精神需求。从农业时代的农事休憩，到封建时代的节事庆典，再到工业时代的城市田园以及信息化时代的广泛娱乐化活动，休闲的需求贯穿了整个人类的发展历程（马惠娣，2002）。中国历史上无论是在儒家、道家，还是佛教思想中，都渗透着中国传统的休闲思想（卢长怀，2011）。中国近现代的城市发展始终伴随着传统休闲思想与西方休闲观的融合发展。

因为休闲、游憩、闲暇、娱乐、旅游等概念的相似性与相关性，中国在城市休闲领域也衍生出了多种不同的研究方向，甚至是概念混用，出现了“城市休闲空间”“城市公共空间”“城市游憩空间”“城市闲暇空间”“城市娱乐空间”“城市旅游空间”等不同概念，这些概念存在研究对象的差异与重合以及研究范围的相似性（保继刚，1998，2002；刘志林和柴彦威，2001；吴必虎等，2001，2003；俞晟，2003；秦学，2003；方庆和卜菁华，2003；卞显红，2003；陶伟和李丽梅，2003，2005；陶伟和黄荣庆，2006；吴承照，2005；冯维波，2006；汪德根，2007；史春云等，2008；卞显红和沙润，2008；王雅洁等，2009；胡俊修和钟爱平，2012）。部分研究对休闲、游憩、旅游等概念的辨析让城市空间研究在研究对象和存在场域方面有了进一步明确的划分（于光远和马惠娣，2006；叶圣涛，2009），逐步形成了城市休闲空间、游憩空间、旅游空间的主流研究方向。本章进行描述和总结时会出现休闲空间、游憩空间、休闲游憩空间的通用性表达。

休闲的需求是城市发展休闲经济的内在驱动力，城市居民心理的需求以及闲暇时间的逐步增加，带动了城市内休闲要素的聚集和城市休闲空间的演变和重构。作为区域中各种发展要素的集聚中心，城市中心区和郊区首先发展成为人类满足休闲需求的空间（苗建军，2003）。休闲的需求具有弹性，受到外部环境和个人内在原因等影响较多，会出现阶段性的需求波动，与其他基本生活活动相比，休闲需求的可替代性高。因此，城市休闲支撑体系很大程度上影响到休闲需求的弹性水平（魏小安和李莹，2007），城市休闲经济的发展需要构建休闲服务、管理和影响的支撑体系。

城市功能逐渐多元化和城市功能的集聚提升了城市经济水平，同时也提升了居民休闲需求的水平，城市居民在生产和生活之外产生了更多的休闲需求，休闲活动开始从家庭空间转移到社区空间、城市中心和城市周边，休闲游憩成为城市功能的重要延伸（杨振之和周坤，2008）。当今中国城市居民的休闲需求还是以娱乐消遣为主，休闲活动的公益性以及文化内涵丰富的休闲活动需求相对经济发展水平还比较低迷，休闲需求层次有待提高（王琪延和韦佳佳，2020）。北京、上海、广州、杭州、武汉、成都等已经形成了颇具规模的康体休闲群体，将其作为提高自身素质的途径（徐秀玉和陈忠暖，2012；单凤霞，2019；蒋艳，2020）。艺术修养、社会价值提升方面的休闲活动推动了博物馆、艺术馆和艺术文化休闲街区等新型城市休闲空间的产生（夏健和王勇，2010；赵星宇，2020）。但是居家休闲和社区休闲的活动仍然是中国城市居民主要休闲需求的承载空间。

随着中国经济社会的发展，城市居民的闲暇时间呈现不同阶层的差异化特征，休闲行为空间也随着聚集地的分化而不断延展，呈现出异质化特征（史春云等，2008）。休闲游憩需求在发生转变，尤其是城市的发展从单一的游憩空间供给逐步转化为能满足不同阶层休闲游憩的需求。不同的休闲游憩动机和休闲目的，使得居民对休闲活动和休闲场所产生了不同偏好，在城市内部开展多样化、差异化的休闲游憩活动会影响到城市休闲游憩系统空间结构的异质化（肖贵蓉和宋文丽，2008）。此外，城市休闲需求显现出系统化的倾向，其空间结构具有复杂性、多样性和渗透性的特点（余玲等，2018）。城市休闲空间需要为多样化的休闲需求和良好的社会休闲价值观提供物质基础。如何优化城市休闲产品和服务供给结构，管理部门如何出台相应休闲消费政策，促进城市居民休闲需求消费升级仍将是中国城市休闲发展需要面临的问题（王琪延和韦佳佳，2020）。城市休闲的发展方向需要积极健康的休闲理念为指导，个人价值和社会价值体现为休闲需求特征，以提高生活和生命质量为目的的现代休闲获得发展（郑胜华，2005）。城市休闲空间的差异化更多地为不同阶层的差异化休闲需求服务，进而实现城市休闲的系统化构建。

城市休闲空间的供给是城市发展休闲经济的外在推动力，城市休闲经济受到需求拉力和供给推力共同制约影响，进而影响城市休闲行为的时空布局（郭旭等，2008）。中国城市休闲经济的产生与居民生活水平的提高密不可分，休闲公共空间的发展与城市功能变迁和城镇化的发展进程密切相关（郭旭等，2008；林章林，2016）。改革开放初期，中国城市休闲相对单一，随着中国改革开放的全面深化，城市居民消费结构的升级，城市功能从以生产为主演变为以服务消费为主，生产空间逐渐边缘化、郊区化，制造产业逐渐向城市边缘地带转移，而公共休闲空间及与之相关的信息空间、服务空间、消费空间则趋向城市的中心和社区，休闲经济相关的产业占据城市的中心位置，形成了城市休闲空间的新格局。

三、城市休闲空间需求与供给的矛盾调和

中国城市的休闲需求与休闲空间供给始终是不断产生矛盾冲突并不断协调发展的

过程。中国正处在城镇化快速发展的阶段，在城乡二元化结构以及新型城镇化的建设过程中，出现了休闲需求总量很大而我国城乡休闲空间和产业供给显著不足的情况（余玲等，2018）。城市人口的急剧增加造成城市空间资源的紧张和对土地资源的超常规利用，城区的扩展又直接或间接引起游憩空间的变化，进而影响到游憩活动的展开，游憩需求与供给之间不平衡的矛盾将会更加突出（肖贵蓉和宋文丽，2008）。休闲供需矛盾将是未来很长一段时间内我国休闲产业发展必然面临的问题。

随着体验经济时代休闲经济发展水平的提升，休闲产业体系的完善，城市规划和城市管理领域也开始了城市休闲游憩系统的整体规划和有效管理，对城市休闲供给与当地城市居民内在的休闲需求之间出现的错位、失衡进行纠偏与矫正，从而最大程度地实现当前城市休闲供需的尽量平衡（赵春艳，2013）。中国主要城市的休闲需求和空间供给呈现各自差异的情况，不同的历史时期具备不同的特点。城市发展过程中，因为多个不同的政府职能部门均关联管理城市休闲空间，城市休闲空间职能获得碎片化的公共服务，城市的休闲空间在不断被改变和被侵占（叶圣涛等，2015）。城市休闲空间的供给无法满足不断发展的休闲需求，这就需要在城市空间资源配置上增加休闲空间的比重，整合政府休闲空间管理部门并强化其规划监管的力量。

此外，城市休闲空间方面也产生了一定的错位和失衡，部分城市的休闲建设受到旅游导向的理念影响，出现了整体休闲空间外向化的情况，针对外部旅游者提供城市休闲游憩空间而对内部城市居民的日常内在休闲游憩空间规划建设产生了忽视（赵春艳，2013；袁久红和吴耀国，2018）。同时，在市场经济和利润的驱动下，城市商业性休闲游憩空间的供给脱离了大众休闲消费的需求，呈现出空间利用的不均衡和阶层差异化的加剧（赵春艳，2013；赵春艳和陈美爱，2016）。在全球化背景下，中国城市的休闲空间供给也受到了西方城市休闲方式的影响，出现了城市休闲的现代性和泛娱乐化的休闲空间供给（林章林，2016）。这为城市的“现代人”提供了接触新休闲方式的条件（赵春艳和陈美爱，2016），同时也出现了休闲现代性理念下城市休闲供给中本土性休闲的没落。

上海中心城区的旅游休闲资源在1949~2015年的近70年间集聚度始终很高，并不断扩大，属于典型的单核发展、区域辐射模式，从市中心到郊区县，城市旅游休闲公共空间的均衡度在不断提升，呈现出由低水平集聚向优化均衡发展的趋势，但发展的速度和力度仍不足以满足需求（李华，2014；林章林，2016），各郊区县随着人口的增长和产业的转移发展，其旅游休闲公共空间在逐渐扩大。北京城市公园空间格局在2000~2010年的演变中，由城市中心聚集向外围多方位多处聚集发展。各类城市公园在各扇区和圈层的均衡比指数差异较大、均衡比曲线变化幅度复杂，分区间分布不均衡的现象明显（毛小岗等，2012）。1990~2016年广州市公共休闲资源系统的发展水平历年差异较大，广州市的公共休闲服务水平经历了缓慢发展、平稳上升、快速增长和持续增长四个阶段，各个阶段公共休闲服务水平发展的内部影响因素差别明显（徐秀玉和陈忠暖，2018）。

在体验经济背景下，城市空间将以消费、信息、服务和休闲为主导，原有的以生产为主导的城市空间布局已不能适应体验经济城市发展的需要。后郊区环境的异质性与破碎性、多元文化与快速发展的亚文化成为当代都市社会景观（冯健和周一星，2008）。结合多层次、多样化的休闲需求，城市的休闲产业也将从规模批量到居民定制多样化（郑胜华，2005）。城市休闲的发展也需要政府监管部门具备突围与重构的理念，对旅游导向理念下城市休闲供给整体外向化发展不均衡的纠偏；对均衡化理念下城市公共休闲供给系统失衡的矫正；对高利润驱动下城市商业性休闲供给脱离大众休闲消费进行引导及对现代性理念下城市休闲供给中本土性休闲没落的重视（赵春艳和陈美爱，2016），最终实现城市休闲供给的优化，尽可能实现城市休闲供需之间的平衡。

四、中国城市休闲空间的演变过程

中国城市在不同的历史时期或者同一时期的不同阶段，城市不同阶层居民的需求不同，城市空间的供给也有差异，通过休闲需求产生的城市休闲行为空间和通过休闲供给产生的城市休闲物质空间不断耦合发展，最终影响形成了中国城市休闲空间的不同结构。图 8.1 所示，城市游憩需求与游憩供给之间的耦合作用形成了城市休闲空间的模式（冯维波，2007）。此外，考虑到社会制度、经济发展条件以及生活生产力的关系，城市休闲空间的结构演变也受到休闲行为的引导，休闲空间的演变过程呈现出因果性和动态性。

（一）中国古代城市休闲空间位置的形成与演变

中国城市休闲空间的演化经历了从封闭到开放，从简单到复杂，从点、线、面到

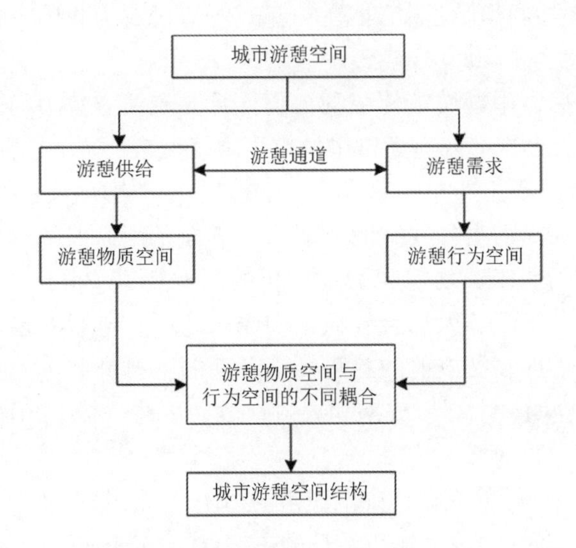

图 8.1 城市游憩物质 - 行为空间的耦合
资料来源：冯维波，2007

网络，从专一性到大众化，从低级到高级的发展过程（冯维波，2007）。中国在距今约6000年的仰韶文化时代，聚族而居的原始聚落空间结构上即已呈现休闲游憩空间的雏形（单霓，2000）。随后在殷商时期和春秋战国时期的祭祀场所和城市建筑理念中，也体现了城市休闲游憩空间布局的多样化（金世胜，2009）。祭祀和宗教性活动一直是城市空间布局中不可缺少的元素，从古希腊、罗马时期的静思和冥想，到中国帝王的封禅大典、祈福仪式都影响着古代城市休闲空间的布局。

古代中国的城市受到封建文化、儒家文化以及皇权宗法的多重影响，城市公共休闲空间一直受到极大的限制。市民的休闲娱乐活动受到开放时间或者空间布局上的限制，隋唐时期发展了一定的商贸休闲空间和城郊佛教寺院，城市居民的娱乐游憩场所多依靠佛教寺院以及郊外的风景区（陈渝，2013），但是真正的城市开放性休闲空间直至北宋中叶才得以从封闭的里坊禁锢中解放。我国城市由里坊制到街巷制的演变，是城市公共游憩空间形成的最直接的原因。具体表现为游憩空间类型由单一性向多元化的方向发展，游憩空间具有明显的公共性。游憩空间的形态由传统的点、面向线转化，街巷游憩空间的开放时间由白天开放延长到晚上等（金世胜，2009）。宋代商业的繁荣促成了城市坊市合一的格局，里坊制的废除改变了普通民居坊内开门的传统，而转向面街而居，这种改变使得城市的开放性大大增强（汪碧刚，2016）。宋代汴州城市出现了诸多满足人们休闲娱乐需求的空间载体，如酒馆、茶楼、浴室、瓦舍、勾栏等，甚至庙宇寺观园林等场所亦成为规模空前的庙市或夜市。此外，同时期广州城通过修筑“子城”和“东城”来拓展城市的发展空间，传统的“蕃坊”仍然是重要的游憩商业中心（陶伟和黄荣庆，2006）。两宋之间，瓦子作为一种类型广场的开放性空间大量存在，成为市民活动、游憩的最佳场所（金世胜，2009）。清朝时期，北京的皇家园林、承德的行宫、江南城镇和扬州也出现大规模的建造私人园林的热潮。南北两股园林建设潮汇集在一起，使清代成为我国古代园林建设中的一个鼎盛时期（傅崇兰等，2009）。

近代鸦片战争后，中国城市传统的街道体系受到西方势力的冲击，西方国家的公共游憩空间开始引入，部分通商口岸城市出现了城市广场、公园、电影院、舞厅、游乐场、高尔夫球场等（邓琳爽和伍江，2017），中国城市在20世纪40年代末形成了一套明显的双重街道公共空间体系，一方面是用途混杂、功能多样的传统街道；另一方面是结构明晰、功能相对单一化的西式街道（Murphey，1974）。民国时期的上海已经有百乐门、大都会等欧式的娱乐场所，电影院也进入城市的休闲活动，城市休闲空间呈现多极放射的趋势，该时期的上海公共休闲空间经历了二元隔离发展期、聚集融合期、中心形成期和放射扩散期（林章林，2016；邓琳爽和伍江，2017）。

随着中华人民共和国的成立，中国城市的休闲空间呈现出显著的革命化和理想化色彩。城市的大型广场集会成为城市活动的主旋律，中国进入了洋溢着激情的广场休闲时代。大型城市中的舞场、旧式酒吧、茶馆、游乐场等休闲空间被彻底取缔，城市大型广场成为大众居民散步、聚会、扭秧歌、晨练的重要场所。在工厂、车间、大型工程现场，工人文化宫成为人们重要的休闲空间，并形成了革命文艺特色，属于新中国成立后新型的文艺模式。话剧《红旗歌》刮起红色旋风，戏曲、曲艺被尊为人民的艺术，广播成为传播文艺的重要空间，通过广播听书、听戏成为许多人休闲的好方式。《智取威虎山》、《红色娘子军》、《沙家浜》和《杜鹃山》等8个样板戏和根据样板戏拍成的几部老电影成为那个时期城市居民休闲历史记忆中不可磨灭的休闲活动标志。

改革开放后的中国城市休闲空间更加多元化，包括文艺演出市场、电影电视市场、音像市场、文化娱乐市场、文化旅游市场、艺术培训市场、艺术品市场等在内的文化市场体系初步建立。改革开放初期人们的休闲活动主要有打麻将、看电影、参观展览、观看文娱演出、听歌剧音乐会、听京剧曲艺、看电视、听磁带、跳霹雳舞、看录像、泡酒吧、泡茶馆、种花养鱼、养宠物、唱卡拉OK、打台球、在游戏厅打游戏等。进入21世纪后，随着中国经济社会的迅猛发展以及信息技术的支撑，居家休闲的方式更加丰富，社区、城市级的绿地公园系统更加完善，社交方式由传统的面对面到虚拟网络与现实相结合，电子商务的发展以及移动互联网的出现，更让人们可以足不出户完成各种休闲体验，VR虚拟现实、网络直播、微信生态都让中国城市的休闲活动和休闲方式发生了质变（余玲等，2018；王琪延和韦佳佳，2020）。

（二）中国城市休闲空间形态的发展演变

城市休闲空间的演变是城市休闲主体的需求不断得到满足，城市供给不断调整的结果，演变的媒介就是休闲需求和休闲供给，演变呈现空间聚集和分散两种机制，受到社会政治、经济发展、技术水平和文化形态四种因素影响（冯维波，2007），最终城市休闲空间的演变是一个螺旋式上升的过程。城市休闲空间伴随着城市空间的演化出现了相应的地域分异，城市游憩空间的地域分异是在社会、经济、自然等因素的综合作用下所形成的。在这一过程中，城郊休闲游憩空间随着城市建成区的不断扩大而逐渐向外推移，城市土地受到不同产业的影响，出现了城市空间的演变。经济发展力、设施建设力和休闲需求力都是推动城市休闲空间演变的力量（楼嘉军和李丽梅，2017）。

中华人民共和国成立后的计划经济时代，城市的休闲空间以城市广场为主，辅以特色公园。到了市场经济时代，随着单位围墙大院的拆除，城市街道和公共空间的开放形成了多样化的城市休闲空间体系，高度商业化的街道、类型各异的城市广场、时尚高档小区、各级购物中心成为占据主导地位的城市休闲空间形态（金世胜，2009）。经济模式的转变影响了城市休闲空间的演变。此外，城市交通枢纽和交通外延也影响了城市休闲空间在交通枢纽区域的聚集性。随着城市的内外部交通环境开始发生变化，城市的休闲服务设施不断趋于完善和优化（楼嘉军和李丽梅，2017）。

中国城市的空间演变过程整体上呈现由内部核心逐步向外部蔓延的趋势，城市内部的休闲游憩点、游憩商业区组成多点布局、板块模式，并通过交通系统的连接，构成了面状。城市内部产业结构的调整，也使得工业用地向外部转移，休闲服务业成为城市中心地段的主要业态。旅游产业经济的蓬勃发展也促进了城市休闲游憩空间的演化（冯维波，2007）。这种演变经历了一个动态变化过程，即离散阶段、极化阶段和扩散阶段（陶伟和黄荣庆，2006）。

广州市的经济经过20世纪80~90年代的高速增长，城市休闲游憩商业区开始大规模极化，这种极化作用到现在仍然存在，而且在某些区域还有增强的趋势（徐秀玉和陈忠暖，2018）。广州现已基本形成了较为完善、合理的游憩商业区系统，即以北京路、上下九和天河城地区等大型购物休闲娱乐区域为一级载体的城市游憩商业区形态（陶伟和黄荣庆，2006）。香港城市休闲空间是在历史的发展过程中形成的，在时空的延续中呈现出动态的发展性。香港作为多中心发展的大都市，已经形成了多个游憩商业区，各个游憩商业区有着不同的发展历史、个体特征，不同的功能结构、主题定位和发育因素（陶伟和李丽梅，2005）。大连市游憩地的空间拓展呈现出“广布+集聚”的特征；呈现“市内运动休闲，市郊观光游览”特征；游憩地建设基本符合距离衰减规律，而运动休闲游憩地在北部腹地出现了“反距离”现象（王辉等，2012）。

社会政治中心、经济集聚、文化吸引、交通枢纽都是影响城市休闲空间产生集聚效应的因素（冯维波，2007）。组织机构扩展、居住空间的分异、交通设施外延、生态平衡的追求也都是影响城市休闲空间产生离散效应的因素（冯维波，2007）。城市休闲空间演变过程中的集中机制与分散机制在现实中只有相对意义，两者之间并无严格的界限，能导致空间集中的要素，在一定的时空条件下可以成为空间分散的诱因（楼嘉军和李丽梅，2017）。同样，能引起空间分散的要素，对于不同的空间对象可能会有不同的空间结果，有可能是分散，也有可能成为集中的开始（冯维波，2007；楼嘉军和李丽梅，2017）。政府、企业、居民和游憩者四个动力主体通过游憩需求与游憩供给这两大动力媒介的作用，并结合经济、社会、技术和文化四大力量的共同推进，在集中机制与分散机制的共同作用下，便产生了城市游憩空间的演化（冯维波，2007；陶伟和李丽梅，2005）。从休闲者行为规律来看，形成了小区级休闲空间、社区级休闲空间、城区级休闲空间和城市级休闲空间等不同层次的空间结构，以满足居民不同的时空需要。从空间格局来看，形成了自城市中心到郊区的RBD、游憩组团、游憩扇面、环城游憩带等多种空间结构；从空间形态来看，形成了点状-观光游憩点、面状-游憩中心地、线（带）状-游憩廊道及其多种组合的各种形态（冯维波，2007）；从空间过程来看，形成了从单一首要节点凝聚模式，逐步到首要节点通过链接扩散放射到次要节点、末端节点，形成一个有机板块组合（图8.2）（汪德根，2007）。中国城市休闲空间的演变过程就是休闲需求和供给交错提升的过程，城市经济社会发展和交通枢纽体系的聚集和离散推动过程。

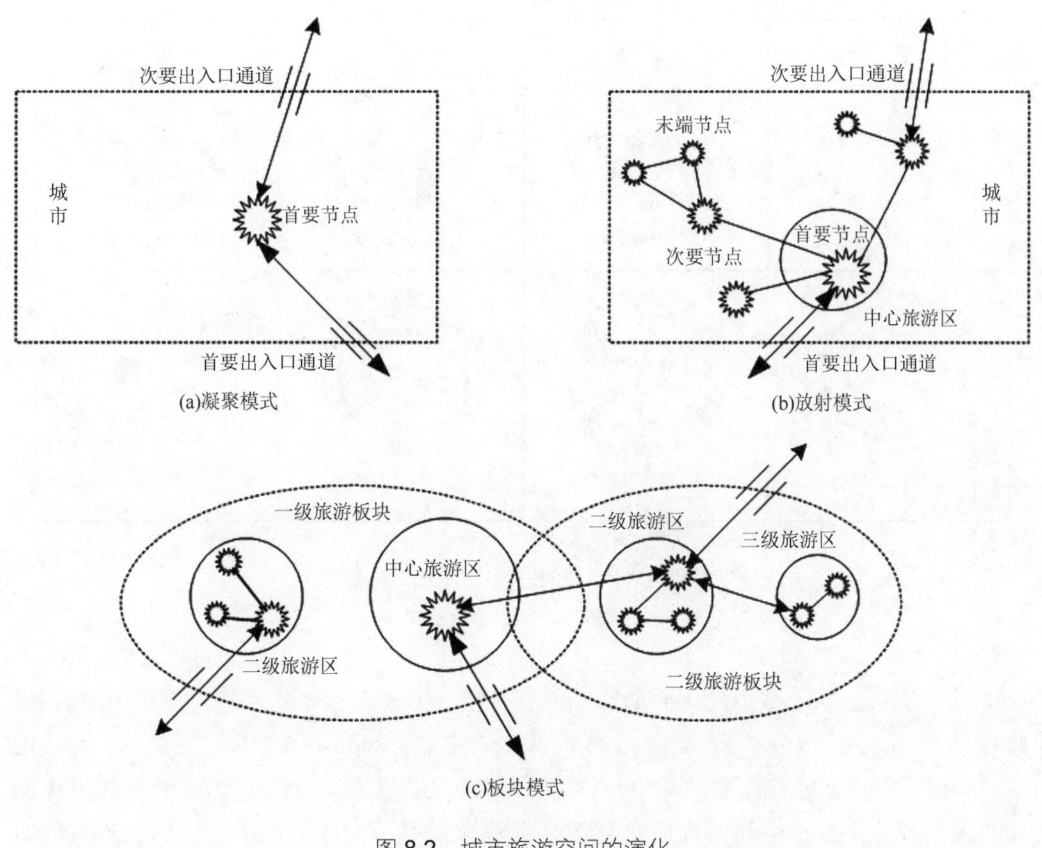

图 8.2　城市旅游空间的演化

资料来源：汪德根，2007

第二节　城市休闲空间的结构模式与时空差异

一、城市休闲空间的结构模式和空间分类

中国城市的发展历程不同，休闲空间的区位不同以及空间依托的资源布局不同，这些差异化因素形成了中国城市多样化的休闲空间结构模式，主要呈现出核心 - 边缘结构、点 - 轴结构、同心圆结构、带状结构、网络结构等（张建，2008）。虽然休闲空间结构模式多样化，但是整体的城市休闲空间结构要素还是相对一致，包括供给要素、需求要素以及相关联系的廊道和路线。这些构成要素体现出来的城市休闲空间单元有观光游憩点、游憩中心地、旅游基本路线与旅游通道、旅游集散中心、主题街、公园道路等（吴承照，2005）。也有学者提炼“点、线、面”的基本城市休闲空间单元，即点状 - 观光游憩点、线状 - 游憩廊道、面状 - 游憩中心地。这些休闲空间单元构成了不同组合，包括单核、组团、带状、马赛克嵌合、环状、放射状、环射状、串珠状等多种结构模式（图 8.3）（冯维波，2010）。

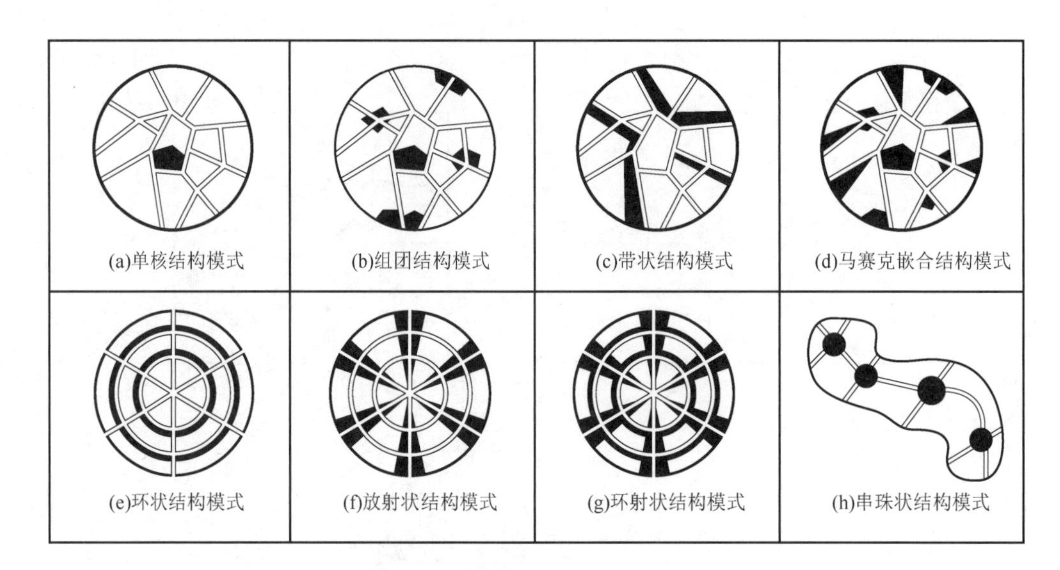

图 8.3 城市游憩空间结构模式示意图

资料来源：冯维波，2007

国内学者总结了城市休闲游憩空间的各种模式（表 8.1），主要有星系模式（俞晟，2003）、“极核 - 散点 - 带”模式（肖贵蓉和宋丽文，2008）、“场 - 要素”二元结构的圈层模式（叶圣涛和保继刚，2009）、“极核 - 组团 - 扇形 - 环状”复合蛛网模式（冯维波，2007）。这些空间结构模式虽然有所差异，但是整体呈现圈层结构模式，反映了中国城市休闲空间结构模式的整体情况（余玲等，2018）。

中国城市休闲游憩空间系统结构模式不尽相同，同一地区在不同时期其休闲游憩空间系统结构模式存在一定变化。城市发展早期，休闲空间数量少，类型单一，城市休闲游憩中心较为明确，表现为单核结构模式，如早期的杭州以西湖为核心游憩中心，以及如今一些小城市，只需要一个大型城市公园就能够满足大部分人的游憩需求。随着社会经济发展和城市居民休闲游憩需求的增加，城市休闲游憩中心常常分布在多个地方，表现为多核结构模式或组团结构模式（邓琳爽和伍江，2017）。在针对城市旅游空间的研究中，有学者提出空间布局种类主要有 7 种布局模式，微观层面的有单节点、多节点、链状三种模式；宏观层面的有城市中心地、点 - 轴空间、城市旅游圈层以及环城游憩带四种模式（卞显红，2005）。有研究指出城市中游憩商务区的空间扩展模式形态往往从单核的固定结构发展为多核结构，整体上又往往呈现为链状、环状或网状形态等，从而形成一个游憩商务区系统（陶伟和李丽梅，2005）。多数城市的游憩商业区空间布局遵循“极带式结构”。这一规律中“极”是指不同等级、不同规模的 RBD 以及游憩性城镇；“带”一般指的是城郊的环城游憩带（王雅洁等，2009）。

城市休闲空间结构模式很大程度上受城市空间形态和自然环境的影响，城市休闲空间依托的资源布局不同，形成了多样化的布局模式。比如受河流、海滨的影响，较易形成特色休闲游憩廊道，表现为带状结构模式，重庆、上海、武汉依托长江的水资

表 8.1　城市公共游憩空间系统复合结构模式

类型	示意图	适用区域	提出者
星系模式	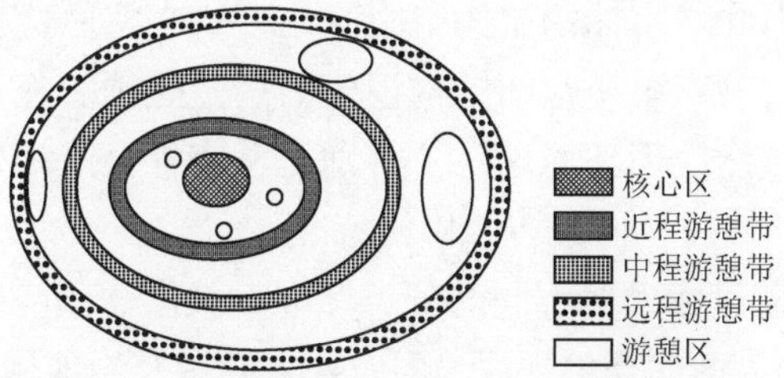	—	俞晨（2003）
“极核 - 散点 - 带”模式	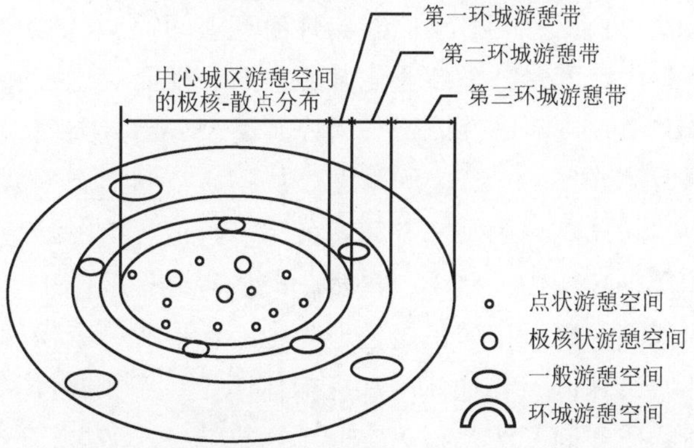	大连	肖贵蓉和宋丽文（2008）
“场 - 要素”二元结构的圈层模式	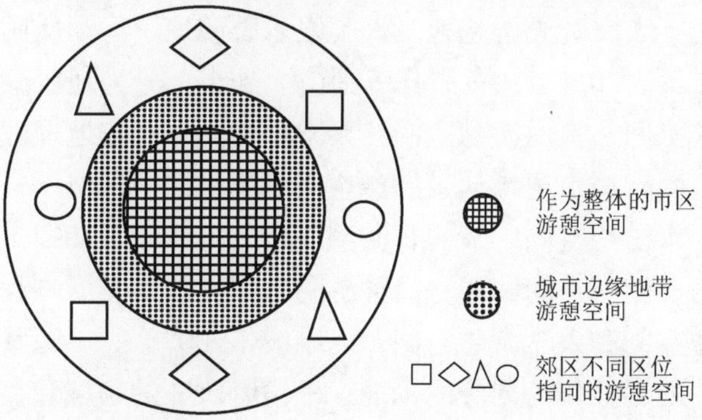	—	叶圣涛和保继刚（2009）
“极核 - 组团 - 扇形 - 环状”复合蛛网模式	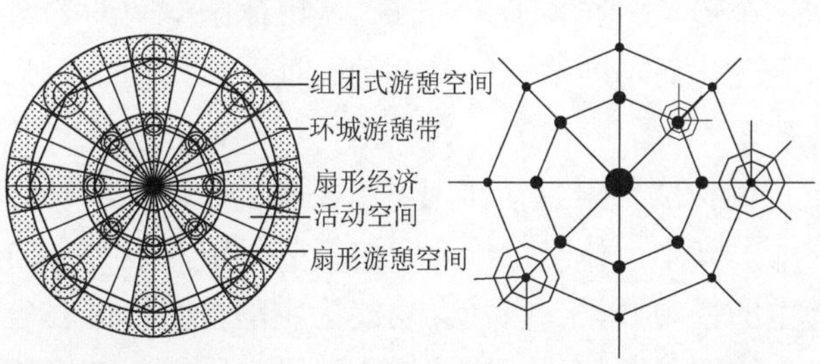	桂林	冯维波（2007）

资料来源：余玲等，2018。

源都有特色的滨水游憩带。受地形地貌的影响，城市所在地是平原地区的，往往会形成环状或圈层结构模式（郑州、成都、北京）。综合来讲，中国的城市休闲空间系统类型多样，功能丰富，涉及面广，其通常表现为复合结构模式（胡万青等，2015）。

上述的空间结构模式都作为一个参考范式，各模型理论都有其自身局限性。另外城市的休闲空间结构模式在实际应用中必然会受到类似城市规模、自然环境、社会经济发展等众多因素的影响，因此城市休闲游憩空间结构模式在实际应用时需要结合不同地区的特性进行具体分析。城市游憩空间结构模式的构建必须要充分考虑到城市的具体情况，包括城市本身的自然地理环境条件，特别是城市社会经济发展水平。同时还要考虑到城市居民游憩需求特征、城市游憩供给特征。

中国学者依据其研究目标采取不同的分类标准对城市休闲空间进行分类。主要包括：按服务对象属性，分为面向当地居民、面向外来游客及当地居民两类（吴必虎等，2003）；按休闲功能，分为商业性游憩空间、自给性游憩空间、公共供给性游憩空间等（马惠娣，2005）；按商业化程度，分为商业化游憩空间、半商业化游憩空间和公益性游憩空间（冯维波，2007）；按活动性质，分为公园类型、健身类型、体育活动场类型和其他类型（魏峰群等，2016）；按空间形态，从物质空间形态分为面状、块状、线状游憩空间，从行为空间形态分为平面空间（公园步行道、市民游憩广场、图书馆公共阅览室等）和立体空间（爬山、跳伞、潜水、海底观光探险等）（秦学，2003）；根据休闲活动的空间范围，以城市居民居住地为中心，形成一个物理圈层，包括家庭休闲、城区休闲、环城市休闲、异地休闲和虚拟休闲（吕宁，2011）；按游憩空间的形成机理，分为游憩物质空间和游憩行为空间（冯维波，2007）；按旅游资源属性，分为自然观光游憩地、人文观光游憩地、人工娱乐游憩地、运动休闲游憩地和民俗体验游憩地等（李仁杰等，2011）；按服务范围由大到小，分为地区游憩空间、城市级游憩空间、社区游憩空间、室内游憩空间（秦学，2003）；按地理区位，分为市区游憩空间、郊区游憩空间、城市边缘地带游憩空间（吴承照，2005）；按使用频率，分为日常游憩空间、周末游憩空间、节假日游憩空间（冯维波，2007）；按空间功能专一性与否，分为专门性游憩空间和非专门性游憩空间；按人类影响程度，分为自然游憩空间、半自然游憩空间和人工游憩空间（冯维波，2007）。中国城市休闲空间的分类标准中多数以单一的属性作为划分的标准，以学者研究的领域和关注的层次为主，较难形成统一的认识（余玲等，2018）。而且，城市休闲空间的类型也会随着社会的发展、居民休闲需求的变化而不断演变，具有动态性和多维性，因此城市休闲空间的分类会更加复杂。

城市休闲空间结构的构成要素包括休闲供给要素、休闲需求要素，以及联系供求的休闲通道和休闲路线。其中，休闲供给要素包括以经济功能为主的休闲产业和延伸产业，以生态功能为主的景观要素，以社会功能为主的公共休闲服务要素（吕宁和黄晓波，2014）。城区内的游憩空间的合理结构会促进半网络化结构的形成，即居住区内的游憩场所构成相对封闭的游憩空间（肖贵蓉和宋文丽，2008）。在现有的研究中，城市居民的游憩需求在空间上表现为“圈层”模式，游憩者随着距离的增加而逐渐减少。同时，游憩商业区在城市空间上表现为“多极核”模式，城市郊区的游憩地表现为环城游憩带形式，也呈现出圈层结构（胡万青等，2015）。从城区的整体来看，由于各个居住区的空间分离，这些设施表现出分散性；对于城区内的市政公园、广场等游憩场所，其功能主要为区域内的居民使用，一般也呈现出分散性特征（肖贵蓉和宋文丽，2008）；而商业性游憩场所，尤其是购物中心、百货商店等，往往呈现出聚集现象，表现为“单极核”或“多极核”的空间分布特点。

二、中国城市游憩商业区

进入21世纪后，中国的城镇化建设加速，伴随着城市内部空间的改造、土地政策和产业结构的调整，城市游憩商业区的价值和意义得到凸显。在城市休闲空间的类型中，游憩商业区（休闲商业区、商业娱乐区）的研究较多，近20年的中国学术文献中对城市RBD的规划开发与发展对策研究、空间结构与布局研究、形成机制与过程研究和案例综合研究较多（朱鹤等，2014）。中国城市游憩商业的研究可以划分为三个阶段，即起步发展期（1998~2003年）、快速发展期（2004~2007年）、巩固发展期（2008~2014年）和平稳探索期（2015~2020年）。

在起步发展期（1998~2003年），中国对城市游憩商业区的研究成果较少，保继刚和古诗韵（1998）对广州城市的研究中提出了RBD的概念和类型，并介绍了国外相关研究进展。此后，国内正式开始RBD的相关研究，研究侧重于概念引申、现象的分析、概念的理解和综述研究（保继刚和古诗韵，1998；古诗韵和保继刚，2002；侯国林等，2002；卞显红和张树夫，2004）。同时也开展了城市游憩商业区形成的过程和动力机制的研究，对城市游憩商业区的空间结构进行了分析，以南京市湖南路商业街区为对象进行了实证研究（黄震方和侯国林，2001）。此外，以广州城市RBD——天河城地段为对象进行的实证研究，分析了城市RBD的形成过程和发展特点并总结其形成机制（保继刚和古诗韵，2002）。俞晟和何善波（2003）通过城市RBD的空间表现形式、城市RBD的空间布局模式、城市RBD的空间分布规律三个方面来剖析城市游憩商业区的空间布局特征。整体而言，研究初期中国学者对游憩商业区的理论框架、发展机制、特征内涵等均缺乏较为深入的研究（朱鹤等，2014）。

快速发展期（2004~2007年），中国学术界对RBD的研究掀起热潮，推动了RBD研究的快速发展。随着RBD有关概念的提出和实证研究的深入，城市转型期旧城改造、土地置换等为RBD研究提供了基础，中国的很多城市出现了实证研究的案例，包括香港（陶伟和李丽梅，2005）、深圳华侨城（董观志和李立志，2006）、广州上下九街与天河城（保继刚和甘萌雨，2005；陶伟和黄荣庆，2006）、上海南京路与城隍庙（张建，2005；张立生，2007）、南京夫子庙（李娜，2006）、苏州观前街和成都市（刘沙等，2005，刘沙，2006）、西安（朱熠和庄建琦，2006）、天津（陈家刚，2005）、济南（王娟和何佳梅，2004）、武汉江汉路（鄢慧丽和邓宏兵，2004；许峰和杨开忠，2006）、长沙（陈燕和贺清云，2006）、浙江台州（谢凌英和周进步，2005）、宁波湾头（沈磊和郑颖，2007）、秦皇岛（郭伟等，2006）、桂林（吴郭泉等，2004；蒋丽和周彦，2005）等。该时期的研究角度涉及多学科，其中以地理学、城市规划和建筑学领域居多（朱鹤等，2014），重点研究了中国城市 RBD 的空间结构，提出了多种空间结构模式，分析了 RBD 的形成机制和发展模式。其中，广州、南京、上海等城市的 RBD 发展和相关案例的研究成果较为丰富和系统（朱鹤等，2014）。城市 RBD 的研究方法尚未形成体系，多采用定量与定性相结合的研究手法（朱鹤等，2014），相关案例研究成果仍缺少宏观性的总结分析，对 RBD 的认识存在一定分歧，这也导致了研究中 RBD 的特征不突出、定义不明确、分类不清晰等问题。

巩固发展期（2008~2014 年），中国城市 RBD 研究的目标和深度有所变化，从宏观目标演变为微观目标，从理论浅层次研究演变为理论实践深层次。有研究者提出了 RBD 从理论走向实践的困境以及规划实践中存在的问题，指出城市 RBD 研究应更加注重"以人为本"，应从微观层面进行深入研究（方远平和毕斗斗，2007）。从以人为本的角度去评价和测定游憩商业区的现实意义和社会价值（王向阳，2008；李佳 2014），这些研究将其他学科成熟的理论和方法进行了应用，如基于营销学的顾客价值理论，从质量、效率、成本、社会、享乐五个方面构建了城市游憩商业区游客价值测量表（李佳，2014），采用理论演绎法和现象归纳法得出生活形态、娱乐休闲态度、娱乐休闲行为、娱乐休闲场所选择的影响因素等变量体系（许杰兰和王亮，2011）。这一时期研究对象多以 RBD 案例的某个特征或现状为主（宋捷，2011），研究范围则相对更加开放，深入研究了传统的空间形态与空间结构的规划与设计等方面。

平稳探索期（2015~2020 年），五年来中国城市游憩商业区的研究较为平稳，未出现特别的研究热点。随着文化旅游融合的背景以及新型城镇化建设的政策引导，RBD 研究多以文化旅游的视角开展，从历史文化街区游憩商业区的非物质文化遗产利用（赵海荣，2015），再到青岛啤酒文化引导下城市休闲商务区建设（于春蕾，2015），以古城开封市为例的文化旅游视角下古城游憩商业区历史空间优化研究（石昊岭和汪霞，2015）。研究的方法多为利用前人的研究方法，缺乏创新。这一时期的研究内容和层次没有特别突出，多以其他中小型城市为实证分析对象进行案例研究，结合分析了影响游憩商业区满意度评价的因素。其中，朱鹤等（2015）采用基尼系数、空间插值、核密度分析、地理探测器等方法，结合 ArcGIS 软件，对北京城市 RBD 的时空分布特征和成因进行分析，属于研究方法方面的创新。中国城市 RBD 的研究始终伴随着相关概念的辨析（朱鹤等，2014），CBD（Central Business District，中心商务区）、TBD（Tourism Business District，旅游商务区）、CAZ（Central Activity Zone，中央活动区）、CED（City Entertainment District，城市娱乐区）等概念与 RBD 的异同贯穿整个研究过程。

可根据功能、特色和发展方式对中国城市 RBD 进行分类。从功能上，将 RBD 分为大型购物中心型、特色购物步行街型、旧城历史文化改造区型、新城文化旅游区型（保继刚和古诗韵，1998）；从空间表现形式上，将 RBD 分为步行街、游憩中心、自然风景游憩区、游憩型城镇（俞晟和何善波，2003）；从物质空间特性上，将 RBD 分为旅游城市型、商业中心型、游憩设施型（张建，2005）；从空间形态模式，将 RBD 分为叠加模式、伴生模式、增长极模式和点 - 轴模式，形成 CBD 叠加型、建筑群叠加型、观光景区伴生型、历史文化伴生型、旅游房产型、景观社区型、交通集散型、主题文化街型 8 种形态（张建，2005）；从演化方式上，将 RBD 分为典型的城市 RBD、城市传统 CBD 的演化、现代大型购物中心（张军和桑祖南，2006）。

RBD 是城市发展过程中，休闲要素与经济要素相组合形成的，其所处的地域空间一般为中心极核地区，土地的利用结构多为升级替代模式，通过经济消费形成的聚集效应，进而拉动周边土地价值，进一步吸引休闲消费经济的设施聚集，通过邻近效应、传输效应和自组织效应共同形成了 RBD 的空间结构（侯国林等，2002；施彦卿，2007）。国内对 RBD 空间结构和布局的研究多采用定性的方法，在时空层面上，通过总结文献或结合案例来分析。不同城市的 RBD 空间结构演化具有不同的特点，但大都为“点状 - 多点 - 线状 - 面状”分布的空间布局演变形态，以及离散阶段、极化阶段和扩散阶段三个演变过程（陶伟和李丽梅，2003，2005；陶伟和黄荣庆，2006）。城市 RBD 的选址一般依托特定的旅游资源、市场、便捷的交通和较低的地价等特定因素，多数城市的 RBD 空间布局遵循“极带式结构”，并从经济、社会、环境等方面构建出了反映城市 RBD 发展适宜度的评价指标体系（俞晟，2003）。传统城市中的典型城市形象代表区是 RBD 的主要位置，新兴的城市则依托旅游景点，通过商业游憩综合体的开发，也可形成城市 RBD 地段（卞显红和张树夫，2004）。不同形象的目的地城市，其 RBD 的区位无统一特点，与城市旅游开发中注重城市个性的塑造有密切联系。城市游憩区主要分为资源导向、市场导向、产品导向三种空间布局模式（吴承照，2005），并产生了单核、多核、带状网状、综合模式等空间组合方式。

三、中国城市环城游憩带

在大众化近城短途游憩需求激增的驱动下，发展环城游憩带成为我国大城市郊区发展的共同趋势。上海、北京、武汉、济南等很多大城市开始关注城郊地区游憩空间与设施的开发（党宁，2011），并试图通过规划打造各具特色的环城游憩带来完善城市游憩空间体系、带动城乡接合地区的发展（赵媛和徐玮，2008）。中国城市环城游憩带的出现也是休闲郊区化的一种表现，随着新型城镇化建设的提出，郊区化过程也进入了新的阶段：居住郊区化、工业郊区化、商业郊区化的不均衡发展使得郊区空间形成高度异质化的社会空间（柴宏博和冯健，2014），郊区空间的总体特征表现为城市功能分区与多核心集聚,从而逐渐推动城市空间结构由单中心向多中心发展。同样的，休闲郊区化的特征也是城市游憩商业区由单核心发展到多中心，结合城市立体化的交通廊道，延伸出郊区带状休闲空间。城市空间的不断扩展带来了环城游憩带的不断变化，早期关于这个地带的研究有一定的特殊性和模糊性（赵媛和徐玮，2008），研究者使用过“城郊”“城乡交错带”“城乡接合部”“郊野”“环城绿带”等不同的表述方式（黄震方等，1999；陈佑启，1995；沙润和吴江，1997）。吴必虎（2001）在对上海市郊区旅游开发实证研究的基础上正式提出环城游憩带的概念。环城游憩带的空间分布和空间距离受到城市居民的休闲需求程度、交通设施到达程度、休闲资源投资者以及政府产业引导政策等因素的影响,在土地租金和旅行成本的双向力量作用下,投资者和旅游者达成的一种妥协(吴必虎,2001)。

中国环城游憩带类型主要有人文观光旅游地、人工娱乐旅游地、自然观光旅游地、运动休闲旅游地(苏平等,2004)。根据游憩功能及其土地利用商业性程度的大小,将所有的游憩用地划分为商业型(度假住宅区、主题公园、商业游憩区、附属游憩区)和公益型(风景名胜区、森林公园、历史文化名城、纪念地、博物馆、文物古迹、原野、河流湖泊及水库等区域)两种基本类型(张红,2004)。结合长春的实证研究,从斑块类型、等级、分布状态得出环城游憩地类型包括旅游度假风景地、乡村民族民俗旅游地、文化遗址旅游地、产业旅游地和城市休闲公园五个大类(王庆伟,2004);根据旅游资源的个性特征、主要旅游功能、游览区开发建设方向、经营特点和客源市场需求几个指标划分为度假游憩地、民俗游憩地、文化遗迹游憩地、观览游憩地和娱乐游憩地五种类型(周丽君和刘继生,2005)。

中国学术界对于环城游憩带的研究落后于产业的实际发展(赵媛和徐玮,2008)。现有对于环城游憩带的研究,主要集中在环城游憩带形成机制(吴必虎,2001;潘立新和晋秀龙,2014;冯晓华等,2013)与城镇化的关系(周丽君和刘继生,2005)、环城游憩带旅游资源评价(曹园园和孙晓,2008;陶婷芳和田纪鹏,2009)、环城游憩带的空间结构(苏平等,2004;赵明和吴必虎,2009;杨利和马湘恋,2015)与游憩地的空间配置(刘家明和王润,2007;南颖等,2012)、游憩需求市场与游憩者的行为特征(吴必虎等,2007;陈华荣和王晓鸣,2012)等,也出现了对环城游憩带发展模式与系统构成的新视角(郭鲁芳和王伟,2008;李江敏和谭丽娟,2016),但对环城游憩带的发展变迁及影响因素的深度研究相对较匮乏。对环城游憩带的研究主要是对其空间结构的探讨,多以某一具体案例为研究对象,从资源、产品、市场等角度分析环城游憩带的空间构成与格局以及从时间与空间双重视角分析环城游憩带发展的研究较少。

在研究方法上,回转半径法与空间分布曲线是城市环城游憩带常用的研究方法(李仁杰等,2011;党宁等,2017)。在针对北京的研究中,选取了1172个游憩地样本,利用ArcGIS缓冲区与空间叠置统计方法,做北京市环城游憩带内每10km圈层的游憩地类型空间分布回转半径统计(李仁杰等,2011)。在上海市的研究中,选取了环城游憩带的401个游憩地,将人民广场作为上海城市中心,计算其与游憩地之间的直线距离;根据游憩地的开业时间分析上海环城游憩带的时间演化阶段;使用平均城市中心距离、回转半径法与空间分布曲线、最近邻点指数、点密度、分布重心与标准差椭圆等方法研究上海环城游憩带在不同阶段的空间演变特征(党宁等,2017)。

上海市环城游憩带的影响因素有土地占用状况、城市和其他景点的交通连接情况、旅游者行为。上海市城市居民游憩活动空间在环城游憩带内呈距离衰减式扩散,并沿交通干线延展。上海市环城游憩带的景点一般通过快速干道与中心城区发生交通联系,同时各郊县景点之间联系薄弱,使之呈放射状网络体系(吴必虎,2001)。在上述土地利用、交通可达性、人群流动等因素综合作用下，以上海城市中心为源地，形成环城游憩带及其圈层的结构（吴必虎，2001）。上海市环城游憩带的圈层分布明显，整体呈空间外推趋势，环城游憩地的空间分布呈现从离散到集聚的趋势，关联度越来越高，游憩地集聚空间形态呈现“点-核-轴-块”的发展趋势（党宁等，2017）。

中国环城游憩带的时空演化是在市场供需机制、游憩地集散机制、政府调控机制综合下各种驱动力共同作用的结果。市场的供需是环城游憩带形成与演化的最重要的机制。从供给角度来看，城市周边地区旅游与游憩用地供给的充足程度、游憩资源的质量、游憩设施与活动的供给水平、交通基础设施的可达性，是环城游憩地形成与发展的资源基础。前两者主要表现为内生性，市场和空间都主要通过作为微观主体的游憩地的趋利性选择，决定游憩产品生产和需求的数量、质量、类型和层次，并决定在哪里进行生产或在哪里获得需求，向哪里集聚或向哪里扩散。而后者主要表现为外生性，通过调控和引导以影响游憩地选择的状态集合，或者直接参与和实现环城游憩带发展战略的重大事项。三种机制相辅相成，互动制约，共同形成综合动力机制，推动着环城游憩带的时空演化。

在集聚力和扩散力共同作用下，游憩地在空间上的集散便趋向于一种空间均衡，这种空间选择从游憩地微观层面汇聚到中观和宏观层面，便形成环城游憩带整体分布的空间均衡，并随着时间推移形成均衡演化的动态轨迹，从而实现环城游憩带时空结构的演化。中国环城游憩带形成与发展的更多原因是城镇化的发展促使城市居民的出游能力和动机增强（周丽君和刘继生，2005）。城市的发展与环城游憩带之间相互影响，中国城市的发展为环城游憩带提供了大量的人口基数，在城市交通的推动下，中国城市居民的短途出行更加方便，推动了环城游憩带的发展和空间距离的扩展，同时政府的宏观调控与相关发展政策对环城游憩带的形成与发展具有直接的推动作用。中国城市发展过程出现的向心城镇化和扩散城镇化对环城游憩带产生不同的影响，向心性有利于环城游憩带的发展提升，而离散性则会让环城游憩带的空间受到威胁，出现“乡土文化消失”等（王辉等，2010）。环城游憩带内的近郊区是城市文化与当地乡土文化发生激烈冲突和碰撞的地带。随着城市空间的逐步扩张，城市的人工景观不断地取代近郊的乡村自然景，原本的乡土文化将逐渐被城市文化所影响。近郊游憩地“自然属性”的消失使其丧失了吸引旅游者的魅力，故而在环城游憩带内出现了“飞地”现象（王辉等，2010），这也形成了向特定时空内其他游憩节点引送游憩流的现实或潜在功能较强的优势节点（刘鲁等，2017）。中国的快速城镇化在带动环城游憩带旅游经济发展的同时，也给其带来了不容忽视的负面影响。受利益驱使的影响，在环城游憩带内出现了重复建设、资源浪费和恶性竞争的现象（郭鲁芳和王伟，2008）。中国城市产业结构的调整对环城游憩带的负面影响城镇化的不断发展会促进城市经济产业结构的调整。城市土地价格的上涨和宜居城市的建设等原因，迫使一些第一、第二产业向城市外围迁移。产业的外移会对环城游憩带的景观结构和生态环境造成负面的影响。在生态环境方面，由于外移的第一、第二产业多是高污染产业，对环城游憩带内的人居环境和旅游环境造成严重的污染和破坏，给游憩地的生态环境带来巨大的压力和挑战，不利于环城游憩带环境的保护和治理（王辉等，2010）。

四、中国城市休闲空间的时空差异

中国城市的地理范围跨度较大，城市发展演变的时间历程也不尽相同，由此形成的中国城市空间系统结构差异较大，不同城市的休闲空间结构模式也不尽相同。北京、上海、广州这样的大城市在不同时期的休闲空间结构模式也有一系列的演变（刘志林等，2000；吴必虎等，2002；保继刚和古诗韵，2002；张建，2008；楼嘉军等，2016；徐爱萍和楼嘉军，2019）。中国城市休闲水平的差异化以及休闲化进程的不同都形成了城市休闲空间结构模式的差异。从地市行政单元角度上，中国优秀旅游城市的地区分布呈现东多西少的不均衡现象（胡浩，2013）。总体来讲，我国城市休闲化水平整体偏低，主要的城市休闲化指标中休闲接待和服务水平较高而休闲空间和环境的供给较低（楼嘉军等，2016）。休闲空间和环境一定程度上制约城市休闲化的进程。基于城市比较的视角，休闲生活的消费能力的差异也造成了城市休闲化水平的差异（刘润和马洪涛，2016；马洪涛等，2019）。全国主要省会城市中，31 个城市的休闲化水平呈现梯度发展的态势，北京、上海、广州处于第一梯度，5 个梯度分别代表高水平、较高水平、一般水平、较低水平和低水平的城市休闲化（楼嘉军等，2016）。

中国城市的休闲空间差异化，整体上大致呈现由东向西依次递减的“斜条”状分布，并且“胡焕庸线”两侧城市差异明显（楼嘉军等，2016）。以长江为界，“胡焕庸线”东南城市的休闲化水平也有着明显的差异，长江以北城市（除北京外）的休闲化水平略低，而长江以南的城市又呈现出由外向里递减的“圈层”结构。分指标水平空间差异出现了类似特征，但指标间的空间差异状况仍略有不同。东中西部城市的休闲化水平依次递减，但部分西部城市由于旅游休闲资源丰富和休闲相关产业发达，其城市休闲化发展也较为突出（楼嘉军等，2016）。

中国城市休闲经济和旅游经济的差异化形成的空间差异呈现两极分化的形势（孙盼盼和戴学锋，2014），形成了高水平趋同和低水平趋同两种类型，并且这种分布模式未随着旅游经济整体发展水平的提高而得到根本性的改变，中西部省（区、市）依然没有摆脱相对滞后的局面。宋慧林和马运来（2010）利用 2007 年旅游经济数据，对我国省域旅游经济总体和局域空间差异特征进行初步探索，但研究所利用的数据仅有一年，无法反映中国区域旅游经济差异，尤其是自 2000 年以来，空间互动关联作用所导致的空间特性和分布格局的演变。有学者利用空间统计分析方法，对 2000 ~2011 年中国区域旅游经济发展水平的相互依赖程度、相互影响和关联模式以及空间集聚格局和演变进行分析（孙盼盼和戴学锋，2014）。

受到区域经济发展水平的影响，中国城市休闲经济和旅游经济的差异化较为显著，中国各区域之间休闲化水平的差异与区域经济发展水平差异分布格局基本吻合（刘润和马红涛，2016）。中国东部地区的城市休闲化水平普遍比中西部高，传统的东部一线城市休闲化水平相对较高，中西部的重点一线城市也有大幅度的提升，但是与东部城市相比还是有较大的提升空间（孙盼盼和戴学锋，2014；刘润和马红涛，2016）。

从休闲消费差异的角度看，中国城市休闲消费能力也呈现出东部地区高、中西部地区阶梯降低的特征，但是差距开始收窄（马红涛等，2019）。东部地区的长三角区域、珠三角区域以及京津冀区域包揽了城市休闲消费能力前列的城市，中西部城市中武汉、西安、成都则是城市休闲消费能力的重要体现，提升幅度较大（马红涛等，2019）。东北地区呈现出休闲消费的多极化发展（甘静等，2015）。通过分析2003~2015年中国31个城市的休闲消费能力，反映中国城市休闲消费能力区域差异呈现逐渐收敛的趋势，从休闲消费潜力、休闲消费环境、休闲消费结构三大分项指标来看，泰尔指数值均有下降，但差异的大小以及下降的趋势和幅度各不相同。差异最大的是休闲消费环境的区域，尽管差异总体呈现不断缩小的趋势；休闲消费结构区域差异主要表现为交通通信以及文化教育娱乐方面的支出，呈现出先较为平稳后迅速缩小的变化趋势，且缩小的比例最大；休闲消费潜力区域差异最小，其总体呈现震荡中缩小的趋势。从三大区域的内部差异看，东部地区城市居民休闲消费能力的内部差异最大同时收敛的速度最快，其内部发展的差异性一直保持较高水平（甘静等，2015；马红涛等，2019）；中部地区城市居民休闲消费能力的内部差异最小，但经历了U形的发展趋势；西部城市居民休闲消费能力的内部差异居中且呈现先增大后缩小的趋势（马红涛等，2019）。

在中国城市休闲空间差异的研究方法中，综合指数评价模型和泰尔指数测定法使用较多（楼嘉军等，2016；刘润和马红涛，2016；甘静等，2015），呈现结果方面借助空间制图、ArcGIS等实现空间差异化特征的图像化展示（胡浩，2013；孙盼盼和戴学锋，2014；甘静等，2015；楼嘉军等，2016）。对于休闲消费能力差异方面使用了变异系数法和柯布道格拉斯函数分别测量31个城市休闲消费的相对差异程度，即休闲消费能力。然后采用自然断点法直观反映休闲消费能力的区域差异和差异的演变趋势。目前有关测度区域差异的方法有基尼系数、Moran's *I*和泰尔指数等（马红涛等，2019）。圈层分析方法、空间数据探索分析方法（ESDA）、主成分分析法也在城市区域休闲经济、城市休闲空间的差异化分析中使用（方叶林等，2013；胡浩，2013；孙盼盼和戴学锋，2014）。

影响城市休闲空间差异的因素主要有地理基本区域、区域经济发展、交通体系、宏观政策以及政府管理策略。地理位置方面，“胡焕庸线”两侧的地理环境差异大，气候、地貌特征等自然地理条件不同带来了城市发展进程、交通设施建设、经济和城市现代化进程的差异，对中国城市休闲化的空间差异具有一定解释力（楼嘉军等，2016）。区域经济发展方面，中国的改革开放措施中，采取的是有重点的、渐进的社会经济改革方式，因此中国区域经济发展以及休闲消费经济不可避免地带有区域不平衡的特点（刘润和马红涛，2016；马红涛等，2019）。伴随改革开放的不断深入、东部地区经济带动作用的显现以及区域经济合作的积极影响，我国国民经济的快速发展也逐渐惠及中、西部地区城市（刘润和马红涛，2016）。宏观政策方面，中国西部大开发战略、新型城镇化战略、文化旅游融合战略、“一带一路”倡议、休闲产业等政策逐步显现效果，东部带动中西部发展，城市休闲化总体区域差异一直在波动中逐渐缩小。

中国城市休闲化水平的区域差异是必然存在的，可以接受适度的差异化（刘润和马红涛，2016）。中国区域城市休闲化水平应与城市社会经济发展水平相匹配，考虑城市休闲空间与城市发展的协调性，应该因地制宜地发展具有区域特色的城市休闲化（李雪铭和晋培育，2012）。中国中西部区域城市的休闲空间发展潜力大，东部城市面临经济增长放缓的新常态和供给侧结构性改革、老龄化进程加快的问题，休闲消费的能力和休闲空间的拓展提升面临一定的压力（马红涛等，2019）。

综合来讲，中国城市休闲化发展整体上呈现持续上升态势，并由高度集聚趋向于均衡化，但局部仍存在一定的分布差异，城乡差别促进城乡休闲空间二元形态的形成。从局部空间来看，城市休闲空间与居住空间一样，会发生极化和分割的情况，休闲空间的分异现象越来越明显。中国城市休闲空间发生分异，成为为不同阶层、团体和不同社会地位的人提供差异化休闲活动的载体。中国城市的多元化发展必然带来社会阶层的多元化，在中国快速城镇化进程中城市休闲方式和乡村休闲方式的互补互动，形成了居民心理上的“都市情结”和“乡土情结”，促使了环城游憩带的形成与发展，也带来了城市休闲空间内部的差异化。通过适当平衡城市休闲空间的总体布局，真正实现基于居住空间和塑造人文关怀的生活空间与邻里空间的有效互动，才是和谐城市的空间基础。

第三节　城市休闲空间与休闲行为的互动

休闲空间与休闲行为的关系较为复杂，休闲行为的研究以微观个体为对象的研究，注重分析个人日常生活的休闲时空行为，以及休闲行为的协同性和社交关系维护（赵莹等，2016）。以城市居民社会群体为研究对象的研究，重点考虑城市居民的休闲结构性需求以及开展休闲活动行为的影响制约因素（赵莹等，2014）。城市休闲空间与行为的关系，需要从微观个体的休闲需求再到社会群体的休闲方式多角度的研究，需要重视以人为核心的休闲需求，城市人居环境也成为地理学城市空间研究的一个重要角度（李雪铭和李建宏，2010）。通过分析休闲行为的产生背景和过程机制，掌握城市居民的休闲需求，研究休闲空间与休闲行为的互动关系，才能提升城市休闲空间的利用率，提供合理的休闲空间布局，减小休闲需求的供需矛盾。

休闲行为的差异受到多重因素的影响，同时这种差异也影响了城市休闲空间的选择。中国城市居民的休闲行为仍以发生在家庭和社区空间的为主，休闲行为相对单一，对应的休闲空间也相对集中。在研究深圳、北京不同时期的日常休闲行为中发现，中国城市居民的休闲空间还是以家庭内部的休闲和社区休闲为主，从 2001 年的深圳城市案例研究（刘志林和柴彦威，2001）到2012年北京城市案例研究（许晓霞和柴彦威，2012），这一特征没有发生根本变化。对比美国城市，中国城市居民的出行距离短，空间相对集中，而西方城市居民的休闲行为空间则更为发散，美国居民的休闲出行距离更长（赵莹等，2014）。

中国国内研究的应用导向性明显，地理学方面的研究以空间布局为核心，交通学领域以出行目的地和需求为核心，一定程度上忽略了休闲行为的原动力和复杂性（赵莹等，2016），缺少对微观个体休闲需求、休闲心理以及休闲行为的研究。现阶段国内城市休闲的大量实证研究集中在宏观层面的规律把握，微观个体的休闲时空行为分析仍相对缺乏（赵莹等，2016）。国内的研究视角随着“人本主义”的转向（李雪铭和李建宏，2010），开始注重城市休闲从宏观到微观演变的理论框架，此外大数据、5G、社交网络、物联网以及GIS技术的应用，为从微观个体的海量离散数据到宏观群体的规模化大趋势提供了更多更丰富的研究领域。以人为本的城市休闲，是现代城市发展的方向（韩光明和黄安民，2013）。人本主义的微观认知方法论和以人地关系为研究对象的地方理论,可以弥补国内休闲研究在休闲行为和心理研究方面的薄弱环节，为休闲领域的研究开辟新思路。

一、走向后现代的休闲空间观

中国城镇化进程在改革开放后经历了一个快速发展的时期，城市内部空间快速变化。随着城市内部制造空间的外迁，居住空间的升级改造以及交通空间的扩展融合，休闲空间也发生了巨大变化，从传统的城市绿地公园、城市休闲广场到更丰富的休闲游憩商业区、街区“口袋公园”以及追求园林营造的社区休闲绿地（张文英，2007；魏伟等，2018）。这些变化受到了后现代新城市规划理论“洛杉矶学派”的影响，形成了后现代休闲空间思潮，更强调休闲空间的地方精神理论，强调休闲需求的多样性和个性化，在休闲空间的环境和视觉呈现方面更加丰富，让城市具备“城市性”的地方特色，加强城市休闲空间的情感设计表达，营造休闲空间的地方因素，减少现代化城市的标准模板和雷同建筑空间。

20世纪70年代“人本主义”思潮影响下的人文地理开始强调，城市从功能理性的现代“物质空间形塑”转变为注重社会文化多元的“地方社区营造”（张中华，2012）。受到人本主义的影响，城市规划建设上开始重视微观个体日常生活空间的质量，重视城市人居环境建设（李雪铭和李建宏，2010）。人本主义城市观的核心思想就是地方感、地方精神和地方营造，从人-环境关系的本质来研究城市居民及其居住的城市环境之间的积极地方感依恋情绪和消极地方感逃避趋向（唐文跃，2011；张中华，2012；李如铁和朱竑，2017），研究城市居民的空间认知过程和地方重构过程（李蕾蕾，2000；韩光明和黄安民，2013；袁久红和吴耀国，2018）。

城市休闲空间包括城市居民休闲行为活动、休闲体验以及个体的情感意义表达，是一种动态化的空间，城市人居环境中的休闲宜居功能是居民的向往和追求，其历史演变过程能够彰显休闲者所期望的价值判断过程（顾朝林和宋国臣，2001a；李雪铭和李建宏，2006；张中华，2012；李雪铭等，2014），而且这种价值判断能够在一定的时间内展现在休闲空间当中，休闲者的喜好和逃避不断改造休闲空间，即通过地方化的实践来不断重构城市休闲空间结构（张中华，2012）。休闲空间的意象被界定为经验、记忆、情感和直接感觉的大脑图示，用来诠释信息和引导休闲行为，意象为具体事物和概念之间提供了稳定秩序（李雪铭等，2008）。城市休闲空间的情感表达，也是居民“地方情感”的来源，地方情感是个体情感表达后延伸出的地方群体标签（唐文跃，2007；张中华等，2008，2009；朱竑和刘博，2011）。凯文•林奇（2001）通过城市意象的研究，将城市景观的概念融入环境认知理论，形成了城市结构认知的系统，这一系统通过地方认知地图来表达环境的知觉和感觉形式，以地方影像的方式表达对城市空间的记忆。

走向后现代的休闲空间观，主张以从人本主义的微观认知方法论角度，以地方理论为基本研究视角，探讨休闲主体与城市之间的 “人与地”关系，构建城市休闲的后现代地方观研究概念框架（韩光明和黄安民，2013）。从休闲的主体看，城市拥有不同层次的人群分布，结构复杂，需求多样化，这些因素导致了休闲行为特征的多样化和复杂性；从休闲行为看，休闲行为具有时空非固定、变动弹性和出行随机性的特征（李雪铭和李建宏，2010）；从休闲实现的载体看，城市休闲行为需要特定的场所和空间开展休闲活动，对应城市的内部场所和空间环境（李雪铭等，2014）。休闲行为是基于空间载体而发生的，空间和行为构成了场所；从地方性角度看，休闲地域特征的差异和社会群体形成的情感意义表达存在多样性和历史演变性。地方理论应用于城市休闲研究（张中华，2012；韩光明和黄安民，2013），将为休闲领域在心理、行为、地方性等层面打开新的思路，拓展更广阔的研究空间。

后现代的休闲空间观，推崇城市的特性打造，追求地方精神的彰显，通过“地方再生”的理念，将城市休闲发展过程的历史文化遗存作为一种城市休闲资源进行开发，再现城市休闲发展的轨迹，让城市中再现不同的休闲空间场所，彰显地方精神和城市特性，推动休闲空间的多样化发展。通过地方功能重组、机理缝合、文脉传承等手段进行再造地方活力（张中华，2012）。例如，上海新天地通过修复历史建筑的外表、改造内部结构，成为上海市的时尚、休闲文化娱乐中心之一（姜文锦等，2011）；北京将衰退的原国营第七九八厂等电子工业的老厂区转变成了北京都市文化的新地标和艺术休闲消费场所（宁泽群和金珊，2008）。

二、休闲行为的城市空间意象形成

城市居民通过休闲行为产生了休闲空间的认知，形成了居民对于休闲空间的普遍认知（顾朝林和宋国臣，2001；冯健，2005）。这些休闲空间认知、感知的因素会经过不断的积累形成居民头脑中的主观印象，也就是由居民对于休闲空间可以回忆起来的元素所构建的虚拟化空间意象。

物质空间在被人们感知和认知后，发生了从潜在环境到有效环境的转变，进而被休闲空间的参与者认同，当积极的认同情感累计后，通过这种环境心理体验，形成了对于物质空间的意象，进而产生各种行为的动机。空间意象是物质空间在个体主观心理环境中的再次展现，也是城市居民个体或者群体普遍可以接受的稳定的城市结构。空间意象理论用来研究城市空间布局与规划，可以有效地满足城市居民的满意度和精神认同感，成为休闲行为和休闲空间研究的重要内容。

林奇最早提出城市意象的概念（李雪铭和李建宏，2006），城市个体对于局部空间的记忆和意象有差异，而城市群体中的整体记忆和意象则具有普遍性，可以视为城市的“地方性”或者“地方精神”。个体空间意象的叠加形成群体空间意象，研究城市居民个体空间意象的形成过程，总结城市休闲意象的元素可以为城市休闲空间的布局提供良好的规划指导（顾朝林和宋国臣，2001；冯健，2005，2004）。意象空间要素在城市意象中的分布、可识别程度和空间组合结构等形成城市意象空间的特点（李建宏和李雪铭，2006）。城市休闲空间意象是城市休闲者（包括城市居民和城市旅游者）通过对城市休闲游憩空间或场所的观察与体验 、感知与认知，对休闲游憩空间环境信息的刺激加以存储、了解与重新组合后在头脑里形成的有关城市游憩空间的印象及产生的意义（田逢军，2013）。城市游憩空间意象源于城市游憩者对游憩空间的感知与认知，游憩者感知与认知良好的游憩空间通常具有高度的可意象性（梁玥琳和张捷，2007），让游憩参与者感受到精神放松。休闲空间人性化的具体体现就是实现人的参与、体验以及人与空间的互动。这里所强调的参与、体验和互动，主要有生理和心理层面的含义（郭旭等，2008）。生理层面上，居民通过自己的实际体验感受生理上的反应。心理层面上，居民主动进入特定的休闲空间场景，亲身体验场景所表达的含义，使主体在心理上产生身临其境的感觉，并在视觉感受和心灵体验两个方面对休闲空间环境引起共鸣，从而产生很强的参与感。

城市休闲意象空间的形成过程是人们的情感累积的过程。情感累积程度的研究无法通过具体量化的数据来分析，一般通过现场的访谈、实地生活体验等方式获得研究资料。城市居民游憩认知地图绘图过程与特征的差异性导致了其认知地图类型的差异性，反映了居民独特的绘图空间思维、不同的空间组织方式以及别样的游憩环境心理。对中国城市的实证研究表明，中国城市游憩意象要素如路径、标志和节点的等级层次较高，意象内容则以广场、游憩商务中心与特色休闲街区、重要景观路桥、特色建筑物（群）和历史文化遗产与古迹地为主（王红和胡世荣，2007）；意象空间格局呈现中间高、四周低的特征，具有强烈的市中心内聚倾向（田逢军，2013）。林奇的研究发现居民印象中的空间位置可以通过口头得到表述，这种表述与手绘的意象草图比较类似（林奇，2001；王茂军等，2007）。不同居民对于这种空间意象的表述结果也有很多类似之处，即都是由基本的点、线、面来构成。这与城市居民接受的基本几何知识和地图知识有一定的关系，这种通用型的知识也为研究城市居民的认知地图提供了便利（李雪铭和李建宏，2006）。城市公共广场一般具有规则几何形体空间，向心性是规则空间的明确特征，为创造围合性环境提供了基础，如在圆形空间的中央位置便于人们的聚集。大连的中山广场其空间形态为标准的圆形，中山广场位于空间的几何中心，从中心散发出的道路延伸到不同的方向，空间的形态对在广场中休闲的居民产生强烈的心理暗示，休闲行为也会受到影响具备明确的方向性（李雪铭等，2013）。

休闲空间的意象中，对于地方和空间产生的情感是影响个体休闲行为的主要因素。休闲动机产生后，在选择休闲空间和休闲行为的决策阶段，会受到休闲空间情感因素的影响。空间地方情感的产生过程是一个从认知到意识再到能动性和创造性的过程（李雪铭等，2019）。“地方认知”划分为直接认知和间接认知。直接认知，主要是在游憩活动中的实际参与中的直接接触、感官和体验，认知的渠道和方式以视觉为主，辅助以听觉、触觉、味觉、嗅觉。间接认知，主要是在游憩活动之前或者过程中，以得到的评价和经验口碑为主，辅助以媒体广告、网络信息、展览、亲友推荐等。一般情况下，间接认知早于直接认知，间接认知会影响直接认知的效果，并对直接认知产生导向性的作用。

认知阶段的过程是休闲空间地方感形成的重要阶段，也是决定地方认知最终发展方向的阶段。通过地方认知后产生的地方重返愿望以及重返行为会直接影响意识阶段的地方感形成，主要表现在重返行为的累积作用会使地方游憩体验不断加深，形成“地方认同”，同时，重返过程中也会有风险，就是过程中产生了变故或者直接改变游憩者认知的事情，造成了地方认知的差异走向，即“地方抵触”情绪的产生（李欢欢等，2013b）。突出空间意象要素保障，着力打破休闲与城镇化互动发展瓶颈。在休闲空间开发与城镇建设过程中，需要突出休闲空间的可识别性，以及布局具备大众性记忆的空间场所，让更多的人员从休闲空间中获得积极的情感认同和深刻的空间意象。

中国城市休闲空间与城市居民休闲行为之间的关系形成了地方性、地方意义、地方依恋等地方理论体系（韩光明和黄安民，2013）。中国城市的地理位置跨度大，各地独特的自然地貌、民俗文化和城市特性等营造出多样化的城市性，城市居民通过休闲活动对城市的休闲空间和物质空间有了情感上的意义（李雪铭等，2008），同时，城市居民和外来游客通过社交网络和口碑传播将这种感知进行文字、图片和视频的传播，形成了特定的城市文化名片和城市意象标签。在城市休闲空间意象不断的变迁中，从休闲需求的产生到休闲行为的实施，都受到城市地方情感的影响，进而形成积极的地方情感和消极的地方情感。城市休闲空间意象也将引导休闲空间的规划进行改良，另外，居民的能动性和创造性也会让城市休闲空间得到自我的提升。

三、休闲空间新模式：作为生活方式的休闲城镇化

中国城市的发展阶段还处于工业社会向后工业社会的过渡时期，不同地域的城市处于不同的经济社会发展阶段，城市也具备多样化的生活空间（余玲等，2018）。在工业经济和服务经济的基础上，城市休闲经济作为满足人们休闲消费而产生的经济形态，其本质是体验经济（郑胜华，2005）。体验经济注重人们的感知和经验，以人们活动过程中的心理感受为标准去衡量服务水平。在体验经济时代，经济形式、政府角

色、家庭组织和生活方式等发生变迁，城市休闲活动的发展也呈现出人文化、生态化、体验化和产业化的趋势（赵霞和姜秋爽，2013），以休闲为目的的休闲城镇化逐渐成为城市居民的生活方式（李雪铭和倪玉娟，2009）。在这种休闲消费观念转变的背景下，城市休闲空间的发展也就必将在功能、价值方面顺应人们对休闲生活的利益和价值诉求，而逐渐向体验型与人性化的方向发展（郭旭等，2008）。

以信息技术为代表的新型产业体系不断发展，城市经济的发展由物质产品为主向以信息生产和服务生产为主转变。信息化技术使得工作与休闲的界限模糊化，在城市群体中工作不再是生活的保障，而是一种生活的体验。这对传统的工作模式和休闲空间尺度造成了冲击，改变了工业社会期间，工作与休闲的二元分割的状况（李雪铭和晋培育，2012）。休闲生存状态比工作生存状态更为高级，属于人类基本生存需求满足后更高层次需求的层面（吕宁和张会新，2011；赵霞和姜秋爽，2013）。信息化互联网时期，在丰富的物质资源基础上，城市居民在个人技能展示方面的需求，产生了多样化的才艺表演、个性化休闲活动。从“游戏直播”到“秀场直播”再到“带货直播”，虚拟网络社会中原本的休闲活动与现实社会中的消费活动相结合，对主播而言，玩游戏、表演这类传统意义上的休闲活动已经成为工作的状态。同时，新型的体验式休闲方式也不断涌现（郭旭等，2008）。例如，体验式的休闲主题活动、农业休闲体验活动、互联网虚拟休闲活动等。信息技术扩散与渗透重新配置了城市居民的总体活动时间和休闲活动时间，同时也对现有的城市休闲空间产生了解构与重构效应（韩光明和黄安民，2013）。

随着经济的发展以及信息沟通方式的畅通，中国的城市出现了面貌趋同的现象，城市原有的文化性和地方特色被标准化的水泥钢筋社区取代，道路的名称也在趋同。在休闲城镇化的模式下，需要城市休闲空间重视与城市文化特色的结合，形成富有城市性的休闲空间，逐步引导居民形成积极的地方依恋和情感认同。此外，在休闲空间的新模式下，城市的休闲空间与工作空间、居住空间、活动空间等实现无缝衔接，引导生态休闲和工作的融合。

第四节 本章总结

城市休闲空间是城市发展过程中的产物，休闲行为在一定程度上决定了居民对城市空间的认知，“行为”与“空间”互相依赖、互相影响。一方面，本章从休闲需求和休闲经济的驱动力角度，分析了城市休闲空间形成和存在的驱动力，并且从休闲需求与休闲空间供给之间矛盾调的角度，分析了中国城市休闲空间演变的过程；另一方面，针对不同地区所依托的资源差异和城市休闲空间演变过程的不同，总结了常见的中国城市休闲空间的结构模式，从不同研究目的的角度划分了城市休闲空间的类别。

随着我国城市居民对休闲活动与休闲空间的需求日益增加，我国城市休闲研究也在逐渐向着“人本化”的方向发展，对城市休闲的研究逐渐从休闲空间、休闲制度、休闲设施等方向转移到了对城市居民休闲行为的探究上。居民休闲行为与城市休闲空间互为影响、互相促进。居民的休闲行为是休闲动机的外在表现，因研究方法和研究角度的不同，城市居民休闲行为分类也各不相同，但是都具有主观能动性、个体差异性、形式多样性、兼容关联性、限制性等特点。在不同的社会发展阶段，城市居民的休闲方式受社会价值观、居民幸福感、社会经济等因素的共同影响而演进，自由化、多样化、先进化、个性化和体系化等特征愈加明显。

除此之外，本章还探讨了中国城市居民的休闲行为与休闲空间的关系，主要分为以下几个部分，分别是休闲空间的构建对休闲行为的影响、休闲行为的空间认知过程、休闲场所精神与休闲行为模式。城市居民是城市休闲空间的主体，城市休闲空间为城市居民所服务，只有具备了休闲行为的城市空间才能真正是休闲场所。“空间”和“行为”作为城市休闲空间中相互依存、相互作用的两大要素，休闲行为深刻影响着空间认知，空间认知决定了休闲活动体验程度。休闲空间是居民休闲场所精神和休闲行为模式的承载体，休闲场所精神的可传承性是影响休闲行为特征的重要因素之一，居民独特的休闲行为模式是地域化休闲精神的标志。从游憩地角度出发，地方认知和返程行为会直接影响人们地方感的形成，地方感的不同也会造成地方认知的差异走向，可以通过对游憩地的管理和规划，避免地方厌恶的产生，以及有效地改变地方认同。

随着城市功能区的拆分重组，城市休闲已然成为以居民生活方式为主的城镇化新模式。城市休闲空间逐渐演变为以内部空间为中心，向外延伸扩散直至覆盖城市周边游憩带的全域休闲空间。城市休闲空间作为生活方式的休闲城镇化打造的目标，关键在于人与自然的和谐发展，将城镇化建设完美融入自然资源与人文资源之中，要求我们对不同类别的休闲空间采取相应的对策，如分散小体量空间、丰富大众型休闲空间、打造层次分明的消费空间等；同时还需统筹兼顾休闲空间与城镇化之间的利益关系，城镇化的快速发展是保障休闲文化广泛传播、休闲空间设施公平完善的前提，反之休闲产业经济的发展带动着休闲城市的进步，休闲制度的建立丰富着休闲城市的内涵。

总而言之，休闲空间是构成城市休闲“硬件”的主导内容，居民的休闲行为、休闲认知和休闲感悟是构成城市休闲“软件”的重要因素。一个城市是否能成为真正意义上的“休闲城市”，必须解析城市作为“地方”的主体性和休闲主体的感知、体验、态度以及它们之间的关系，才能突破空间意象要素，打破休闲空间与城镇化之间的发展瓶颈，打造真正属于居民且具有独特韵味的、以休闲生活为基础的、休闲服务产业适度聚集的综合型休闲城市。

第九章　不同群体的生活空间：多元马赛克

第一节　在华外国人与外国人聚居区

一、在华外国人的变迁

随着发达国家经济发展减速以及针对移民的政策收缩，新兴且经济更为活跃的发展中国家正逐渐成为外国人频繁活动的区域。中国作为世界第一贸易大国，第二经济大国，中国大陆地区入境外国人游客规模迅速增长，在1990~2013年就从174.73万人次增长至2629.03万人次。同时，自20世纪90年代起，中国常住外国人口的数量日益增长并呈现出在特定大城市集聚的倾向。但中国作为传统的非移民国家，对外国人的居留、就业、服务等管理严格，如规定持居留证件的外国人未经政府主管机关允许，不得在中国就业。然而，严格的限制并未能压制外国人入境的增长趋势。根据第六次全国人口普查（该普查首次将我国境内的境外人员作为普查对象），截至2010年10月，在华居留三个月以上的常住外国人口数量达60万之多，较10年前增长了4倍。

根据第六次全国人口普查数据（国务院人口普查办公室，2012），2010年在我国境内居住的外国人共593832人，其中男性336245人，女性257587人。按国籍来看，外国人数量排在前十位的国家分别是韩国120750人、美国71493人、日本66159人、缅甸39776人、越南36205人、加拿大19990人、法国15087人、印度15051人、德国14446人和澳大利亚13286人。按居住地来看，人数排在前十位的地区分别是上海市143496人、北京市91102人、广东省74011人、云南省45801人、江苏省30928人、山东省30172人、福建省27386人、浙江省26765人、辽宁省22723人以及广西壮族自治区21465人。上述外国人员中，约有2成已在中国境内生活超过1年，4成以上生活已超过2年。其中，以学习、就业和商务为目的入境的外国人最多，其比重分别达25.9%、22.7%和18.3%。再者，从接受教育程度来看，出现较为两极分化的情况，半数以上的外国人接受过大学本科及以上教育程度；同时，也有2成左右的外国人仅有小学及以下文化，且多为居住在云南、广西的来自东南亚地区的外国人。

随着外国人不断流入中国各大城市，以国籍为单元的外国人聚居区（又称跨国移民社区）已在各大城市出现。例如，北京的望京地区出现了韩国人聚居区、上海的古北地区形成了日本人聚居区、青岛城阳区和沈阳西塔街出现了“韩国城”、义乌形成了“中东一条街”等。这些在全球化背景下新近出现的外国人聚居区不仅为中国城市带来了新的国际化社会空间，同时为城市带来了多元文化并注入新活力，也促进了外国人在投资、消费等经济活动中与当地社会的联系，刺激了国际化社会和国际化城市的形成和进一步发展。随着外国群体更多地进入可视的公众视野，这些外国人是如何在当地城市生存和发展，又是如何构建他们的生活空间，都是非常值得关注的话题。

二、在华外国人聚居区

（一）北京望京韩国人聚居区

自 1992 年中韩建交到 2015 年中韩自由贸易区协定签署，中韩两国经济合作逐步升温。中国已成为韩国的最大贸易伙伴、最大出口市场、最大进口来源国以及最大海外投资对象，韩国也成为中国的第三大贸易伙伴和第一大进口来源国。伴随着经贸往来的深入，中韩间的人员和社会文化交流也蓬勃发展。2013 年来华外国人 2609 万人次中，韩国人以 397 万人次居首位。根据韩国海外同胞统计显示，2013 年在华长期居住的韩国人已超过 35 万，中国已成为仅次于美国（209.1 万）和日本（89.3 万）的第三大韩国人移居地。而根据第六次全国人口普查数据显示，在华居住 3 个月以上并接受普查的外国人 593832 人中，韩国人以 120750 人成为最大的在华常住外国人群体。从在华韩国人的基本属性来看，他们普遍拥有较高学历，60% 以上的在华韩国人接受过本科及以上教育；其居留时间以少于 2 年（50%）和 2~5 年（25%）为主；其入境目的主要为学习（35%）、就业（30%）和商务（18%）。韩国人主要分布在北京、广东、山东、天津、辽宁、上海等东部及沿海地区的城市，尤其以北京为最。

从北京的韩国人口发展变化来看，北京韩国人口在 2008 年金融危机爆发前一直保持着强劲的增长趋势，2003~2007 年的 5 年间人口倍增，2007 年已突破 10 万人；金融危机爆发后，其人口规模出现较大的波动起伏，2009 年时人口规模缩小了 3 成左右，此后有所恢复，2013 年为 74025 人（表 9.1）。据不完全统计，北京望京形成了拥有 6 万左右人口规模的韩国人聚居区，加上五道口等地区，其人口规模接近 10 万人，是在华常住外国人中人口规模最大的外国人聚居区。

望京地区位于北京朝阳区，是涉外资源，如外国驻华使馆、驻京国际组织及代表机构、外国商会、外国驻京知名新闻媒体、国际学校、外籍医师等高度集中的区域。望京地区地理位置优越，位于东北四环、京密路、东北五环以及京承高速四条主干道交叉形成的五边形区域内，向西靠近亚运村和奥运村，向南靠近 CBD 商圈和韩国领事馆，是北京市自“十一五”以来规划建设的六大高端功能区之一。望京地区主要由花家地、南湖渠和望京三大居住区组成，涵盖 20 多个居住小区。

表 9.1 北京韩国人口数量的年变化（2003~2013 年） （单位：人）

年份	韩国人		
	一般居留者	留学生	合计
2003	30000	13000	43000
2005	50000	10000	60000
2007	70000	30000	100000
2009	46064	21109	67173
2011	57600	20000	77600
2013	54652	19373	74025

资料来源：Ministry of Science and Technology of South Korea. Annual report of statistics on Korean nationals overseas 2013：Northeast Asia，South Asia Pacific，North America，South America，Europe，Africa，Middle East. http：//www.mofa.go. kr，2015-11-02.

根据周雯婷等（2016）的研究，自 20 世纪 90 年代以来，望京地区从城乡接合部成功地转变为韩国人聚居区。根据其研究，韩国人聚居区主要经历了四个阶段的变化，如图 9.1 所示。在第一阶段的 1992~1998 年，花家地凭借靠近韩国领事馆、首都机场的地理优势以及良好的教育设施，如韩国国际学校、北京中医药大学、北京青年政治学院、中央美术学院建筑学院等高等院校，吸引了部分韩国留学生及陪读家长居住在花家地的北里、南里、西里等，成为望京韩国人聚居区形成的雏形。在第二阶段的 1999~2002 年，普通韩国人开始涌向中国，开启了韩国人大规模移居北京的浪潮。与此同时，望京新城（由望京新城一区、望京新城二区、望京西园三区和望京西园四区）于 1999 年竣工，将“望京”的概念正式带到公众视野。其中的望京西园三区和四区根据韩国人的生活习惯采用地暖的设计方案，在基础设施方面具备了吸引韩国人入住的先决条件。而相比燕莎、亚运村的外交公寓，望京新城不仅建设更现代化，租金也更为便宜，吸引了不少韩国投资者、创业者及其家属的入住。在第三阶段的 2003~2008 年，由于 2003 年后望京进行了二次开发，新建了更多高级、高层的楼盘，大量商业设施也开始进驻望京，加上韩国本土以外最大的 LG 电子科研中心落户望京科技园，其后摩托罗拉、西门子等大企业也相继在望京设立在华总部。因此，选择居住在望京的韩国人迅速增多。特别是吸引了众多韩国领事馆、大型韩资企业的派遣人员以及在京经商、创业的韩国人的入住，从而从空间层面奠定了以望京新城及其周边地区为中心的空间格局。在第四阶段也就是 2009 年以后，望京韩国人聚居区发生了较大的波动变化。2008 年金融危机爆发，其影响之大被媒体戏称为“韩元咳嗽，望京感冒”的现象。韩元大幅贬值的同时，北京物价水平上涨、就业压力增大。2007~2009 年，在京韩国人口缩减了 3 成左右，其后人口数量有所回流。但大环境的变化也导致出现了不少经营陷入困境甚至失败的韩国投资者和创业者，他们不得不重新寻找工作或投资机遇。这些受经济条件制约的韩国人，倾向于选择租金便宜的南湖中园、南湖东园等小区，从而使韩国人聚居区的空间格局在前一阶段的基础上，呈现明显的向外扩散的趋势。

图 9.1 望京地区韩国人住宅区的空间分布

图 9.2 望京西园四区中的韩国人经济设施

总体而言，以 1998 年为分界点，望京韩国人聚居区的空间中心从花家地北移到望京新城，2003 年后望京新城作为韩国人聚居区的中心地位得到进一步加强，并逐渐向周边地区扩张，呈现出“大聚居、小分散”的空间格局。韩国人口从集中到分散的居住分布倾向，一定程度上助推了韩国人聚居区空间边界的扩张。与此同时，以韩国人为主要服务对象的族裔经济设施也在蓬勃发展。特别是望京西园三区和四区，分布有众多具有族裔特色的店铺。这些店铺多集中在餐饮业，韩国的食品、服饰、化妆品等零售业，以及便利店、韩式足浴 / 按摩、美容院等服务业，甚至专供韩国人使用的国际长途电话 IP 卡也有出售（图 9.2）。换言之，韩国人日常生活所需的各种商品和服务，都能在居住区内得到满足。而受“韩流”的影响，韩国娱乐、文化、流行服饰、化妆品等产品也备受中国消费者，特别是年轻人的喜爱，韩国文化的渗透也促使韩国族裔即经济设施的经营者将本地居民作为重要的服务对象，间接推动了韩国族裔经济的外向发展。

（二）上海古北日本人聚居区

上海是在华外国人集聚规模较大的城市之一。2010 年上海常住外国人口为 162481 人，占全国常住外国人总数的 27%（上海市统计局，2012）。从国别来看，日本人以 35075 人成为上海市最大的外国人群体，其人口数约占在华日本人的 53%，上海常住外国人的 22%。其中，上海最典型的外国人聚居区就是古北日本人聚居区。

20 世纪 90 年代，上海形成了当时规模最大的外国人聚居区——古北新区。古北新区作为上海第一个涉外商务区（虹桥经济技术开发区），配套设施于 1986 年开始兴建，1993 年完成一期建设，总规划用地面积 136.6 万 m^2，总建筑面积 300 万 m^2。其规划目的是解决外国专家和港澳台同胞的居住问题，以促进招商引资工作的开展。因此，古北新区配置了相应的办公、商业、文化娱乐、教育等设施，是兼具商业和外贸功能的涉外居住区。而根据当时我国的移民政策，外国人被要求居住在涉外居住区。因此，绝大部分在沪外国人都居住在古北新区，从而形成多国籍混合居住的外国人聚居区。

21 世纪后，为应对快速增长的在沪外国人，自 2003 年起解除了外国人居住区选择的限制。此后，之前一直处于混居形态的各国籍外国人，开始呈现出居住分离的倾向，也出现了以国籍为单元的族裔聚居区。古北新区由于原本的日本人口集聚规模较大，在上述过程中逐渐演变成日本人聚居区。以 2003 年为分界点，日本人聚居区的空间区位、聚居规模都发生了新变化。2010 年时，长宁区成为日本人居住最为集中的区域，约有 43% 的日本人居住在长宁区，其次依次是浦东新区、闵行区和徐汇区①。而实际上，居住在长宁区的日本人大多聚居在古北新区及其附近区域。本节将古北新区、虹桥地区和仙霞地区定义为“古北地区”。除古北新区为涉外居住区外，虹桥地区建有日本学校和其他的涉外住宅，也吸引了不少日本人的居住。而仙霞地区由于日本领事馆和大量日资企业的办公设施都设立于此，近年来为日本人服务的族裔经济设施不断增多，可视为日本人聚居区的辐射范围。

在 2002 年时，日本人居住较为集中的小区共有 24 个，其中 19 个小区位于古北新区，5 个位于虹桥区虹梅路段；2012 年时，日本人居住较为集中的小区增至 39 个，其中 34 个位于古北新区，虹梅区没有明显的变化（周雯婷和刘云刚，2015）。新建的 15 个小区均属于古北新区 2 期开发工程项目，位于古北新区 1 期的东边，如图 9.3 所示。

① 上海市统计局 . 上海 2010 年人口普查资料 . 北京：中国统计出版社，2012.

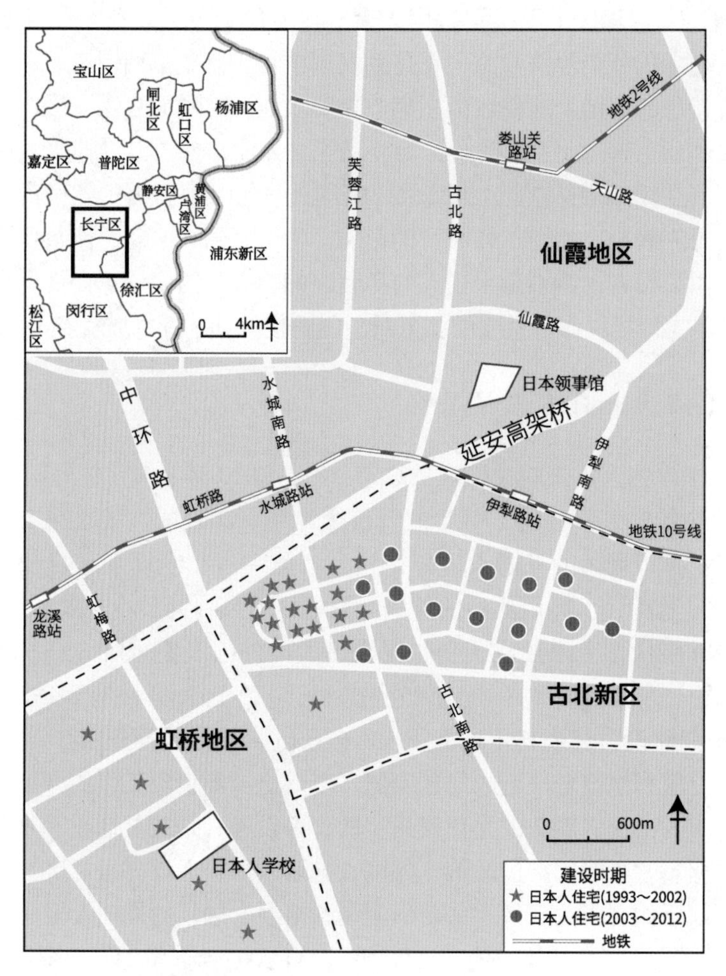

图 9.3 古北地区的日本人住宅分布变化

日本人聚居区的形成原因，一方面得益于古北新区靠近虹桥经济技术开发区和上海虹桥国际机场的区位优势；另一方面，居住环境良好、配套设施完善的古北新区较能满足日本人的居住选择偏好，而日本人具备较高的付租能力也支持着其择居行为。根据实地调查，2012 年分布在古北地区的日本族裔经济设施数量超过 300 家，基本能满足日本人的日常生活需求。日本族裔经济设施主要包括：22 家教育相关设施（1 所日本学校、2 所国际学校、7 所托儿所 / 幼儿园、12 所补习班），16 家日本食品零售业相关设施（6 家日本食品专卖店、9 家日资超市、1 家大型超市），200 多家餐饮服务业相关设施及 53 家其他设施（8 所医疗设施、6 家房地产中介、13 家按摩店、21 家美容美发店、5 家音像店）。从空间分布上看，日本族裔经济设施遍布整个古北地区（图 9.4~ 图 9.6），并以古北新区一期的分布最为密集，其原因主要如下：第一，古北新区一期是日本族裔经济出现最早的地方，具有集聚经济效应；第二，古北新区一期的房租和店铺租金随古北新区二期的竣工有所下降，从而降低了族裔经济的投资门槛。

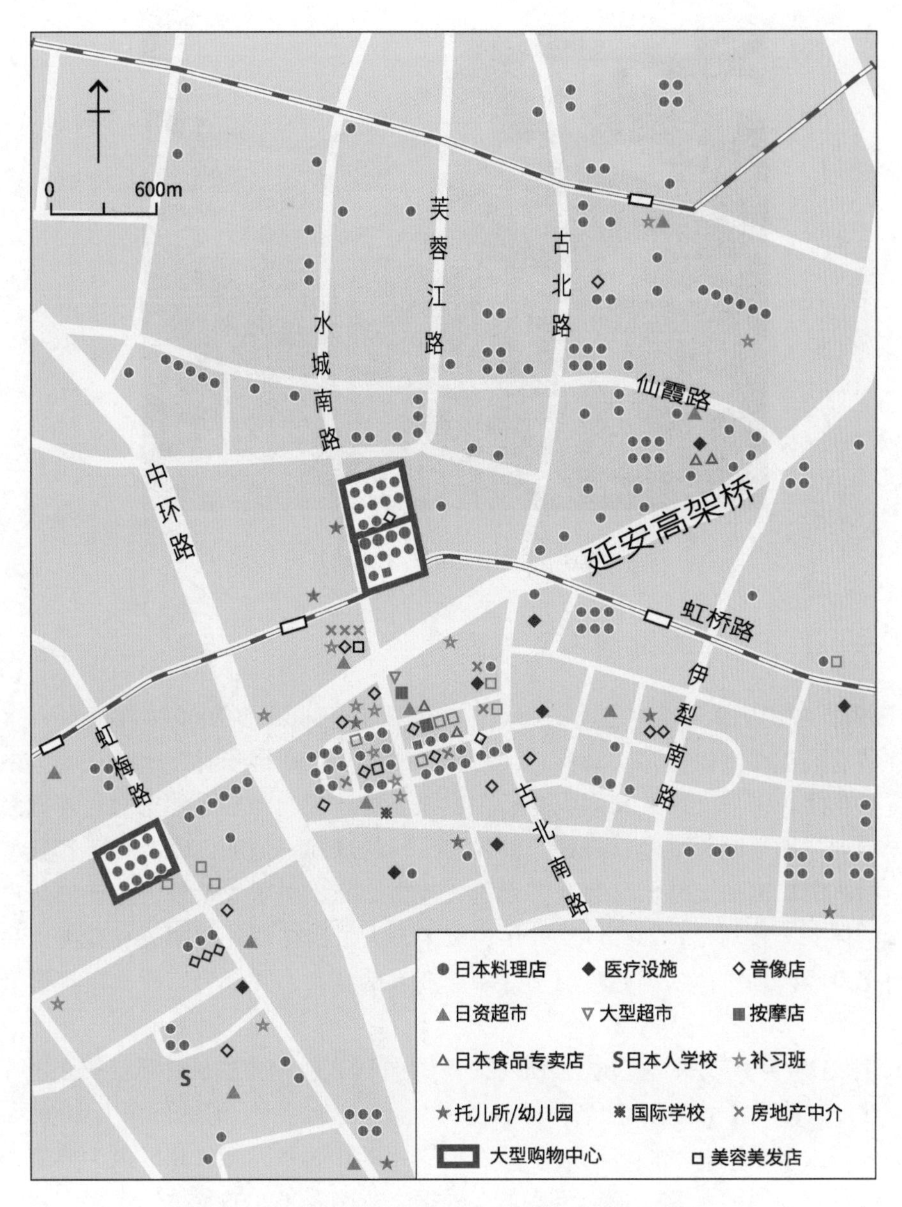

图 9.4　古北地区日本族裔经济设施的分布（2012 年）

图 9.5　古北地区的日本人住宅区

图 9.6　古北地区的日本人幼儿园

（三）广州小北路非洲人聚居区

广州作为中国海上丝绸之路的起点，由秦汉起至明清的 2000 多年间，一直是中国对外贸易的重要港口城市。清代“十三行”的设立更使得当时广州承载着全中国的出口贸易功能。中华人民共和国成立后，广州在对外开放和接受外来文化等方面均走在全国前列，加上毗邻港澳，身处“世界工厂”的珠江三角洲，以及每年春秋举办两届“中国进出口商品交易会”等众多因素，使得广州吸引了大量外国企业的落户和外国商人的涌入。特别是自 20 世纪 90 年代以来，大量销往海外的服装和鞋类产品已成为广州出口经济的主体，因此吸引了众多非洲人的到来，并成为广州人口规模最大的外国人群体。

20 世纪 90 年代以来，广州逐渐形成了 5 个外国人较为集中的片区：三元里片区、环市东片区、天河北片区、二沙岛片区和番禺片区。与北京、上海的外国人聚居区不同，广州的外国人以来自非洲的客商居多，其中三元里片区和天河北片区最为典型，尤其是越秀区洪桥街道的小北一带最负盛名。根据李志刚等（2008）的研究，广州的非洲人总量为 15000~20000 人，构成极为多元化，使用法语、英语、阿拉伯语和葡萄牙语等不同语言，其中大部分来自西非，包括原法属殖民地几内亚、贝宁、马里、塞内加尔、科特迪瓦和原英属殖民地尼日利亚和加纳，另有相当数量来自中非的刚果、安哥拉、坦桑尼亚和肯尼亚等。大部分非洲人到广州的主要目的是从中国出口工业产品到非洲，或从事其他相关商业。相对只有小部分经营小商品，多数是向非洲出口衣服、个人商品、家庭用品等。其中尤其以建材出口居多，因为靠近广州的佛山市是中国最大的陶瓷、建材基地。

非洲人自 20 世纪 90 年代开始大量出现并居住在小北路。小北路地处越秀区洪桥街道，在其 1km 半径内分布有诸多中高层商住楼，如天秀大厦、秀山楼、陶瓷大厦、国龙大厦等。如秀山楼共有近 200 套房屋，非洲人和阿拉伯人开设的店铺占一半以上。居住在小北路的非洲人以穆斯林居多。仅秀山楼、天秀大厦、国龙大厦三栋就聚集了 400 多名来自 52 个国家的非洲人，其中天秀大厦是初到广州的非洲人的首选（李志刚和杜枫，2012）。究其原因，是小北路所处的良好区位条件吸引了非洲商人的集聚；小北路临近机场路入口、广州火车站、地铁以及多个汽车站，附近分布有大量如“站西钟表城”、“白马服装城”和“流花服装批发市场”等货流中心。此外，天秀大厦距广州火车站等交通枢纽距离仅 3.5km，距“中国出口商品交易会旧馆”不足 5km。此地区住宅租金水平与广州整体水平基本持平，属中等价格区域。这些因素都促使小北路成为吸引非洲人聚居的重要条件。

三、在华外国人的生活空间

进入 2000 年后，在华外国人口剧增并在北上广等大城市形成了大大小小、各有特色的外国人聚居区，这一趋势在未来仍有继续加强的迹象。上面各章节中挑选了外国人集聚规模较大的北京、上海、广州三个城市作为研究对象，并分别对各个城市中人口规模较大的外国人群体——韩国人、日本人和非洲人的生活空间进行了介绍。

他们大多是出于经济利益而将中国作为暂居地的跨国旅居者，他们往往在中国居留数年后继续迁往下一个国家或返回故乡，大多没有在中国长期居留的打算。因此，这也决定了在华外国人的生活空间具有很大的复制性和封闭性。复制性，是指外国人为在短时间内更快、更好地适应当地的生活，很大程度上延续了在母国的生活方式，特别是在饮食文化和教育方面表现得尤为明显。不管是在北京、上海还是广州，都形成了为外国人群体服务的、具有其母国特色的族裔经济设施。如在古北地区，形成了大量以日语为主要标识的广告、店铺招牌等空间景观，不仅将日本文化带进古北地区，同时也缓解了日本人对海外生活的各种不适应，使其与当地居民在不同文化习俗、社会观念和生活方式前提下实现和平共处。再如望京地区，分布有不少韩国学校、韩国补习班，韩国小孩即使身处北京也能接受到和在韩国一样的教育。封闭性，是指外国人群体与当地居民处于空间隔离的居住状态。外国人聚居区的封闭性较为复杂，既有主动隔离也有被动隔离的情况。如非洲人就属于主动聚居、被动隔离的情况。非洲人主动选择聚居是为了实现低成本的发展，以此来抵消对异国环境的不熟悉，强化当地社会联系和分享信息；而被动隔离则是由于当地居民等的态度。而日本人则属于主动聚居、主动隔离的情况，这是由于中日关系的复杂变化所带来的问题，导致其以这种居住方式来寻求居住安全的心理保护（周雯婷和刘云刚，2015）。

在全球化的今天，在大力推进城市经济全球化的同时，是否应考虑引导外国人积极融入当地社会、提升城市的社会国际化程度等，都值得进一步的研究和反思。

第二节　华侨农场与在华归难侨的生活空间

一、在华归难侨的由来与安置

中华人民共和国成立后，在爱国主义热情的感召下，一些华侨自愿回到祖国参加新中国建设；第二次世界大战结束后，东南亚国家纷纷独立，受强烈的民族主义情绪和国际意识形态的影响，一些国家掀起了反华排华浪潮，一批华侨被迫归国。我国将这些自愿和在国外受压迫回国的华侨华人分别称为归侨和难侨（姚俊英，2009）。中华人民共和国成立以后的30年间，我国出现了三次华侨回国高潮。第一次回国高潮发生在中华人民共和国成立初期的1949~1959年，归国华侨约30万人，主要有回国报效的科学家（以从欧美国家回国的人员为主）、回国深造的归侨学生、回国定居的华侨等。其中，在20世纪50年代自愿回国参加社会主义建设的“老归侨”多为难侨。第二次回国高潮发生在20世纪60年代（主要是1965年前），因印度尼西亚排华、中印边境冲突及中缅关系紧张而回国的印度尼西亚、印度、缅甸华侨合计约有30万人，以印度尼西亚最多，约为13.6万人（黄小坚，2005）。第三次回国高潮发生在70年代后期。1978年中越关系恶化，大批华侨和越南难民从边境口岸涌入云南。80年代初，中朝、中蒙关系紧张，也有一些朝鲜、蒙古国华侨回国定居（尤云弟，2010）。

20世纪50年代后期，中国制定了接纳安置归侨的总方针，为按籍安置，面向农村，面向山区，有特殊技能者才录用。1960年2月2日，国务院颁布《国务院关于接待和安置归国华侨的指示》，成立“中华人民共和国接待和安置归国华侨委员会”，负责统筹归国华侨的接待和安置工作[①]。

1955年、1975年印度尼西亚和越南相继发生大规模排华事件，中国政府为在短时间内妥善安置大批集中回国的归难侨，征收镇、村边缘的插花地和田地，建立华侨农场。20世纪50~70年代，在福建、广东、广西、江西、云南、海南、吉林7个省（区）陆续兴办了84个国有华侨农场，集中安置了24万归难侨；同时，在广东、广西、福建、云南、海南5个省（区）农垦和林业系统的近200个国有农场安置了9万多归难侨。

二、安置方式与生活空间变迁

广东是全国华侨农场数量和安置归难侨人数最多的省份。全省共有23个华侨农场，面积达1148km^2，安置了来自印度尼西亚、越南等24个国家和地区的归难侨89669人，全省华侨农场数量、总人口、安置归侨和难民人数，分别占全国总量的27%、49%、

① 国务院侨办 . 2007. 华侨农场改革和发展文件汇编 .

40%（姚俊英，2009），非常具有代表性。2016年5~6月，中山大学社会调查研究小组曾对广东省尤其是广州市花都华侨农场越南、印度尼西亚归难侨群体进行了196份问卷调查，内容主要包括受访者基本信息、归国时间、与原居住国的联系、生活状况、身份认同、归属感等方面，也对华侨农场居民的以上情况和生活变化进行了详细的结构化访谈，笔者主要参考该调研结果。

广州市花都华侨农场位于广东省广州市东北部近郊，创办于1955年，安置了来自印度尼西亚、马来西亚、新加坡、越南、柬埔寨、泰国、印度、老挝、新西兰、马达加斯加、日本11个国家和地区的归难侨共5000余人。农场由政府投资经营，处于劳动年龄段的归难侨分配到不同生产队从事农业生产。1999年，成立花侨镇并挂牌，保留原花都华侨农场牌子，与花侨镇政府两个牌子一套人马运作，2005年区划调整并入花东镇。目前，辖区面积14.5km^2，下辖3个社区居委会，常住人口5123人，其中归难侨2176人，侨眷2177人。

（一）作业区：生活不适与融入障碍

政府早期建立华侨农场时较为仓促，仅简单划定作业区对归难侨进行安置。一方面归难侨在生活方面都存在巨大适应困难。绝大部分的归难侨都是出生成长于侨居国，虽然都是中国籍，但事实上他们的语言文化、习俗礼仪、生活习惯，甚至是思维方式都已深受侨居国的影响而与土生土长的当地人差距较大（表9.2）。侨一代的"面向农村，集中安置"的安置方式其实让很多归难侨感到不适应，因为归难侨中大部分人在侨居国都不是以务农为生（张晶盈，2013）。

表9.2　归难侨生活适应问题

区域	语言	气候	起居	饮食	工作方式
东南亚（华侨聚居区）	汉语、当地语言	热带气候	较为宽敞	东南亚食品，喜酸	做生意、技术工人为主
中国（花都华侨农场）	粤语	亚热带气候	较狭小	番薯等	农业工作为主

另一方面，作业区既是归难侨进行农业活动的生产空间，也是其生活空间。由于农场的土地是国家在不同时期向不同村庄无偿征用的，因而花都华侨农场的土地分散在7个作业区（图9.7）：竹湖、湾弓塘、洛柴岗、港头、莘潭、杨荷、半边山，各个作业区与周围农村毗邻，场部位于洛柴岗，港头、半边山、杨荷在其东北面，莘潭在其东南面，湾弓塘在其北面，竹湖在其西北。其中除竹湖/湾弓塘/洛柴岗作业区带状相连外，其他作业区分布分散互不接壤。这种生产生活空间的分散在华侨农场建立早期，相对周边花都区农村的连片区域，显得更加隔离，也阻碍了归难侨的社会融入。

在1967年的特殊时期，许多归难侨因各种原因减少甚至切断与原居国的联系。同时，归难侨也被迫加强与当地的联系，以促进本土生活的融入。由于农场的生活艰难，

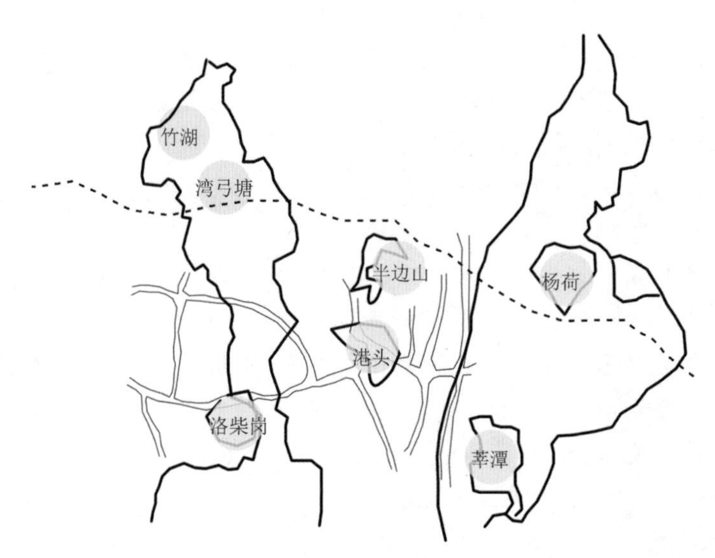

图 9.7　花都华侨农场作业区示意图

加上各种原因，部分归难侨离开华侨农场，而自愿留下的归难侨则经历漫长的调整适应期后，形成较为稳定的生活方式和生活空间。

（二）安置区：外向与内向融入

1991 年后花都华侨农场开始实行经济体制改革，乘改革东风，归难侨生活条件日益改善，与农场的生产、生活关系进一步得到稳固。1993 年，由于农场直属华侨投资公司领导，归难侨子女不再由农场统一分配工作，于是其子女纷纷外出打工，形成跨越本地社会的外向融入，由此其生活空间从原本的华侨农场进一步扩大至周边农村，甚至是广州市区。

2009 年，为改善归难侨的居住条件，花都华侨农场进行了侨房改造工程，原 7 个作业区搬迁合并为 3 个居住小区（图 9.8，表 9.3）。原作业区已用于商业开发，仅留

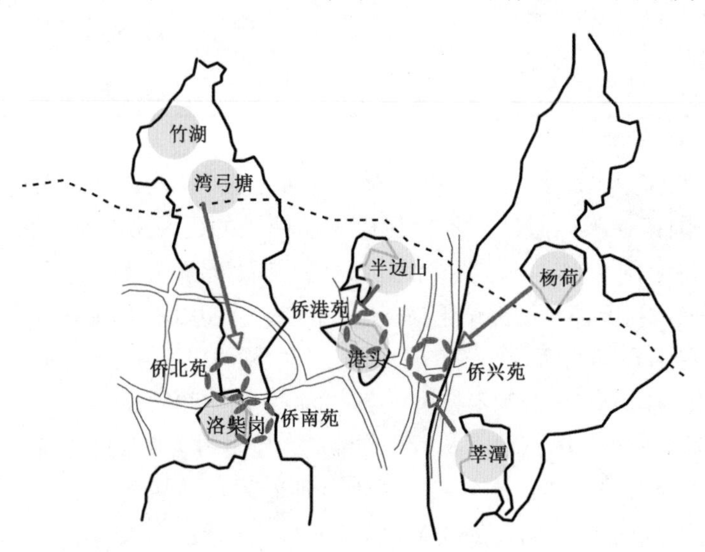

图 9.8　归难侨的内向融入示意图

下少量归难侨居住过的瓦房建筑。在从分散的生产区转为集中的安置区的过程中，归难侨的生活空间更加紧凑，空间距离的缩短促使第二代、第三代归难侨的内向融入。

表 9.3　归难侨的内向融入

<table>
<tr><th>原作业区</th><th>现安置区</th><th>人口概况</th><th>所属居委</th></tr>
<tr><td>洛柴岗作业区（总场）</td><td rowspan="3">侨南苑、侨北苑</td><td rowspan="3">总人数：1578 人
总户数：698 户
印尼归侨人数：165 人
越南归侨人数：数据缺失</td><td rowspan="3">洛柴岗居委会</td></tr>
<tr><td>湾弓塘作业区</td></tr>
<tr><td>竹湖作业区</td></tr>
<tr><td>港头作业区</td><td rowspan="2">侨港苑</td><td rowspan="2">总人数：680 人
总户数：300 户
印尼归侨人数：153 人
越南归侨人数：354 人</td><td rowspan="2">港头居委会</td></tr>
<tr><td>半边山作业区</td></tr>
<tr><td>莘潭作业区</td><td rowspan="2">侨兴苑</td><td rowspan="2">总人数：1453 人
总户数：643 户
印尼归侨人数：99 人
越南归侨人数：324 人</td><td rowspan="2">北兴居委会</td></tr>
<tr><td>杨荷作业区</td></tr>
</table>

三、代际更迭与生活空间变迁

从花都华侨农场 1955 年建立至今，在华归难侨的子女大多已经长大成家，不少仍和父母同住，甚至“侨四代”都已经出生。三代归难侨在华侨农场的生活过程中受到了不同程度的同化影响，从一代到三代经历着：语言 - 职业 - 心理的代际更迭，这也影响了在华归难侨生活空间的变迁。

（一）代际差异

侨一代面临最大的隔阂要素是语言和文化差异过大，几近封闭的生活圈，使他们受到同化的程度较小，对原居住国文化的保留程度相对较高。因此生活空间最为封闭和独立。与此相对，侨一代的海外关系密切，最初通过书信与海外亲人保持较为频繁的联系，尽管 1966~1976 年曾中断一段时间，1976 年后重新恢复联系并保持至今。如今多用电话和微信与海外亲人交流，是三代人中与海外联系最为密切的一代，也是整个家庭中维系与海外亲人关系的主要力量。在安置政策方面，大规模排华运动之前的侨一代按照“按籍安插，主要面向农场，对有技能者量才录用”的原则分散安置为主，大规模排华运动发生之后，根据国家需要和个人意愿，妥善安排至国营华侨农场工作。一方面，在当时的年代享有国有农场职工的优待政策；另一方面，对于安置地点、个人技能的限制条件也较多。

1991 年后花都华侨农场真正开始经济体制改革，1993 年农场直属华侨投资公司领导，侨二代不再由农场统一分配工作，需要走出农场解决就业。侨办鼓励身强力壮的归难侨到国有企业就职，解除原有的就业限制，促进了侨二代的向外迁移。侨二代因工作关系不断融入社会，并与当地人生活空间交织形成的新型人际关系网络促进了“侨”的进一步生长，带来了空间与情感上的双向融入。然而，即使有连锁侨网络作为资源帮助侨二代迁出农场，但由于缺少社会背景和教育素质较低，侨二代希望在城市获取一份体面的工作依然困难重重。同时对迁出失败带来议论的畏惧，也让农场的许多归难侨望而止步。在海外关系当中，侨二代与海外亲属的关系逐渐疏离，出国探亲的次数和通过手机联系的频率都大幅度下降，但是受到侨一代的影响，对侨文化的认可程度仍然较高，依然重视海外关系。

与侨一代、侨二代不同，侨三代呈现出多元化的特点。根据调研结果，侨三代会称“自己根植于中国”，强调“祖父母归国时的爱国情怀”，环境的同化作用使得侨三代的“侨”成了一种心里偶尔出现的文化和身份的符号意象。有的侨三代通过自己的努力考上大学或寻求更好的出路而离开了农场，并且定居于农场以外的城市，在他们的工作生活中，并没有像父辈一样较为强调自己的归难侨身份，生活空间已与普通城市居民近乎重合。

（二）通婚影响

语言交流的障碍、穿着的差异、饮食风俗的难统一和信仰的不同为华侨农场与周边农村划分出了一条隐形的边界。由于华侨农场建设无偿征用农村土地以及华侨农场建设初期国营体制下归难侨职工的特殊待遇，归难侨在生产和生活过程中与周边农村的村民均形成冲突。

归难侨和村民之间的关系随着时间的流逝和代际变更走向融合。一方面，在属于华侨农场中心的市场上每晚有三个舞蹈队（集体舞、双人舞和健身操），大量的归难侨和村民共聚于此活动。另外有重大节日时农村统一放映的电影也会吸引大量的归难侨前来观看，丰富的集体活动正是农场的归难侨的与周边农村村民生活空间相互融合的体现。另一方面，从通婚情况来看，1978 年以前，华侨农场与周边村庄的通婚人数较少，约占 1.7%，主要为内部通婚，但到 2007 年，华侨农场与周边村庄的通婚率达到了 13.2%（孙燕，2009）。

四、归难侨的生活空间

（一）身份认同与归属感

绝大多数安置在华侨农场的归难侨，三代以前祖先就已移居侨居地，因此在文化适应过程中，华侨身份是其多重身份之一。虽然很多归难侨对中国现代社会缺乏了解，但是他们也保留着“根”的意识，在华侨农场长期生活的过程中，享受着国营企业职工的待遇，因此，在身份认同中，还具有华人、华侨农场（退休）职工等多重身份。

在归难侨的文化适应过程中，各代记忆因子表达不同，加上生长环境的影响，造成在身份认同和归属感相关问题的回答上代际差异明显。根据调查结果，绝大部分的归难侨在“华侨”“华人”“华侨农场（退休）职工”这 3 个身份上表现出较高认同。但是，大部分侨一代不认同自己是“中国公民”，而是“原居住国公民”，且认同“原居住国”是自己的家；随着代数的增加，80% 的侨二代认同自己是“中国公民”，家在“现居住地”；全部侨三代认同自己“中国公民”的身份和“现居住地”的家。

侨三代虽然认可华侨农场是自己的家，但根据调查结果，绝大部分的侨三代较少参加社区活动，参加意愿也不积极，对于社区活动的重要性没有产生认可。这也反映出他们内心其实并没有真正地对华侨农场产生认同感和归属感，建设意愿不积极。

（二）多元文化的生活空间难再复制

归难侨当初回到中国，虽然国家在政策上给予福利和照顾，但是过了这么多年，其“难”的弱势群体属性仍然很难消除；以前的“难民”及其后代在目前快速城镇化的中国社会，面临的还有城乡差距带来的生活困境；对多个归难侨家庭目前的生活状况进行研究得到的结果显示，绝大部分的归难侨家庭处于中低收入水平，平均来看一个常见的四口之家，在比较理想的状况下每个月家庭总收入也只有大约 13000 元，而这还不考虑小孩成家后的其他情况。

从生活空间来看，华侨农场目前具有零碎化的东南亚风情建筑景观，但是没有形成一定的规模体系；当地政府正在着手复原多元文化的生活空间，打造“东南亚风情街”，开发旅游经济；但是老归难侨对这一改造并不十分认同。

老一代归难侨普遍认为，政府建设风情街并没有真正落到文化建设环境上，只是利用了“归难侨”的元素来进行商业的运作，并不能持续。正如印度尼西亚归侨联谊会的副会长谈及“风情街”改造以及文化建设时，无奈而惋惜地表示，随着老归侨的相继离世，联谊会的会员在不断减少，年轻的一代已经没有什么参与意识；侨三代现在与海外亲友的联系都比较少，同时海外华侨华人对当地的投资建设力度也比较小，“侨”的属性在代际变迁中逐渐淡化。

（三）小结

在多元文化碰撞之下，华侨农场生活空间的变化可以根据 John W. Berry 的“跨文化适应模型”来阐释其文化适应结果由“边缘化”变为“同化”，生活空间由封闭、隔离转为打开、融合。

在这种文化适应的选择之下，归难侨被主流文化所同化，自身特殊性逐渐消失，生活空间与文化空间也在与主流文化的生活空间、文化空间逐渐融合，这本质上是由归难侨自身的弱根性和居住地缺少多元文化的生存环境共同决定的。

第三节　城市外来人口的生活空间

一、中国城市中的外来人口聚居地

随着中国城镇化的快速发展，农村人口向城市转移、小城镇人口向大城市和特大城市转移的趋势越来越明显，由此形成的外来人口聚居区可谓城镇化发展进程中的必然产物。据第六次全国人口普查数据统计，2010 年底全国流动人口达 2.42 亿人，其中约 1.5 亿人是乡 - 城迁移人口。根据现行的城市人口统计方法，乡 - 城迁移人口是中国城市新增人口的主力军，属于统计意义上的城市人口。然而，长久以来中国城乡分治，外来人口游离于城市系统之外，他们难以像普通市民一样享受城市社会保障与社会服务，并在流入城市过程中遇到种种制度性或非制度性的排斥。地理学对外来人口的研究主要集中在外来人口的乡 - 城流动的原因、过程、机制以及空间分布等（姚华松等，2008）。早在 20 世纪 80 年代，随着外来人口数量的增多，北京最先出现了外来人口聚居区——“浙江村”，对“浙江村”的形成过程和基本状况的研究是最早关于外来人口聚居区的研究（王汉生等，1997）。此后，学术界对外来人口集聚的城市空间类型的研究逐渐增多，如对北京、上海、南京等大中型城市的外来人口聚集区开展了一系列的实证研究（刘梦琴，2000；千庆兰和陈颖彪，2004；郭永昌，2006），近年来地理学者也开始以生活空间视角涉足这一研究领域。

在改革开放的背景下，中国城市的社会空间逐渐走向复杂化，多种形态的社会空间的涌现为外来人口提供了多样化的生活空间选择。经济全球化使城市社会空间不断分化，中国部分城市出现“跨国社会空间”，即外国人的社会空间；在户籍制度改革的驱使下，“浙江村”“河南村”等新的非“国家化”社会空间出现（Ma and Xiang，1998）；在城市拓展政策的引导下，塑造出如城中村的“村社共同体”式的社会空间；城市政府按照积极的反贫困趋势直接打造保障性住区，形成了“国家化”的空间，也是唯一“非市场化”的社会空间等（马晓亚等，2012）。

当今中国城市的外来人口仍以经济型人口为主，“重生产、轻生活”是他们的真实写照。从外来人口的生活空间角度切入，能够清晰地认识并了解外来人口的聚居方式、居住环境、生活需求等，这也更符合新型城镇化的“以人为本”的核心思想。本章节根据外来人口生活空间的情况，将其聚居地分成四大类型进行介绍：一是以廉租房和公租房为代表的城市保障性住区；二是城中村；三是近郊城乡接合部社区；四是以外来农民为主体的环城都市农业区。

二、廉租房与公租房

保障性住房是政府为解决低收入阶层和贫困群体居住问题而实施的一项重要制度性举措。由于城市外来人口中很大一部分人群收入水平较低，商品房购买能力较差，因此符合保障性住房的供给要求。与外来人口相关的保障性住房有两种类型：一类是廉租房，是指出租给城镇居民中低收入者的非产权保障性住房，其对象主要为农民工等低收入人群；另一类是公租房，属于政府或公共机构所有，主要以低于市场价向新就业职工出租，包括刚毕业的大学生、从外地迁移到城市工作的群体等，它是解决新就业职工等夹心层群体住房困难的一类住房形式。

然而，现实中的保障性住房往往难以满足外来人口的生活需求，甚至还会因过度集中而衍生出一些社会问题。我国城市政府的保障房项目大多位于土地成本较低但位置偏远的郊区，其为城市低收入住房困难的家庭提供了大量有效住房，但该模式在各大城市中收效甚微。究其原因，由于保障性住房远离市中心，文化、教育、卫生、体育等相应的配套服务设施不完善，因而增加了入住人群的生活和工作成本，如外来子女上学不便等问题，导致很多城市低收入者放弃入住保障性住房。由此可见，如果没有完善的配套设施，越建越远的保障性住区极可能发展成为孤岛，致使本应受保障的人群被“边缘化”，从而带来一系列新的社会问题，如大量低收入人群聚居形成贫民窟，外来人口对城市难以产生归属感、缺乏社会交往机会等（徐平，2009）。除此之外，目前尚不健全的保障房融资模式，导致有些本应为民心工程的廉租房或公租房的房屋质量得不到基本保障，加之物业服务水平较低，对保障房的居住生活环境产生负面影响，也无形中降低了保障性住房为低收入家庭提供基本的生活需求保障的标准。本节以金沙洲社区为例，对广州保障房社区居民的日常生活空间进行解读，以揭示广州保障房社区外来人口的真实生活状态（李志刚等，2014）。

案例分析：广州金沙洲保障房社区居民的生活空间。

金沙洲社区是广州市为解决双特困户住房问题而兴建的大型保障性住宅小区，由广州市政府统一规划建设，曾被誉为全国最大的廉租公屋社区。该社区地处广州最西端，位于白云区北部，是广州城西与佛山南海相接壤处的一个小洲的其中一部分，其范围包括平乐和凤岭两个社区。金沙洲保障房项目于2007年10月竣工，次年2月交付使用。社区内共有居民楼64栋，主要户型为一房一厅、两房一厅、三房一厅，套型内建住面积小于90m^{2}的住房占比超过80%。金沙洲社区内配套设施齐全，中学、小学、幼儿园、肉菜综合市场、邮政所、派出所、卫生站、文化活动站、老人服务站等一应俱全。整体而言，金沙洲社区居民以中低收入群体为主，近年来由于居住人口增加，金沙洲社区出现购物不便、小区管理混乱、配套不足、交通拥堵等问题，但社区居民仍尝试通过持续社区优化在既定空间和规则内寻求个人生存空间。

居民生活与老城区联系紧密。“住在金沙洲，生活跑市区”是大部分金沙洲居民的真实写照，一方面居民不愿放弃老城区较好的工作机会、优质的医疗和教育资源以及广州市区的情感归属，因此日常生活仍尽量与老城区维系着紧密联系。另一方面对于以低保、低收入群体等为主的廉租房居民，对物资的需求使得他们更加注重可以在市区获得的社会福利，如老人保障金、节日慰问、慈善救助等。

居民空间自我改造能动性强。金沙洲住房以60~80m^{2}的小户型为主，大多数是两代或三代家庭共同居住，尽管与之前相比，住房条件得到了相对改善，但居民的人均住房面积仍普遍较小。在空间利用最大化的问题上，金沙洲居民显示了他们特有的生活智慧。张阿姨一家人现在住在60m^{2}左右的两室一厅的房子，她说：“我们就只能自己想办法了，儿子儿媳住一屋，我和老伴还有孙子住一屋，用的是双层床，我和老伴住下床，孙子住上床……餐桌是折叠的，这样可以节省地方。”由于金沙洲社区内部活动设施不足，居民经常去附近环境较好的广场和公园锻炼身体；此外，社区周边也自发形成了集市，这些摊贩补充性地保障了社区居民基本的日常生活。由此可见，居民进一步在社区以外开拓了满足休闲、社交、就业、消费等需求的社会空间。

居民非正规就业现象普遍。由于金沙洲社区居民普遍教育程度和家庭月收入较低，其中不少双特困户、低保家庭、残疾人和孤寡老人，因此收入多依靠政府补贴。然而，比起消极地依赖于固定补贴，金沙洲居民会更主动地通过非正规就业改善自身处境。由于大部分居民没有正式受雇工作，他们大多从事销售、零工、小贩、出租车司机、手工艺人等职业。例如，为满足周边居民的交通便利需求，社区内有很多将残疾车改造成拉客或拉货车，这一收入也是相当可观。非正规就业往往工作时间和收入不固定，并且具有流动性、隐蔽性、间断性特征，因此更容易躲避城管及税收相关部门的监管，从而可以最大化、最灵活地为家庭创造收入补贴。

三、城中村

城中村一般存在于特大城市，其中以珠三角地区的广州和深圳为典型代表，在空间上呈现出镶嵌的“马赛克式”结构。那么，城中村作为城市的有机组成部分，为何会演变为城市建成区内外来人口的寄居地呢？这是城中村缺少城市土地的法律地位以及本该由政府提供的公共服务，使得它的租借成本较其他空间要低。因此，城中村正是由于其低成本适应了城市新移民尤其是低收入农民工的需求，从而吸引了大量外来人口的聚居，因而，城中村也被称为“民间保障房”。

城中村作为以外来进城务工人员为主体的低收入社区或外来人口聚居区，其空间景观最明显的特征在于高密度的建筑以及杂乱无序的空间。由于城乡二元土地结构下城中村土地的特殊性，村民依靠出租屋的租金获取主要经济来源。为了个人收益最大化，村民往往利用宅基地所有权把房屋尽可能地加高加大，形成了常见的“接吻楼”“拉手楼”“一线天”等城中村独特的空间景观，而建筑层数的增高往往导致房屋底层的通风采光性较差。除此之外，外来人口的大量涌入造成了过高的人口居住密度，对环境卫生治理以及消防安全管理都造成了严重负荷。城中村的另一个特征是通过非正规经济建立自我服务的特殊城市生态系统。由于兼具宽松的制度环境和良好的区位条件，城中村及其周边地区成了非正规部门集聚的空间，为低收入外来人口提供了大量的就业岗位，因此外来人口多数选择在城中村聚居并在城中村完成他们的日常生活行为，他们对城中村的各类消费、商业、娱乐等营业性场所具有较高的关注度（薛德升和黄耿志，2008）。居住在城中村的外来人口尽管从劳动的社会分工来讲俨然已是非农业人口，然而户籍的差异、制度的差异、社会生产关系的差异、劳动分工的再组织等社会关系，仍然使他们在诸多方面都异于完全的“城市人”，成了被边缘化的群体。本节以广州瑞宝村为例，分析城中村流动人口聚居区的生活空间特征（吴廷烨等，2013）。

案例分析：广州瑞宝村流动人口的生活空间。

瑞宝村位于广州市海珠区，该村北部毗邻中大布匹市场，东北部邻近琶洲会展中心，与主要的服务地区沙河大街、十三行服装市场有方便的交通可到达。瑞宝村内聚居的流动人口近八成来自广东省湛江市农村地区，是较为典型的同质性流动人口聚居区。

通过乡缘形成集聚的社会空间。瑞宝村的居住主体在20世纪90年代中期是以流动人口为主，这些流动人口大部分来自江西、新疆等外省区，湛江人只占极少数。90年代后期，由于皮带生产利润增长，从事皮带生产的湛江人出于扩大生产规模的考虑，从湛江招揽帮手，同时吸纳很多原来在周边从事其他工作的湛江人转向皮带生产工作。进入21世纪，随着瑞宝村皮带生产规模和效益的增大，越来越多的湛江人开始通过乡缘关系进入这一地域从事皮带生产行业。瑞宝村的湛江人也由于同乡的身份认同，在生活上互相帮助，在生产上分工协作，形成了稳定和紧密的社会关系网络。同时，族裔经济体系迅速形成，各种具有湛江特色的饭店、修理店、药店等不断开设。这些具有特色的自我服务体系使得瑞宝村逐渐具备了湛江人“第二故乡”的特征。伴随着同乡人口的不断进入，非湛江籍的人口则开始流出，瑞宝村逐渐成为以湛江人为主的聚居空间。

外来人口生产与生活空间重合。瑞宝村共有1127栋出租房，房屋数量长期不变，但出租屋的套数从2008年的4142套增加至2012年的5894套。村中建筑大多经过加建、改建，建筑密度大、外观陈旧，导致瑞宝村的居住空间日益密集（图9.9），而整个空间的建筑景观也由于不断改建、扩建越来越凌乱。为了节约成本，湛江人的皮带生产空间和生活空间呈现一体化趋势，将原料在家中铺开就可以进行皮带的加工生产，大部分的居住空间都被皮带的原料以及刚刚完成的皮带加工成品所占据。在这里，生活空间被大大缩减。为了充分利用空间，床上床、阁楼等现象也非常常见。因此，外来流动人口以牺牲住房面积保持了较低房租，同时拥有一个低成本的生活和生产空间。

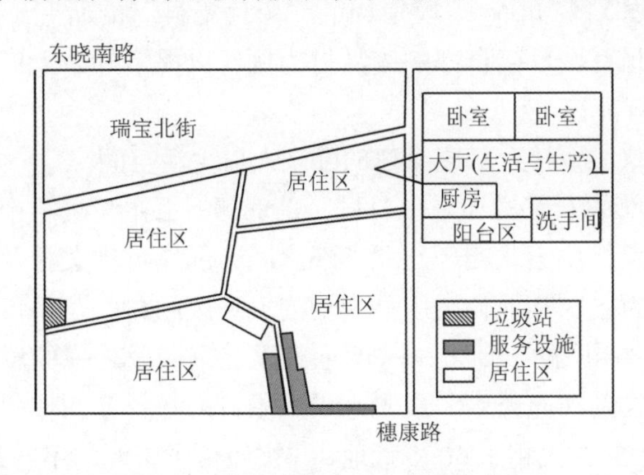

图9.9　瑞宝村流动人口的居住空间

对原城乡接合部空间特性的活用。作为城中村的瑞宝村，出租屋的租金相对低廉，垃圾环卫管理不严，这使流动人口的居住和生产成本得到最大程度的节约；瑞宝村交通便利，附近有地铁和多条公交线路可供利用；在长期的发展中，瑞宝村北部形成了皮带生产材料的供应市场，并且北靠中大布匹市场，从获取订单、原料采购、成品出货，到日常生活通勤，都非常方便。而瑞宝村的湛江籍流动人口恰好充分利用了瑞宝村的这些空间特性，选择瑞宝村作为生活和生产基地，实现了对其空间的占据和空间重塑。

四、城乡接合部社区

城乡接合部是介于城和乡之间的过渡地带，其农村部分的未来发展方向没有准确定位，城市部分则是缺少发展规划，功能区块划分不清。城乡接合部特有的地域交叉、管理交叉、人口交叉，形成了城乡接合部独特的社会经济结构。

那么，城乡接合部为何会成为城市外来人口的聚居区呢？首先，城区工业的近域扩散为城乡接合部创造了较多就业机会，近郊区的住宅建设也使得城乡接合部成了外地建筑民工就业的焦点地区；其次，城乡接合部乡村一侧大量的农民空闲住房为外来人口提供了居住场所；最后，受到乡缘、业缘的带动，外来人口在城乡接合部聚居又会进一步吸引更多外来人口在此谋生（宋迎昌和武伟，1997）。

外来人口在城乡接合部集聚，其特征表现为生产空间与生活空间的密切相关，形成了内部自我循环的经济空间。目前城乡接合部中的第二产业多以乡镇企业和中小型企业为主，第三产业则以房屋出租、小型餐饮和零售业为主。大量闲置的土地成了违章建筑的乐土，大量流动人口与城乡接合部的户籍农民以土地和租借房屋作为媒介，构成了特殊的相互依赖、利益共享的关系。与此相关的网吧、小作坊、废品收购站以及价格低廉的社会服务行业，集聚在城乡接合部周围，形成了一个自我服务和自我循环的经济和社会圈子。这个区域内既有农村、村改社区和各类非公有制企业，又与城市社区、党政机关、学校、医院等毗邻交错，形成复杂多元的社会空间格局。现有研究主要关注城乡接合部的空间生产，并探讨城市如何对此类空间进行治理、如何对外来群体进行管理，如对广州 M 垃圾猪场的“黑色集群”的研究（刘云刚和王丰龙，2011）。本节将以北京城乡接合部的废品村为例，以揭示外来人口在郊区集聚的“灰色空间”具有哪些特征。

案例分析：北京城乡接合部废品村的外来人口生活空间。

位于北京市北部的八家村和东小口村，是京郊上百个垃圾村中规模最大的两个废品集散地。其中八家村位于北四环与北五环之间，因靠近中关村及海淀高校区，逐渐形成了以电子垃圾为主、其他各类废品为辅的大型废品村。东小口村则位于北五环北侧 5km 处，在这 500 亩[①]的土地上，一度承载了北京四分之一的垃圾集中回收量，并有超过 3 万废品回收者在此谋生。最先进入东小口的是一家叫作“福佑鑫源”的废品回收公司，公司老板向村民租了 60 亩荒地，并按照再生资源的不同类型进行空间划分。东小口形成了类似农贸市场的管理模式，即回收公司与商户合作分工，前者出租摊位、负责管理，后者回收废品并分拣、出售。此后，鑫发废旧物资回收中心、北京中海融通物资回收中心等一批大型废品回收公司相继进驻东小口，在这里建起一座废城。

生产空间相对规整，生活空间混杂。废品村内部的空间肌理有别于出租屋式城中

① 1 亩≈ 666.67m^2。

村，而是与早期的浙江村类似，属于生产活动与居住生活混合的空间形态。由于废品经营需要相对开敞的空间用于堆场和分拣，废品进出也需要相对宽敞的通道，因此废品村在城乡接合部的局部空间中呈现出以废品市场为中心的院落组织，而分散的个体废品回收从业者则在外围租住，导致废品堆积如山、居住环境脏乱。随着时间推移，废品村的空间形态与内部功能组织也在不断以产业链上下游联系为导向进行着自我改良式的演变。

同乡网络塑造了废品村的社会空间。北京 90% 以上从事废品回收的人员来自河南省固始县及周边地区，地缘网络成为外来者进入北京和废品回收行业的重要途径，同时也是市场信息的传播途径。家族经营模式是废品村最普遍的组织方式，串联起从回收垃圾分拣、打包到装卸外运、再利用等各个环节，经过简单处理的废品将流向邯郸、保定、唐山甚至杭州、广州等地进行深加工；河南话也成为村里的主流方言；同乡开办的“北京—固始”长途班车是联系北京与故乡的纽带；很多人依靠收废品发家，然后在老家捐资修路、建桥、建校；晚饭时间，村边会准时出现河南口味的临时菜市场一条街。因此可以说，这些来自河南的废品回收业者在废品村实体空间内异地重造了一个具有归属感的故乡，使得废品村呈现出独特的半城半乡空间景观。

2011 年，北京市在政府公布的《昌平区东小口镇土地利用总体规划（2006—2020 年）》中，东小口村的土地被转变为城镇建设用地，由此开始了一场耗时三年的拆迁。随着长期停水停电和大片棚户区被工程车夷为平地，数万名村民陆续搬离东小口。而最早落户东小口的福佑鑫源公司也是被拆除对象之一，此后老板在更北侧的南七家庄村重新做起废品生意，其他“破烂王”大都选择另起炉灶，并将目光锁定六环外，此外也不乏老板选择返乡或直接退出回收行业。因此，在废品村的时空演变中，形成了奇特的“退”与“守”的格局，即不断被城市空间挤压，而被迫让位于经济效益更高的经济产业和用地功能，进而持续被推着外迁，并重新扎根于新的城市边界（陶栋艳等，2014）。

五、环城都市农业区

在中国快速城镇化的进程中，由于城市本地农业劳动力存在农业生产技能短缺、人口老龄化、兼业等现象，外来劳动力逐渐替补本地农业劳动力进驻农业生产领域。但这类外来人口却不易受到社会和学术界的关注。这是由于从产业类型上看，外来进城务工人员大多从事制造业或第三产业，而从事农业活动的外来农民的人数相对较少，其在城镇化中扮演的角色也相对次要。尽管他们人数不多，但所耕种的土地面积大，承担着城市的环境调节与粮食安全的重任。因此，环城都市农业区的外来农民也同样不容忽视，其居住空间研究是补充认识城市外来人口的生活空间的重要途径。

外来农民代表的是一种“离乡不离土”的农村劳动力迁移模式，其主要群体为代耕农，劳动对象的属性决定了他们的稳定性大于流动性。从基本生活资料的角度来看，与城市居民和当地村民相比，外来农民的居住条件普遍较差。然而，外来农民自身对居住环境的要求并不高，他们认为无所谓满不满意，出来打工不是享受。这反映出外来农民并没有把城市作为久居之地，落叶归根的观念依然起着决定性作用（张菲菲，2007）。在农业流动人口的社会融合问题上，大部分外来农业人口只是生活在自身的圈子里，交流的对象一般为同乡，与当地人缺乏交流，不能很好地融入当地的社会中（马骏等，2012）。除此之外，城市对外来农民群体的忽视，医保、社保等保障系统的不完善，子女教育问题难以解决等，都造成了外来农民这一社会弱势群体的生活困境，使这些来自农村的劳动力难以在城市长久停留下来，"融不进的城，回不去的乡"正成为外来农民的一种不可避免的遭遇。本节以北京市郊区黄港村、前陆马村、东绛州营村和小店村四个村为例，对北京半城镇化地区外来农民的现实生活状况进行分析解读（张菲菲，2007）。

案例分析：北京郊区外来农民的生活空间。

位于北京市郊区的黄港村、前陆马村、东绛州营村和小店村（表 9.4），都有一定数量的外来人口，其中黄港村的外来人口已超过本地人口的两倍，在小店村和黄港村，只有很小比例的外来人口在从事农业，大部分外来人口在村子的企业里或在城区从事第二、第三产业。外来农户大部分来自河北承德、河南的贫困地区或者重庆山区。

表 9.4　调查区域内农户数量及分布　　（单位：人）

村庄	所属区县	本地人口	农业劳动力	外来人口	外来农民
东绛州营村	顺义	257	130	140	10
前陆马村	顺义	651	262	32	24
小店村	朝阳	1108	384	636	60
黄港村	朝阳	1303	68	2800	30

外来农民居住条件普遍较差。在朝阳区小店村的实地调查发现，这里的许多当地村民已经将整个院子都盖起房子租给外来农民。但外来农民的通常做法是在自己租种的田地旁边搭建简陋的平房，少部分是租住当地农民的房子。在前陆马村，外来农民集中居住在村南的日光温室区，与当地人的住所有一定距离。由于是自己搭建的房屋，因此从设计到施工都十分简陋，并大多延续故乡的生活方式。大部分外来农民家庭只有 1~2 间屋子，面积为 20~40m^2。冬天没有取暖设备，厨房、厕所则更为简陋，通常是用预制板搭起来，独立于院子一隅。很多干脆没有院子，紧挨大棚或温室的端点搭建一间平房。

延续传统农村的生活方式。虽然外来农民已经开始使用液化气、电等作为燃料做饭，但薪柴和煤的使用仍在很大范围内存在。但外来农民已经开始采用省时、污染小的液化气、电等，这说明外来农民的生活习惯在迁移之后逐渐有了转变，在收入增加以后将时间成本的因素也考虑在内。由于大部分外来农民种植蔬菜，在农业废弃物的处理方式上约 70% 的农户对于腐烂的蔬菜选择弃置或堆肥，这一方式既不容易分解，还会对空气质量产生影响，给村容村貌的整治带来难度。外来农民一般居住在距村居民聚集点较远的地方，村委会的环境整治动力不大，也在一定程度上延缓了不卫生的生活方式的改变。

基于生活空间的社会关系网络重构。迁移后，外来农民面临着多种社会关系的重建，与当地农民、与出租土地的当地农户，以及与当地的管理机构——村民委员会之间都会发生联系。这种关系又因地域、外来农民的性格差异、租地的组织结构等而存在差异性。例如，东绛州营村3户外来农民来京时间较早，他们和当地村民的房子相邻，因此与当地村民的熟识程度较高，关系也较为融洽。前陆马村的外来农民较多，10多户外来农民在自己承包的温室边上搭建房屋，已经形成自己的圈子，与当地村民较少来往，只保持着一般性的认识关系。而由于每家每户与村大队签订合同，因此这些外来农户与村大队的关系相对于村民来说更加密切，除每年交租外，外来农民也会将自己居住区域内的问题如变压电站和机井的维护等反映给大队，村大队在出台政策时也会将外来农民的利益考虑在内。

第四节　雅皮士、城市小众及其生活空间景观

一、城市涂鸦

（一）无处安放的艺术

涂鸦，发源于20世纪60年代的美国，常出现在城市的贫民区，是底层社会市民通过鲜艳的色彩和狂野的风格来表达情绪的载体，是市民群体与城市生活空间互动的一种方式。然而，涂鸦常被政治激进分子和街头帮派利用，成为表明立场或宣誓领地的工具，从而被政府视为非法的、需要取缔的对象。随着时代的进步和认识的转变，依附在涂鸦上的野蛮和暴力色彩逐渐消退，同时国外针对涂鸦的城市管理法律法规逐步完善，特别是出台了城市涂鸦相关处理的正规程序和划定合法的涂鸦墙，涂鸦逐渐作为一种城市文化艺术在世界传播，成为城市张扬个性的一种形式。

中国涂鸦的萌芽相对较晚，产生于20世纪80年代。其中，广州处于改革开放的前沿区，加上接受港台文化的熏陶，使得涂鸦在广州得到极大的发展（图9.10，图9.11），因此广州被许多“新生代”涂鸦艺术家称为中国涂鸦艺术的发源地。与国外涂鸦不同，国内城市管理办法仅对乱涂乱画的市政破坏行为做出明确的处理规定，但未将其与具有艺术特色的涂鸦进行区分，导致本土涂鸦手仍处于与城市管理者的“捉迷藏”游戏里，艰难争取自由创作的艺术空间。另外，国内涂鸦手多为教育程度较高的艺术学生，他们正在自发探索和营造城市涂鸦的健康发展模式。但遗憾的是，城市管理者对涂鸦的固有成见导致其与涂鸦手平等对话的平台迟迟未能搭建，这种城市亚文化行为和艺术在城市空间依然无处安放。

（二）城市秩序的“破坏者”还是个性的“引领者”

世界知名城市的涂鸦墙已经成为这些城市颇具个性和创意的标志。例如，纽约春

图 9.10 城市涂鸦示例一：岭南职业技术学院

图 9.11 城市涂鸦示例二：江南东路

天大街、伦敦东区、巴黎左岸、柏林的柏林墙遗址等，均有大量题材多样、形式各异的“涂鸦墙”，吸引不少游客慕名前往①。尽管如此，各国的城市秩序维护者仍未能以开放的心态接纳涂鸦，常常以破坏城市街道的整洁和美观为由对涂鸦进行清除。例如，2015 年 9 月 23 日珠海昌盛桥底原有的由国内外艺术家创作的大型涂鸦墙，忽然被粉刷掩盖，取而代之的是“禁止涂鸦”四字；2015 年上海静安区一个拆迁废墟上的精美涂鸦一夜间遭到清除，引发社会包括当时上海市“两会”的关注和热议②。究竟涂鸦艺术家是个性的“引领者”还是城市秩序的“破坏者”？近年来，如何对待涂鸦这一问题已上升到了城市的高度。

据笔者在广州市的调研可知，除了零星分布的“涂鸦墙”作为实践据点，涂鸦圈内已经形成以互联网为媒介，线上线下相结合的强大社会网络。以涂鸦时空定位为主的“涂图”社交平台、以涂鸦文化交流为主的 TAG（talk about graffiti）系列沙龙活动、以涂鸦手稿教学为主的“埋堆”社群活动等，在城市亚文化圈内越来越活跃。广州的涂鸦手正积极地依靠社会网络的力量，培育涂鸦爱好者，传播和宣扬个性文化。涂鸦

① 王林生 . 街头艺术无处安放，城市“涂鸦墙”何去何从？http：//news.99ys.com/news/2015/0716/9_194702_1.shtml.2015-07-16.

② 马想斌 . 涂鸦的废墟上，城市态度被“一夜铲除”. http：//money.163.com/15/0126/14/AGT4HF2400253B0H.html，2015-01-26.

文化正被植入越来越多的城市生活空间中，并且不断地生根、发芽、成长。

二、天光墟

（一）百年“鬼市”

深夜中的广州街道涌动着一群黑影，人们打着手电筒在杂货街里挑选心仪的物品，这种凌晨开档、天亮收市的神秘市场被称为“鬼市”，也叫“天光墟”（粤语“天光”即“天亮”），是以摆旧家具、器皿、旧衣服、什架等二手廉价货物及古董、字画、古籍、盆栽等为主的民间集市。

天光墟最先出现在广州，也存在于香港、南京等地，它的历史可以追溯到清末民初。据考究，天光墟的雏形是明代广州城外以西的肉菜市场，因天气炎热，买卖双方都希望趁早完成买卖，在这种互动机制下，墟市时间非常早。真正的天光墟起源于清末民初，当时因战乱，大批文物古董流落民间，这些贵重“玩意儿”没法在正规渠道销售，因此商人将其辗转私运到广州进行买卖和出口，商贩便在凌晨时分的街头摆地摊摸黑交易。民国中期天光墟达到鼎盛，从最初的古玩市场转变为综合性二手市场，集中位于城西烂马路（今中山七路）。中华人民共和国成立后，广州市政府对烂马路进行修缮，并加大对城市巡查执法的力度，天光墟逐渐消失。直到 20 世纪 80 年代，为适应大量外来人口和低收入群体的需要，西门口的天光墟才得以重现，并陆续在其他地区形成买卖不同商品类型的天光墟[①]。

其中，海珠中路天光墟以书籍、邮票、古币为主，时间为每周六的 5:30~9:00。光塔路天光墟以书籍、古玩为主，吸引不少文艺青年前往，时间为每天的 6:00~8:30。文昌北路天光墟以古玩最为出名，20 世纪 80 年代初，全国各地的文物贩子都会充当运输大队长，将盗墓所得运到此地售卖，时间为每天 6:00~8:30。

（二）三重“边缘”

天光墟的三重边缘性特征，一是商品的边缘性，现有天光墟的商品多来自废品回收、垃圾站和拾荒等，也有普通商店的过期商品（表 9.5），种类多、价格低但质量参差不齐。二是时间的边缘性，交易物品的不合法性从百年前就注定了天光墟这一重要的特征。如今所售卖商品应该早就摆脱以前的黑历史，转变为“廉价”的标签，这种在时间上的历史延续，除了是城市底层人群的生存所需，还是保护自尊心的反映。三是使用人群的边缘性，天光墟的卖家以拾荒者、废品回收者和旧衣物倒卖者为主，这些人群白天拾荒或者打工，晚上利用几个小时售卖白天拾取或回收所得的物品，以微薄的收入补贴生活（表 9.6）。因此，城市多元化发展造成的收入分异，往往催生一批

① 刘慧，王哲夫，宋佳颖，等 . 2013. 夹缝之墟 天光而息——广州市西门口天光墟底层市场调查 . 2014 年全国城乡规划专业本科生社会综合实践调研课程作业三等奖作品 .

表 9.5　天光墟商品的边缘性

种类	名称	天光墟	超市价	批发价
食品	喜士多锦绣肉丁饭盒	2 元 / 盒	13.5 元 / 盒	8.9 元 / 盒
	嘉顿瑞士卷	1 元 / 包	3.8 元 / 包	2.8 元 / 包
	康师傅方便面	1 元 / 包	4.5 元 / 包	2.46 元 / 包
药品	小柴胡颗粒	5 元 / 盒	20 元 / 盒	15.5 元 / 盒
衣服（杂牌）	牛仔裤	5~10 元 / 条	30~50 元 / 条	8~20 元 / 条
	拖鞋	5 元 / 双	12 元 / 双	8 元 / 双
	上衣	1~5 元 / 件	30~50 元 / 件	20~35 元 / 件
电子	诺基亚 N96	30 元 / 台	500 元左右	298 元 / 台

资料来源：刘慧等的调研报告。

表 9.6　摊贩人群的行为特征

人群	活动特征
拾荒者	约 2：30 到达天光墟，8：00 左右离开。白天以拾荒为主，并在寺庙领取斋饭与露宿。夜间贩卖拾荒所得，微薄收入勉强维生。在天光墟的所得几乎是所有经济来源
废品回收者	多为打工群体，白天进行高强度的体力劳动，工作不稳定，收入较低。利用夜间几个小时的时间在天光墟摆卖白天回收的物品，增加些微收入补贴生活。在天光墟的收入是他们的日常经济收入来源之一
旧衣物倒卖者	以贩卖旧衣物为主，可单件出售，也可成斤贩卖。白天在欧家园旧货市场进行旧衣物回收挑拣，晚上拿到天光墟贩卖，倒卖者主要来自河南

资料来源：根据刘慧等的调研报告整理。

城市边缘群体。这些底层群体对时间、空间等多样化的市场需求，正是天光墟历经百年依然存在的重要原因。

（三）夹缝生存，未来何去何从

广州天光墟，承载着一种渐行渐远的广府味道，在城市的夹缝里延续至今。这里有从几元一盒的过期罐头，到数千上万元的明清古玩，丰俭由人，雅俗共赏，有人为生计而来，也有人为爱好而摸黑淘宝。几百万元可以换来一屋假古董，10 年时间也可以淘出一家古旧书店。行家说，这是天光墟特有的“公平”。

天光墟的买卖走的是薄利多销的路线，虽然价格低廉，但多是用了很久的老旧物，有些看起来甚至无法继续使用，可就是能在这里卖出去。如今广州市内的天光墟已盛况不再。华林玉器天光墟已经重新规划升级，被整改成为华林玉器城；荔湾路的电子旧货天光墟，因为扰民等问题已被有关部门清理殆尽；文昌路文物天光墟，许多“走鬼”由传统地摊改为租档口营生，实现成功“转型”[①]。广州天光墟经历百年的夹缝生存，在新时期的城市发展过程中，是被理解为对底层群体的包容而继续

① 周巍 . 情迷天光墟 . http：//news.ifeng.com/a/20160222/47533011_0.shtml.2016-02-22.

生存？还是被理解为城市乱象而被取缔？它的未来究竟何去何从，或许只有时间可以告诉我们答案。

三、酒吧街

（一）超越消费的空间

中国自20世纪80年代末引入西方酒吧以来，北上广三大城市相继建成许多以酒吧为吸引元素的街区，如北京三里屯、上海新天地和广州环市路等。近年来，酒吧街被视为时尚和活力的代名词，吸引众多都市青年聚集狂欢，城市"夜生活"消费背后的经济利益日渐显现。因此，全国其他一线二线城市开始竞相打造酒吧街，追求"黑夜GDP"之余，似乎颇有标榜"国际化现代都市"的嫌疑。

事实上，如今消费已经超越经济层面的内涵，产生复杂的社会建构功能。酒吧街不仅仅是消费场所，也是包含各种社会关系的空间。酒吧街，已经成为承载城市特殊群体夜生活的舞台，融有个性、躁动、暧昧等复杂意蕴，或包容或排斥异体，也可能因当地社会和文化的"地方性"而被解构和重构。

（二）从"飞地"到"地方"

从酒吧的发展历程来看，酒吧从被中产阶层排斥的边缘化城市公共空间，逐渐演变为占领城市中心区且适合中产阶层的消费空间，酒吧正随着全球化的深化发展扩散到全世界（Bromley and Nelson，2002；Kraack and Kenway，2002；Mack，2006）。本节以广州市为例，从经济和文化两条主线探讨改革开放以来，受全球化影响的酒吧的发展演变过程。

从经济全球化角度来看，广州初期的酒吧主要分布在环市东的高级涉外宾馆、高档住宅区和领事馆区附近，这些地区的特征是相对隐蔽、单一和封闭，是外籍和商务人士为了保持原有生活方式而建立的生活空间，同时也因其消费形式和主体的差异性成为城市空间中的"飞地"（林耿和王炼军，2011）。但随着广州开放程度的加深，这类酒吧逐渐转变为面向广大民众的消费空间。同时广州酒吧逐渐融入广东的夜宵特色，菜单多配备风味小吃。酒吧聚集的同时形成多条颇具特色的酒吧街，如芳村风情酒吧街、琶醍酒吧街、沿江路酒吧街、环市东酒吧街等。这是酒吧街为适应广州国际化大都会的转型，满足广州城市多元群体生活需求而做出的地方化选择。

从文化全球化角度来看，广州部分酒吧的出现可以追溯到当时市井文化中的音乐茶座（曹林，2010）。据了解，广州的酒吧文化差不多有100多年的历史。晚清时期，随着商业经济的发展和西方文化的渗透和影响，部分酒店里开始设置附属的舞厅，出现了一些茶楼酒肆的歌坛，这种歌坛（后也称为音乐茶座）就是中国酒吧的雏形。20世纪80~90年代，随着港台文化的传播和思想解放，广州的卡拉OK歌舞厅业快速发展，依附于歌舞厅、具有“地方”特色和综合娱乐性质的酒吧开始涌现，在此不仅能欣赏各种音乐，还能观看杂技相声等各类表演，如现在的黄花岗 Hello 演艺吧、白鹅潭的夜景吧等。

广州酒吧街一方面从西方文化“飞地”转变为多元文化背景下具有地方消费特色的空间，另一方面糅合广州的歌厅文化内生为音乐酒吧这一地方景观，不仅体现了酒吧这类具有全球消费响应的慢文化在广州的同质化空间生产，还联结岭南本土消费色彩的夜文化呈现出地方的异质性（林耿和王炼军，2011）。

（三）酒吧街的空间生产与消费

酒吧除了具有上述的地方性特征外，同时具有空间生产和空间消费的功能。林耿和王炼军（2011）曾以环市东酒吧街为例，选取“小山”、“Chinabox”和“路点”作为调研对象，通过非参与式观察、深度访谈的质性研究方法，从行为主体的话语中分析其对酒吧消费地的理解，剖析语言中蕴藏的含义，进而解释酒吧消费空间的建构。林耿和王炼军（2011）的研究发现，进入 21 世纪后，酒吧逐渐成了时尚休闲的符号，具有社会空间的身份，赋予了消费认同的社会意义。加之政府通过城市规划进一步强调环市东酒吧街在城市特定区位中承担的特殊社会功能，环市东酒吧的空间社会意义产生，成为广州地方性消费的标志。

酒吧经营者的规划想象、酒吧消费者的消费想象、酒吧管理者的服务想象以及酒吧歌舞者的文化想象等共同组成了酒吧的空间想象，成为多主体建构的空间的再现。酒吧空间想象与各种社会关系相联系，通过空间的概念化和符号化得以确立，它实质上是围绕“酒吧空间”这个概念所产生的空间想象图景的叠加。

最后，在再现的空间维度，物质（地）与人的精神想象、消费体验和消费关系是互为一体、相互影响的，物质与精神空间达到共时态的统一，“新空间”的建构完成。环市东酒吧消费地社会意义和地方依附的形成，体现了人地关系的一体化，构建了超越单纯人地相互感知的新空间秩序。

四、艺术家集聚地

艺术家作为城市社会群体中的小众，因其特有的文化身份与艺术审美，成为最早一批具有从城市到乡村迁移的文化动机的人群。他们将城市生活方式和人文情怀带到乡村，一定程度上有别于依靠加工制造业带动乡村城镇化的资本入驻者，他们在维持现实生计与坚持艺术理想的矛盾中不断寻找平衡点。

珠三角乡村地区因政策、区位和资本等政治和经济等因素的作用，呈现多样化的发展模式，一直是学术界热议的话题。笔者选择深圳大芬油画村和广州小洲村两个艺术集聚地，探讨以艺术家为主导，以生活空间植入为起点，自下而上推动的城镇化现象，旨在更好地分析中国乡村城镇化的多元动力和特殊的发展轨迹。

（一）产业带动：深圳大芬村

大芬油画村的形成，源自香港画商黄江。因紧邻深圳特区二线关外，返深港方便，且房租便宜、劳动力成本低廉，为其提供了得天独厚的地理和社会环境；而深港灵活的国际市场信息和大量的市场需求，则为大芬油画村的形成提供了无比优越的市场环境。因此，1989年后类似于加工外贸模式的油画产业发展，使得大批画工集聚于大芬村，出租屋经济兴起，乡村形态开始发生变化。如果说1995年以前香港画商在大芬油画发行网络中起主导作用，那么1995年以后，自主创业的画师成为大芬油画村的主导群体。这些创业者将中国进出口商品交易会作为敲门砖，依靠广州—深圳这种特殊的地缘关系，带动大芬油画产业取得飞跃性的发展。此后，经过政府的有力引导，油画产业雏形形成。产业发展促进人口集聚，加之布吉街道的城市发展蔓延，大芬村向城中村转变。2001年，村内首个油画专业市场——油画一街建成后，虽然艺术群体内部仍以画工画师为主，画家为辅，但是原创画家阶层萌芽并迅速发展。2008年的金融危机以后，油画产业市场转变为原创与临摹、出口和内销“两条腿”走路（钱紫华等，2006）。

以产业带动艺术家集聚的大芬油画村，艺术家的生活空间是与其生产空间和社会网络紧密相连的。艺术家通过构建相互依附程度极高的社会网络，从协作和创新两方面打造“大芬”生产集聚模式。在协作方面，包括油画生产之间的协作和油画与配套生产之间的协作。协作生产的方式节省了成本，画商更趋于灵活地承接订单，产品生产效率更高，产品质量趋于更好。在创新方面，艺术集聚体内部的生产信息、油画的技法成了“公开的”秘密，创新的技法在这里面逐渐形成并在网络之中得到推广；另外，题材的创新和与其他艺术融合形成的一些技法在集聚体内得到了不断的提升和发展（蔡一帆和童昕，2014）。

（二）文化带动：广州小洲村

与大芬油画村以产业带动艺术家集聚不同，小洲村从普通的岭南水乡古村到著名的艺术村落，个别草根艺术家的文化带动是最初的主要动因。除了被小洲村优美的自然环境所吸引，艺术家普遍认为中国城市快速的城镇化过程消解了传统中国社会的人情关系，商业化思维统治了人与人之间的人际交往，而这种“失去”的传统人情能在小洲村这样的传统乡村社区找回。而且，他们认同中国现代性的崛起与社会高度的现代化割裂了与传统的中国历史文化的关系，小洲村能以其独特的传统乡村建筑景观实现他们对于历史的文化消费（何深静等，2012）。于是艺术家纷纷进驻小洲村，并通过改造和更新社区的老建筑等物质环境，营造符合他们需求的工作和居住空间，向外界展示以及实现自身文化特色。艺术家的集聚使得在小洲村内形成了他们自己独特的艺术文化氛围。

其后，小洲村低廉的房屋租金加之独特的艺术氛围，吸引了大量的艺术培训机构、美术院校学生和艺考学生在村内租住。入驻学生转变成为村庄的主导力量和参与主体，因其快速进驻产生大量的衣、食、住、行等需求，巨大的收益成为社区大量物质更新和空间重构的根本原因。房屋出租带来稳定的、相对较高的收益率带动了当地村民的投资热情。由于村内早在1997年开始就不再审批新的宅基地，为了能够拥有更多的房屋用于出租，很多村民都开始拆旧建新。这股拆旧建新的浪潮造成了小洲村原有的老旧建筑大量消失，原本小洲村特有的传统水乡的氛围正在消亡，小洲村在美学角度上对艺术家的吸引因素逐渐减少，艺术家作为小洲村艺术氛围最初的构建者，却正在被学生化的空间挤占、分割和包围，近期一些城市精英艺术家和艺术品商人陆续进驻小洲村，也进一步加速了原有的草根艺术家的置换过程。小洲村慢慢变成消费主义下所谓的“艺术”空间，失去了原有个性化的草根艺术味道，颇让人唏嘘。

第五节　本章总结

中国正经历着世界上最大规模、最复杂的城镇化进程和社会经济的转型过程。在城市经济迅速增长的同时，居民的生活方式也发生了前所未有的变化，导致作为居民生活载体的城市生活空间也随之发生了剧烈的重构。居民的生活空间是城市系统的重要组成部分，对城市发展和居民的日常生活具有重要的作用和意义。

那么，我们应该如何理解生活空间呢？关于生活空间的定义，以往研究对生活空间的理解存在两种倾向。第一种，倾向于将生活空间看作是“居住”概念的空间，即居住生活空间，认为生活空间是人类的居住环境，是“静态”的居住空间。例如，张雪伟（2007）认为生活空间是人们日常生活所占据的空间，人们的日常生活要在家庭、工作单位、消费场所、非消费的公共场所之间不断移动，因此生活空间是日常生活中各种活动所赖以发生的场所和空间。王立和王兴中（2011）认为生活空间指人类为了满足生活上各种不同的需求而进行各种活动的场所与地点。第二种，倾向于将生活空间理解为“活动”概念的空间，即生活活动空间，认为是人类活动所占据的空间，倾向于将生活空间理解为“动态”的日常活动空间。例如，冯健（2010）认为生活空间是城市居民活动在空间上的投影；王开泳（2011）认为生活空间是具体实在的日常生活的经验空间，是容纳各种日常生活活动发生或进行的场所总和；张艳和柴彦威（2013）用“生活活动空间”来表征生活空间，认为生活活动空间不仅包括了迁居等长期行为所形成的生活空间，也包括了工作、家务、购物、休闲、社交及相互之间的移动所形成的日常活动空间；而曾文（2015）则提出，生活空间的定义可以扩大为同时容纳“居住”概念的空间以及“活动”概念的空间。

正是由于城市是居民赖以生存的重要生活空间，而城市居民在城镇化不断深化发展的过程中也越来越关注与自身生活发展息息相关的生活质量及其空间状况的改善，因此，城市生活空间逐渐成为地理学者关注的重点内容，特别是对城市生活空间质量评价与规划的综合理念探讨，以及对构成城市生活空间质量的要素探讨等相关课题已取得了丰富的研究成果。然而，城市生活空间的相关研究尚存在不足。柴彦威和龚华（2001）指出，对特定时空条件下所有人群的生活空间研究，虽然有助于我们从宏观层面认识人类活动的一般规律，但却容易将人的活动平均化，忽视个人活动的特殊性。目前，部分学者已经开展了针对特定人群特定场所的城市生活空间研究，如老年人、残疾人、低收入群体、女性群体、广场、公园、购物中心等方面的生活空间研究。对比国外相关研究，国外学界通过对城市生活空间的长期研究，研究视角不断社会化。目前的研究关注点集中在城市内部社会公平与空间公正，以及不同社会群体的居住空间分异与弱势群体的居住隔离和社会排斥，重视弱势群体的生活质量的提升，对大城市内部生活质量的社会因素给予了特殊关注。这也意味着，一方面，有必要进一步深入研究多样化的特定社会群体的特定场所的生活空间，这方面的相关研究有助于我们深入认识和理解城市空间的多元性和复杂性；另一方面，也要积极关注城市空间的社会性，在物质空间研究的基础上也要关注人文空间以及文化空间，解读城市空间成为历史的 - 社会的 - 空间的现象，进一步揭示城市生活的“历史性”、“社会性”及“空间性”（吕拉昌，2008）。

在此背景下，本章关注中国城市内部较有代表性的多元化群体，包括有在华外国人移民、在华归难侨、外来人口、涂鸦手、摊贩人群、艺术家等多元化的群体（这些多元化的群体在城市空间转向的背景下开始受到关注，但相关研究仍非常少），梳理和探讨了上述群体的生活现状以及围绕其生活形成的多元城市生活空间景观，从中揭示了城市的历史性、社会性、空间性和文化性，同时也揭示了城市空间分异的加剧以及社会群体的冲突积累。例如，以族裔聚居区为代表的国际化社会空间景观，其空间形成是政治、经济、社会和个人选择等要素共同作用的结果，但同时也揭示了在华外国人群体与当地居民处于居住空间分异的隔离状况；在华归难侨群体的生活空间的变迁，虽然有助于归难侨融入主流社会，但同时也致使归难侨本身的“侨性”在逐渐消失；外来人口等群体的聚居空间，揭示了其至今仍处于“重生产、轻生活”的生活方式；而小众群体的生活空间各具特色，有合法、正规的空间，如酒吧空间已成为多元文化背景下具有地方消费特色的慢文化空间，艺术空间成为艺术家平衡维持现实生计与坚持艺术理想矛盾的平衡点。

从本章的探讨可知，城市空间是不同社会群体的空间生产的体现和结果，这一空间同时是历史的、社会的和文化的产物。随着城市主体的结构性分化，城市空间结构已呈现出碎片化的倾向，而不同社会群体的生活空间迥异，其组合导致城市生活空间拼图具有了拼贴式的马赛克的特点。而城市内部中的边缘群体和弱势群体，其生活空间往往容易成为城市空间中的“孤岛”，以及受到社会的不平等和不公正的对待。正因为如此，马赛克式的破碎化的城市生活空间的存在，不仅呼吁我们需要从不同的视角去理解城市空间的多元性和复杂性，进一步探讨当前中国城市面临的一些社会问题的发生机制，同时也呼吁我们需要更多关注不同社会群体自身的发展以及社会的平等、进步和多样化。为此我们需要思考，中国城市的未来发展，应该塑造怎样的城市空间？这也要求我们在城市规划中不得不思考如何通过空间资源的分配、空间的合理布局，进一步关注社会正义、社会公平、社会多元价值观等，以此来促进城市社会空间的公平，以及促进边缘群体和弱势群体的社会融合。

第十章　“新”生活空间

第一节　网络技术、信息化社会与虚拟生活空间发展

一、信息通信技术背景下的虚拟生活空间

（一）电子商务的服务深化

电商平台诞生之初，相对于实体购物空间最大的优势是成本低。低成本主要表现在：时间成本低，用户搜寻商品十分快捷；空间成本低，用户无须承担交通费用，足不出户即可购买商品；经济成本低，电商平台减少了店面租金等成本，商品价格相对低廉。

但随着商品种类、用户数量不断增长，电商平台所支撑的虚拟购物空间进一步演化。第一，结合大数据技术，虚拟购物空间不再是均质单一的，而是“千人千面”，针对每一个消费者都有个性化的推荐。第二，经历了2008~2012年的爆发阶段，电商平台化、平台百货化成为趋势；而2016年后，全渠道零售、个性化、便利化则成了虚拟购物空间的新特征（王宝义，2017）。第三，虚拟购物空间也不再单纯提供实物，而是转向服务、体验等全方位消费供给。如商品品类从传统的衣物、美妆、图书，转向视频会员、话费充值等虚拟服务，再到家政服务甚至包含情感咨询等服务类商品，虚拟购物空间所能提供的品类越来越广泛，越来越深入到实体购物空间乃至居民生活空间之中。从这个角度来看，虚拟购物空间，从广度上，在扩张边界，提升品类范围和服务质量；从深度上，在扎根现实生活，构造全方位、一体化的“购物空间”。

（二）虚拟购物空间的平衡重构

电商平台发展早期，受到信息化基础设施水平的影响，一线、新一线城市虚拟购物空间发展水平远远超过其他等级的城市。但中国作为发展中国家，三四线城市聚集了大量人口，意味着广大的市场。部分新兴电商平台更多地关注下层市场，以低廉的价格和简单的“砍价”方式，建构底层的购物空间。早期电商平台通过“三低”（低成本、低价格、低毛利）进入市场，逐渐演变成“高成本、高价格、高毛利”的平台，但也面临着新一批“三低”企业的冲击（蒋亚萍和任晓韵，2017）。中国的各层级虚

拟购物空间正是以此为基础，逐步建设、完善和迭代。

同时，从另一个角度来看，虚拟购物空间在逐渐扩充其空间组成部分。线上平台、线下实体、仓储物流都成了虚拟购物空间的重要组成部分（杜睿云和蒋侃，2017）；消费金融、供应链金融、支付服务成了支撑虚拟购物空间运转的重要因素（王宝义，2017）；同时，流量分发、内容推荐、电商社交等也是虚拟购物空间保持活力的重要因素。从这个角度来看，虚拟购物空间正在逐渐形成“流量 - 购物 - 售后”的全链路空间。

（三）虚拟购物空间与实体购物空间的交互作用

虚拟购物空间始终与实体购物空间发生着复杂的交互作用，并且在不同场景下展现出不同的交互作用模式。例如，章雨晴等（2016）总结，网络购物与传统购物的作用主要包含 4 种效应，即替代、补充、中立、修正；而网络购物的发展，派生出两种假设，即创新扩散假设和效率假设。对于中国城市购物空间而言，早期虚拟购物空间的大幅度扩张，对于传统实体购物空间替代效应较为明显；但随着近些年“新零售”和“O2O”（线上 - 线下）等模式的发展，虚拟购物空间反而促进了实体购物空间的发展（“天猫小店”等）；同时，实体购物空间在社区尺度展现出较强的不可替代性（解决最后 1km 的问题），而虚拟购物空间也正试图通过无人售货机等“虚拟 - 现实”结合的设备解决社区购物的便利性问题。同时，虚拟购物空间与实体购物空间也存在着相互促进、共同发展的趋势。在虚拟购物空间作用下，实体购物更加注重服务质量的提升；而很多新兴模式如实体店面的“线上预订 - 门店提货”、淘宝店铺建立形象实体店等则反映出虚拟购物空间和实体购物空间的交互作用在经典的4种效应的基础上，表现出更加复杂、混合和交互模式，并持续塑造着二者的空间形态。

二、信息通信技术背景下虚拟生活服务空间

信息通信技术的发展，特别是移动支付的发展，构建了虚拟生活服务空间（林文盛等，2018），在政府管理和居民生活之间架设了一座桥梁。2015 年 7 月，《国务院关于积极推进“互联网 +”行动的指导意见》发布，其中提到“充分发挥互联网的高效、便捷优势，提高资源利用效率，降低服务消费成本。大力发展以互联网为载体、线上线下互动的新兴消费，加快发展基于互联网的医疗、健康、养老、教育、旅游、社会保障等新兴服务，创新政府服务模式，提升政府科学决策能力和管理水平”。随着“互联网 +”行动的逐步开展，手机充值、生活缴费、ETC 收费、医院电子挂号系统等共同构建起便捷、高效、透明的虚拟生活服务空间。虚拟生活服务空间的意义不仅仅在于高效、降低成本，更大的意义在于提升相关部门管理水平、改善管理服务体系。

（一）虚拟医疗服务空间

近些年，中国虚拟医疗服务空间的建设主要来自两个方面：一方面，网上医疗和

医院电子挂号系统。网上医疗本质上提供的是在线医疗服务，对于患者常见疾病能够提供较为高效、便捷的解答。而随着相关部门对在线医疗等虚拟医疗服务开展了进一步规范和整治，对网上医疗的空间范围进行了明确的规定，对其中的行为进行了进一步的规范。另一方面，医院电子挂号系统，则是通过线上预约 - 移动支付 - 直接候诊的方式，减少等待时间、压缩号贩子的操作空间、提高问诊效率。例如，支付宝与部分医院联合开展的网上挂号，经过在线支付之后可以直接到门诊处就诊，大大缩减了患者就医时间（马溪蓉等，2019）。相对于传统医疗服务空间，虚拟医疗服务空间缩减了“挂号”和“排号”前后的等待时间，空间路径更加简洁，利用更加高效。近年有关虚拟医疗服务的一项重要发展是关于远程医疗服务。借助于通信技术和相关设备及软件的支撑，可以实现地方医院与著名医院的远程对接，坐诊专家与患者的远程对接，以及来自不同医院的专家集体诊断与患者的远程对接，甚至还可以实现借助相关的专业设备开展远程手术（马豪等，2014）。远程医疗是国家鼓励发展的新兴医疗事业，对于缓解中国优质医疗资源紧张的状况、减轻患者的经济负担以及实现对患者的及时治疗等方面有重要意义。

（二）虚拟公共服务营业厅

虚拟公共服务营业厅，承担着服务办理、服务缴费、客服反馈等多种功能，从某些角度来看，其功能完备性已经接近于实体的公共服务营业厅。这类虚拟公共服务营业厅包括手机营业厅、生活缴费（水电费等）等。如虚拟电费营业厅，通过掌上营业厅—全自动抄表—移动支付，将用户端的生活缴费流程完全虚拟化，大大降低了时间、空间成本（刘尚勇，2015）。再如虚拟手机营业厅，通过虚拟用户账号—在线服务办理—在线服务反馈，构建起完整的虚拟电信服务空间，消除排队时间成本、提升服务办理效率。

（三）虚拟交通服务空间

虚拟交通服务空间在当前中国城市主要包含两种形态：基于智慧城市的智慧出行服务与基于交通管理的ETC收费系统，二者共同构成了当前中国的虚拟交通服务空间。立足智能手机和物联网的智慧出行服务，构建了以交通信息流为主要形态的虚拟交通空间，与用户出行进行实时互动（柴彦威等，2014）；同时，用户的出行信息、导航信息反过来输入交通数据库，进一步推动虚拟交通服务空间的演进。从这个角度来看，智慧出行服务所建构的虚拟交通服务空间侧重于交通信息流，提高空间效率与利用水平（翟青，2015）。而2019年大力推行的交通ETC收费系统，在降低成本的同时，也在逐步提高部门管理水平与交通安全状况。侧重于虚拟空间的角度，ETC系统收费实际上构建起了地方收费—用户缴费—移动支付—交通安全四位一体的虚拟生活服务空间。一方面，ETC大大降低了出行时间成本，另一方面，随着ETC的推广和深入开发，公路收费信息和车辆交通信息的输入将大大提升政府相关部门公共服务质量与管理水平（钱超，2013）。从这个角度来看，虚拟生活服务空间本质上是立足于移动支付技术，连接服务提供端与用户端，通过搭建掌上营业厅等服务系统，构建用户付费—服务使用—部门管理的虚拟生活服务空间，在大大降低成本、提升效率的同时，提高公共服务质量，促进公共服务体系改革，推动实体公共服务体系的发展。

综上所述，虚拟生活服务空间的意义不仅仅在于降低居民的时间、金钱成本，更大的意义在于，虚拟生活服务空间本身更加透明、高效、简洁，能够有效地降低管理成本、提升管理效率。虚拟生活服务空间必将在居民生活空间中扮演越来越重要的角色。

三、信息化社会背景下的虚拟社交空间

自信息通信技术兴起，虚拟社交空间始终是社会各界关注的热点。总体而言，虚拟社交空间具有去中心化、动态化、碎片化、零散化、即时化和赛博化的特征（陶东风，2014）；虚拟社交空间总体上可以分为强关系社交和弱关系社交两种类型（常晓猛，2014）。对于虚拟社交空间的基本特征、类型和规律，学界已经有了比较清晰的认识。但近些年随着中国社会经济结构转型和互联网的深入发展，虚拟社交空间出现了新的值得人们注意的形式。

（一）“宅”文化

“宅”文化这一概念其实最早来自日本，指的是“和漫画、动画、电子游戏、个人电脑、科幻、特摄片、手办模型相互之间有着深刻关联、沉溺在亚文化里的一群人的总称”（东浩纪，2001）；但在进入中国语境下，伴随着互联网特别是以哔哩哔哩网站为代表的直播社交媒体的发展，“宅”文化具有了更多的空间属性，往往与“长时间待在室内”、“很少社交和运动”和“沉溺于网络和虚拟世界”联系在一起（何威，2018）；从这个角度来看，在中国城市生活空间的语境下，“宅”文化反映的其实是虚拟社交极度扩张、实体社交空间极度萎缩的现象。关于这一点，很多学者做出了相应的解释。如蒋建国（2014）提出了“越微信、越焦虑、越冷漠”的机制，即虚拟社交空间会逐渐挤压实体社交空间。而虚拟社交空间自身又有着自我强化的特性，即“依赖—焦虑—更加依赖”的作用路径使得很多用户无法沉溺在虚拟社交空间中无法自拔，并且越陷越深（杜倩，2018）。虚拟社交空间对于很多用户来说是一个与现实世界迥然不同的空间，通过动态的展示可以使用户实现塑造自身形象的功能，充分满足了戈夫曼所言的“自我呈现”的需求（戈夫曼，1989），这种社交快感是虚拟社交空间能够持续膨胀自我增殖的重要原因（农郁，2014）。

此外，“宅”文化所代表的虚拟社交空间，与其他虚拟空间形成了严密的闭环，更加排斥了实体社交空间的进入。如虚拟购物空间提供的商品、虚拟生活服务空间提供的公共服务、O2O 平台提供的外卖等线上 - 线下服务，针对用户个体的虚拟社交空间几乎可以在地理坐标的一个点上无限延伸，无限增殖，与实体世界隔离而又息息相关。

（二）亚文化与“信息茧房”

亚文化这一概念出现在20世纪中期，最早来源于芝加哥学派。从文化研究的角度来看，亚文化是一种依赖文化通过风格和另类符号挑战主流文化，从而建立身份认同的附属性文化。亚文化具有三个主要特点，其一，亚文化具有“抵抗性”特征，即对主流文化等形成抵抗；其二，亚文化具有“风格化”特征，即具有自身鲜明的风格；其三，亚文化具有“边缘性”特征，即处于社会文化圈层的边缘（张诗卓，2014）。互联网时代的出现使得亚文化的发展进一步加速。通过各种媒介资源、技术手段以及迅速的传播手段，形成了一批以亚文化为代表的“兴趣群体”（陈霖，2016）。从这个角度来讲，亚文化背后的虚拟社交空间，实际上与主流的虚拟社交空间有着一定的距离，具有一定的反叛性，使用一定的象征性和仪式性的风格符号，形成较为清晰的虚拟空间边界（黄瑶瑛，2011）。

更进一步，近些年出现的大数据技术和智能推荐算法使得此类亚文化虚拟空间扩张速度加快。而人类对信息的接受会被兴趣所引导，从而逐渐桎梏和封闭于虚拟社交空间之中，个性化推荐算法使得这种情况雪上加霜——这就是凯斯·桑坦斯（2008）所提到的“信息茧房”。互联网中，公众注意力有限，往往只能看想看的内容、听想听的声音，最终作茧自缚，窄化信息。“信息茧房”的出现，是虚拟社交空间分裂形成的次级社交空间逐渐远离大众、自我强化边界的现象。换言之，公众注意力的有限性和智能推荐算法，使得大众在虚拟社交空间中形成了一个个有着明确边界和“距离”的茧房，这些茧房的出现反而使得虚拟社交空间更加闭塞，次级虚拟社交空间的发展更加极化和不可控（刘华栋，2017）。

（三）流量与热点

与实体空间类似，虚拟社交空间中也存在着大量的中心区域和热点区域。虚拟社交空间虽然是去中心化的、分散的，但也是相当不均衡的。如从议程设置理论出发，传媒给予的强调越多，公众对该问题的重视程度越高；而这种议程往往是媒介和受众共同决定的（Mccombs and Shaw，1972）。从这个角度来看，虚拟社交空间中的会产生不平衡的热点区域，并且这种热点区域受到外在动力（资本、权力）和公众的共同参与，并不是一个完全公众参与的、去中心化的虚拟空间。此外，随着社交媒体逐渐发展，信息不再成为稀缺资源，用户的注意力反而成了稀缺资源。这种集中化的热点区域有效弥补了碎片时代人们注意力短暂、记忆时间短等短板（张艺瀚，2018）。

近些年虚拟社交空间中热点中心的典型代表便是“网红”。网红靠社交媒体搭建一个场景化的生活空间，通过营造具象化的理想生活场景，打通与受众之间的情感链接，通过情感共鸣的方式，获取粉丝的青睐和关注（郭珊珊，2019）。换言之，虚拟社交空间的热点区域不再是“瞬时”的，而是“持续的”、具有黏性。在当下的虚拟社交空间中，“注意力”成了空间中最重要的资源。“注意力”集中的区域，则是虚拟社交空间的热点区域，掌握着重要的话语权力，对虚拟社交空间的舆论走向有着重要的影响力（袁靖华，2010）。

（四）信息通信技术与虚拟生活空间演变特征

首先是破碎化。在信息通信技术影响下，虚拟生活空间行为往往呈现出时空间破碎化的特征（赵莹等，2016）。在移动互联网和智能手机加持下，虚拟生活空间往往在时间尺度上是不连续的，但对居民生活的参与程度却又非常深。并且，这种破碎化蕴含着两个层面的含义：虚拟 - 现实行为破碎化，虚拟 - 虚拟破碎化。虚拟生活空间行为可能随时被实体空间中发生的事情打断，同时虚拟生活空间的行为可能被其他虚拟行为打断，如网络购物时突然需要回复 QQ 或微信消息。多种场景和尺度的时空破碎化是虚拟生活空间的一个主要特征。

其次是边界模糊。这种模糊性主要表现在两个方面：虚拟空间与实体空间的边界模糊性，以及不同类型虚拟空间之间的边界模糊性。O2O 等线上 - 线下产品使得虚拟 - 实体边界越来越模糊，而以新零售为代表的变革进一步模糊了购物、社交、娱乐等虚拟空间的边界（王宝义，2017）。

再次是技术依赖性。虚拟生活空间的发展对技术发展有着强烈的依赖。从技术产品角度，如淘宝、天猫等网站是虚拟购物空间的重要支撑，微信等社交产品是虚拟社交空间的重要组成部分；从具体技术角度，移动支付技术使得虚拟购物空间的建构成为可能；4G 技术直接催生了以直播为代表的虚拟社交空间。即将到来的 5G 在虚拟生活空间的发展上也有着广阔的前景。因而，虚拟生活空间的发展对于信息通信技术的发展进步有着强烈的依赖。

第二节 半虚拟社区与居民生活空间的互动

半虚拟社区是介于真实社区与虚拟社区之间的一类社区空间，以一定的地域性为前提，其特点是真实社区中的居民通过实名化或半匿名化的方式在虚拟空间中进行人际互动。这种互动兼具真实社区的可信赖性和虚拟社区的隐秘性，以及由于身体不在场形成的便捷性与跨时空等特性（李洁，2019）。半虚拟社区本质上是线上的地理社区，它对个体而言并不是一个全新的空间，而是现实的社群在网络空间中的部分延伸。在这里，“真实”与“虚拟”间有相当紧密的交互作用，“真实”是构成“虚拟”的基础，同时“虚拟”也深刻地影响着“真实”。常见的半虚拟社区有社区网、BBS（bulletin board system）、实名化 QQ 群和微信群等，往往具有信息共享、社会交往、社区自治、社区服务等功能。半虚拟社区通过与居民的真实生活空间形成有效互动，对加强社区归属、提高社区认同、促进社区整合和完善社区建设具有重要意义。

一、信息资源共享与居民日常生活需求满足

进行信息搜寻往往是人们利用网络平台的最初动机。半虚拟社区依托互联网的高效传播能力和低廉交际成本成为社区居民的信息集散平台，从而实现其关键的信息资讯服务功能。其特殊性在于以真实社区为载体，构成人员是具有相似话语体系和共同关注问题的本社区居民（李洁，2019），因此半虚拟社区中共享的信息资源往往更加有效可信，对居民的生活有更直接的助益。又因为对外部信息的寻求与获得是个体社会化的重要渠道，因而半虚拟社区中的参与和互动也会显著影响个体在真实社区中的归属与融入（崔雨晴，2017）。社区居民的角色也会逐渐由信息接收者转化为信息贡献者，在彼此分享与互帮互助的过程中，居民之间建立起共同的利益基础，居民与社区之间的黏度也不断提高。

前面所提到的北京的回龙观文化居住区规划居住人口约30万，是全国乃至亚洲最大的相对独立的居住社区之一（张王，2002），其中外来人口占比将近80%（冯健等，2017）。回龙观社区网是典型的半虚拟社区，其中的“社区论坛”是自由交流区，主题涉及购物、情感、职场、家装、购房等，在网站注册了的社区居民可以分享信息、交流经验、互帮互助，“资讯中心”相当于社区的电子布告栏，主要发布和记录社区近期的新闻、工作与活动，“交易市场”有二手买卖、招聘求职、寻租出租的相关信息（王莹，2010）。社区网集中展示了丰富多彩、包罗万象的信息资讯，大大节省了居民信息搜寻的成本，同时能够满足居民多样化的日常需求，显著提高了生活的便利程度。尤其是对于其中的“新移民”而言，社区更是他们落脚新城市的起点，社区居民之间的信息交流与互助有利于他们快速融入社区，并对社区产生认同感与归属感。

皮村是位于北京市朝阳区东五环外的城中村，拥有本地人口2000余人，外来务工人口4万多人。皮村“工友之家”属于民间社会组织，全称为北京工友之家文化发展中心，其服务对象主要为皮村的外来打工人群，目前已经发展成为全国新型工人文化交流及社群建设的重要平台和关键角色。在调研过程中发现，半虚拟社区的建设对皮村“工友之家”的自我组织和自我服务具有重要意义，其中微信群聊为主要方式。工会微信群的成员几乎全部为皮村工友，群内交流内容混杂，主要有招工信息、活动预告、日常聊天等。相比一对一私聊，微信群聊具有低私密性和开放性的特点，即使现实生活中不熟悉的人在微信群中聊天也不会显得突兀，这对于互相之间缺乏熟悉感和信任感的外来打工者而言至关重要。尤其是微信群里的短期招工广告来源广、种类多，且多来自工友的转发推荐，有的还会得到工友意见领袖的确认，如“信息真实，不欠工资”等。由于被骗和拖欠工资是工友在城市中最容易遭遇的问题，因此工友群中的信息比其他陌生的网络渠道可信度更高，更能适应工友的需求。总体来说，外来打工者作为城市中的边缘与弱势群体，在户籍壁垒的隔断与繁重工作的压力下，难以享受到城市中的教育、医疗、娱乐等公共资源，在陌生的地域空间和破碎的社会关系中难以寻求支持和帮助，而建立在外来打工者之间的微信群聊一类的半虚拟社区通过强调

集体和组织，能够弱化个体的孤独感和无力感。半虚拟社区中的人际互动有助于增强人口与社区之间的黏度，同时通过空间、资源、信息与情感的共享，外来打工者之间信任感缺乏和戒备心较高的现象也将得到改善，并最终促进社群融合与社区聚合。

值得注意的是，在2020年初新冠肺炎的疫情防控工作中，社区作为城市治理的基本单元，是外防输入、内防扩散的重要堡垒。将疫情防控资源和力量下沉至社区，也成了我国最关键的防控举措之一。在这一特殊的公共卫生事件下，为阻断病毒传播，人员流动被极大地限制，这自然也给人们的日常生活带来了困难和麻烦。例如，武汉封城期间，社区实行24小时封闭管理，为减少人员接触，防疫工作和居民的日常需求很大程度上需要依赖线上的半虚拟社区来完成，其中微信群承担了最主要的功能。社区工作人员在微信群内宣传疫情防控知识，统计食品及生活用品需求并安排上门配送，还可利用微信对社区居民提供心理疏导服务。居民也可通过群聊了解身边的疫情情况，以及互相安抚帮助，并形成凝聚力量。这些证明了在应对危机时半虚拟社区在保证社区正常运行与和谐稳定上可发挥的巨大作用。在实体的社区空间被“关上”时，居民仍可以在半虚拟社区空间中获得信息和支持，并满足日常生活的基本需求。

二、交往空间拓展与居民社会关系网络重构

社区是城市社会的基本空间单元，没有邻里关系和社会互动的社区是一个没有社会内容的物质空壳（冯健等，2017）。计划经济时期，单位大院的组织形式具有生产、生活与娱乐等多重功能，社区满足了居民在社会交往、情感归属和资源获取等方面的需求，因而形成了强大的社区联结力（李洁，2019；张鑫和易渝昊，2019）。而如今城市社区居民的交往困境与情感危机已经成了一个突出且普遍的问题，居民交往疏远，邻里关系冷漠（胡玉佳，2015）。这一变迁发生的原因并不在于现代社区比传统社区更加缺乏供居民进行社会交往活动的空间与场所，相反现代社区有更多专门化的活动空间与设施，如广场、绿地和健身器材等，根本原因在于随着我国的社会转型和市场化深入发展，商品化住宅瓦解了传统社区中由血缘和业缘构建的熟人关系网络，而仅保留了地缘关系，促进了社区人口的异质性和松散化。此外，独门独户的居住形式还强调了私密性与安全性，加强了社区中邻里的陌生化（冯健等，2017）。实体空间中邻里交流和社区交往的式微不仅使得居民之间的社会关系网络日渐薄弱，还使得个体与社区之间的强依附关系被打破，导致个体的“原子化”和社区的“空壳化”问题严重（甘美君，2019；李洁，2019）。结果就是，社区仅有形式而无内容，除了满足居民的居住需求和生活设施需求以外无法再为其提供任何情感、资源等方面的支持和援助，社区建设缺乏积极性，甚至在一定程度上损害了居民的生活质量。

但是，基于互联网技术，由社区居民组建的半虚拟社区因其多元性和便捷性，能够帮助居民突破原始的邻里交流方式并在虚拟空间中建立新的社会关系网络，从而极

大地拓展了社区的交往空间，增加了社区的交往活力。同时半虚拟社区中的交流会促进人们线下的集聚，如很多线上组织的活动需要依赖实体空间来实现，而这种集聚必然会增强人与人之间的关系纽带（Sessions，2010）。因此半虚拟社区中构建的新的社会联系最终会落实到真实的生活中，并促进真实社区中居民社会关系网络的重构。

例如，在北京回龙观社区网中，居民根据不同的兴趣爱好自发建立了各种各样的社区团体，如体育俱乐部、公益团体、社区义务医疗服务组织等，同时也会在网上积极地组织社区活动并进行宣传和预热，以吸引更多人的参与（胡玉佳，2015；尹子潇，2016）。在某种程度上，社区居民的社会生活紧密地嵌入到社区网中，社区网这一半虚拟空间的意义甚至大于实体空间（郑中玉，2010）。居民总可以在不同的社区网分区里与相应的社区团体实现在兴趣、爱好和需求等方面的精准对接，而这些在实体空间中则难以高效地实现。通过线上沟通交流，居民可以结识新的朋友，建立新的社会联系。又由于很多活动形式仍需要依赖实体空间，如体育运动等，因此半虚拟社区的社会互动能够促进社区公共服务设施的充分利用，并提高社区的公共空间活力，甚至当社区既有的基础设施和公共活动空间不能满足需求时，社区网上频繁发起的社区活动还会促使社区建立新的活动空间，从而进一步完善社区建设和丰富居民生活（尹子潇，2016）。此外，通过线下活动的开展，居民在虚拟空间中建立的新的社会联系会在真实空间中得到检验，有的会得到加强，并成为居民社区关系网络的重要构成部分。研究表明，在社区网中有的网友在实际的社区生活中显著地认识更多的人，而这些关系最初都是通过社区网建立的（郑中玉，2010）。可见，半虚拟社区中的社会交往已经成了当下中国城市社区居民交往方式的重要一环，甚至是开展实体空间中社交活动的前提。

值得注意的是，除了覆盖全社区的社区网以外，还存在根据不同的邻里尺度进行功能细化的其他半虚拟社区。如在北京大学肖家河住区，有不同分区（如一区、二区、三区、四区）、不同楼号（如某区内的某号楼）的住户微信群，甚至还有同一楼号的不同单元的住户微信群，且群里都要求个人使用门牌号加真名作为昵称。半虚拟社区对应的现实空间尺度越小，所涉及的人群在利益上越相关，在真实生活中见面的机会越多，虚拟社区接近现实社区的程度就越大。如针对某小区某号楼某一单元内住户的微信群里可能就涉及十几户人家，都以门牌号加真实姓名作为个人身份标记，也就几乎不存在任何“虚拟”关系了，此时的微信群只是发生在虚拟空间里的拥有现实身份的人之间的交流空间而已。从某种意义上讲，小尺度的半虚拟社区更能促进成员的参与和互动，对改善现代城市里冷漠的邻里关系具有显著效果。

北京皮村“工友之家”的“文学小组”微信群是一个基于兴趣建立的半虚拟社区，其中积极参与互动的个体往往采取实名制，互相之间在现实生活中也认识或熟识，而旁观者或“窥屏者”大多采取匿名的方式关注群内的动态和获取有用的信息。该微信群的成员有工友、高校老师、高校学生和一些社会人士，交流内容围绕文学兴趣展开，主要为分享原创作品、发表评论、转发好文等，具有一定的专业性。“文学小组”微信群与“工友之家”每周举办的讲座活动形成互动，使工友结识了更多的人，尤其是其他的社会阶层，如前来讲课的高校老师和高校学生等，从而改变了户籍、职业、学历和收入壁垒对工友社交圈的限制，避免了工友社会网络的“孤岛化”。

三、公共事务参与下的社区监督和共同治理

半虚拟社区如社区网、在线业主论坛、微信群、QQ 群等为社区居民提供了公开的利益表达渠道（高新宇，2017），居民可以曝光社区建设、商家服务、物业管理等方面的问题，甚至当遭遇到侵权事件时，社区居民在共同利益的驱使下，会在半虚拟社区里形成临时的维权组织并营造社区呼声，从而帮助培养社区共同意志，加强社区团结（吴岚，2014）。半虚拟社区中的建议、投诉、举报等活动因其广泛的公开性会给相关的利益主体造成压力，因而也更容易得到及时的回复和处理，从而有效地保障了社区居民的权益，有利于社区建设朝更加公正和完善的方向发展。高新宇（2017）以蓝地社区的业主反对变电站建设在“自家后院”并最终争取到经济补偿的邻避运动事例，说明半虚拟社区作为信息公开与讨论的平台能够聚合社区居民的共同意志与共同力量，并使之实现身份认同和价值趋同。特别的是，这场邻避运动发生时，群内的户主都还未入住该小区，但是他们在线上实名建立联系、分享经验、商讨策略、组织动员，并使线上的社会关系在线下的活动中得到了延伸。此外，社区网一类的半虚拟空间往往还会开通政府部门工作站，一方面发布政府机构的工作和成果，让社区居民参与监督政府履行职责，促进自上而下的社区管理；另一方面帮助上层体察民情，使群众的需求得到传递和回应，通过自下而上的反馈机制，加强了双方的有效沟通（周敏娴等，2013；李洁，2019）。在新冠肺炎疫情防控期间，社区居民也被充分动员起来，形成人人有责的社区疫情防控共同体，半虚拟社区于是承担了居民的社区监督和共同治理功能。例如，“武汉嫂子汉骂”事件中，该业主在微信群里指责超市针对不同小区发布“AB 阴阳套餐”的问题，吐槽超市捆绑销售，这使得社区工作者及时表达歉意，开始深入了解业主的精细化需求，并取消了超市的团购套餐，更换了供货商并增加了个性化物资。

半虚拟社区是居民参与社区公共事务的重要平台，在某种程度上有助于提高社区的自治能力，而社区自治能力正是以往单位制社区所不具备的却是现代社区所必须进行整合与维护的重要力量。在单位制社区中，单位协调和管理社区成员的工作与生活世界，这是一种自上而下的行政管理模式，而非横向的自组织机制（郑中玉，2010）。在我国的现代城市社区里，社区居委会所代表的行政力量依旧处于主导地位，导致社区居民普遍参与度低、公共精神不足（张宝锋，2005；焦若水和王凯，2019）。在此背景下，由社区居民自组织形成的半虚拟社区作为群众的表达出口和讨论平台，能够促进居民表达意见、维护利益、承担社区责任和共享社区成果，从而充分调动居民的主体性和能动性，使自下而上的运行机制有效发挥作用，帮助建设一个强聚合型社区。

第三节 微生活：微信对居民生活空间的影响

一、微信的功能与居民生活空间重构

微信（WeChat）是腾讯公司在2011年推出的一款免费下载安装，支持发送图文、进行语音和视频聊天的实时通信软件。在将近十年的发展中，微信已经超越并几乎取代了手机短信业务的最初营销目标，转而以自身日益强大和多元化的功能、不断创新的技术深刻地影响了城市居民生活的方方面面，正如微信官方对自身的定义——“微信，是一个生活方式”。截至2018年9月，微信每个月有超过十亿的用户保持活跃，现有的功能包括线上聊天、移动支付、朋友圈分享、微信公众号运营、城市服务等。微信作为全新的媒介平台给人们带来新的生活方式，丰富的功能极大地改变了人们的生活习惯和社交行为，但实际上它本身就创造了一个新的人类生存环境或场域——“微生活”（匡文波，2014；唐魁玉和王德新，2016；唐魁玉和唐金杰，2016），它重新定义了城市居民与城市生活之间的关系，重构了城市居民的生活空间。

首先，微信作为一种移动端技术，能够打破各种功能空间的界限。根据功能对生活空间的划分在微信时代严重失效，居住空间、工作空间、休闲空间等的界限变得模糊不清——只要手机微信开启，就能在家中获取工作任务、社交资源、娱乐信息，置身某一特定功能空间内也可以同时完成多重任务或多种计划。在微信强大功能的支持下，在家办公已然不是一种新鲜现象，社交的完成也不需要走出家门，购物消费更可以通过线上商城和线上支付随时随地实现，这意味着实体功能空间被弱化。

其次，微信以新型通信技术和移动支付功能嵌入城市居民的所有生活场景当中。作为一项支持即时通信、构建社交网络、整合公共信息、提供实用生活手段的新生活技术（唐魁玉和王德新，2016），微信嵌入了几乎所有的生活场景当中，线上 - 线下的交互成了城市居民很快接纳并依赖的新生活方式。在餐厅和实体商店内，微信支付已经成为非常普遍的支付手段，无须携带纸币就能完成每一次餐饮和购物消费，扫码支付、人脸支付等新型支付方式进入城市居民的消费场景中；微信朋友圈也成了社交场景的重要内容，朋友圈的动态以自我呈现的方式分享了使用者的个性特点和生活状况，与线下社交共同构成了完整的社交情境；微信上的资讯共享也融入知识创造的场景当中，足不出户就能获取知识和信息，在成为信息接受者的同时也成了大数据的生产者和自媒体的主导者（荀思远等，2016）。值得注意的是，微信作为一项基于位置的社交网络服务（LBSNS），能够通过将用户的兴趣与位置匹配而实现对人流的导引，从而重构了现实区位的内涵（吴士锋等，2016）。微信强调了从用户到用户的点对点结构，通过将地理位置信息嵌入到线上社交过程中，不仅能体现使用者的情绪、生活方式和品位（Wang，2013），还引导了线下真实的社交出行、休闲出行和购物出行。

随着微信版本的不断升级，微信能够“一键接入”各种城市服务和公共出行当中，为城市居民的生活带来便利。通过微信，城市居民可以实现话费充值、水电缴费、医疗预约、行政业务办理、公交与地铁出行等多种目标，这种便捷的线上服务一方面为城市居民降低了获得城市公共服务的成本，另一方面分担了线下的公共服务空间的功能，一些实体公共服务空间渐渐退出了城市居民的日常生活。

总的来说，“微生活”是一种全新的场域，微信对城市居民生活空间的影响是多方面、多层次的：微信的普及使城市居民的生活打破了各种功能空间的界限；微信的功能全面嵌入到人们的生活场景之中；同时，微信实现了基于地理信息分享的区位强化；它还接入了城市公共服务空间的部分功能，改变了城市居民生活空间的结构。在微信时代，城市居民的生活空间发生了重构，以下将以工作空间、消费休闲空间和社交空间为代表分析居民生活空间受到微信的重大影响。

二、微信对居民工作空间的影响

自 2011 年微信问世以来，微信以其简约的操作版面、通信的即时性获得了职业群体的青睐，越来越频繁地被应用到工作场景中。微信的持续连通性和瞬时可达性提高了工作时间和地点的自由度，满足了人们对于工作中快速响应和高效沟通的需求（黄莹和杨莉明，2018），而其移动传播技术的可供性保证了职业群体能够在微信上进行知识处理和知识生产协作。有调查指出，2016 年微信用户新增的好友中有将近六成来源于工作关系，而超过八成的用户会使用微信进行办公，其中一线城市是微信办公的主力[①]。城市居民在应用微信进行移动办公的同时也创造了一个打破功能界限的全天候工作空间：微信提高了工作地点的自由度和工作时间的灵活性，使得传统的办公室空间转向新型工作空间；全天候的信息密集传递入侵了城市居民其他生活空间，构建了一个无处不在的工作场景（孟威，2018）。

自由职业者在今天已经不是什么新鲜话题了，在微信办公的支持下自由职业者可以选择在家工作，或者在咖啡厅等公共场所进行办公，只要无线网络保持持续连通，工作空间可以是任意的。在信息技术满足日常工作需求的情况下，传统的办公室、办公楼显得不再重要，以众创空间为代表的租借的、临时的办公场地就能成为工作者的工作空间。对于无法负担租金的创业团队而言，基于微信的不受时空限制的沟通交流才是最重要的，而在这种新型工作空间中，上下级之间、部门之间的界限也随着物理空间界限的消融而不再分明，非正式讨论成了工作链条中重要的环节（何凌华和申晨，2015）。另一种新型办公空间是交往型办公区，这些办公区弱化了个人办公室和格子间的布局，加入了非正式交流场所和微观休闲空间，强调创新和沟通，依赖于互联网和微信等通信手段带来的信息即时传输，深圳华侨城、北京百度大厦就是交往型办公区的典型代表（何凌华和申晨，2015）。城市居民在突破传统办公限制的新型工作空间中能享受到更好的工作环境和交流氛围，微信一方面提升了人们的工作效率，另一方面作为不同时空“勾连”工具促进了工作者之间的协作。

① 数据来源：https：//tech.qq.com/a/20170424/004233.htm#p=1。

然而，从另一个角度看，这种全天候的信息密集传递实际上造成了工作空间入侵到其他生活空间的后果。相关调查显示，微信已经成为用户在工作中最主要的沟通工具，而四成以上的用户为了企业内部的沟通加入了百人以上的微信群，同时有超过三成的用户基于工作拓展人脉而进入百人以上的微信群[①]。这些现象都表明，使用者很可能不仅要随时随地处理工作，还要应付因工作带来的职业社交，面对工作的紧迫感和焦虑感越来越多地投射到微信这类通信工具当中（孟威，2018）。连续不断的破碎的工作任务入侵了城市居民的其他生活空间，挤压了居民的家庭生活时间和休闲娱乐时间，公益广告《放下手中的电话，用心陪陪爸和妈》就集中体现了城市生活的这种冲突与矛盾。

三、微信对居民消费休闲空间的影响

微信作为一种新生活技术也变革着城市居民的休闲空间，一方面通过移动支付手段改变了传统商业模式和城市商业空间，另一方面也为城市居民的休闲方式和消费方式提供了更多的自主性。

传统的商业模式受到了微信的巨大冲击，背后庞大的用户群使微信稳稳立足信息时代社会并成为完美的营销渠道和电商入口（王千，2014），微信支付和第三方接口的组合就极大地满足了城市居民日常的消费需求——滴滴打车、大众点评、京东商城等各种电商获得了微信用户群体资源，而正是电商的发展导致传统商业模式的转型。传统商业广场、百货商店等在遭遇亏损的情况下有两个举措，一是开通线上商城以便获得微信用户群体的支持，二是通过调整商业区的业态来吸引线下的消费者，体验型的消费空间就是策略之一。微信时代背景下的商业中心更注重自身的差异化竞争，重点发展体验式消费，减少同质化程度较高的百货和零售。例如，根据何凌华和申晨（2015）的研究发现，广州部分购物中心的休闲娱乐类和餐饮类的比重达到将近五成。

除了体验型商业空间的增多，在微信支付的连接下，城市居民日常消费休闲中的自主性也在增强。《2019微信支付小商家经营大数据报告》显示，目前已有超过5000万个体商户、商家和微信支付绑定[②]，微信二维码收款覆盖了广泛的行业。城市中许多餐厅（包括麦当劳、肯德基等）提供了微信自助下单、自助结账功能，便利店和超市也实现了自主选购、自助付款，在这些消费空间中消费者甚至无须与人交流就能完成消费。另外，城市中的博物馆、美术馆和公园也开通了微信游览导引，微信扫码就能获得感兴趣事物的信息，这些休闲空间成为更自主、更具个性化的公共空间。

微信作为一种基于地理位置的社交网络服务，还具有重构现实区位的作用。城市居民可以从微信上获得虚拟商业空间的信息，因此处于传统劣势区位的商户能够增加

① 数据来源：https：//tech.qq.com/a/20170424/004233.htm#p=15。

② 数据来源：https：//baijiahao.baidu.com/s?id=1646806111371773926&wfr=spider&for=pc。

线下消费者的人数（陈丹等，2018），实现新的发展。微信社交中伴随其他内容的地理位置信息分享能有效提高休闲空间和消费空间的知名度和可达性，越来越多的城市居民据此挖掘小众、新颖、代表独特品位的消费休闲空间，一些处于传统劣势地理区位的消费休闲空间成了值得体验的“网红打卡圣地”，走向空间的“复活”。

四、微信对居民社交空间的影响

按照滕尼斯的定义，社区可以被理解为一种以地域、意识、行为以及利益为特征，由具有共同价值观念的同质人口所组成的关系紧密的生活共同体（滕尼斯，1999）。互联网的出现给“社区”带来了新的内涵，网络成员可以根据归属感和集体认同来划定边界从而形成虚拟社区，而通过微信建立的网络社区就是其中的典型代表。微信的通信功能和朋友圈分享功能使得虚拟社区的形成成为可能，维系和拓展了使用者的社会关系，通过线上 - 线下的互动深化了社交空间的内涵与维度。微信虚拟社区并不是一种孤立的社会现象，而是充当了城市居民社交方式中的一种，当线上的关系继续发展就会进入线下面对面的社交中（聂磊等，2013），因而虚拟社区是城市居民现实社交空间的有效补充和延伸。

对于当代城市居民而言，微信社交是日常社交中非常重要的组成部分。用户通过私聊、群聊和发朋友圈的形式完成自我呈现、实行印象管理（王玲宁和兰娟，2017），这是虚拟社区中的自主表达，为用户与用户之间社交的发生设置情境。微信一方面反映和维系了线下真实的社交关系，另一方面拓展了新的社交关系，通过强关系和弱关系的连接将虚拟社交圈与线下社交圈融合，创造了一个以强关系为主、弱关系为辅的虚拟社区。当朋友圈的点赞和评论以低成本的方式维系着社交网络中的弱关系，熟人之间的微信社交同时也增强了“内群认同”和“小圈子文化”（蒋建国，2014）。在传播者与受众角色瞬间转换的去中心化的双向交流中（王建民，2017），微信帮助用户培育和积累了社会资本。

在微信建立的虚拟社区中，强关系提供给成员归属感和安全感，弱关系总是能带来差异性信息的交换与分享，在此基础上虚拟社区还组织了集体行动，微信虚拟社区的这些功能补充了城市居民线下社交的不足。城市居民线上与线下的互动革新了社交空间的内涵、增加了社交空间的维度——居民的社交空间不应再被理解为现实社交空间，而是线上社交和线下社交的复合空间，因为微信已经嵌入社交场景中并成为人们社交经验的直接来源。实际上，随着商品房小区的增多、单位大院的衰落，现实的社区交往变得越来越少，而以业主微信群为代表的线上社区就可以弥补这种隔离。另外，朋友圈记录和分享了城市居民线下的社交行为，将现实社交空间、事件与用户的社会关系联系起来，成为下一次社交行为的情境和个人信息的判断依据。微信还可以帮助用户在同一实体空间内完成打破时空限制的多线社交，这是依靠传统的面对面社交所无法完成的。总的来说，微信构建的虚拟社区成了城市居民社交空间中的重要组成部分，线上社交和线下社交交织在一起，共同定义了居民的社交空间。

第四节　时尚生活空间：时尚观念与方式对生活空间变迁的影响

时尚的概念最早出现于服装领域。中世纪晚期，服装的形式和功能开始出现变化：从悬垂型变为裁剪型，从对身体的遮蔽转为对身体的表现（杨道圣，2012）。19世纪，工业革命使得大规模工业生产成为可能（史文德森，2010），时尚也从上层阶级的生活中来到普通人的生活中，并逐步渗入到社会生活的各个方面。

1908年美国社会学家罗斯福首次对时尚进行了定义，此后不同学者从不同角度对时尚概念进行了阐释。实际上，时尚既是一种流行的行为模式，也代表一种具有特定文化内涵的价值观（周晓虹，1995）。事实上，今天的时尚已成为一种“广泛的社会现象”（西美尔，2001），以上两方面的融合才能近似勾勒出时尚的全貌。日本学者南博在《体系：社会心理学》中将时尚划分为物、行为和思想三大类（周晓虹，1995）。具体来说，时尚可以表现为一种观念或价值观，如环保、极简或某种审美风格，它引导着我们的日常行为，尤其是消费行为；时尚也可以表现为一种行事方式，如泡吧、背包旅行等；时尚更常表现为对某种具体的物质形态的追求，如对奢侈品或潮牌的追捧。可以说，践行“时尚”这一目标主宰了当代的社会生活。

深入理解时尚的本质特征将有助于我们对时尚的生活方式与时尚生活空间进行更为准确的界定。马红霞（2005）总结出时尚具有12个特征，分别是新奇性、差异性、模仿性、从众性、短暂性、琐细性、规模性、周期性、极端性、奢侈性、阶级性、革新与保守的矛盾性。其实，时尚的新奇性、区分与从众并存的矛盾性以及阶级性是时尚作为一种生活方式的本质特征。首先，就新奇性而言，新奇是时尚的事物所蕴含的本质特征。过时尚的生活意味着以事物的新奇性作为基本的行动取向，时时追逐新颖。其次，就区分与从众并存的矛盾性而言，德国社会学家西美尔曾揭示了时尚内在的矛盾性：时尚的初衷在于追求与他人的差异性，然而在追求差异的过程中人们难免去模仿他人（杨向荣和曾莹，2006）。所以，区分和从众是时尚的根本矛盾。最后，就阶级性而言，时尚的区分性最初便体现在阶级之间。较高阶级的人常常是时尚的创造者，而较低阶级的人往往只能是时尚的跟随者和模仿者。因此，时尚是区分人们社会地位的重要符号（孙沛东，2008）。

一、以生活方式践行时尚观念

生活方式逐渐走向时尚化与现代社会的形成密不可分。在现代社会中，传统崩溃瓦解，人们不再能仅依靠经济地位等单一标准完成对自我价值的认同。标准的分散化与多元化导致了身份认同危机的出现。在这样的背景下，时尚作为一种构建身份认同的方式为自我实现提供了可能性（孙沛东，2007）。无论是通过对服饰等物质的占有，还是通过践行一种高级先进的生活理念，时尚将自我与他人区分开来，在展现与众不同的同时达成对自我的认同。另外，时尚的阶级性使其具有特定的符号意义，它代表着更高的身份地位和价值。人们对时尚的追逐也就成为寻求某些特定人群的社会认同的过程（曹红琳，2011）。总而言之，对个人来说，时尚是自我实现的重要手段，它帮助我们达成一个独一无二的自我，并且谋取更广泛的社会认同。时尚与认同的关系是我们孜孜不倦践行时尚的重要原因。

当时尚与自我实现存在如此紧密的关系时，时尚本身就成了一种人生理想。对这种理想的追求集中体现在了生活方式的整体改变，并蔓延到日常生活的方方面面。以时尚为标准的新型生活方式伴随着时代的变迁不断出现，不仅改变了人们的日常行为模式，也在不知不觉之中造就了新的生活空间。

二、追逐时尚的生活方式变迁

新奇性是时尚的本质特征。事物的新奇性包含不同类型，可以指从无到有的新观念的生成，如城市中产阶级的新的品味取向、消费流行与新的生活理念的兴起，也可以指旧事物的更新，如互联网信息技术等新技术对原有活动的改进。与之相对应，对人们热烈追逐的时尚生活方式进行分类，可以分为以下三类。

（一）依托新技术的时尚生活方式

人类的每一次科技进步都使人类生活发生翻天覆地的改变。在过去的10余年间，以互联网和物联网为代表的新技术的快速发展极大地颠覆了人们既有的生活方式。依托新技术的生活方式使人们的生活更加便利与智能。同时，依托新技术的生活方式存在一定的消费门槛，也就自然带有社会地位与财富的符号意义。因而，这种生活方式自然成为人人追逐的时尚。

在居家生活方面，互联网和物联网两大技术的联合使用使今天的居家生活越来越智能化。在家中无人的情况下，人们可以利用手机等终端设备远程通知家中的各种电器。例如，在回家之前提前打开空调调节温度、远程调控灯泡开关、远程控制电饭锅开启、远程监控房屋安全等。智能化的居家生活使得人们能够更高效地安排自己的时间和空间活动，并获得更为舒适的生活环境和更高的生活质量。

在购物方面，互联网使购物行为不再受到时空的限制，人们随时随地都可以在网上选购自己想要的商品，并且可以通过物联网技术实时监测自己商品的配送进程。在出行方面，以物联网技术为基础的智能交通可以监控道路的实时情况，驾驶人可以据此规划路线、调整出行，避开拥堵路段；智能交通还可以帮助出行者及时了解公交行驶路线和到站时间，从而避免浪费时间。另外，依托新技术的出行工具，如电动汽车和电动平衡车等，人们也开始追求一些新的出行方式，并冠之以时尚之名。在社交方面，互联网的存在使得社交的时空限制完全被打破。人们可以借助社交APP迅速找到与自己志趣相投的陌生人。各类的公共社交平台也给予人们进行自我展演的空间，成为引领潮流的时尚平台，引发人们一轮又一轮的追逐。

（二）作为符号消费的时尚生活方式

时尚与消费总是不可分离，人们对某种时尚观念的追求总是以消费行为为终点。时尚消费不是以满足基本生存需要为目的的消费，而是混杂了实用与享受双重目的的消费。鲍德里亚的符号消费理论指出，如今的消费是符号的消费，物质的占有实际上具有重要的符号意义（黄波，2007），是个人身份认同的关键。人们对时尚生活方式的追逐也是对时尚这一符号的消费，主要通过休闲娱乐活动及时尚消费得以体现。

一些符合城市中产阶级品位的休闲娱乐活动成为人们追捧的时尚活动。电影院、酒吧、咖啡厅成为人们首选的时尚社交场所。围绕身材管理的种种健身运动课程被城市白领人群奉为时尚。对一些小众或亚文化，如摇滚文化等的追捧，也成为城市青年的时尚娱乐活动。人们在这些休闲娱乐活动的消费之中展现着自身的独特品位，充分体验了时尚的生活方式，并完成了自身城市中产阶级的身份构建。

积极消费与形象相关的时尚也是对时尚观念的践行。人们乐此不疲地加入围绕着服装、首饰、包、车、鞋、护肤品出现的一波波消费热潮之中，将对物质潮流的追逐融入自己的生活方式之中。

（三）时尚生活理念与新生活方式

生活理念可以说是生活方式的纲领。近年来，一些城市年轻人开始以“××主义”作为自己生活的理念来规范自己的日常生活行为。最典型的有低碳主义、素食主义、极简主义、公益主义等。由于这些理念的践行者大多受过高等教育，拥有一定的社会地位和资源，这些生活理念自然就带有了符号性的意义，并因此成为一种时尚。在这些时尚生活理念的引导下，践行者的日常生活行为都需要做出相应的调整。以低碳主义为例，低碳主义者倾向于采用环保交通工具出行，不使用塑料袋和一次性餐具，少购买不必要和不环保的物品等。时尚的生活理念造就了新的时尚生活方式。

三、时尚生活空间的形成

生活空间是容纳日常生活活动发生的场所。它一方面被生活方式引领下的日常行为所塑造，另一方面被生活方式所代表的理念所刻意改造。时尚生活方式所对应的时尚生活空间也是如此。时尚生活方式代表一种生活理念与生活理想，对空间的功能和美学表现有着特定的要求，主导着人们对空间的想象与设计，深刻影响城市景观的变迁。

（一）城市公共环境的时尚化设计

受人追捧的时尚表现在各种物质形式之上，城市空间也不例外。从建筑到街区，从民居到公共空间，其外在表现形式都受到时尚的影响，设计语言与整体风格走向时尚化。

从城市环境的设计来看，得益于公共环境设施设计公司的出现，城市公共环境的设计表达越来越自由，美学价值在城市公共环境设计中的地位越来越重要（刘书婷，2017）。人们对时尚生活方式的无限追求自然也渗透到城市公共环境设计领域，城市公共环境设施与城市公共环境整体的设计风格都以时尚为基本理念。时尚化理念深刻影响公共环境设施的设计，如城市公共自行车租赁系统、智能化公交站台、电子交通导视系统、公共卫生间、地域特色雕塑等。在这些城市公共环境设计中，设计师会考虑到加入时尚要素使空间整体呈现出更加符合人们时尚生活理念的效果。除此之外，公共环境设计理念与风格也以时尚为目标，涌现出绿色环保、智能化、民族化和后工业化等设计风格。

（二）时尚化的消费空间

消费是践行时尚生活方式的重要途径，城市消费空间因时尚生活方式的兴起而发生改变。一方面，承载符号意义的时尚消费空间应运而生，在城市空间中占据重要位置。由于越来越多的新型休闲娱乐活动作为时尚被追捧，一批新消费空间也随之兴起，如咖啡店、书店、画廊、可实现专业音乐演出的酒吧等。这些空间不但需要容纳时尚休闲活动的发生，还需要符合时尚的审美风格。时尚消费空间的兴起与改造也改变了城市的功能分区，城市内部空间结构在时尚生活方式的影响下得到了重构。另一方面，原有的消费空间也应时尚的要求而不断被更新，以满足转瞬即逝不断更迭的时尚对建筑或装潢风格提出的新要求。从我国商业街区的外部空间来看，从原本外墙的经济适用风格设计，到大面积玻璃装饰的采用、大量广告条幅的出现，再到城市建筑与现代灯光技术的结合（郭东亮，2012），时尚的元素被不断添加到建筑的设计之中。提供时尚的场景体验、增加空间流线设计、强调空间互动也是商业空间时尚化的重要手法（李传成、刘捷，2007）。除此之外，历史文化街区也成为新兴的文化符号消费空间。历史文化与怀旧情怀在此叠加，引发不少都市中产阶层的追捧。这些街区的改造在保留历史文化特色的同时，也通过实体织补、功能置换等方式（刘凤凌和褚冬竹，2010）加入了众多时尚性元素。以上海新天地、成都宽窄巷子、北京南锣鼓巷为代表，一系列集休闲娱乐和潮流购物于一体的历史文化街区成为城市热门消费场所和都市新时尚景点。

（三）时尚生活理念引导下的城市生活空间变迁

时尚生活理念的践行者选择了与众不同的生活方式，其日常生活行为将受到时尚生活理念的规制。践行者为实现特定时尚生活方式将对生活空间进行自我选择，而当这种时尚生活方式得到更为广泛的传播时，城市生活空间为适应其需要将进行自主改造。

低碳主义者通常会选择步行、自行车等绿色交通方式。为实现这样的生活方式，他们将主动选择步行友好的居住区和绿色景观较好的区域。这样的时尚生活方式的流行必将反过来影响到城市管理者的决策，居住区设计、道路交通组织模式、城市绿地景观设计等都将因此而发生调整和改变。素食主义者的生活方式也会催生城市中素食消费空间的出现，他们的个人生活空间将被限定在能满足其生活方式需要的范围之内，对城市空间结构产生微小却深远的影响。

第五节　本章总结

人文地理学和城市地理学的研究需要深度挖掘和创新的过程（顾朝林，2009），而对于类似信息通信技术这样的新技术的关注，本身是城市研究实现创新的一个重要途径。信息通信技术的影响已经渗透到中国城市居民的日常生活中，产生了新的生活空间形式和类型，这些“新”生活空间是对传统城市生活空间的有效补充，值得探讨。在信息通信技术背景下，虚拟生活空间获得发展，包括电子商务的服务深化、虚拟购物空间的平衡重构以及虚拟购物空间与实体购物空间的交互作用，都拓展了城市生活空间的广度和深度，使得生活空间在实体和虚拟交互发展的环境下呈现出更加复杂的特征。信息通信技术的发展还产生了虚拟生活服务空间，如虚拟医疗服务空间、虚拟公共服务营业厅和虚拟交通服务空间等，这些虚拟生活服务空间在居民生活空间中扮演着越来越重要的角色，其意义不仅在于高效、降低成本，还在于提升了相关部门的管理水平和改善了管理服务体系。信息化社会背景下的虚拟社交空间也表现出很多新的形式和特征，“宅”文化、亚文化与“信息茧房”、流量与热点等都是虚拟社交空间中的重要语汇，在信息通信技术影响下，虚拟生活空间的演变呈现出破碎化、边界模糊和技术依赖等特征。

在第六章，曾用一定的篇幅探讨社区网对于北京回龙观大型居住区社区社会交往实现和社区凝聚力增强所发挥的积极作用，其实，除了社区网以外，BBS、实名化QQ群和微信群等都是常见的半虚拟社区，它们往往具有信息共享、社会交往、社区自治、社区服务等功能。半虚拟社区实现了信息资源共享以满足居民日益复杂的日常生活需求，拓展了交往空间并实现居民社会关系网络的重构，还实现了公共事务参与下的社区监督和共同治理，使自下而上的运行机制发挥有效作用，有助于建设强聚合型的社区。半虚拟社区通过与居民的真实生活空间形成有效互动，对加强社区归属、提高社区认同、促进社区整合和完善社区建设具有重要意义。

如果调查10年来对中国人的生活影响最大的一个软件或一项技术的话，毫无疑问，微信应该名列前茅。作为一种移动端技术，微信打破了各种功能空间的界限，以新型通信技术和移动支付功能嵌入城市居民的所有生活场景当中，通过“一键接入”各种城市服务和公共出行当中，为城市居民的生活带来便利，并导致很多实体公共服务空间渐渐退出了城市居民的日常生活。微信通过打破功能界限的全天候工作方式对居民工作空间产生影响，通过营造体验型和自主型的消费休闲活动对居民休闲空间产生影响，通过“微信社交”方式而成为居民社交空间的重要组成部分，从而对居民社交空间产生影响。“微生活”已经成了一种生活方式，中国城市居民的生活方式对微信产生了很大的依赖性，很难想象，没有微信的生活空间将会展现什么样的状态。

生活方式逐渐走向时尚化与现代社会的演进密不可分。互联网和物联网两大技术的联合使用使今天的居家生活越来越智能化。时尚与消费总是不可分离，人们对某种时尚观念的追求总是以消费行为为终点，时尚消费混杂了实用与享受双重目的的消费行为。时尚的生活理念造就了新的时尚生活方式，一些城市年轻人开始以“×× 主义”作为生活理念来规范自己的日常生活行为。时尚生活方式代表一种生活理念与生活理想，对空间的功能和美学表现有着特定的要求，主导着人们对空间的想象与设计，引导城市生活空间变迁并深刻影响城市景观的演变。

第十一章 研究结论与研究展望

第一节 研究结论

城市生活空间是指城市居民的社会生活与空间的关联或在空间上的反映，是居民的社会活动和行为在城市空间上留下的轨迹。改革开放以来，尤其是中国的经济体制向市场转型以来，中国的快速城镇化获得发展并引发了大城市空间的剧烈重构，与此同时，新时期的技术变革也导致中国城市生活空间的内涵发生巨大改变，城市生活空间成为解读当前中国快速城镇化的重要载体，这是在新时期开展中国城市生活空间研究所面临的主要背景，当然，城市生活空间的研究方法和研究视角也需要多元化和进一步的探索。本书以北京、广州、大连等城市作为主要的实证研究区，从辨析生活空间相关概念入手，首先对城市"生活方式"和"生活质量"进行解析，继而对居住空间、交往空间、活动空间、休闲空间所代表的城市生活空间进行了系统探讨，在此基础上从不同群体的生活空间和"新"生活空间两个方面延展城市生活空间的范畴并展现城市生活空间结合技术变革和时代文化演进背景而表现出的最新形式。

中国城市居民的传统居住、工作空间以及公共服务空间等都是围绕单位展开的，随着单位制度的解体，中国城市居民的传统生活空间经历了巨大的重构过程。着眼于中华人民共和国成立以后，中国城市居民生活空间的演变可以分为三个阶段，即单位制主导的生活空间阶段（1949~1987年）、单位空间衰落阶段（1987~2000年）以及市场经济主导下的生活空间多样性阶段（2000年至今）。学术界对城市生活空间结构及其变化、城市社区生活空间及其规划、城市居民日常活动空间以及城市生活空间质量等方面开展了较多的研究，但有关中国城市生活空间研究框架确立以及系统的实证研究还有待进一步开展。

生活方式是揭示社会运行方式的有效切入点，是社会学的传统研究课题，学术界对它的研究经历了逐渐从附属性的边缘概念发展为一个独立研究领域的过程，以及从传统的宏大概括性理论转向日常生活回归，这种转变意义重大。随着中国经济发展水平的快速提高与社会转型的加快,中国城市居民的生活方式也发生了翻天覆地的变化，理解这一变化正是认识中国城市生活空间的前提。中国城市居民传统生活方式最突出的特征表现在：基于邻里关系和地方社区感的日常交往、基于实体商业空间开发利用的消费行为、基于公共场所的集体性休闲与娱乐方式和基于公交系统的便利与频繁的出行活动。经济社会和文化变革对城市居民生活方式产生了深远影响，其中制度改革、资本力量、技术创新、文化发展和社会变革等方面所产生的影响尤其显著。在上述背景下，中国城市居民的新生活方式呈现出了以下几个特征，包括：依托私家车和公共交通系统的灵活出行；依托互联网和高效物流配送的便捷购物；依托符号消费的丰富文化休闲活动；依托信息技术的新型社交互动模式；秉承可持续发展理念的低碳生活方式。值得强调的是，城市生活方式的演变动摇和重建了原本的中国城市生活空间。单位制解体后的新城市生活空间、大众文化背景下的新休闲生活、互联网时代的新生活方式以及灵活出行时代的新生活方式等方面都向我们透视了生活方式演变对中国城市居民生活空间所产生的巨大影响。

随着中国城镇化水平的提升，城市建设开始转向关注“质”的提升。在此背景下，城市生活质量受到越来越多学者的关注，城市生活质量和人居环境评价是把握城市生活空间的基础。尽管学术界对城市生活质量尚未形成统一概念，但城市质量评价指标体系吸引了学者的关注，并在以往客观外部条件中加入了居民的主观感受指标。城市生活质量具有空间差异性、社会等级性等特征。中国城市不同居住区生活质量和人居环境分异明显，越靠近市中心的社区，交通便利、公共设施服务条件越好，而越高档的居住小区，对城市生活质量的要求越高。中国城市人居环境质量的时空差异性显著。随着城镇化的发展和社会生产力水平的提高，城市人居环境整体水平都有着大幅度提升，人居环境质量高的城市呈“团状”分布在中国东南沿海地区。从人居环境角度对重构城市生活质量进行探究，将主客观与人居软硬环境有机结合在一起，分析主观与客观之间的联系及影响方式。城市生活质量建设是提升城市人居环境的重要内容，与城市居民日常生活密切相关。

居住空间是城市生活空间的重要组成部分。从居住功能视角来看，城市居住空间基本单元是指城市居住空间中在空间结构、社会功能、行政规划管理上具有一定同质性和完整性且在城市尺度上不可分割的最小空间单元。而基于空间统计视角，街道乡镇尺度是最具有数据获取可操作性的居住空间基本单元。基于分街道乡镇的人口普查数据，对北京等城市的实证研究表明，中国城市产业结构调整及产业空间演化导致城市居住空间结构的相应变化，城市职业分化及职业空间分异明显，白领人口对新居住空间的形成影响显著；从事第一产业、第二产业的居住人口和从事生产运输业的居住人口空间分布更加集中，老年人口、外来人口、维吾尔族人口、文盲人口和农业人口这些指标的空间分布与居住人口空间匹配的一致性在变差，折射出包括就业人口的职住分离、外来人口的通勤、留守老人等在内的城市问题更加突出；外来人口分布更加广泛且呈现出向远郊方向推移、蔓延的趋势；知识分子集中分布趋势越来越显著；住房系统复杂程度增加，商品房分布更广，但其空间分异也在增大。从城市社会空间结构演化机制上看，个体差异、家庭差异和地区差异是构成城市社会空间分异过程的三个层级，其背后是行政力量、市场力量和社会力量三者的推动，上述力量交互作用，推动城市社会空间结构持续演化。城市社区的宜居性也是反映城市居住空间状况的重要指标。社区宜居性评价需要从物理空间的合理性、服务设施的完善性、基础设施的配套状况、环境景观的优美性、邻里关爱和睦情况以及治理服务的高效程度等模块建立专门的指标体系予以评价。

社会交往空间是城市生活空间的重要组成部分。对以北京回龙观社区为代表的大型居住区的实证分析，反映了基于社会关系网络和邻里关系的当前中国城市社区居民社会交往空间的一般性特征。整体上看，城市居民的社会关系网络差序格局更加复杂，地域空间的分离和社会设施的地域性对个人社会交往网络存在重要影响。城市的邻里关系表现出交往较为陌生化和浅层次化的特征。以社区互联网为代表的城市虚拟和半虚拟空间所促成的社会生活为社区的融合发展起到了积极作用，有效培养了社区的归属感和认同感，发挥了一种“再地方化”的时空重组效应，弥补了传统邻里关系的不足并形成了一种新的邻里关系。可以说，现代邻里和社区在互联网等新技术的影响下，正演绎着一种新的社会交往方式，并形成新的社区社会空间。在其发展过程中，共同地域的形成、社会关系的形成、共同社会生活的产生、社区文化的建立以及共同意识的形成等构成了“新社区”建立和维持的机制。另外，社会人际关系网络与空间之间具有辩证统一的关系，相互之间是一个持续的交互过程，社会关系受限于空间，社会空间调解社会关系。

活动空间也是城市生活空间的重要组成部分。在家庭和居民个体的生命路径中，作为日常活动最重要的空间形式，职住空间的互动展现了居民行为活动空间的变化过程，居民长期行为活动的制约因素存在较大的差异性，且与短期行为活动明显不同。个体就业与迁居的行为活动互动密切，共同受到环境、个人及家庭因素影响，并促使个体的日常活动模式发生变化。在从生活路径和生活日志考察居民活动空间时，需要结合家庭和居民个体生命历程中居住空间、工作空间、经济社会角色和家庭结构变化等重要生命事件作为研究线索，探讨其对个体日常生活路径的影响。居住空间和工作空间的改变带来家庭中每个个体职住关系和地理背景的改变与制约，影响其从事不同日常活动事务的最小化组合制约的机会；社会地位的提升通过提升家庭经济条件影响家庭的移动性和休闲活动方式；家庭结构变化和家内个体社会角色变化则直接影响家庭内部的家务劳动分工模式和家内资源的利用方式。城市居住区的生活扩大了居民在活动和出行方面的性别差异，但是家庭作为一种协调机制，通过不同的家庭战略选择影响着和限制了个体的日常活动模式，帮助个体更好地应对自身生活中面临的压力，从而构成了更为复杂的活动地方秩序嵌套。家庭中固定的资源利用、空间配置和时间配置，形成了家庭成员相对固定的行为活动准则与活动秩序，进而促进惯常性行为活动的发生，这个秩序形成的过程也是人与空间不断适应和不断互动的过程。

随着我国城市居民对休闲活动与休闲空间的需求日益增加，我国城市休闲研究也在逐渐向着“人本化”的方向发展，对城市休闲的研究逐渐从休闲空间、休闲制度、休闲设施等方向转移到了对城市居民休闲行为的探究上。中国城市居民休闲行为有多种分类方式，但是都具有主观能动性、个体差异性、形式多样性、兼容关联性、限制性等特点。在不同的发展阶段，中国城市居民的休闲方式受社会价值观、居民幸福感、社会经济等因素的共同影响而演进，自由化、多样化、先进化、个性化和体系化等特征越来越明显。中国城市休闲空间发生分异，成为为不同阶层、团体和不同社会地位的人提供差异化休闲活动的载体。中国城市的多元化发展必然带来社会阶层的多元化，在中国快速城镇化进程中，城市休闲方式和乡村休闲方式的互补互动形成了居民心理上的“都市情结”和“乡土情结”，促使了环城游憩带的形成与发展，也带来了城市休闲空间内部的差异化。中国城市居民的休闲行为与休闲空间互为影响、互相促进。休闲行为深刻影响着空间认知，空间认知决定了休闲活动体验程度。休闲空间是居民休闲场所精神和休闲行为模式的承载体，休闲场所精神的可传承性是影响休闲行为特征的重要因素之一，居民独特的休闲行为模式是地域化休闲精神的标志。休闲空间是构成城市休闲“硬件”的主导内容，居民的休闲行为、休闲认知和休闲感悟是构成城市休闲“软件”的重要因素。一个城市是否能成为真正意义上的“休闲城市”，必须解析城市作为“地方”的主体性和休闲主体的感知、体验、态度以及它们之间的关系，才能突破空间意象要素，打破休闲空间与城镇化之间的发展瓶颈，打造真正属于居民且具有独特韵味的、以休闲生活为基础的、休闲服务产业适度聚集的综合型休闲城市。

关注中国城市内部较有代表性的多元化群体，梳理不同类型群体的生活现状以及围绕其生活形成的多元城市生活空间景观，可以揭示城市的历史性、社会性、空间性和文化性及其相互关系，同时有助于把握当前一些突出的社会问题发生的机制，尤其是城市空间分异加剧及社会群体冲突积累的深层机制。族裔聚居区、在华归难侨群体的生活和活动空间、弱势群体和小众群体的生活空间，都表明城市空间是不同社会群体的空间生产的结果，这一空间同时是历史的、社会的和文化的产物。值得指出的是，这些各具特色的城市不同群体的生活空间，既有合法、正规的空间，如酒吧空间已成为多元文化背景下具有地方消费特色的慢文化空间，艺术空间也成为艺术家平衡维持现实生计与坚持艺术理想矛盾的平衡点；也有非正规的空间，如涂鸦空间等。这些不同类型社会群体生活空间的存在，导致城市生活空间拼图具有了拼贴式马赛克的特点，进一步导致城市空间的多元化、破碎化和进一步的复杂化，迫切需要引起城市规划和管理的关注。

信息通信技术的影响已经渗透到中国城市居民的日常生活中，产生了新的生活空间形式和类型，这些“新”生活空间是对传统城市生活空间的有效补充。信息通信技术背景下，虚拟生活空间获得发展，包括电子商务的服务深化、虚拟购物空间的平衡重构以及虚拟购物空间与实体购物空间的交互作用，都拓展了城市生活空间的广度和深度，使得生活空间在实体和虚拟交互发展的环境下呈现出更加复杂的特征。在信息通信技术影响下，虚拟生活空间的演变呈现出破碎化、边界模糊和技术依赖等特征。半虚拟社区实现了信息资源共享，拓展了交往空间，与居民的真实生活空间形成有效互动，还实现了公共事务参与下的社区监督和共同治理，使自下而上的运行机制发挥有效作用，有助于建设强聚合型的社区。当前，“微生活”已经成了一种生活方式，微信通过打破功能界限的全天候工作方式对居民工作空间产生影响，通过营造体验型和自主型的消费休闲活动对居民休闲空间产生影响，通过“微信社交”方式而成为居民社交空间的重要组成部分，从而对居民社交空间产生影响。生活方式逐渐走向时尚化与现代社会的演进密不可分。互联网和物联网两大技术的联合使今天的居家生活越来越智能化。居民的时尚消费混杂了实用与享受双重目的的消费行为，时尚的生活理念造就了新的时尚生活方式。时尚生活方式代表一种生活理念与生活理想，对空间的功能和美学表现有着特定的要求，主导着人们对空间的想象与设计，引导城市生活空间变迁并深刻影响城市景观的演变。

第二节　研究展望

总之，中国城市生活空间是一个充满活力、令人着迷的永恒的研究话题。随着信息通信技术的发展，技术创新对城市居民社会生活的影响越来越大，另外居民的生活方式和生活空间也受到文化和消费理念的影响。在这种背景下，中国城市居民的生活空间不断得到更新、演替和发展，城市生活空间的研究领域不断涌现新的课题。

本书尝试以实证研究为主的研究手法，对中国城市生活空间的重要方面进行系统的理论探讨，以期总结中国城市生活空间的特征和新的发展趋势。由于研究思路重在确立中国城市生活空间的研究框架，并对该框架所涉及的城市生活空间的主要方面开展实证研究，因而难免有所遗漏，有些内容因篇幅所限而没有展开分析，都有待于未来进一步的研究予以完善。

试对中国城市生活空间领域未来值得进一步开展研究的学术方向展望如下。

（一）中外城市生活空间比较研究

选择欧、美、日、韩等相关国家和地区有代表性的城市以及中国有代表性的城市，设计专门针对城市生活空间的问卷和访谈调查，同时结合中外相关城市的人口普查、住房普查等数据，针对中外城市生活空间的特征、演化和形成机制等问题开展比较研究。

（二）中国城市生活空间的区域差异及其形成机制研究

就中国东部沿海地区、中部地区、西部地区、东北地区各选择有代表性的城市开展实证研究，探讨城市生活空间在全国各大区域的差异及其形成的经济和人文地理基础，探讨各地区代表性城市生活空间形成和发展的机制，以及中国城市生活空间区域差异形成的动力机制。这是区域层面上的偏宏观层次的研究。

（三）快速城镇化背景下中国城乡居民生活空间比较研究

这是一个有趣的话题，可惜尚未见到这方面的系统研究面世。

社会学里对传统社区的研究从乡村社区开始，扩展到城市社区研究。中国快速城镇化发展使得大量的乡村人口进入城镇，相当一部分中国中西部地区的乡村社区因人口外流、房屋院落衰败而演化为“空心村”，而类似苏南、浙北的乡村因乡村经济的转型而继续维持着发展的“活力”，在大城市的郊区还出现了大量的由外来流动人口居住的类城镇聚落——城中村，住在城中村的流动人口，一方面过着城镇生活，另一方面与原来居住地的乡村保持着千丝万缕的联系。因而，对上述这些城乡聚落不同行为主体的生活空间开展研究，探讨中国改革开放以后的快速城镇化进程对他们生活空间的影响，对于解读中国城乡空间转型及新型城镇化发展走向意义重大。

（四）基于消费行为视角的中国城市生活空间

着重从消费行为，尤其是购物行为及新的消费方式和行为的视角探讨中国城市生活空间的现状特征，历史演化及发展机制。研究中国城市居民的消费行为与生活空间的互动以及新的消费方式下居民消费行为与设施空间（包上网络空间）利用之间的关系，无疑对于诠释新时期中国城市生活空间的最新演化特点具有重要意义。

（五）基于信息通信技术的中国城市居民生活空间

本书虽然对此有所涉及，但未及展开。实际上，这一课题需要专门的、系统而深入的研究，探讨信息通信技术背景下中国城市居民生活方式及生活空间的特征及发展演化机理，研究信息通信技术发展与城市居民生活方式变革和生活空间演化之间的互动关系及互动的动力机制。

（六）中国城市居民的“微”生活空间

在微信已然成为居民一种生活方式的情况下，系统研究微信与中国城市居民生活方式和生活空间的关系，探讨基于微信的城市生活空间结构及其演化方式，对于理解中国城市空间转型具有重要的意义。

（七）转型期中国城市生活空间结构及其演化研究

基于实证研究，根据不同时期中国城市生活空间的特征及其形成和发展的背景，从理论的视角探讨转型期及后转型期中国城市生活空间结构模型及其演化的动力机制，从理论层面总结基于社会生活的中国城市空间结构模型及其演化模式。

（八）中国城市亚文化群体的生活空间

亚文化群体本身也是城市居民的组成部分，本研究论题不是探求整个城市生活空间的共性，而是更多地着眼于差异性，将各种类型的亚文化群体放大，对其生活空间特点专门开展调查和实证分析。随着城市空间的破碎化发展，以及所谓的后城市、后郊区甚至后现代主义等概念的深入人心，城市小众文化群体或各种亚文化群体越来越受到重视，他们的生活空间对于认识一般意义上的城市生活空间起到丰富和补充的作用，是一个充满趣味性的研究课题。

（九）中国城市虚拟生活空间研究

虚拟社区、半虚拟社区的话题在本书中多次涉及，但篇幅所限以及受本书的研究主题所限，未及深入，毫无疑问这是一个值得系统研究的课题。虚拟空间的生活已经融入中国城市普通居民的生活之中，而且成为日常生活空间中不可分割的一个重要组成部分。应该专门集中笔墨探讨中国城市虚拟生活空间的构成、类型和特征，发展演化及其与技术演进的关系。

（十）新时期中国城市时尚生活空间研究

本书对时尚生活给城市生活空间所带来影响的探讨仅仅开了一个头，实际上，这个话题需要专门而深入的研究。时尚生活是经济、社会和文化演进的一种反映或一种生活状态，不同的人群对时尚的看法和接受程度有所不同，需要对不同类型人群的时尚生活空间的认知、状态、特征及发展演化趋势进行系统研究。

（十一）5G时代的中国城市居民生活空间研究

5G，即第五代移动通信技术，其发展势必会引起移动通信领域的巨大革命。中国的华为在5G相关技术的研发上，处于全球领先地位，可以预见，中国城市居民必然因为中国的华为而有近水楼台之效，必将首先享受到5G所带来的对日常生活的影响。在这种背景下，开展5G时代的中国城市居民生活空间研究无疑是一个全新的课题，意义重大。通过移动通信技术变革与城市居民生活空间演化的关系，进一步从理论的层面探讨技术变革与城市生活空间之间关系的规律性。

（十二）基于生活空间的中国城市居民生活空间规划研究

近年学术界根据居民的出行特征与对公共服务设施的使用情况，开展研究居民生活圈规划，其实居民的生活空间规划研究也应该被提上议事日程，尤其是在智能交通和智能城市发展的背景下，城市居民的生活空间和传统生活空间相比面临重大变化。城市居民生活空间中所需要的实体设施和公共服务需要重新规划布局，生活空间的时空利用也需要合理的决策，这些都需要研究先行。

参考文献

安东尼•吉登斯. 1998. 现代性与自我认同. 北京: 生活•读书•新知三联书店.
安云凤. 2001. 北京人的邻里关系. 北京观察, (9): 27-28.
奥沙利文. 2015. 城市经济学. 北京: 北京大学出版社.
白云珊. 2017. 近代沈阳城市居民社会生活方式变迁研究(1905—1931). 长春: 东北师范大学.
保继刚, 甘萌雨. 2005. 广州旧城城市游憩商业区比较研究. 风景园林, (1): 80-83.
保继刚, 古诗韵. 1998. 城市RBD研究初步. 规划师, (4): 59-65.
保继刚, 古诗韵. 2002. 广州城市游憩商业区(RBD)的形成与发展. 人文地理, 17(5): 1-6.
保罗•诺克斯, 史蒂文•平奇. 2005. 城市社会地理学导论. 柴彦威, 张景秋, 等译. 北京: 商务印书馆.
鲍曼. 2002. 流动的现代性. 欧阳景根译. 上海: 生活•读书•新知三联书店.
鲍如昕. 2010. 老城区城市生活空间的更新. 合肥工业大学学报(自然科学版), 33(7): 1049-1052.
鲍宗豪. 2006. 当代中国都市生活方式的理性思考. 南京社会科学, (9): 1-7.
北京市统计局. 2011. 北京统计年鉴2011. 北京: 中国统计出版社.
北京市统计局. 2020. 北京统计年鉴2020. 北京: 中国统计出版社.
毕金航. 2017. 微循环视角下城市内部交通宜居性及空间分异研究. 西安: 西安外国语大学.
边燕杰. 1994. 社会网络与求职过程. 国外社会学, (4): 6-7.
边燕杰, 约翰•罗根, 卢汉龙, 等. 1996. "单位制"与住房商品化. 社会学研究, 11(1): 83-95.
卞显红. 2003. 城市旅游空间结构研究. 地理与地理信息科学, 19(1): 105-108.
卞显红. 2005. 长江三角洲城市旅游资源的空间结构. 资源开发与市场, 21(4): 354-357.
卞显红, 沙润. 2008. 长江三角洲城市旅游空间结构形成的产业机理——基于旅游企业空间区位选择视角. 人文地理, 23(6): 106-112.
卞显红, 王苏洁. 2003. 城市旅游空间规划布局及其生态环境的优化与调控研究. 人文地理, 18(5): 75-79.
卞显红, 张树夫. 2004. 我国城市游憩商业区的开发与发展. 经济地理, 24(2): 206-211.
薄大伟. 2014. 单位的前世今生——中国城市的社会空间与治理. 南京: 东南大学出版社.
波特菲尔德, 肯尼斯•B.霍尔•Jr. 2003. 社区规划简明手册. 张晓军, 潘芳译. 北京: 中国建筑工业出版社.
蔡一帆, 童昕. 2014. 全球价值链下的文化产业升级——以大芬村为例. 人文地理, 29(3): 115-120.
曹红琳. 2011. 西美尔时尚理论中个体差异与社会普遍认同分析. 山西师大学报(社会科学版), 38(S3): 125-127.
曹劲舟, 涂伟, 李清泉, 等. 2017. 基于大规模手机定位数据的群体活动时空特征分析. 地球信息科学学报, 19(4): 467-474.

曹林. 2010. 广州酒吧音乐及其文化背景调查研究. 音乐艺术, (4): 44-53.
曹嵘, 陈娟, 白光润. 2003. 生态位理论在我国城市发展中的应用. 地理与地理信息科学, 19(1): 62-65.
曹瑞林. 2007. 室内设计. 郑州: 河南科学技术出版社.
曹园园, 孙晓. 2008. 基于层次分析法的郑州市环城游憩带旅游资源评价. 河南大学学报(自然科学版), 38(5): 497-501.
柴宏博, 冯健. 2014. 基于迁居的郊区大型居住区社会空间形成——以北京回龙观居住区为例. 地域研究与开发, 33(5): 77-81.
柴宏博, 冯健. 2016. 基于家庭生命历程的北京郊区居民行为空间研究. 地理科学进展, 35(12): 1506-1516.
柴彦威. 1996. 以单位为基础的中国城市内部生活空间结构——兰州市的实证研究. 地理研究, 15(1): 30-38.
柴彦威. 2000. 城市空间. 北京: 科学出版社.
柴彦威, 龚华. 2001. 城市社会的时间地理学研究. 北京大学学报(哲学社会科学版), 38(5): 17-24.
柴彦威, 李昌霞. 2005. 中国城市老年人日常购物行为的空间特征——以北京、深圳和上海为例. 地理学报, 60(3): 401-408.
柴彦威, 李春江. 2019. 城市生活圈规划: 从研究到实践. 城市规划, 43(5): 9-16, 60.
柴彦威, 沈洁. 2006. 基于居民移动: 活动行为的城市空间研究. 人文地理, 21(5): 108-112, 54.
柴彦威, 沈洁. 2008. 基于活动分析法的人类空间行为研究. 地理科学, 28(5): 594-600.
柴彦威, 胡智勇, 仵宗卿. 2000. 天津城市内部人口迁居特征及机制分析. 地理研究, 19(4): 391-399.
柴彦威, 刘志林, 李峥嵘, 等. 2002a. 中国城市的时空间结构. 北京: 北京大学出版社.
柴彦威, 刘志林, 沈洁. 2002b. 中国城市单位制度的变化及其影响. 干旱区地理, 31(2): 3-11.
柴彦威, 翁桂兰, 刘志林. 2003. 中国城市女性居民行为空间研究的女性主义视角. 人文地理, 18(4): 1-4.
柴彦威, 翁桂兰, 龚华. 2004a. 深圳居民购物消费行为的时空间特征. 人文地理, 19(6): 79-84.
柴彦威, 林涛, 龚华. 2004b. 深圳居民购物行为空间决策因素分析. 人文地理, 19(6): 85-88.
柴彦威, 陈零极, 张纯. 2007. 单位制度变迁: 透视中国城市转型的重要视角. 世界地理研究, 16(4): 60-69.
柴彦威, 翁桂兰, 沈洁. 2008. 基于居民购物消费行为的上海城市商业空间结构研究. 地理研究, 27(4): 897-906.
柴彦威, 等. 2010. 城市空间与消费者行为. 南京: 东南大学出版社.
柴彦威, 肖作鹏, 刘志林. 2011. 基于空间行为约束的北京市居民家庭日常出行碳排放的比较分析. 地理科学, 31(7): 843-849.
柴彦威, 等. 2012. 城市地理学思想与方法. 北京: 科学出版社.
柴彦威, 刘天宝, 塔娜. 2013a. 基于个体行为的多尺度城市空间重构及规划应用研究框架. 地域研究与开发, 32(4): 1-14.
柴彦威, 塔娜, 张艳. 2013b. 融入生命历程理论、面向长期空间行为的时间地理学再思考. 人文地理, 28(2): 1-6.

柴彦威, 申悦, 塔娜. 2014. 基于时空间行为研究的智慧出行应用. 城市规划, 38(3): 85-91.
柴彦威, 张雪, 孙道胜. 2015. 基于时空间行为的城市生活圈规划研究——以北京市为例. 城市规划学刊, (3): 61-69.
柴彦威, 李春江, 夏万渠, 等. 2019. 城市社区生活圈划定模型——以北京市清河街道为例. 城市发展研究, 26(9): 1-8.
常晓猛. 2014. 虚拟网络空间人类社会关系与交互空间特征实证研究. 武汉: 武汉大学.
陈丹, 杨永春, 李恩龙, 等. 2018. 移动智能设备的使用对北京市居民多任务购物行为和商业微区位的影响. 中国科学(D辑: 地球科学), (3): 353-365.
陈浮. 2000. 城市人居环境与满意度评价研究. 城市规划, 24(7): 25-27, 53.
陈华荣, 王晓鸣. 2012. 大城市环城游憩带市场需求特征研究: 以武汉市为例. 东南大学学报(哲学社会科学版), 14(2): 107-111.
陈家刚. 2005. 城市游憩商业区的开发与建设. 城市, (1): 52-54.
陈霖. 2016. 新媒介空间与青年亚文化传播. 江苏社会科学, (4): 199-205.
陈青慧, 徐培玮. 1985. 城市生活居住环境质量评价方法初探. 城市规划, (5): 52-58, 29.
陈向明. 1996. 社会科学中的定性研究方法. 中国社会科学, (6): 93-10.
陈向明. 2002. 质的研究方法与社会科学研究. 北京: 教育科学出版社.
陈秀欣, 冯健. 2009. 城市居民购物出行等级结构及其演变——以北京市为例. 城市规划, 33(1): 22-30.
陈燕, 贺清云. 2006. 城市游憩商业区建设研究——以长沙市为例. 热带地理, (4): 379-383.
陈义平. 1999. 关于生活质量评估的再思考. 社会科学研究, (1): 83-87.
陈佑启. 1995. 城乡交错带名辩. 地理学与国土研究, 11(1): 47-52.
陈渝. 2013. 城市游憩空间的发展历程及类型. 中国园林, 29(2): 69-72.
程承旗, 李启青, 沙志友, 等. 2006. 城市居住单元环境质量的高分辨率遥感评价方法研究. 地球科学进展, 21(1): 24-30.
程玉申, 周敏. 1998. 都市区发展阶段的城郊矛盾与管理创新: 以杭州市为例. 城市规划汇刊, (1): 55-59.
丛晓男, 刘治彦. 2015. 基于GIS与RS的北京城市空间增长及其形态演变分析. 杭州师范大学学报(社会科学版), (5): 122-130.
崔思达. 2013. 旧城更新改造中邻里交往空间规划研究. 天津: 天津大学.
崔雨晴. 2017. 网络社群参与对个体社区归属感影响的实证研究. 东南传播, (4): 44-47.
党宁. 2011. 休闲时代的城郊游憩空间: 环城游憩带(ReBAM)研究. 上海: 上海人民出版社.
党宁, 吴必虎, 俞沁慧. 2017. 1970—2015年上海环城游憩带时空演变与动力机制研究. 旅游学刊, 32(11): 81-94.
党云晓, 张文忠, 谌丽, 等. 2018. 居民幸福感的城际差异及其影响因素探析——基于多尺度模型的研究. 地理研究, 37(3): 539-550.
邓琳爽, 伍江. 2017. 近代上海城市公共娱乐空间结构演化过程及其规律研究(1843—1949). 城市规划学刊, (3): 95-102.
东浩纪. 2001. 动物化的后现代: 御宅族如何影响日本社会. 褚炫初译. 台北: 大鸿艺术股份有限公司.

董藩, 董文婷. 2017. 学区房价格及其形成机制研究. 社会科学战线, (1): 43-51.
董观志,李立志. 2006. 城市RBD的成长机制与产业结构演变研究——以深圳华侨城为例.规划师, (3): 71-74.
董月玲. 2005. 回龙观实验——社区自治最具希望的地方. 下社区, 14(7): 10-14.
董长弟. 2008. 吴文藻社区研究思想及其现实启示. 齐齐哈尔大学学报(哲学社会科学版), (4): 64-66.
窦小华. 2011. 武汉市居民居住空间结构研究. 武汉: 华中师范大学.
杜倩. 2018. 虚拟社交背景下社交观念的转变. 中国多媒体与网络教学学报(上旬刊), (7): 160-161.
杜睿云, 蒋侃. 2017. 新零售: 内涵、发展动因与关键问题. 价格理论与实践, (2): 139-141.
段兆雯, 王晓强, 张婷伟, 等. 2019. 城市公租房社区生活空间质量研究——以西安市为例. 人文地理, 34(4): 81-88.
范柏乃. 2006. 我国城市居民生活质量评价体系的构建与实际测度. 浙江大学学报(人文社会科学版), 36(4): 122-131.
方长春. 2014. 中国城市居住空间的变迁及其内在逻辑. 学术月刊, 46(1): 100-109.
方庆, 卜菁华. 2003. 城市滨水区游憩空间设计研究. 规划师, (9): 46-49.
方叶林, 黄震方, 陆玮婷, 等. 2013. 中国市域旅游经济空间差异及机理研究. 地理与地理信息科学, 29(6): 100-104, 110.
方远平. 2008. RBD从理论走向实践的困境与出路. 规划师, (7): 33-37.
方远平, 毕斗斗. 2007. 国内城市游憩商业区(RBD)研究述评. 当代经济管理, (4): 13-17.
斐迪南•滕尼斯. 1999. 社区与社会. 林荣远译. 北京: 商务印书馆.
费孝通. 2005. 乡土中国. 北京: 北京大学出版社.
风笑天. 2007. 生活质量研究: 近三十年回顾及相关问题探讨.社会科学研究, (6): 1-8.
封丹, Werner B, 朱竑. 2011. 住宅郊区化背景下门禁社区与周边邻里关系——以广州丽江花园为例. 地理研究, 30(1): 61-70.
封丹, 李鹏, 朱竑. 2015. 国外“家”的地理学研究进展及启示. 地理科学进展, 34(7): 809-817.
冯冬燕, 张晓欢. 2012. 西咸城市居民主观生活质量指标体系及评价. 西安工程大学学报, 26(1): 117-120.
冯钢. 2002. 现代社区何以可能. 浙江学刊, (2): 5-11.
冯健. 2002. 杭州城市工业的空间扩散与郊区化研究. 城市规划汇刊, (2): 42-47.
冯健. 2004. 转型期中国城市内部空间重构. 北京: 科学出版社.
冯健. 2005a. 北京城市居民的空间感知与意象空间结构. 地理科学, 25(2): 142-154.
冯健. 2005b. 正视北京的社会空间分异趋势. 北京规划建设, (2): 176-179.
冯健. 2010. 城市社会的空间视角. 北京: 中国建筑工业出版社.
冯健. 2012. 基于地理学思维的人口专题研究与城市规划. 城市规划, 36(5): 27-37.
冯健, 柴宏博. 2016. 定性地理信息系统在城市社会空间研究中的应用. 地理科学进展, 35(12): 1447-1458.
冯健, 林文盛. 2017. 老城衰退邻里居住满意度及影响因素分析——以苏州6个典型社区为例. 地理科学进展, 36(2): 159-170.

冯健, 刘玉. 2007. 转型期中国城市内部空间重构: 特征、机制与模式. 地理科学进展, 26(4): 93-106.
冯健, 王永海. 2008. 中关村高校周边居住区社会空间特征及其形成机制. 地理研究, 27(5): 1003-1019.
冯健, 吴芳芳. 2011. 质性方法在城市社会空间研究中的应用. 地理研究, 30(11): 1956-1969.
冯健, 项怡之. 2013. 开发区社区居民日常活动空间研究. 人文地理, 27(3): 42-50.
冯健, 项怡之. 2017. 开发区居住空间特征及其形成机制——对北京经济技术开发区的调查. 地理科学进展, 36(1): 99-111.
冯健, 叶宝源. 2013. 西方社会空间视角下的郊区化研究及其启示. 人文地理, 27(3): 20-26.
冯健, 叶竹. 2017. 基于个体生命历程视角的苏南城镇化路径转变与市民化进程. 地理科学进展, 36(2): 137-150.
冯健, 赵楠. 2016. 后现代地理语境下同性恋社会空间与社交网络——以北京市为例. 地理学报, 71(10): 1815-1832.
冯健, 钟奕纯. 2018. 北京社会空间重构(2000—2010). 地理学报, 73(4): 711-737.
冯健, 钟奕纯. 2020. 基于居住环境的常州城市居民生活质量空间结构研究. 地理学报, 75(6): 1237-1255.
冯健, 周一星. 2003a. 北京都市区社会空间结构及其演化(1982—2000). 地理研究, 22(4): 465-483.
冯健, 周一星. 2003b. 中国城市内部空间结构研究的进展与展望. 地理科学进展, 22(3): 304-315.
冯健, 周一星. 2004. 郊区化进程中北京城市内部迁居及相关空间行为研究. 地理研究, 23(2): 227-242.
冯健, 周一星. 2008. 转型期北京社会空间分异重构. 地理学报, 63(8): 829-844.
冯健, 陈秀欣, 兰宗敏. 2007. 北京市居民购物行为空间结构演变. 地理学报, 62(10): 1083-1096.
冯健, 吴静云, 谢秀诊, 等. 2011. 从“人口空间”解读城市: 武汉的实例. 城市发展研究, 18(2): 25-36.
冯健, 黄琳珊, 董颖, 等. 2012. 城市犯罪时空特征与时空机制研究——以北京城八区财产类犯罪为例. 地理学报, 67(12): 1655-1666.
冯健, 胡秀媚, 苏黎馨. 2016. 城市人口空间重构及规划响应——武汉案例跟踪研究. 规划师, 21(11): 24-32.
冯健, 吴芳芳, 周佩玲. 2017. 郊区大型居住区邻里关系和社会空间再生——以北京回龙观为例. 地理科学进展, 36(3): 367-377.
冯莉. 2014. 当代中国社会的个体化趋势及其政治意义. 社会科学, (12): 20-27.
冯维波. 2006. 我国城市游憩空间研究现状与重点发展领域. 地球科学进展, 21(6): 585-592.
冯维波. 2007. 城市游憩空间分析与整合研究. 重庆: 重庆大学.
冯维波. 2010. 城市游憩空间系统的结构模式. 建筑学报, (S2): 150-153.
冯晓华, 虞敬峰, 孟晓敏. 2013. 中国典型内陆城市环城游憩带的形成机制及可持续发展研究——以乌鲁木齐市为例. 生态经济, (2): 131-136.
扶小兰. 2007. 论近代中国城市文化娱乐生活方式之变迁. 西南交通大学学报(社会科学版), 8(5): 111-117.
符婷婷, 张艳, 柴彦威. 2018. 大城市郊区居民通勤模式对健康的影响研究——以北京天通苑为例. 地理科学进展, 37(4): 547-555.
付达院. 2014. 基于休闲经济发展的城市休闲空间体系及其拓展. 城市观察, (1): 53-60.

傅崇兰, 白晨曦, 曹文明. 2009. 中国城市发展史. 北京: 社会科学文献出版社.

甘静, 郭付友, 陈才, 等. 2015. 2000年以来东北地区城市化空间分异的时空演变分析. 地理科学, 35(5): 565-574.

甘美君. 2019. 基于社区认同目标的居民关系网络特征研究——以唐山市为例. 石家庄: 河北经贸大学.

高巴茨 P. 2007. 全球化与中国城市中心商务区的发展——以北京、上海和广州为例//吴缚龙, 马润潮, 张京祥. 转型与重构: 中国城市发展多维透视. 南京: 东南大学出版社.

高丙中. 1996. 精英文化、大众文化、民间文化: 中国文化的群体差异及其变迁. 社会科学战线, (2): 108-113.

高丙中. 1998. 西方生活方式研究的理论发展叙略. 社会学研究, (3): 61-72.

高新宇. 2017. 邻避运动中虚拟抗争空间的生产与行动——以B市蓝地社区为例. 南京工业大学学报(社会科学版), 16(4): 60-71.

戈夫曼. 1989. 日常生活中的自我呈现. 杭州: 浙江人民出版社.

格兰特. 2009. 良好的社区规划——新城市主义的理论与实践. 叶齐茂, 倪晓晖译. 北京: 中国建筑工业出版社.

龚婧媛. 2018. 基于GIS的城市居住空间分异特征研究. 武汉: 武汉大学.

苟思远, 李钢, 张可心, 等. 2016. 基于自媒体平台的“旅游者”时空行为研究——以W教授的微信“朋友圈”为例. 旅游学刊, 31(8): 71-80.

古诗韵, 保继刚. 2002. 广州城市游憩商业区(RBD)对城市发展的影响. 地理科学, 22(4): 489-494.

顾朝林. 1994. 战后西方城市研究的学派. 地理学报, 49(4): 371-382.

顾朝林. 2007. 论构建和谐社会与发展社会地理学问题. 人文地理, 22(3): 7-11.

顾朝林. 2009. 转型中的中国人文地理学. 地理学报, 64(10): 1175-1183.

顾朝林. 2011. 转型发展与未来城市的思考. 城市规划, 35(11): 23-34, 41.

顾朝林, 克斯特洛德 C. 1997. 北京社会空间结构影响因素及其演化研究. 城市规划, 21(4): 12-15.

顾朝林, 庞海峰. 2009. 以来国家城市化空间过程研究. 地理科学, 29(1): 10-14.

顾朝林, 盛明洁. 2012. 北京低收入大学毕业生聚居体研究——唐家岭现象及其延续. 人文地理, 27(5): 20-24, 103.

顾朝林, 宋国臣. 2001a. 北京城市意象空间及构成要素研究. 地理学报, 56(1): 64-74.

顾朝林, 宋国臣. 2001b. 北京城市意象空间调查与分析. 规划师, (2): 25-28, 83.

顾朝林, 宋国臣. 2001c. 城市意象研究及其在城市规划中的应用. 城市规划, 25(3): 70-73, 77.

顾朝林, 孙樱. 1998. 中国大城市发展的新动向——城市郊区化. 规划师, (2): 102-104.

关美宝, 谷志莲, 塔娜, 等. 2013. 定性GIS在时空行为研究中的应用. 地理科学进展, 32(9): 1316-1331.

管驰明. 2006. 社会分层与城市商业空间分异研究初探. 江苏商论, (1): 24-26.

广州市人民政府地方志办公室. 2015. 广州市志. 广州: 广东人民出版社.

郭东亮. 2012. 符号消费语境下的城市商业街区外部空间设计. 成都: 西南交通大学.

郭风英. 2011. 建国以来我国城市社会管理体制演变与发展研究. 武汉: 华中师范大学.

郭鲁芳. 2005. 中国休闲研究综述. 商业经济与管理, (3): 76-79.

郭鲁芳, 王伟. 2008a. 环城游憩带成长模式及培育路径研究——基于体验经济视角. 旅游学刊, 23(2): 55-59.
郭鲁芳, 王伟. 2008b. 环城游憩带研究文献综述. 生态经济, (1): 114-115, 150.
郭珊珊. 2019. 布尔迪厄场域理论下的网红日常化研究. 广州: 华南理工大学.
郭伟, 路旸, 桑婀娜. 2006. 在秦皇岛市建立游憩商业区的思考. 商业研究, (2): 184-186.
郭旭, 郭恩章, 陈旸. 2008. 论休闲经济与城市休闲空间的发展. 城市规划, (12): 79-86.
郭永昌. 2006. 大城市边缘外来人口的空间集聚与重构——以上海市闵行区为例. 地域研究与开发, (5): 34-38.
国家统计局. 2009. 新中国60年. 北京: 中国统计出版社.
国务院人口普查办公室. 2012. 中国2010年人口普查资料. 北京: 中国统计出版社.
韩光明, 黄安民. 2013. 地方理论在城市休闲中的应用. 人文地理, (2): 125-130.
韩增林, 李源, 刘天宝, 等. 2019. 社区生活圈公共服务设施配置的空间分异分析——以大连市沙河口区为例. 地理科学进展, 38(11): 1701-1711.
何成. 2008. 我国近现代交往方式变迁对城市住宅演变的影响研究. 长沙: 湖南大学.
何华玲, 韩舒立, 张晨. 2013. 论城乡接合部"过渡型社区"居民生活空间规划的合理化——以苏州工业园区若干社区为例. 中国名城, (9): 18-23.
何凌华, 申晨. 2015. "互联网+"时代背景下城市空间的变革与重构. 2015中国城市规划年会摘要集.
何深静, 钱俊希, 徐雨璇, 等. 2012. 快速城市化背景下乡村绅士化的时空演变特征. 地理学报, 67(8): 1044-1056.
何威. 2018. 从御宅到二次元: 关于一种青少年亚文化的学术图景和知识考古. 新闻与传播研究, 25(10): 40-59, 127.
何彦. 2017. 居住外迁家庭日常活动—出行行为决策机理研究. 昆明: 昆明理工大学.
侯国林, 黄震方. 2008. 基于共生理论的城市游憩商业区(RBD)发展对策研究. 江苏商论, (1): 37-39.
侯国林, 黄震方, 赵志霞. 2002. 城市商业游憩区的形成及其空间结构分析. 人文地理, 17(5): 12-16.
侯明, 王茂军. 2014. 居民迁居行为研究综述. 首都师范大学学报(自然科学版), (3): 95-100.
胡浩. 2013. 中国优秀旅游城市空间分布及其交通可达的地区差异分析. 地理科学, 33(6): 703-709.
胡俊修, 钟爱平. 2012. 近代汉口大众文化娱乐空间的聚散与城市发展. 武汉大学学报(人文科学版), 65(4): 25-32.
胡天新, 杜澍, 李壮. 2013. 生活质量导向的城市规划: 意义与特征. 国际城市规划, 28(1): 7-10.
胡万青, 沈山, 仇方道. 2015. 城市居民休闲空间体系构建——以徐州市为例. 现代城市研究, (6): 70-77.
胡颖. 2019. 西安市拆迁安置社区居民公共活动空间行为冲突及治理研究. 西安: 西安外国语大学.
胡玉佳. 2015. 信息时代社区交往空间研究. 北京: 北京建筑大学.
黄安民, 韩光明. 2012. 从旅游城市到休闲城市的思考: 渗透、差异和途径. 经济地理, 32(5): 171-176.
黄波. 2007. 鲍德里亚符号消费理论述评. 青海师范大学学报(哲学社会科学版), (3): 1-4.
黄国光, 胡光缙, 等. 2004. 面子: 中国人的权力游戏. 北京: 中国人民大学出版社.
黄吉乔. 2001. 上海市中心城区居住空间结构的演变. 城市问题, (4): 30-34.

黄佩. 2010. 网络社区: 我们在一起. 北京: 中国宇航出版社.

黄小坚. 2005. 归国华侨的历史与现状. 香港: 香港社会科学出版社有限公司.

黄晓军, 黄馨. 2013. 20世纪长春城市社会空间结构演化. 地理科学进展, 32(11): 1629-1638.

黄瑶瑛. 2011. SNS网络中的文化传播. 长沙: 湖南师范大学.

黄莹, 杨莉明. 2018. 职业群体对于微信的社会性使用的影响因素分析——基于扎根理论的探索性研究. 新闻界, (11): 66-74.

黄震方, 侯国林. 2001. 大城市商业游憩区形成机制研究. 地理学与国土研究, 17(4): 44-47.

黄震方, 侯国林, 徐沙. 1999. 城郊旅游的可持续发展与观光农业的开发初探——以南京城郊观光农业的发展为例. 南京师大学报(自然科学版), (4): 3-5.

吉登斯. 2003. 社会学. 赵旭东, 等译. 北京: 北京大学出版社.

姜斌, 李雪铭. 2007. 快速城市化下城市文化空间分异研究. 地理科学进展, 26(5): 111-117.

姜文锦, 陈可石, 马学广. 2011. 我国旧城改造的空间生产研究——以上海新天地为例. 城市发展研究, 18(10): 84-89, 96.

蒋建国. 2014. 微信成瘾: 社交幻化与自我迷失. 南京社会科学, (11): 96-102.

蒋丽, 周彦. 2005. 阳朔县游憩商业区用地规划调整探讨. 规划师, (1): 97-100.

蒋亚萍, 任晓韵. 2017. 从“零售之轮”理论看新零售的产生动因及发展策略. 经济论坛, (1): 99-101.

蒋艳. 2020. 冬奥会对举办城市旅游休闲的影响和启示: 一个文献综述. 旅游学刊, 35(4): 1-3.

焦若水, 王凯. 2019. 发现主体性: 城市社区参与的困境与出路. 开发研究, (5): 147-154.

揭爱花. 2000. 单位: 一种特殊的社会生活空间. 浙江大学学报(人文社会科学版), (5): 73-80.

金世胜. 2009. 大都市区公共游憩空间的建构与解构——以上海为例. 上海: 华东师范大学.

景晓芬. 2013. 社会学视角下的国内外城市空间研究述评. 城市发展研究, 20(3): 44-49.

凯斯 • R桑斯坦. 2008. 信息乌托邦——众人如何生产知识. 毕竞悦译. 北京: 法律出版社.

凯文 • 林奇. 2001. 城市意象. 方益萍, 何晓军译. 北京: 华夏出版社.

匡文波. 2014. 中国微信发展的量化研究. 国际新闻界, 36(5): 147-156.

拉斯 • 史文德森. 2010. 时尚的哲学. 李漫译. 北京: 北京大学出版社.

郎丽华, 张连城, 赵家章, 等. 2017. 生活质量指数稳定 健康指数好于预期——2017年中国35个城市生活质量报告. 经济学动态, (9): 4-19.

勒 • 柯布西耶. 2005. 勒 • 柯布西耶全集第7卷. 牛燕芳, 程超译. 北京: 中国建筑工业出版社.

李晨. 2007. 以人性化为核心的城市休闲广场环境设计研究. 合肥: 合肥工业大学.

李传成, 刘捷. 2007. 超级体验的时尚——泛商业、娱乐建筑的非建筑表达. 新建筑, (3): 30-33.

李传武, 张小林. 2015. 转型期合肥城市社会空间结构演变(1982—2000年). 地理科学, 35(12): 1542-1550.

李道增. 1999. 环境行为学概论. 北京: 清华大学出版社.

李东泉, 蓝志勇. 2012. 中国城市化进程中社区发展的思考. 公共管理学报, 9(1): 104-110, 127.

李斐然, 冯健, 刘杰, 等. 2013. 基于活动类型的郊区大型居住区居民生活空间重构. 人文地理, 27(3): 27-33, 113.

李夫一. 2007. 生活方式研究对当代社会学的理论建构功能. 哈尔滨: 哈尔滨工业大学.
李华. 2014. 上海城市生态游憩空间格局及其优化研究. 经济地理, 34(1): 174-180.
李华生, 徐瑞祥, 高中贵, 等. 2005. 城市尺度人居环境质量评价研究——以南京市为例. 人文地理, 20(1): 1-5.
李欢欢. 2013. 人居环境视野下的户外游憩供需研究——以大连市为例. 大连: 辽宁师范大学.
李欢欢, 李雪铭, 解鹏, 等. 2013a. 全域城市化背景下大连游憩系统研究. 海洋开发与管理, (11): 89-94.
李欢欢, 李雪铭, 解鹏, 等. 2013b. 小城镇的旅游城市化发展模式研究——以大连市甘井子区为例. 海洋开发与管理, (3): 48-52.
李佳. 2014. 北京城市游憩商业区游客价值比较研究. 城市问题, (1): 29-34.
李佳洺, 张文忠, 孙铁山, 等. 2014. 中国城市群集聚特征与经济绩效. 地理学报, 69(4): 474-484.
李建宏, 李雪铭. 2006. 大连市城市空间意象初步研究. 城市发展研究, 13(1): 34-39.
李江敏, 谭丽娟. 2016. 生态文明视角下环城游憩带发展动力系统研究. 湖北大学学报(哲学社会科学版), 43(6): 130-134.
李洁. 2019. “互联网+”背景下城市社区社会关系网络的重构——基于H市B区的实践. 重庆第二师范学院学报, 32(5): 5-9.
李蕾蕾. 2000. 旅游目的地形象的空间认知过程与规律. 地理科学, 20(6): 563-568.
李丽萍. 2001. 城市人居环境. 北京: 中国轻工业出版社.
李路路. 2013. “单位制”的变迁与研究. 吉林大学社会科学学报, 53(1): 11-14.
李娜. 2006. 构建城市游憩商业区——以南京游憩商业区发展为例. 南京财经大学学报, (2): 30-33.
李培志. 2010. 城市生活方式的新动向: 网络消费与网络休闲——基于文化堕距理论的考察. 行政与法, (6): 57-60.
李沛霖. 2014. 近代公共交通与城市生活方式: 抗战前的“首都”南京. 兰州学刊, (9): 67-74.
李鹏飞, 柴彦威. 2013. 迁居对单位老年人日常生活社会网络的影响. 人文地理, 28(3): 78-84, 6.
李强. 2010. 居住分异与社会距离. 北京社会科学, (1): 4-11.
李强, 李晓林. 2007. 北京市近郊大型居住区居民上班出行特征分析. 城市问题, (7): 55-59.
李仁杰, 郭风华, 安颖. 2011. 近十年北京环城游憩地类型与空间结构特征研究. 人文地理, 26(1): 118-122.
李如铁, 朱竑, 唐蕾. 2017. 城乡迁移背景下“消极”地方感研究: 以广州市棠下村为例. 人文地理, 32(3): 27-35.
李王鸣, 叶信岳, 孙于. 1999. 城市人居环境评价——以杭州城市为例. 经济地理, 19(2): 39-44.
李雪铭. 2001. 大连城市人居环境研究. 长春: 吉林人民出版社.
李亚红. 2009. 南锣鼓巷: 经营“北京味”. 今日中国(中文版), (4): 62-64.
李雪铭, 晋培育. 2012. 中国城市人居环境质量特征与时空差异分析. 地理科学, 32(5): 521-529.
李雪铭, 李建宏. 2006. 大连城市空间意象分析. 地理学报, 61(8): 809-817.
李雪铭, 李建宏. 2010a. 地理学开展人居环境研究的现状及展望. 辽宁师范大学学报(自然科学版), 33(1): 112-117.

李雪铭, 李建宏. 2010b. 自然地理学的文化转向. 地理科学进展, 29(6): 740-746.

李雪铭, 李明. 2008. 基于体现人自我实现需要的中国主要城市人居环境评价分析. 地理科学, 28(6): 742-747.

李雪铭, 李婉娜. 2005. 1990年代以来大连城市人居环境与经济协调发展定量分析. 经济地理, 25(3): 383-390.

李雪铭, 刘敬华. 2003. 我主要城市人居环境适宜居住的气候因子综合评价. 经济地理, 23(5): 656-660.

李雪铭, 倪玉娟. 2009. 近十年来我国优秀宜居城市城市化与城市人居环境协调发展评价. 干旱区资源与环境, 23(3): 8-14.

李雪铭, 汤新. 2007. 大连市居住空间分异的定量分析及其机制的初步研究. 辽宁师范大学学报(自然科学版), 30(2): 223-225.

李雪铭, 田深圳. 2015. 中国人居环境的地理尺度研究. 地理科学, 35(12): 1495-1501.

李雪铭, 张春花, 张馨, 等. 2004a. 城市化与城市人居环境关系的定量研究——以大连市为例. 中国人口•资源与环境, (1): 93-98.

李雪铭, 张馨, 张春花. 2004b. 大连商品住宅价格空间分异规律研究. 地域研究与开发, 23(6): 35-39.

李雪铭, 刘秀洋, 冀保程. 2008. 大连城市社区宜居性分异特征. 地理科学进展, 27(4): 75-81.

李雪铭, 李欢欢, 田深圳. 2013. 人居环境视野下的游憩系统研究. 辽宁师范大学学报(自然科学版), (2): 269-273.

李雪铭, 张英佳, 高家骥. 2014. 城市人居环境类型及空间格局研究——以大连市沙河口区为例. 地理科学, 34(9): 1033-1040.

李雪铭, 郭玉洁, 田深圳, 等. 2019. 辽宁省城市人居环境系统耦合协调度时空格局演变及驱动力研究. 地理科学, 39(8): 1208-1218.

李峥嵘, 柴彦威. 2000. 大连市民通勤特征研究. 人文地理, 15(6): 71-76, 63.

李正龙, 陈曼曼, 潘黎枚. 2012. 基于因子分析法对居民生活质量的度量与评价. 西北人口, 33(2): 22-26.

李政大, 袁晓玲, 杨万平. 2014. 环境质量评价研究现状、困惑和展望. 资源科学, 36(1): 175-181.

李志刚, 杜枫. 2012. "跨国商贸主义"下的城市新社会空间生产: 对广州非裔经济区的实证. 城市规划, 36(8): 25-31.

李志刚, 顾朝林. 2011. 中国城市社会空间结构转型. 南京: 东南大学出版社.

李志刚, 吴缚龙. 2006. 转型期上海社会空间分异研究. 地理学报, 61(2): 199-211.

李志刚, 吴缚龙, 薛德升. 2006. "后社会主义城市"社会空间分异研究述评. 人文地理, 21(5): 1-5.

李志刚, 薛德升, Michael L, 等. 2008. 广州小北路黑人聚居区社会空间分析. 地理学报, 63(2): 207-218.

李志刚, 任艳敏, 李丽. 2014. 保障房社区居民的日常生活实践研究——以广州金沙洲社区为例. 建筑学报, (2): 12-16.

厉以宁. 1986. 社会主义政治经济学. 北京: 商务印书馆.

梁漱溟. 2005. 中国文化要义. 上海: 上海人民出版社.

梁玥琳, 张捷. 2007. 武汉市休闲意象空间结构研究. 华中师范大学学报(自然科学版), 41(4): 632-635.

梁智妍. 2014. 基于Hedonic模型的广东省城市生活质量评价研究. 广州: 华南理工大学.

廖邦固, 徐建刚, 梅安新. 2012. 1947—2007年上海中心城区居住空间分异变化——基于居住用地类型视角. 地理研究, 31(6): 1089-1102.
廖湘岳, 贺春临. 2002. 要素分析法在生活质量评价中的应用——美国生活质量状况研究. 湘潭工学院学报(社会科学版), 4(4): 27-32.
林峰. 2015. 旅游产业发展的四大引擎. 中国房地产, (14): 51-52.
林耿, 王炼军. 2011. 全球化背景下酒吧的地方性与空间性——以广州为例. 地理科学, 31(7): 794-801.
林李月, 朱宇. 2014. 流动人口初次流动的空间类型选择及其影响因素——基于福建省的调查研究. 地理科学, 34(5): 539-546.
林南. 2005. 社会资本: 关于社会结构与行动的理论. 张磊译. 上海: 上海人民出版社.
林南, 卢汉龙. 1989. 社会指标与生活质量结构模型探讨——关于上海城市居民生活的一项研究. 中国社会科学, (4): 75-97.
林文盛, 冯健, 李烨. 2018. ICT对城中村居民居住和就业迁移空间的影响——以北京5个城中村调查为例. 地理科学进展, 37(2): 276-286.
林晓珊. 2010. 浙江城市居民生活质量的区域差异: 一项基于客观指标的聚类分析. 西北人口, 3(31): 95-100.
林晓珊. 2012. 城市、汽车与生活世界的空间重构. 学术评论, (3): 87-94.
林章林. 2016. 上海城市旅游休闲公共空间的时空演化模式. 旅游科学, 30(2): 79-94.
刘耳. 2001. 中国古代休闲文化传统. 自然辩证法研究, (5): 63-64.
刘凤凌, 褚冬竹. 2010. 重建“城市文化资本”——历史风貌街区“时尚化”趋势及发展策略初探. 中外建筑, (3): 76-78.
刘华栋, 2017. 社交媒体“信息茧房”的隐忧与对策. 中国广播电视学刊, (4): 54-57.
刘家明, 王润. 2007. 城市郊区游憩用地配置影响因素分析. 旅游学刊, 22(12): 18-22.
刘丽敏, 虞虎, 靳海涛. 2018. 基于公交刷卡数据的北京城市居民周末户外休闲行为特征研究. 地域研究与开发, 37(6): 54-59.
刘丽娜, 陈强. 2009. 基于距离综合评估法的城镇居民生活质量评估. 上海管理科学, 31(1): 87-89.
刘鲁, 徐小波, 吴必虎. 2017. 环城游憩汀(ReLAM): 一种值得探询的新型空间要素. 地域研究与开发, 36(2): 56-60, 73.
刘梦琴. 2000. 石牌流动人口聚居区研究——兼与北京“浙江村”比较. 市场与人口分析, (5): 42-47.
刘润, 马红涛. 2016. 中国城市休闲化区域差异分析.城市问题, (10): 30-36.
刘润芳, 董文. 2012. 陕西省居民主观生活质量的模糊综合评价. 未来与发展, (1): 95-98.
刘沙. 2006. 成都城市游憩商业区(RBD)的形成及发展适宜度研究. 商业研究, (17): 183-185.
刘沙, 李铁松, 朱飞燕. 2005. 成都市城市游憩商业区的发展研究. 资源开发与市场, (5): 410-411, 415.
刘尚勇. 2015. 关于供电企业电费缴费系统发展变革的思考与探讨. 自动化与仪器仪表, (11): 241-242, 245.
刘盛和, 邓羽, 胡章. 2010. 中国流动人口地域类型的划分方法及空间分布特征. 地理学报, 65(10): 1187-1197.

刘书婷. 2017. 导入时尚要素的城市公共环境设施艺术设计研究. 武汉: 华中科技大学.

刘天宝, 柴彦威. 2012. 中国城市单位制形成的影响因素. 城市发展研究, 19(7): 59-66.

刘天宝, 柴彦威. 2013. 中国城市单位制研究进展. 地域研究与开发, 32(5): 13-21.

刘天宝, 柴彦威. 2014. 中国城市单位大院空间及其社会关系的生产与再生产. 南京社会科学, (7): 48-55.

刘望保. 2015. 生命历程理论及其在长期空间行为研究中的应用. 人文地理, 30(2): 1-6.

刘望保, 闫小培, 曹小曙. 2008. 西方国家城市内部居住迁移研究综述. 地理科学, 28(1): 131-137.

刘秀洋. 2009. 大连城市社区人居环境宜居性分异特征研究. 大连: 辽宁师范大学.

刘宴伶, 冯健. 2014. 中国人口迁移特征及其影响因素——基于第六次人口普查数据的分析. 人文地理, 29(2): 129-137.

刘玉亭, 何深静, 李志刚. 2005. 南京城市贫困群体的日常活动时空间结构分析. 中国人口科学, (S1): 85-93.

刘云刚, 谭宇文. 2010. 全球化背景下的日本移民动态研究. 世界地理研究, 19(3): 62-71.

刘云刚, 王丰龙. 2011. 城乡接合部的空间生产与黑色集群——广州M垃圾猪场的案例研究. 地理科学, 31(5): 563-569.

刘志林, 柴彦威. 2001. 深圳市民周末休闲活动的空间结构. 经济地理, 21(4): 504-508.

刘志林, 柴彦威, 龚华. 2000. 深圳市民休闲时间利用特征研究. 人文地理, 15(6): 73-78.

刘志林, 张艳, 柴彦威. 2009. 中国大城市职住分离现象及其特征——以北京市为例. 城市发展研究, (9): 110-117.

龙瀛, 张宇, 崔承印. 2012. 利用公交刷卡数据分析北京职住关系和通勤出行. 地理学报, 67(10): 1339-1352.

楼嘉军, 李丽梅. 2017. 成都城市休闲化演变过程及其影响因素. 旅游科学, 31(1): 12-27.

楼嘉军, 史萍. 2005. 上海中央游憩区特征及发展对策研究. 旅游科学, 19(3): 20-25.

楼嘉军, 徐爱萍. 2011. 上海城市休闲功能发展阶段与演变特征研究. 旅游科学, 25(2): 16-22.

楼嘉军, 马红涛, 刘润. 2015. 中国城市居民休闲消费能力测度. 城市问题, (3): 86-93, 104.

楼嘉军, 刘松, 李丽梅. 2016. 中国城市休闲化的发展水平及其空间差异. 城市问题, (11): 29-35.

卢长怀. 2011. 中国古代休闲思想研究. 大连: 东北财经大学.

卢淑华, 韦鲁英. 1991. 生活质量与人口特征关系的比较研究. 北京大学学报(哲学社会科学版), (3): 58-69.

卢淑华, 韦鲁英. 1992. 生活质量主客观指标作用机制研究. 中国社会科学, (1): 122-137.

陆军, 刘海文. 2018. 生活质量研究回顾与展望——基于城市经济学的视角. 江苏社会科学, (2): 89-95.

陆小伟. 1987. 城市生活方式的主要特征和功能. 社会学研究, (4): 116-122.

陆学艺. 2003. 当代中国社会阶层的分化及流动. 江苏社会科学, (4): 2.

路易斯 • 沃斯. 2007. 作为一种生活方式的都市生活//孙逊, 杨剑龙. 都市文化研究第3辑: 阅读城市. 上海: 上海三联书店.

罗航. 2017. 城市迁居个体通勤出行方式选择特性——以南京市为例. 2017年中国城市交通规划年会论文集, 2334-2344.

罗家德. 2005. 社会网分析讲义. 北京: 社会科学文献出版社.
罗家德. 2006. 华人的人脉——个人中心信任网络. 关系管理研究, (3): 1-24.
罗家德, 叶勇助. 2006. 信任在外包交易治理中的作用. 学习与探索, (2): 44-50.
吕拉昌. 2008. “城市空间转向”与新城市地理学. 世界地理研究, 17(1): 32-38.
吕宁. 2011. 休闲城市的内涵及其实践. 经济导刊, (2): 52-53.
吕宁, 黄晓波. 2014. 城市休闲的功能性研究——以北京建设世界旅游目的地为例. 城市发展研究, 21(3): 99-105.
吕宁, 张会新. 2011. 城市休闲与休闲产业研究评述. 商业时代, (13): 111-112.
吕亚平. 2012. 杭州市人居环境宜居性评价. 杭州: 浙江大学.
马豪, 陈荃, 秦盼盼, 等. 2014. 国内外远程医疗技术发展状况及相关问题分析. 医学信息学杂志, 35(12): 35-39.
马红涛, 楼嘉军, 刘润. 2019. 中国城市居民休闲消费能力时空差异演变分析. 世界地理研究, 28(6): 145-155.
马红霞. 2005. 时尚的社会学研究. 兰州: 西北师范大学.
马惠娣. 2002. 未来10年中国休闲旅游业发展前景瞭望. 齐鲁学刊, (2): 19-26.
马惠娣. 2004. 走向人文关怀的休闲经济. 北京: 中国经济出版社.
马惠娣. 2005. 西方城市游憩空间规划与设计探析. 齐鲁学刊, (6): 147-153.
马骏, 黄泽文, 安宓, 等. 2012. 城市化背景下农业人口流动对农村发展的影响——以珠三角地区为中心. 安徽农业科学, 40(2): 1089-1091.
马克 • 戈特迪纳, 雷 • 哈奇森. 2011. 新城市社会学. 黄怡译. 上海: 上海译文出版社.
马姝, 夏建中. 2004. 西方生活方式研究理论综述. 江西社会科学, (1): 242-247.
马溪蓉, 罗玲, 黄华, 等. 2019. 微信支付宝预约挂号服务模式在三级甲等综合医院妇产科门诊中的应用. 中国数字医学, 14(9): 96-98.
马晓亚, 袁奇峰, 赵静. 2012. 广州保障性住区的社会空间特征. 地理研究, 31(11): 2080-2093.
曼纽尔 • 卡斯特. 2001. 网络社会的崛起. 夏铸九, 等译. 北京: 社会科学文献出版社.
曼纽尔 • 卡斯特. 2001. 信息化城市. 崔保国译. 南京：江苏人民出版社.
毛小岗, 宋金平, 杨鸿雁, 等. 2012. 2000-2010年北京城市公园空间格局变化. 地理科学进展, 31(10): 1295-1306.
毛彦妮, 黄填. 2014. 我国网络购物市场发展状况调查研究. 经济纵横, (8): 82-86.
孟斌, 郑丽敏, 于慧丽. 2011. 北京城市居民通勤时间变化及影响因素. 地理科学进展, 30(10): 1218-1224.
孟威. 2018. 从微信看中国人的精神图谱. 人民论坛, (2): 116-117.
苗建军. 2003. 中心城市: 休闲经济的空间视点. 自然辩证法研究, (11): 73-78.
南颖, 胡浩, 朱锋, 等. 2012. 中小城市环城游憩地圈层分析方法研究: 以延吉市为例. 人文地理, 27(2): 62-66.
倪鹏飞. 2018. 中国城市竞争力报告(No. 17). 北京: 中国社会科学出版社.
聂磊, 傅翠晓, 程丹. 2013. 微信朋友圈: 社会网络视角下的虚拟社区. 新闻记者, (5): 73-77.

宁越敏, 查志强. 1999. 大都市人居环境评价和优化研究——以上海市为例. 城市规划, 23(6): 14-19, 63.
宁泽群, 金珊. 2008. 798艺术区作为北京文化旅游吸引物的考察: 一个市场自发形成的视角. 旅游学刊, 23(3): 57-62.
农郁. 2014. 微时代的移动互联: 轻熟人社交、交往快感与新陌生人社会的伦理焦虑——以微信为例. 文学与文化, (3): 91-99.
潘立新, 晋秀龙. 2014. 跨行政区环城游憩带的形成机制与空间结构特征分析. 统计与决策, (21): 105-108.
潘秋玲, 王兴中. 1997. 城市生活质量空间评价研究——以西安市为例. 人文地理, 13(2): 29-37.
齐奥尔格 • 西美尔. 2001. 时尚的哲学. 北京: 文化艺术出版社.
齐心. 2007. 走向有限社区——对一个城市居住小区的社会网络分析. 北京: 首都师范大学出版社.
祁新华, 程煜, 陈烈. 2007. 国外人居环境研究回顾与展望. 世界地理研究, 16(2): 17-24.
千庆兰, 陈颖彪. 2004. 我国大城市流动人口聚居区初步研究——以北京“浙江村”和广州石牌地区为例. 城市规划, 27(11): 60-64.
钱超. 2013. 高速公路ETC数据挖掘研究与应用. 西安: 长安大学.
钱紫华, 闫小培, 王爱民. 2006. 城市文化产业集聚体—深圳大芬油画. 热带地理, 26(3): 269-274.
秦波, 焦永利. 2010. 北京住宅价格分布与城市空间结构演变. 经济地理, 30(11): 1815-1820.
秦瑞英, 周锐波. 2011. 国内外城市社区分异及类型研究综述. 规划师, 27(S1): 216-221.
秦学. 2003. 城市游憩空间结构系统分析——以宁波市为例. 经济地理, 23(2): 267-271, 288.
秦学, 李秀斌, 顾晓艳. 2010. 休闲经营管理. 北京: 中国科学技术出版社.
阮利男. 2016. 大数据时代精准营销在京东的应用研究. 成都: 电子科技大学.
沙润, 吴江. 1997. 城乡交错带旅游景观生态设计初步研究. 地理学与国土研究, 14(3): 54-57, 63.
单凤霞. 2019. 生态文明视域下我国城市休闲体育发展研究——以杭州、武汉、成都为例. 上海: 上海体育学院.
单菁菁. 2011. 居住空间分异及贫困阶层聚居的影响与对策. 城市发展研究, (10): 19-23.
单霓. 2000. 开放空间景观设计. 沈阳: 辽宁科学技术出版社.
商务部电子商务和信息化司. 2019. 中国电子商务报告2018. 北京: 中国商务出版社.
上海市统计局. 2012. 上海2010年人口普查资料. 北京: 中国统计出版社.
申悦, 柴彦威. 2013. 基于GPS数据的北京市郊区巨型社区居民日常活动空间. 地理学报, 68(4): 506-516.
沈磊, 郑颖. 2007. 城市新形态RBD探索: 宁波湾头RBD构想. 建筑学报, (7): 4-6.
沈新坤. 2004. 市场化道路: 城市社区建设的必然之路. 华中师范大学研究生学报, 11(1): 114-117.
施彦卿. 2007.上海市中心城区RBD的空间结构研究. 同济大学.
石昊岭, 汪霞. 2015. 文化旅游视角下古城游憩商业区历史空间优化研究——以古城开封市为例. 特区经济, (6): 125-126.
石劢, 陈中, 陈禹, 等. 2018. 北京城区居家养老老年人的生活质量及其影响因素. 实用老年医学, 32(7): 639-642.
史春云, 张捷, 李亚兵, 等. 2008. 城市闲暇业态的空间分异研究. 中国人口•资源与环境, 18(5): 90-95.

史云桐. 2014. 城市基层社区的松解与重构. 中国发展观察, (10): 66-69.

宋慧林, 马运来. 2010. 基于空间分析的中国省域旅游经济差异.经济管理, 32(10): 114-118.

宋捷. 2011. 浅析历史街区更新型RBD与城市CBD的有机互动——以成都大慈寺历史街区更新规划为例. 现代城市研究, 26(1): 39-43.

宋伟轩, 朱喜钢. 2009. 中国封闭社区——社会分异的消极空间响应. 规划师, 25(11): 84-88.

宋小冬, 王园园, 钰颖, 等. 2019. 通勤距离对职住分离的统计验证. 地球信息科学学报, 21(11): 1699-1709.

宋迎昌, 武伟. 1997. 北京市外来人口空间集聚特点, 形成机制及其调控对策. 经济地理, 17(4): 71-75.

苏平, 党宁, 吴必虎. 2004. 北京环城游憩带旅游地类型与空间结构特征. 地理研究, 23(3): 403-410.

孙德芳, 沈山, 武廷海. 2012. 生活圈理论视角下的县域公共服务设施配置研究——以江苏省邳州市为例. 规划师, 28(8): 68-72.

孙峰华, 王兴中. 2002. 中国城市生活空间及社区可持续发展研究现状与趋势. 地理科学进展, 21(5): 491-499.

孙峰华, 魏晓, 王兴中, 等. 2005. 中国省会城市人口生活质量评价研究. 中国人口科学, (1): 67-73.

孙伶俐. 2013. 城市居民生活质量研究的几个问题. 党史文苑, (8): 65-66.

孙龙, 雷弢. 2007. 北京老城区居民邻里关系调查分析. 城市问题, (2): 56-59.

孙盼盼, 戴学锋. 2014. 中国区域旅游经济差异的空间统计分析. 旅游科学, 28(2): 35-48.

孙沛东. 2007. 着装时尚的社会学研究述评. 西北师大学报(社会科学版), (4): 26-32.

孙沛东. 2008. 论齐美尔的时尚观. 西北师大学报(社会科学版), (6): 95-99.

孙燕. 2009. 广东花都华侨农场通婚圈的田野调查. 八桂侨刊, (1): 74-77.

孙胤社. 1992. 大都市区的形成机制及其界定——以北京为例. 地理学报, 47(6): 552-560.

塔娜, 柴彦威. 2010. 过滤视角下的中国城市单位社区变化研究. 人文地理, 25(5): 6-10.

塔娜, 柴彦威. 2013. 城市生活方式的地理学解读. 中国城市研究, (00): 232-244.

塔娜, 柴彦威. 2017. 基于收入群体差异的北京典型郊区低收入居民的行为空间困境. 地理学报, 72(10): 1776-1786.

谈谷铮. 1986. 霍曼斯和布劳的社会交换论. 社会科学, (10): 55-59.

唐魁玉, 唐金杰. 2016. 微信朋友圈的人际互动分析——兼论微生活方式的兴起及治理. 江苏行政学院学报, (1): 79-87.

唐魁玉, 王德新. 2016. 微信作为一种生活方式——兼论微生活的理念及其媒介社会导向. 哈尔滨工业大学学报(社会科学版), 18(5): 46-51.

唐文跃. 2007. 地方感研究进展及研究框架. 旅游学刊, 22(11): 70-77.

唐文跃. 2011. 城市居民游憩地方依恋特征分析——以南京夫子庙为例. 地理科学, 31(10): 1202-1207.

唐子来, 陈颂, 汪鑫, 等. 2016. 转型新时期上海中心城区社会空间结构与演化格局研究. 规划师, 32(6): 105-111.

陶东风. 2014. 理解微时代的微文化. 中国图书评论, (3): 4-5.

陶栋艳, 童昕, 冯卡罗. 2014. 从“废品村”看城乡接合部的灰色空间生产. 国际城市规划, 29(5): 8-14.

陶婷芳, 田纪鹏. 2009. 特大城市环城游憩带理论与实证研究: 基于上海市新“三城七镇”旅游资源价值的分析. 财经研究, 35(7): 110-121.

陶伟, 黄荣庆. 2006. 城市游憩商业区空间结构的发展演变及其相关影响因素研究——以广州为例. 人文地理. 21(3): 10-13.

陶伟, 李丽梅. 2003. 城市游憩商业区系统SRBD的生长研究——以历史文化名城苏州为例. 旅游学刊, 18(3): 43-48.

陶伟, 李丽梅. 2005. 香港城市游憩商业区空间结构演变模式. 城市规划, 29(6): 69-75.

陶冶. 2006. 生活方式的类型研究及其启示. 社会学, (4): 44-50.

陶印华, 申悦. 2018. 高校郊区化背景下学生日常活动空间的校区差异研究——以上海市华东师范大学为例. 世界地理研究, 27(3): 134-145.

陶宇咸. 1987. 变革中的城市生活方式初探. 安徽省委党校学报, (3): 63-66, 69.

田丰. 2011. 消费、生活方式和社会分层. 黑龙江社会科学, (1): 88-97.

田逢军. 2013. 国民休闲背景下城市游憩空间意象特征分析——以南昌市为例. 资源科学, 35(5): 1095-1103.

万勇, 王玲慧. 2003. 城市居住空间分异与住区规划应对策略. 城市问题, (6): 76-79.

汪碧刚. 2016. 中西居住文化背景下的街区制比较研究. 经济社会体制比较, (5): 136-144.

汪德根. 2007. 城市旅游空间结构演变与优化研究——以苏州市为例. 城市发展研究, 14(1): 21-26, 32.

王宝义. 2017. “新零售”的本质、成因及实践动向. 中国流通经济, 31(7): 3-11.

王成超, 王洪海, 陈素谊. 2005. 浅析城市人居环境的评价及优化措施——以苏州市为例. 云南地理环境研究, 17(1): 41-45.

王芳, 高晓路, 颜秉秋. 2014. 基于住宅价格的北京城市空间结构研究. 地理科学进展, 33(10): 1322-1331.

王光荣. 2009. 汽车化的城市居民生活方式. 兰州学刊, (9): 111-114.

王桂新, 潘泽瀚, 陆燕秋. 2012. 中国省际人口迁移区域模式变化及其影响因素——基于2000和2010年人口普查资料的分析. 中国人口科学, 32(5): 2-13, 111.

王汉生, 刘世定, 孙立平. 1997. “浙江村”: 中国农民进入城市的一种独特方式. 社会学研究, (1): 58-69.

王红, 胡世荣. 2007. 镇远古城意象空间与旅游规划探讨. 地域研究与开发, 26(3): 61-65.

王辉, 郭玲玲, 宋丽. 2010. 大连市城市化演进对环城游憩带的影响研究. 北京第二外国语学院学报, 32(11): 32-38.

王辉, 郭玲玲, 朱宇巍, 等. 2012. 大连市游憩地空间拓展规律与特征分析. 辽宁师范大学学报(自然科学版), 35(2): 258-263.

王慧. 2006. 开发区发展与西安城市经济社会空间极化分异. 地理学报, 61(10): 1011-1024.

王建国. 1991. 现代城市设计理论和方法. 南京: 东南大学出版社.

王建民. 2017. “微信人”与网络化时代的生活风格. 天津社会科学, (4): 89-93.

王婕. 2015. 同期群与广场舞的集体主义建构——基于S市三个广场舞场所的实地研究. 上海: 华东理工大学.

王劲峰. 2006. 空间分析. 北京: 科学出版社.
王娟, 何佳梅. 2004. 城市游憩商业区形成机制分析——以济南市为例. 泰山学院学报, (2): 87-89.
王开泳. 2011. 城市生活空间研究评述. 地理科学进展, 30(6): 691-698.
王立. 2012. 城市社区生活空间规划的控制性指标体系. 现代城市研究, (2): 45-54.
王立, 王兴中. 2011. 城市社区生活空间结构之解构及其质量重构. 地理科学, 31(1): 22-28.
王丽艳, 季奕, 王咿瑾. 2019. 城市生活质量测度及影响因素研究——基于天津市微观调查与大数据的实证分析. 城市发展研究, 26(4): 79-94.
王玲宁, 兰娟. 2017. 青年群体微信朋友圈的自我呈现行为——一项基于虚拟民族志的研究. 暨南学报(哲学社会科学版), (12): 115-125, 128.
王茂军, 柴彦威, 高宜程. 2007. 认知地图空间分析的地理学研究进展. 人文地理, 22(5): 10-18.
王琪延, 韦佳佳. 2020. 中国城市居民休闲需求二十年变迁. 哈尔滨工业大学学报(社会科学版), 22(1): 45-51.
王千. 2014. 微信平台商业模式创新研究. 郑州大学学报(哲学社会科学版), (6): 89-93.
王庆伟. 2004. 长春郊区游憩景观空间结构研究. 东北师范大学.
王绍光, 刘欣. 2002. 信任的基础: 一种理性的解释. 社会学研究, (3): 23-30.
王申. 2019. 成都市主城区居住空间分异研究. 成都: 电子科技大学.
王世飞. 2015. 移动支付市场及其在中国的发展研究. 西安: 西北大学.
王维国, 冯云. 2011. 基于因子分析法的中国城市人居环境现状综合评价及影响因素分析. 生态经济, (5): 174-177.
王伟武. 2005. 杭州城市生活质量的定量评价. 地理学报, 60(1): 151-157.
王卫平. 2011. 哈密市城市居民生活质量综合评价. 当代经济, (4): 78-81.
王向阳. 2008. RBD促进城市发展与提升生活品质的作用研究. 规划师, 24(7): 38-42.
王小章. 2002. 何谓社区与社区何为. 浙江学刊, (2): 20-24.
王小章, 冯婷. 2014. 集体主义时代和个体化时代的集体行动. 山东社会科学, (5): 45-51.
王小章, 王志强. 2003. 从“社区”到“脱域的共同体”: 现代性视野下的社区和社区建设. 学术论坛, (6): 40-43.
王心蕊, 孙九霞. 2019. 城市居民休闲与主观幸福感研究: 以广州市为例. 地理研究, 38(7): 1566-1580.
王新焕. 2015. 大卫•哈维城市“时空修复”批判理论研究. 南京: 南京师范大学.
王兴中. 2004. 中国城市生活空间结构研究. 北京: 科学出版社.
王兴中, 等. 2000. 中国城市社会空间结构研究. 北京: 科学出版社.
王雪梅, 梅玫, 罗言云. 2010. 浅谈居住区灰空间的利用——以龙湖丽景A区为例. 四川建筑科学研究, 36(5): 241-244.
王雅洁, 冯年华, 史春云. 2009. 城市闲暇空间研究进展. 城市问题, (3): 28-33.
王雅林. 2013. 生活方式研究的现时代意义——生活方式研究在我国开展30年的经验与启示. 社会学评论, 1(1): 22-35.
王莹. 2010. 社区民主与海星型社区网络的创建和发展——对北京回龙观社区网运作方式的分析. 中共

杭州市委党校学报, (3): 86-89.
王颖. 2002. 上海城市社区实证研究——社区类型、区位结构及变化趋势. 城市规划汇刊, (6): 33-40.
王宇凡, 冯健. 2013. 基于生命历程视角的郊区居民迁居行为重构. 人文地理, 27(3): 34-41, 50.
王玉波. 1988. 中国传统生活方式纵观. 社会学研究, (6): 104-110.
王云翠, 王云松. 2010. 浅议居民生活质量评价指标体系的构建. 内蒙古科技与经济, (8): 28-30.
王哲野, 程叶青, 马靖, 等. 2015. 东北地区城市民生质量测度与空间分析. 地理科学, 35(2): 190-196.
王祯钰. 2019. 新零售视角下零售业的转型探讨. 中国商论, (21): 3-5.
威廉·彼得逊. 1984. 人口基础学. 兰州大学人口翻译室译. 兰州: 甘肃人民出版社.
魏峰群, 席岳婷, Shu T C. 2016. 空间正义视角下城市游憩空间发展理念与策略: 基于美国经验的启示. 西部人居环境学刊, 31(5): 51-56.
魏海涛, 赵晖, 肖天聪. 2017. 北京市职住分离及其影响因素分析. 城市发展研究, 24(4): 49-57.
魏立华, 李志刚. 2006. 中国城市低收入阶层的住房困境及其改善模式. 城市规划学刊, (2): 53-58.
魏伟, 周婕, 罗玛诗艺. 2018. "城市人"视角下社区公园满意度分析及规划策略——以武汉市武昌区中南路街道为例. 城市规划, 42(12): 55-66.
魏小安. 2010. 大思路, 大举措——"十二五"旅游发展思考. 旅游学刊, (1): 5-6.
魏小安. 2012. 杭州旅游: 新城市新模式新发展. 旅游学刊, (4): 48-56.
魏小安, 李莹. 2007. 城市休闲与休闲城市. 旅游学刊, (10): 71-76.
温铁军. 2002. 我们是怎样失去迁徙自由的. 中国改革, (4): 24-25.
翁桂兰, 柴彦威. 2003. 深圳居民酒吧消费行为及其空间特征研究. 地理学会全面建设小康社会——第九次中国青年地理工作者学术研讨会论文摘要集.
吴必虎. 2001. 大城市环城游憩带(ReBAM)研究: 以上海市为例. 地理科学, 21(4): 354-359.
吴必虎, 贾佳. 2002. 城市滨水区旅游•游憩功能开发研究: 以武汉市为例. 地理学与国土研究, 18(2): 99-102.
吴必虎, 李咪咪, 黄国平. 2002. 中国世界遗产地保护与旅游需求关系. 地理研究, 21(5): 617-626.
吴必虎, 董莉娜, 唐子颖. 2003. 公共游憩空间分类与属性研究. 中国园林, (5): 49-51.
吴必虎, 伍佳, 党宁. 2007. 旅游城市本地居民环城游憩偏好: 杭州案例研究. 人文地理, 22(2): 27-31.
吴承照. 1995. 西欧城市游憩规划的历史、理论和方法. 城市规划汇刊, (4): 22-27, 33.
吴承照. 2005. 城市旅游的空间单元与空间结构. 城市规划学刊, (3): 82-87.
吴承忠. 2009. 中国古代的休闲娱乐. 邯郸学院学报, 19(2): 58-61.
吴郭泉, 程道品, 吴忠军, 等. 2004. 桂林城市RBD开发研究. 城市问题, (4): 33-35, 39.
吴国清. 2010. 大型节事对城市旅游空间发展的影响机理. 人文地理, 25(5): 137-141.
吴寒光, 朱庆芳, 吴军. 1991. 社会发展与社会指标. 北京: 中国社会出版社.
吴敬琏. 1991. 论作为资源配置方式的计划与市场. 中国社会科学, (6): 125-144.
吴俊莲, 顾朝林, 黄瑛, 等. 2005. 南昌城市社会区研究——基于第五次人口普查数据的分析. 地理研究, 24(4): 611-619.
吴岚. 2014. 社区网站影响居民社区参与的机制分析. 科技信息, (3): 12, 10.

吴良镛. 1989. 广义建筑学. 北京: 清华大学出版社.
吴良镛. 2001a. 人居环境科学导论. 北京: 中国建筑工业出版社.
吴良镛. 2001b. 人居环境科学的探索. 规划师, 17(6): 5-8.
吴启焰. 2001. 大城市居住空间分异研究的理论与实践. 北京: 科学出版社.
吴启焰. 2016. 大城市居住空间分异的理论与实证研究(第二版). 北京: 科学出版社.
吴启焰, 崔功豪. 1999. 南京市居住空间分异特征及其形成机制. 城市规划, 23(12): 24-25.
吴启焰, 任东明, 杨荫凯. 2000. 城市居住空间分异的理论基础与研究层次. 人文地理, 15(3): 1-5.
吴启焰, 张京祥, 朱喜钢. 2002. 现代中国城市居住空间分异机制的理论研究. 人文地理, 17(3): 26-30.
吴士锋, 李肖红, 吴晓曼, 等. 2016. 基于位置的社交网络服务信息流的导引作用及空间影响研究. 世界地理研究, 25(1): 159-165.
吴廷烨, 刘云刚, 王丰龙. 2013. 城乡接合部流动人口聚居区的空间生产——以广州市瑞宝村为例. 人文地理, 28(6): 86-91.
吴文新. 2007. 休闲方式: 人的享受和发展方式——兼论休闲文化的人性功能及社会价值观念的革新. 哈尔滨工业大学学报(社会科学版), (9): 95-98.
吴铀生, 吴应芬. 2012. 城市生活方式变革与城市可持续发展研究. 西南民族大学学报(人文社科版), 33(6): 117-122.
吴志才. 2012. 基于人-时-空视角下的中国休闲活动演变探析. 经济地理, 32(2): 149-153, 176.
伍学进. 2010. 城市社区公共空间宜居性研究. 武汉: 华中师范大学.
仵宗卿, 柴彦威, 张志斌. 2000. 天津市民购物行为特征研究. 地理科学, 20(6): 534-539.
武春华. 2011. 集体化时代农民行为研究综述. 沧桑, (1): 96-97, 105.
武前波, 黄杉, 崔万珍. 2013. 零售业态演变视角下的城市消费空间发展趋势. 现代城市研究, (5): 114-120.
夏海勇. 2002. 生活质量研究: 检视与评价. 市场与人口分析, 8(1): 67-75.
夏健, 王勇. 2010. 从重置到重生: 居住性历史文化街区生活真实性的保护. 城市发展研究, 17(2): 134-139.
向冰瑶. 2010. 陕北地域文化视角下城镇居住生活空间形态研究: 以延安市甘泉县为例. 西安: 西安建筑科技大学.
向晓琴, 袁犁. 2016. 我国外来人口聚居区的成因与特征及建设管理. 山西建筑, 42(15): 248-250.
肖贵蓉, 宋文丽. 2008. 城市游憩空间结构优化研究——以大连市为例. 中国人口•资源与环境, 18(2): 86-92.
肖小霞, 德频. 2003. 冲突与融合: 城市生活方式的变迁. 学术论坛, (3): 123-126.
谢凌英, 周进步. 2005. 城市游憩商业区(RBD)开发研究——以台州为例. 技术经济与管理研究, (5): 126-127.
胥雅楠, 王倩倩, 董润, 等. 2019. “大数据杀熟”的现状、问题与对策分析. 改革与开放, (1): 15-20.
徐爱萍, 楼嘉军. 2019. 中国城市休闲化区域差异及成因解读. 世界地理研究, 28(6): 98-108.
徐昀, 汪珠, 朱喜钢, 等. 2009. 转型期南京城市社会空间结构: 基于第五次人口普查数据的因子生态分析. 地理研究, 28(2): 484-498.
徐冬, 黄震方, 吕龙, 等. 2018. 基于POI挖掘的城市休闲旅游空间特征研究——以南京为例. 地理与地理信息科学, 34(1): 59-64.
徐贵权. 2004. 改革开放以来中国社会价值观范型的转换. 探索与争鸣, (5): 24-26.
徐磊青. 2006. 人体工程学与环境行为学. 北京: 中国建筑工业出版社.
徐苗, 彭坤焘, 杨震. 2018. 地方公共资源与契约社区——多中心治理理论下的门禁社区研究. 城市规划, 42(12): 67-75.
徐平. 2009. 社会排斥理论与农民工住房问题研究. 高等函授学报: 哲学社会科学版, (12): 34-36.
徐琴. 2019. 广场舞的政治表征——对我国城市广场舞发展的历时性分析. 武汉: 华中师范大学.
徐涛, 宋金平, 方琳娜, 等. 2009. 北京居住与就业的空间错位研究. 地理科学, 29(2): 30-36.
徐晓燕. 2011. 单位社区嬗变中城市供给空间模式的转变——基于对合肥市的实证研究. 华中建筑, (1): 35-38.
徐秀玉, 陈忠暖. 2012. 基于休闲需求的城市公园服务等级结构及空间布局特征——以广州市中心城区为例. 热带地理, 32(3): 293-299, 320.
徐秀玉, 陈忠暖. 2018. 广州市公共休闲服务水平演变过程及影响因素. 地域研究与开发, 37(6): 58-63.
徐月萍, 陈华英. 2019. 广场舞的文化功用和社会效益. 人民论坛, (3): 140-141.
许峰, 杨开忠. 2006. 现代城市游憩商务区体系建设研究——以武汉市为例. 旅游学刊, 21(3): 24-29.
许杰兰, 王亮. 2011. 基于消费者娱乐休闲行为的RBD建设方向探讨——以长沙市为例. 经济地理, 31(7): 1213-1218, 1225.
许晓霞, 柴彦威. 2012. 北京居民日常休闲行为的性别差异. 人文地理, 27(1): 22-28.
许学强, 胡华颖, 叶嘉安. 1989. 广州市社会空间结构的因子生态分析. 地理学报, 44(4): 385-399.
许叶萍, 石秀印. 2016. 城市化中的空间社会分层与中国机理. 北京社会科学, (11): 85-94.
宣国富, 徐建刚, 赵静. 2006. 上海市中心城社会区分析. 地理研究, 25(3): 526-538.
薛德升, 黄耿志. 2008. 管制之外的“管制”: 城中村非正规部门的空间集聚与生存状态——以广州市下渡村为例. 地理研究, 27(6): 1390-1398.
薛东前, 吕玉倩, 黄晶, 等. 2017. 城市贫困群体主观生活质量研究——以西安市典型社区为例. 地理科学, 37(4): 554-562.
薛熙明, 朱竑, 唐雪琼. 2009. 城市宗教景观的空间布局及演化——以1842年以来的广州基督教教堂为例. 人文地理, 24(1): 48-52.
鄢慧丽, 邓宏兵. 2004. 城市游憩商业区的环境和功能——以武汉市江汉路为例. 城市问题, (1): 40-43.
闫晴, 李诚固, 陈才, 等. 2018. 基于手机信令数据的长春市活动空间特征与社区分异研究. 人文地理, 33(6): 35-43.
闫小培, 魏立华, 周锐波. 2004. 快速城市化地区城乡关系协调研究——以广州市“城中村”改造为例. 城市规划, 28(3): 30-38.
杨辰. 2009. 日常生活空间的制度化——20世纪50年代上海工人新村的空间分析框架. 同济大学学报(社会科学版), (6): 38-45.

杨传开, 宁越敏. 2015. 中国省际人口迁移格局演变及其对城镇化发展的影响. 地理研究, 34(8): 1492-1506.
杨道圣. 2012. 时尚的历程: 细说时尚的历史、领袖和理论. 北京: 北京大学出版社.
杨国良. 2002. 城市居民休闲行为特征研究——以成都市为例. 旅游学刊, (2): 52-56.
杨国枢, 黄光国, 杨中芳. 2008. 华人本土心理学. 重庆: 重庆大学出版社.
杨利, 马湘恋. 2015. 长沙市环城游憩带空间结构特征. 经济地理, 35(10): 218-224.
杨敏, 周长城. 2000. 人民生活质量指标体系研究的意义. 经济学情报, (2): 9-12.
杨上广. 2006. 中国大城市社会空间的演化. 上海: 华东理工大学出版社.
杨上广, 王春兰. 2007. 国外城市社会空间演变的动力机制研究综述及政策启示. 国际城市规划, 22(2): 42-50.
杨思宇, 郭宜章. 2018. 从消费到体验——中国商业空间的发展与演化. 文艺生活, (12): 272-278.
杨卫丽, 王兴中, 张杜鹃. 2010. 城市生活质量与生活空间质量研究评价与展望. 人文地理, 4(3): 20-23.
杨向荣, 曾莹. 2006. 现代生活的审美救赎——齐美尔的时尚理论. 四川外语学院学报, (5): 80-85.
杨新刚, 叶小群. 2005. 城市空间分异探讨. 规划师, 21(3): 68-69.
杨莹, 冯健. 2019. 苏州城市社会区研究与城市规划. 城市规划, 43(11): 90-102, 127.
杨振之, 周坤. 2008. 也谈休闲城市与城市休闲. 旅游学刊, (12): 51-57.
杨忠振, 邬珊华. 2012. 城市居民人居生活质量评价研究. 北京交通大学学报(社会科学版), 11(4): 71-74.
姚华松, 许学强, 薛德升. 2008. 中国流动人口研究进展. 城市问题, (6): 69-76.
姚俊英. 2009. 从难民到公民——花都华侨农场越南归难侨身份变迁研究. 广州: 中山大学.
叶南客. 1990. 社会发展的新内涵: 国内外“生活质量”研究简述. 社会科学述评, (4): 35-38.
叶启政. 1998. 虚拟与现实的混沌化——网络世界的实作理路. 社会学研究, (3): 56-57.
叶圣涛. 2009. 基于手段-目的视角的休闲、游憩和旅游的概念辨析. 广西民族大学学报(哲学社会科学版), 31(S1): 26-30.
叶圣涛, 保继刚. 2009a. ROP-ENCS: 一个城市游憩空间形态研究的类型化框架. 热带地理, 29(3): 295-300.
叶圣涛, 保继刚. 2009b. 城市游憩空间形态的刻画基础: 场模型还是要素模型. 地理与地理信息科学, 25(3): 99-102.
叶圣涛, 叶托, 吴雪明. 2015. 城市游憩空间的政府管理机构整合方案探索. 华南理工大学学报(社会科学版), 17(3): 49-54113.
叶迎君. 2001. 居住空间分异初探. 规划师, (3): 94-97.
衣华亮, 王培刚. 2009. 中国城市居民主观休闲生活质量分析. 统计与信息论坛, (1): 81-86.
尹罡, 甄峰, 席广亮. 2014. 信息技术影响下城市休闲空间生产机理及特征演变研究. 地理与地理信息科学, (6): 121-124.
尹子潇. 2016. 网络社会背景下的城市居住区空间研究. 北京: 清华大学.
尤云弟. 2010. 从粤档文献看建国三十年归难侨安置政策(1949-1979). 八桂侨刊, (4): 36-40.
于春蕾. 2015. 青岛啤酒文化休闲商务区旅游开发研究. 青岛: 中国海洋大学.

于光远. 2004. 论普遍有闲的社会. 北京: 中国经济出版社.
于光远, 马惠娣. 2006. 关于“闲暇”与“休闲”两个概念的对话录. 自然辩证法研究, 22(9): 86-91.
余玲, 刘家明, 李涛, 等. 2018. 中国城市公共游憩空间研究进展. 地理学报, 73(10): 1923-1941.
俞孔坚, 李迪华. 2003. 城市景观之路——与市长们交流. 北京: 中国建筑工业出版社.
俞晟. 2003. 城市旅游与城市游憩学. 上海: 华东师范大学出版社.
俞晟, 何善波. 2003a. 城市游憩的社会学分析. 华东师范大学学报(自然科学版), (2): 54-61.
俞晟, 何善波. 2003b. 城市游憩商业区(RBD)布局研究. 人文地理, 18(4): 10-15.
宇文利, 杨席宇. 2016. 马克思恩格斯“人与环境”关系论及其思想政治教育应用. 思想教育研究, (5): 26-30.
玉苗. 2013. 中国草根公益组织发展机制的探析. 武汉: 华中师范大学.
袁家冬, 孙振杰, 张娜, 等. 2005. 基于“日常生活圈”的我国城市地域系统的重建. 地理科学, 25(1): 17-22.
袁靖华. 2010. 微博的理想与现实——兼论社交媒体建构公共空间的三大困扰因素. 浙江师范大学学报(社会科学版), 35(6): 20-25.
袁久红, 吴耀国. 2018. 城市化进程中地方性的迷失与重建. 华中科技大学学报(社会科学版), 32(1): 41-46.
袁兴钱. 2011. 广州外籍人聚居区及其社会功能研究. 广州: 广州大学.
袁也, 庞红玲. 2016. “互联网+”背景下的城市生活空间. 城市建筑, (9): 329.
苑军. 2012. 中国近现代城市广场演变研究. 北京: 中国艺术研究院.
约翰・肯尼思・加尔布雷思. 2009. 富裕社会. 南京: 江苏人民出版社.
翟青. 2015. 基于居民活动的城市虚-实空间关联研究与评价. 南京: 南京大学.
翟学伟. 2005. 面子、人情与权力的再生产. 北京: 北京大学出版社.
湛东升, 孟斌, 张文忠. 2014. 北京市居民居住满意度感知与行为意向研究. 地理究, 33(2): 336-348.
张宝锋. 2005. 城市社区参与动力缺失原因探源. 河南社会科学, (7): 22-25.
张菲菲. 2007. 北京半城市化地区外来农民生境研究. 北京: 中国科学院地理科学与资源研究所.
张红. 2004. 大城市环城游憩带旅游开发与土地利用研究——以西安市为例. 西安: 陕西师范大学.
张建. 2005. 上海大都市游憩商业区的型态模式研究. 地域研究与开发, 24(3): 63-67.
张建. 2008. 国际休闲研究动向与我国休闲研究主要命题刍议. 旅游学刊, 23(5): 68-73.
张杰, 吕杰. 2003. 从大尺度城市设计到“日常生活空间”. 城市规划, 27(9): 39-44.
张晶盈. 2013. 华侨农场归侨的认同困惑与政府的归难侨安置政策. 华侨大学学报(哲学社会科学版), (1): 31-36.
张军, 桑祖南. 2006. CBD与RBD的概念辨析及其功能的延伸. 旅游学刊, 21(12): 77-80.
张俊. 2009. 都市生活与城市空间关系的研究. 同济大学学报(社会科学版), 20(4): 51-58.
张力, 李雪铭, 张建丽. 2010. 基于生态位理论的居住区位及居住空间分异. 地理科学进展, 29(12): 1548-1554.
张立生. 2007. 城市RBD空间结构理论研究——以上海城隍庙和苏州观前街为例. 地域研究与开发,

26(5): 65-69, 84.
张丽雯. 2014. 碎片的共鸣: 网络社群中的语言传播规律研究. 上海: 复旦大学.
张利, 雷军, 张小雷, 等. 2012. 乌鲁木齐城市社会区分析. 地理学报, 67(6): 817-828.
张连城, 郎丽华, 赵家章, 等. 2019. 生活质量指数稳定 健康指数好于预期——2019年中国35个城市生活质量报告. 经济学动态, (9): 3-17.
张亮, 赵雪雁, 张胜武. 2014. 安徽城市居民生活质量评价及其空间格局分析. 经济地理, 34(4): 84-90.
张孟哲, 郭志奇. 2010. 城市边缘大型居住区生活空间营造与生活模式引导的研究和探索——以大连新型集团龙畔金泉小区二期、三期规划为例. 中外建筑, (1): 62-66.
张鹏. 2013. 基于社群认同的网络团购研究. 长沙: 中南大学.
张诗卓. 2014. 社交网站中的青年亚文化群体及其文化重构. 重庆: 西南大学.
张天新, 山村高淑. 2003. 丽江古城的日常生活空间结构解析北京大学学报(自然科学版), 39(4): 33-39.
张王. 2002. 全国最大经济适用住宅区——北京回龙观文化居住区出现火暴销售景象. 中国房地信息, (7): 13.
张威. 2009. 社区邻里关系发展的一种趋势——单位大院及SOHO居住模式的启示. 河南师范大学学报(哲学社会科学版), 36(3): 93-95.
张文宏, 阮丹青. 1999. 城乡居民的社会支持网. 社会学研究, (3): 12-22.
张文宏, 阮丹青, 潘允康. 1999. 天津农村居民的社会网. 社会学研究, (3): 108-117.
张文佳, 柴彦威. 2009. 居住空间对家庭购物出行决策的影响. 地理科学进展, 28(3): 362-369.
张文英. 2007. 口袋公园——躲避城市喧嚣的绿洲. 中国园林, 23(4): 47-53.
张文忠. 2007. 城市内部居住环境评价的指标体系和方法. 地理科学, 27(1): 17-23.
张文忠. 2016. 宜居城市建设的核心框架. 地理研究, 35(2): 205-213.
张文忠. 2019. 中国人居环境基本格局与优化对策. 智库理论与实践, 4(4): 68-70, 74.
张文忠, 刘旺, 李业锦. 2003. 北京城市内部居住空间分布与居民居住区位偏好. 地理研究, 22(6): 751-759.
张鑫, 易渝昊. 2019. 从历史脉络梳理我国邻里关系的结构变迁研究. 宜宾学院学报, 19(10): 75-84.
张雪伟. 2007. 日常生活空间研究——上海城市日常生活空间的形成. 上海: 同济大学.
张艳, 柴彦威. 2013. 生活活动空间的郊区化研究. 地理科学进展, 32(12): 1723-1731.
张艳, 柴彦威, 周千钧. 2009. 中国城市单位大院的空间性及其变化: 北京京棉二厂的案例. 国际城市规划, 24(5): 20-27.
张艺瀚. 2018. 传播学视野下微博热搜榜存在合理性分析. 新闻研究导刊, 9(16): 29, 31.
张玉春, 吴启富, 刘宣. 2012. 中国居民生活质量评价与分析. 统计与决策, (24): 106-108.
张中华. 2012. 地方理论——迈向“人-地”居住环境科学体系建构研究的广义思考. 发展研究, (7): 47-55.
张中华, 文静, 李瑾. 2008. 国外旅游地感知意象研究的地方观解构. 旅游学刊, 23(3): 43-49.
张中华, 张沛, 王兴中. 2009. 地方理论应用社区研究的思考——以阳朔西街旅游社区为例. 地理科学, 29(1): 141-146.

章光日. 2005. 信息时代人类生活空间图式研究. 城市规划, 29(10): 29-36.

章雨晴, 甄峰, 张永明. 2016. 南京市居民网络购物行为特征——以书籍和衣服为例. 地理科学进展, 35(4): 476-486.

赵春艳. 2013. 本土与现代——城市休闲发展的两个维度. 学术论坛, 36(3): 130-133, 141.

赵春艳, 陈美爱. 2016. 突围与重构: 城市休闲供给优化的理念走向. 学术论坛, 39(4): 73-77.

赵海荣. 2015. HRBD中非物质文化遗产利用研究[J]. 山西师范大学学报(自然科学版), 29(1): 109-112.

赵立志, 洪再生, 严红红. 2013. 关于营造城市公共交往空间的思考. 城市发展研究, 20(1): 80-85.

赵明, 吴必虎. 2009. 北京城市周边度假地空间结构演变分析. 世界地理研究, 18(4): 134-140, 133.

赵鹏军, 曹毓书. 2018. 基于多源LBS数据的职住平衡对比研究——以北京城区为例. 北京大学学报(自然科学版), 54(6): 157-169.

赵霞,姜秋爽.2013.体验经济时代休闲旅游的多元发展趋势.财经问题研究,(6):140-145.

赵星宇. 2020. 从教育到休闲: 博物馆观众研究思路的转向. 博物馆管理, (1): 75-81.

赵晔琴. 2007. 农民工: 日常生活中的身份建构与空间型构. 社会, 27(6): 175-188.

赵莹, 柴彦威, Martin D. 2013. 家空间与家庭关系的活动—移动行为透视——基于国际比较的视角. 地理研究, 32(6): 1068-1076.

赵莹, 柴彦威, Martin D. 2014a. 行为同伴选择的社会文化效应研究——中国北京与荷兰乌特勒支的比较. 地理科学, 34(8): 946-954.

赵莹, 柴彦威, 关美宝. 2014b. 中美城市居民出行行为的比较——以北京市与芝加哥市为例. 地理研究, 33(12): 2275-2285.

赵莹, 柴彦威, 桂晶晶. 2016. 中国城市休闲时空行为研究前沿. 旅游学刊, 31(9): 30-40.

赵媛, 徐玮. 2008. 近10年来我国环城游憩带(ReBAM)研究进展. 经济地理, 28(3): 492-496.

甄峰, 魏宗财, 杨山, 等. 2009. 信息技术对城市居民出行特征的影响: 以南京为例. 地理研究, 28(5): 1307-1317.

郑胜华. 2005. 基于整合理论的城市休闲发展研究. 经济地理, 25(2): 228-231, 251.

郑思齐, 符育明, 任荣荣. 2011. 居民对城市生活质量的偏好: 从住房成本变动和收敛角度的研究. 世界经济文源, (2): 35-51.

郑思齐, 徐杨菲, 张晓楠, 等. 2015. “职住平衡指数”的构建与空间差异性研究: 以北京市为例. 清华大学学报(自然科学版), 55(4): 105-113.

郑中玉. 2010. 社区多元化与社区整合问题: 后单位制阶段的社区建设——兼以一个社区网的实践为例. 兰州学刊, (11): 116-119.

中国社会科学院语言研究所词典编辑室. 2012. 现代汉语词典. 北京: 商务印书馆.

钟小强. 2018. 乡村社区建设生态宜居性评价研究. 武汉: 华中科技大学.

钟晓华. 2013. 社会空间和社会变迁——转型期城市研究的“社会—空间”转向. 国外社会科学, (2): 14-21.

钟奕纯, 冯健. 2017. 城市迁移人口居住空间分异——对深圳市的实证研究. 地理科学进展, 36(1): 125-135.

周长城. 2001. 社会发展与生活质量. 北京: 社会科学文献出版社.
周长城. 2003. 中国生活质量: 现状与评价. 北京: 社会科学文献出版社.
周春山. 1996. 中国城市人口迁居特征、迁居原因和影响因素分析. 城市规划汇刊, (4): 17-21, 16.
周春山, 许学强. 1996. 西方国家城市人口迁居研究进展综述. 人文地理, (4): 23-27.
周春山, 陈素素, 罗彦. 2005. 广州市建成区住房空间结构及其成因. 地理研究, 24(1): 77-88.
周春山, 刘洋, 朱红. 2006. 转型时期广州市社会区分析. 地理学报, 61(10): 1046-1056.
周春山, 江海燕, 高军波. 2013. 城市公共服务社会空间分异的形成机制——以广州市公园为例. 城市规划, 37(10): 84-89.
周春山, 胡锦灿, 童新梅, 等. 2016a. 广州市社会空间结构演变跟踪研究. 地理学报, 71(6): 1010-1024.
周春山, 边艳, 张国俊, 等. 2016b. 广州市中产阶层聚居区空间分异及形成机制. 地理学报, 71(12): 2089-2102.
周丹. 2013. 江苏省城市居民客观生活质量的研究. 东南大学学报, (6): 42-46.
周健. 2018. 基于多源数据的社区环境宜居性评价研究. 深圳: 深圳大学.
周京奎. 2009. 城市舒适性与住宅价格、工资波动的区域性差异. 财经研究, 35(9): 80-91.
周凯琦. 2019. 居住型历史街区日常生活空间分异研究. 苏州: 苏州科技大学.
周丽君, 刘继生. 2005. 长春市环城游憩地与城市化相互作用研究. 人文地理, 20(6): 98-101.
周敏娴, 严昊, 王侠. 2013. 社区归属感的建构与社区媒体的发展——北京回龙观社区网的启示. 新闻记者, (7): 30-33.
周尚意, 吴莉萍, 张庆业. 2006. 北京城区广场分布、辐射及其文化生产空间差异浅析. 地域研究与开发, 25(6): 19-32.
周素红, 闫小培. 2005. 广州城市空间结构与交通需求关系. 地理学报, 60(1): 131-142.
周素红, 闫小培. 2006. 广州城市居住—就业空间及对居民出行的影响. 城市规划, (5): 13-18, 26.
周素红, 彭伊依, 柳林, 等. 2019. 日常活动地建成环境对老年人主观幸福感的影响. 地理研究, 38(7): 1625-1639.
周雯婷, 刘云刚. 2015. 上海古北地区日本人聚居区族裔经济的形成特征. 地理研究, 34(11): 1-16.
周雯婷, 刘云刚, 全志英. 2016. 全球化背景下在华韩国人族裔聚居区的形成与发展演变: 以北京望京为例. 地理学报, 71(4): 651-667.
周晓虹. 1995. 社会时尚的理论探讨. 浙江学刊, (3): 62-65.
周一星. 1996. 北京的郊区化及引发的思考. 地理科学, 16(3): 198-206.
周一星. 2010. 城市地理求索——周一星自选集. 北京: 商务印书馆.
周一星. 2013. 城市规划寻路——周一星评论集. 北京: 商务印书馆.
周一星, 曹广忠. 1999. 改革开放20年来的中国城市化进程. 城市规划, 23(12): 8-14.
周一星, 冯健. 2002. 应用“主城”概念要注意的问题. 城市规划, 26(8): 46-50.
周一星, 孟延春. 1997. 沈阳的郊区化: 兼论中西方郊区化的比较. 地理学报, 52(4): 289-299.
周一星, 孟延春. 1998. 中国大城市的郊区化趋势. 城市规划学刊, (3): 22-27.
周一星, 孟延春. 2000. 北京的郊区化及其对策. 北京: 科学出版社.

周直, 朱未易. 2002. 人居环境研究综述. 南京社会科学, (12): 84-88.

朱查松, 王德, 马力. 2010. 基于生活圈的城乡公共服务设施配置研究——以仙桃为例. 规划创新——2010年中国城市规划年会论文集.

朱鹤, 刘家明, 李玏, 等. 2014. 中国城市休闲商业街区研究进展. 地理科学进展, 33(11): 1474-1485.

朱鹤, 刘家明, 陶慧, 等. 2015. 北京城市休闲商务区的时空分布特征与成因. 地理学报, 70(8): 1215-1228.

朱竑, 刘博. 2011. 地方感、地方依恋与地方认同等概念的辨析及研究启示. 华南师范大学学报(自然科学版), (1): 1-8.

朱腾刚. 2008. 城市游憩商业区(RBD)空间规划研究——以开封鼓楼城市RBD为例. 开封: 河南大学.

朱文一. 1993. 空间 • 符号 • 城市: 一种城市设计理论. 北京: 中国建筑工业出版社.

朱熠, 庄建琦. 2006. 古都西安城市游憩商业区(RBD)形成机制. 现代城市研究, (4): 53-58.

曾文. 2015. 转型期城市居民生活空间研究: 以南京为例. 南京: 南京师范大学.

曾文, 张小林, 向梨丽, 等. 2014. 江苏省县域城市生活质量的空间格局及其经济学解析. 经济地理, 34(7): 28-35.

Anas A, Arnott R, Small K A. 1998. Urban spatial structure. Journal of Economic Literature, 36(3): 1426-1464.

Berger M C, Blomquist G, Sabirianova K. 2008. Compensating differentials in emerging labor and housing markets: Estimates of quality of life in Russian cities. Journal of Urban Economics, 63: 25-55.

Boal F W. 1976. Ethnic Residential Segregation//Herbert D, Johnston R. Social Alea in Cities, 41-79.

Bourdieu P. 1983. Forms of capital//Richardson J G. Handbook of Theory and Research for the Sociology of Educations. New York: Greenwood Press.

Bourdieu P. 1989. Social space and symbolic power. Sociological Theory, 7(1): 14-25.

Bromley R D F, Nelson A L. 2002. Alcohol-related crime and disorder across urban space and time: Evidence from a British city. Geoforum, 33(2): 239-254.

Burt R S. 1984. Network items and the general social survey. Social Networks, 6(4): 293-339.

Burt R S. 1992. Structural Holes: The Social Structure of Competition. Cambridge: Harvard University Press.

Carpenter S, Jones P M. 1983. Recent Advances in Travel Demand Analysis. Alder-shot: Gower.

Chapin F S. 1974. Human activity patterns in the city. Queen’s Quarterly, 29 (12): 463-469.

Chen C C, Chen Y R, Xin K. 2004. Guanxi practices and trust in management: a procedural justice perspective. Organization Science, 15(2): 200-209.

Chombart de Lauwe P H. 1952. Parisetl’ Agglomeration Parisienne. Paris: Presses Universitaires de France.

Clark G L, Feldman M P, Gertler M S. 2003. The Oxford Handbook of Economic Geography. Oxford : Oxford University Press.

Coffey W J, Shearmur R G. 2002. Agglomeration and dispersion of high-order service employment in the Monstreal metropolitan region, 1981-96. Urban Studies, 39: 359-378.

Coleman J S. 1988. Social capital in the creation of human capital. American Journal of Sociology,

94(Supplement): 95-120.

Costanza R, Fisher B, Ali S, et al. 2007. Quality of life: An approach integrating opportunities, human needs, and subjective well-being. Ecological Economics, 61(2-3): 267-276.

Dear M, Flusty S. 1998. Postmodern urbanism. Annals of the Association of American Geographers, 88(1): 50-72.

Domosh M. 1998. Geography and gender: home, again. Progress in Human Geography, 22(2): 276-282.

Doxiadis C A. 1977. Ecology and Ekistics. Athens: Elek Boods Ltd.

Dupont V. 2004. Socio-spatial differentiation and residential segregation in Delhi: a question of scale?. Geoforum, 35(2): 157-175.

Ellegárd K, 张雪, 张艳, 等. 2016. 基于地方秩序嵌套的人类活动研究. 人文地理, 31(5): 25-31.

Elder G H. 1998. The life course and human development//Richard M L. Handbook of Child Psychology (Volume1: Theoretical Models of Human Development). New York: John Wiley Sons, Inc.

Feng J, Zhou Y X, Logan J, et al. 2007. Restructuring of Beijing's social space. Eurasian Geography and Economics, 48(5): 509-542.

Feng J, Wu F L, Logan J. 2008a. From homogenous to heterogeneous: The transformation of Beijing's socio-spatial structure. Built Environment, 34(4): 482-497.

Feng J, Zhou Y X, Wu F L. 2008b. New trends of suburbanization in Beijing since 1990: from government-led to market-oriented. Regional Studies, 42(1): 83-99.

Festinger L S, Schacter S, Back K. 1950. Social Pressures in Informal Groups. New York: Harper and Row.

Fischer C S. 1975. Toward a subcultural theory of urbanism. American Journal of Sociology, 80(6): 1319-1341.

Friedmann J, Wolff G. 1982. World city formation: An agenda for research and action. International Journal of Urban and Regional Research, 6: 309-344.

Garreau J. 1991. Edge City. New York: Doubleday.

Glaeser E. 2011. Cities, productivity, and quality of life. Science, 333: 592-594.

Golledge R, Stimson R. 1997. Spatial Behavior: A Geographic Perspective. London: The Guilford Press.

Granovetter M. 1973. The strength of weak ties. American Journal of Sociology, 78(6): 1360-1380.

Gu C L, Wang F H, Liu G L. 2005. The structure of social space in Beijing in 1998: A socialist City in transition. Urban Geography, 26(2): 167-192.

Gu C L, Roger C K, Chan, et al. 2006. Beijing's socio-spatial restructuring immigration and social transformation in the epoch of national economic reformation. Progress in Planning, 66: 249-231.

Hägerstrand T. 1970. What about people in regional science. Papers and Proceedings of the Regional Science Association, 24: 6-21.

Hägerstrand T. 1985. Time-geography: focus on the corporeality of man, society and environment//The Science and Praxis of Complexity. Tokyo: The United Nations University Press, 193-216.

Hancock T, Labonte R, Edwards R. 1999. Indicators that count! Measuring population health at the community level. Canadian Journal of Public Health, 20: 22-26.

Hanifan L J. 1916. The rural school community center. Annals of the American Academy of Political and Social Science, 67: 130-138.

Harris C, Ullman E. 1945. The nature of cities. Annals of the American Academy of Political Science, 242: 7-17.

Harvey D. 1981. The spatial fix-hegel, von thunen, and marx. Antipode, 12(3): 1-12.

Hawley A. 1950. Human Ecology: A Theory of Community Structure. New York: The Ronald Press.

He S J, Qian J X. 2017. From an emerging market to a multifaceted urban society: Urban China studies. Urban Studies, 54(4): 827-846.

He S J, Liu Y T, Wu F L, et al. 2010. Social groups and housing differentiation in China's urban villages. An Institutional Interpretation, 25(5): 671-691.

Hillery G A. 1955. Definition of community: Areas of agreement. Rural Sociology, 20(4): 111-123.

Holton M. 2017. Examining student's night-time activity spaces: identities, performances and transformations. Geographical Research, 55(1): 70-79.

Howard E. 1946. Garden Cities of Tomorrow. London: Faber and Faber.

Hsu Y A, Pannell C W. 1982. Urbanization and residential spatial structure in Taiwan. Pacific Viewpoint, (23): 22-52.

Icel J, Sharp G. 2013. White Residential segregation in U. S. metropolitan areas: Conceptual issues, patterns, and trends from the U. S. census, 1980 to 2010. Population Research Policy Review, 32(5): 663-686.

Jacobs J. 1961. The Death and Life of Great American Cities. New York: Random House.

Johnston R J, Gregory D, Pratt G, et al. 2000. The Dictionary of Human Geography (4th Edition). Malden: Blackwell.

Kitchin R, Tate N J. 2000. Conducting Research into Human Geography: Theory, Methodology and Practice. New York: Pearson Education.

Knox P, Pinch S. 2000. Urban Social Geography: an Introduction (Fourth edition). Englewood Cliffs: Prentice Hall.

Kraack A, Kenway J. 2002. Place, time and stigmatized youth identities: Bad boys in paradise. Journal of Rural Affairs, 18(2): 145-155.

Kwan M. 2007. Affecting geospatial technologies: toward a feminist politics of emotion. The Professional Geographer, 59(1): 22-34.

Kwan M. 2008. From oral histories to visual narratives: re-presenting the post-September 11 experiences of the Muslim women in the USA. Social Cultural Geography, 9(6): 653-669.

Kwan M P. 1999. Gender, the home-work link, and space-time patterns of non-employment activities. Economic Geography, 75(4): 370-394.

Lee D A. 1983. Social Geography of City. New York: Harper Row.

Lefebvre H. 1991. The Production of Space. Oxford: Wiley Blackwell.

Lenntorp B. 1976. Paths in space-time environments: a time-geographic study of movement possibilities of individuals. Londe: The Royal University of Lund, Sweden.

Li S M, Siu Y M. 2001. Residential mobility and urban restructuring under market transition: A study of Guangzhou, China. Professional Geographer, 53(2): 219-229.

Li S M, Hou Q, Chen S S, et al. 2010. Work, home, and market: The social transformation of housing space in Guangzhou, China. Urban Geography, 31(4): 434-452.

Li Z G, Wu F L. 2008. Tenure-based residential segregation in post-reform Chinese cities: A case study of Shanghai. Transactions of the Institute of British Geographers, 33(3): 404-419.

Lim G C and Lee M H. 1993. Housing consumption in Urban China. The Journal of Real Estate Finance and Economics, 6(1): 89-102.

Lo C P. 1975. Changes in the ecological structure of Hong Kong 1961-1971: A comparative analysis. Environment and Planning A, 7(8): 941-963.

Lo C P. 1986. The evolution of the ecological structure of Hong Kong: Implications for planning and future development. Urban Geography, 7(7): 311-335.

Lo C P. 2005. Decentralization and polarization: Contradictory trends in Hong Kong's postcolonial social landscape. Urban Geography, 26(1): 36-60.

Ma L J C, Xiang B. 1998. Native place, migration and the emergence of peasant enclaves in Beijing. The China Quarterly, 155: 546-581.

Mack P. 2006. A Social and Cultural History Alcohol. London: Oxford University Press.

Mao D, Li X, Xiao L. 2000. An analysis on the characteristics of the trips of Guangzhou inhabitants and development of urban communications. Tropical Geography, 20(1): 32-37.

Marsden P P. 1988. Homogeneity in confiding relations. Social Networks, 10(1): 57-76.

Marsden P P, Campbell K. 1984. Measuring tie strength. Social Forces, 63(2): 483-501.

Mccombs M E, Shaw D L. 1972. The agenda-setting function of mass media. Public Opinion Quarterly, 36(2): 176-187.

Mcharg I L. 1992. Design with Nature. New York: Natural History Press.

Mitchell A. 1983. The Nine American Lifestyles: Who We Are and Where We're Going. New York: Warner.

Murphey R. 1974. The treaty port and china's modernization//Elvin M, Skinner G W. The Chinese City between Two Worlds. Standford: Standford University Press, 17-72.

Newman O. 1972. Defensible Space. New York: The Macmillan Co.

Norman H N, Erbring L. 2002. Internet and society: a preliminary report. IT Society, 1(1): 275-283.

Pacione M. 2001a. Models of urban land use structure in cities of the developed world. Geography, 86(2): 97-119.

Pacione M. 2001b. The internal structure of cities in the third world. Geography, 86(3): 189-209.

Pais J. 2017. Intergenerational neighborhood attainment and the legacy of racial residential segregation: A causal mediation analysis. Demography, (2): 1-30.

Park R E. 1936. Human ecology. American Journal of Sociology, 17(1): 1-15.

Polanyi M. 1958. Personal Knowledge. London: Routledge Kegan Paul.

Pred A. 1981a. Social reproduction and the time-geography of everyday life. Geografiska Annaler (Series B: Human Geography), 63(1): 5-22.

Pred A. 1981b. Production, family, and free-time projects: a time-geographic perspective on the individual and societal change in nineteenth-century U S cities. Journal of Historical Geography, 7(1): 3-36.

Rappaport J. 2008. Consumption amenities and city population density. Regional Science and Urban Economics, 38(6): 533-552.

Rappaport J. 2009. The increasing importance of quality of life. Journal of Economic Geography, 9(6): 779-804.

Register R. 1987. Ecocity Berkeley: Building Cities for a Healthier Future. Berkeley: North Atlantic Books.

Relph E. 1976. Place and Placelessness. London: Pion.

Roback J. 1982. Wages, rents, and the quality of life. The Journal of Political Economy, 90(6): 1257-1278.

Rushton G. 1969. Analysis of spatial behavior by revealed space preference. Annals of the Association of American Geographers, 59: 391-400.

Sassen S. 1991. The Global City. Princeton. Princeton: Princeton University Press.

Schnell I, Benjamini Y. 2005. Globalization and the structure of urban social space: The lesson from Tel Aviv. Urban Studies, (13): 2489-2510.

Schutz W C. 1958. On categorizing qualitative data in content analysis. The Public Opinion Quarterly, 22(4): 503-515.

Schwanen T, Kwan M, Ren F. 2008. How fixed is fixed? Gendered rigidity of space-time constraints and geographies of everyday activities. Geoforum, 39(6): 2109-2121.

Sessions L F. 2010. How offline gatherings affect online communities: when virtual community members "meetup". Information, Communication Society, 13(3): 375-395.

Shevky E, Bell W. 1955. Social Area Analysis. Stanford: Stanford University Press.

Shevky E, Williams M. 1949. The Social Areas of Los Angeles. Los Angeles: University of California Press.

Smith S L J. 1987. Regional analysis of tourism resources. Annals of Tourism Research, 14(2): 254-273.

Soja E W. 1980. Socio-spatial dialectic. Annals of the Association of American Geographers, 70(6): 207-225.

Stansfield C A, Rickert J E. 1970. The recreational business district. Journal of Leisure Research, 4(2): 213-225.

Sugden R. 1986. The Economics of Rights. Co-opration and Welfare. Oxford: Basil Blackwell.

Ta N, Chai Y, Zhang Y, et al. 2016. Understanding job-housing relationship and commuting pattern in Chinese cities: Past, present and future. Transportation Research Part D: Transport and Environment, 52: 562-573.

The Ghent Urban Studies Team. 1999. The Urban Condition: Space, Community, and Self in the Contemporary Metropolis. Rotterdam: 010 Publishers.

Thrift N, Pred A. 1981. Time-geography: A new beginning. Progress in Human Geography, 5(2): 277-286.

Valentine G, Sadgrove J. 2012. Lived difference: A narrative account of spatiotemporal processes of social differentiation. Environment and Planning-Part A, 44(9): 2049-2063.

Wang S S. 2013. I Share, Therefore I am: personality traits, life satisfaction, and facebook check-Ins. Cyberpsychology, Behavior, and Social Networking, 16(12): 870-877.

Webber M M. 1964. The urban place and noplace urban realm//Webber M M, et al. Explorations into Urban Structure. Philadelphia: University of Pennsylvania Press.

Wellman B. 1982. Studying personal community//Marsden P V, Nan L. Social Structure and Network Analysis. London: Sage publications.

Wellman W. 1990. Different strokes from different folks: Community ties and social support. The American Journal of Sociology, 96(3): 558-588.

Wirth L. 1938. Urbanism as a way of life. The American Journal of Sociology, 44(1): 1-24.

World Health Organization. 1993. Measuring quality of life. Geneva: World Health Organization, 2(2): 77-81.

Wu F L. 2002. Sociospatial differentiation in urban China: Evidence from Shanghai's real estate markets. Environment and Planning A, 34(9): 1591-1615.

Wu F L. 2005. The city of transition and the transition of cities. Urban Geography, 26 (2): 100-106.

Wu F L, Li Z G. 2005. Sociospatial differentiation: Processes and spaces in subdistricts of Shanghai. Urban Geography, 26(2): 137-166.

Wu F. 1997. Urban restructuring in China's emerging market economy: towards a framework for analysis. International Journal of Urban and Regional Research, 21: 640-663.

Wu Q Y, Cheng J Q, Chen G, et al. 2014. Socio-spatial differentiation and residential segregation in the Chinese city based on the 2000 community-level census data: A case study of the inner city of Nanjing. Cities, 39: 109-119.

Xu Y, Shaw S L, Zhao Z, et al. 2016. Another tale of two cities—understanding human activity space using actively tracked cellphone location data. Annals of the Association of American Geographers, 106(2): 489-502.

Yang S G, Wang M Y, Wang C L. 2015. Socio-spatial restructuring in Shanghai: Sorting out where you live by affordability and social status. Cities, 47: 23-34.

Yanitsky O. 1987. Social Problems of Man's Environment. Moscow: Nauka.

Zhou S H, Deng L F, Kwan M P, et al. 2015. Social and spatial differentiation of high and low income groups' out-of-home activities in Guangzhou, China. Cities, 45: 81-90.

索　引

B

白领人口 78, 81, 94, 143, 308
白色污染 37
百分比权数 97
半虚拟社区 3, 180, 292, 293, 294, 295, 296
保障性住房 135, 270, 271
被动迁居 132, 135, 137
边缘化 130, 231, 281
边缘群体 15, 280, 285, 286
标准差 97, 107, 112, 115, 125, 244
别墅区 13, 125

C

曹广忠 1
柴彦威 9, 10, 14, 16, 134
产业结构 9, 37, 91, 123, 141, 236, 308
产业空间 93, 118, 119, 308
产业体系 232, 253
长距离通勤 40, 139, 141, 142, 208, 212, 215
长期行为活动 225, 227, 309
长时间尺度 2, 186, 189, 218
城市边缘 130, 140
城市边缘地带 231, 240
城市 CBD 27, 30, 129
城市村民 152
城市公共环境 303, 304
城市公共空间 52, 129, 230, 281
城市规划 2, 15, 48, 131, 232, 310
城市环城游憩带 243, 244,
城市环境 55, 56, 70, 147, 249, 304, 312
城市活动空间 2, 186, 188, 224
城市建设 6, 24, 60, 69, 129, 135, 308
城市景观 95, 250, 303, 306, 311
城市竞争力 129
城市就业空间 123
城市居民日常活动空间 16, 18, 307
城市居民生活空间 2, 11, 16, 38, 144, 198, 307
城市居住空间 3, 50, 71, 78, 95, 112, 123
城市居住空间基本单元 71, 72, 143, 308
城市居住空间结构 75, 77, 87, 94, 308
城市空间 1, 8, 55, 71, 198, 223, 229
城市空间转型 1, 7, 312
城市旅游空间 230, 237, 238
城市美化运动 37
城市社会 25, 29, 74, 94, 125, 139, 152
城市社会空间 3, 9, 13, 18, 52, 95, 270
城市社会空间分异 14, 52, 95, 97, 98, 126, 308
城市社会区 73, 74, 125, 144,
城市社会生活空间 8
城市社区 14, 126, 127, 144, 151

城市社区分异 131
城市社区宜居性 126, 127, 129, 131, 144
城市生产空间 8
城市生活 5, 10, 13,
城市生活空间 1, 3, 5, 8, 10, 13, 18
城市生活空间结构 9, 14, 18, 307, 312
城市生活空间质量 17, 49, 66, 284, 307
城市生活质量 42, 45, 46, 49, 65, 68, 308
城市生态空间 8
城市实体空间 1, 28
城市土地利用 132
城市闲暇空间 230
城市新移民 14, 272
城市性 21, 249, 252
城市休闲空间 138, 229, 230, 237, 240, 246, 248
城市亚群体 187, 188
城市亚文化 2, 277, 278, 313
城市意象 59, 250, 251, 252
城市游憩空间 230, 235, 240, 243, 251
城市娱乐空间 230
城市中心区 11, 13, 85, 135, 141, 230, 281
城市重构 14
城乡二元化结构 232
城乡规划学 45, 72
城乡交错带 243
城乡接合部 85, 243, 257, 270, 274
城乡一体化 129
城镇登记失业率 60
城镇化 1, 6, 21, 65, 70, 93, 100
城镇人口 74
城中村 15, 61, 92, 270, 272, 312
出行方式 16, 26, 31, 34, 40, 137, 144
出行活动 22, 26, 40, 186, 308
初等教育 133
传统文化 28, 32, 38, 141, 199, 227, 230
村社共同体 270
村委会 72, 73, 276

D

大数据 28, 58, 142, 188, 249, 87, 291
大型购物中心 11, 28, 32, 51, 243
大杂院 23
大众文化 38, 39, 41, 308
单核心 243
单位大院 12, 23, 30, 33, 139, 165, 294
单位分配 11, 23, 27, 140, 198
单位空间 8, 11, 38, 140, 307
单位制 12, 23, 38, 71, 140, 198, 307
弹性就业 2
低级生活圈 10, 14
低碳 37, 40, 41, 303, 304
低碳出行 37, 40
低碳生活 33, 37, 40, 41, 308
低碳生活方式 33, 37, 41, 308
地方感 12, 249, 252, 254
地方功能重组 250
地方化指数 97
地方精神 249, 250, 251
地方情感 250, 252
地方认知 250, 252, 254
地方性 230, 251, 252, 281, 282
地方依恋 252, 253
地方意义 252
地方再生 250
地方秩序嵌套 216, 218, 222, 226, 309
地理空间 9, 16, 55, 142, 151, 162, 188
地理探测器模型 58
地理叙事 188
地理学 5, 8, 45, 55
地区差异 89, 91, 94, 308
地缘 22, 23, 175, 217, 283, 294

第二产业 61, 105, 121, 274, 308
第三产业 61, 87, 105, 111, 121
第三次科技革命 33, 41
第一产业 93, 107, 115, 119
点 - 轴结构 237
电商平台 35, 138, 287
电子交通导视系统 304
定性 GIS 188
都市情结 248, 310
都市区 3, 75, 100, 107, 111, 121
都市社会景观 95, 233
都市生活 21, 39
短期行为活动 225, 227, 309
短时间尺度 2, 186, 199
多极化 136, 247
多元价值观 286
多元文化 233, 256, 269, 282, 285, 310
多元文化主义 72, 95
多中心 92, 236, 243
多中心化 1, 16, 96

E

恩格尔系数 60
恩格斯 19, 58
二三线城市 57, 129
二手房 90, 135
二手房市场 135

F

凡勃伦 19
方差贡献率 76, 77, 82, 86, 87
方法论 18, 249, 250
房地产开发商 52, 53, 135
房地产市场 2, 73, 87, 92, 125, 134, 140
房源 134, 135
房源信息 134
非机动车出行 137
非市场化 270
非营利组织 29
非政府组织 29
非洲人聚居区 262
废品村 274, 275
费希尔 21
费孝通 146, 173
分层聚类 77
分税制 73
分异指数 75, 97, 109
分异重构 96, 98
冯健 3, 16, 137
符号消费 33, 35, 41, 303, 308
福利分房制度 23, 140

G

甘斯 21, 152
感知 17, 24, 43, 67, 250
高档小区 130, 235
高等教育 124, 133, 303
高级生活圈 10, 14
高级知识分子 165
隔离程度 97
隔离指数 92, 97, 111, 118, 124, 144
个体差异 89, 91, 94, 308
个体行为 18, 139, 144, 188, 227
工业化 11, 21, 32, 65, 107
工作单位 134, 136, 187, 284
工作地点 191, 197, 199, 298
工作岗位 12, 135, 136, 137, 141
工作活动 186, 200, 204
工作空间 8, 14, 30, 36, 209, 215, 225

工作流动性 133
公共安全 46, 48
公共场所 25, 185, 217, 308
公共服务设施 17, 25, 53, 126, 130, 144, 313
公共活动空间 130, 295
公共交通 33, 54, 139, 200, 215, 308
公共空间 25, 52, 95, 128, 161, 173, 303
公共空间体系 234
公共事务 37, 296, 305, 311
公共卫生间 304
公共性 25, 180, 234
公共自行车 304
功能空间 8, 39, 297, 298, 305
购物场所 37
购物活动 186, 209, 216
购物空间 8, 11, 16, 287, 310
购物目的地 199
购物行为 16, 35, 137, 144, 225, 302, 312
购物中心 13, 24, 34, 207, 235, 241, 285
孤岛 26, 271, 285
顾朝林 14
关系网 145, 146
关系网络 146, 148, 164, 170, 173
惯常活动模式 215
惯常性行为活动 226, 228, 309
归国华侨 264
归属感 23, 55, 126, 152, 161, 268, 293

H

韩国城 256
韩国人聚居区 256, 257, 258, 259
核心 - 边缘结构 237
核心家庭 189, 193, 211, 216
后城市 95, 313
后福特主义 95
后工业化 20, 65, 68, 304
后郊区 95, 233, 313
后现代 18, 32, 230, 249, 250
胡焕庸线 246, 247
户籍制度 27, 30, 31, 32, 132, 217
户籍制度改革 30, 123, 270
互联网 2, 28, 176, 184, 298, 300, 311
互联网 + 28, 288
互联网时代 24, 39, 41, 291, 308
华侨农场 264, 265, 266, 267, 268, 269
怀旧情怀 304
环保 37, 301
环城绿带 243
环境污染 37, 49, 142
灰色关联模型 58
回龙观 14, 84, 142, 148, 149, 161
婚姻状况 159, 163, 211
混居性 97, 111, 112, 124, 144
活动导向 219
活动空间 2, 4, 6, 13, 130, 186, 190
活动空间分异 129, 130, 144
活动秩序 228, 309
活动准则 228, 309
霍华德 50

J

机关干部人口 115, 118
基层行政区划 73, 143
基础生活圈 10, 14
吉登斯 176
极差 97, 107, 112, 115, 125
集聚经济 1
集聚效应 1, 93, 236
计划经济时期 23, 71, 134, 139, 294
计划经济体制 8, 38, 198

技术变革 2, 3, 307
技术创新 26, 28, 41, 308, 311
家空间 36, 216
家庭差异 89, 90, 91, 94, 308
家庭规模 75, 89, 101, 111, 211
家庭结构 75, 133, 143, 191, 209, 216, 309
家庭生活 161, 216, 219, 225
家庭生命周期 209, 211
家庭责任 210, 211, 222
家庭组织 253
家族经营模式 275
价值取向 48, 49, 69
建筑场所 14
建筑业 82, 90, 93
健康水平 45, 47
健康状况 46
交通工具 26, 34, 40, 60, 128, 137, 206
交往空间 4, 6, 8, 145, 293, 305
郊区 1, 6, 87, 135, 142, 161, 230, 271
郊区化 1, 13, 34, 87, 185, 206, 231
郊区社会 161, 162, 164
教育程度 81, 90, 169, 170, 255, 272, 277
教育资源 52, 67, 72, 93, 133, 135, 271
街道 72, 82, 95, 131, 234, 278, 308,
近郊区 85, 87, 100, 105, 135, 245, 274
经济技术开发区 15, 91
经济理性 27
经济全球化 33, 35, 41, 60, 270, 281
经济适用房 13, 90, 107, 111, 125, 155, 174
精神生活 21, 42, 47, 53, 66, 68, 69
就业岗位 91, 93, 135, 141, 272
就业结构 87, 90, 92, 125
就业可达性 142, 206
就业空间 38, 40, 92, 207, 209, 215
就业人口 92, 96, 105, 107, 109, 144, 308
就业状况 89, 90, 103, 123
居家生活 302, 306, 311
居民日常活动空间 12, 16, 18, 199, 200, 307
居民生活方式 2, 18, 26, 30, 68, 254, 308
居委会 71, 72, 73, 125, 156, 161, 296
居住地域模式 73, 85
居住活动 186
居住空间 2, 4, 8, 48, 152, 187, 209
居住空间分异 14, 50, 74, 90, 95, 119, 285
居住空间基本单元 71, 72, 143, 308
居住空间结构 73, 75, 78, 85, 94, 143, 308
居住空间选择 74, 89
居住迁移 74, 93, 191, 193
居住人口 13, 75, 92, 97, 103, 109, 143
居住舒适度 76
居住系统 55, 57, 60, 70
局部空间自相关 77
局内人的视角 4
局外人的视角 3
距离衰减 17, 24, 209, 236, 244
聚类分析 77, 85
绝对分异指数 97, 110, 117, 124, 125
均衡程度 109, 115

K

可持续发展理念 33, 37, 41, 67, 308
客观指标体系 45, 46
空间 173, 175, 185
空间分异 3, 6, 13, 48, 52, 54, 308
空间分异格局 96, 130
空间公正 14, 69, 285
空间结构 1, 8, 15, 17, 26, 32, 39, 53
空间媒介 181, 184
空间偏好 124
空间认知 249, 250, 254, 310
空间统计 3, 72, 143, 246, 308

空间维度 64, 67, 282
空间效应 15, 124
空间形态 9, 236, 240, 242, 252, 275, 288
空间载体 1, 2, 13, 161, 223, 234, 250
空间指向性 17
空间转型 18
空间资源配置 232
空间自相关 77, 82, 84, 85
空心化 130
跨国社会空间 270
快速城镇化 1, 2, 18, 52, 163, 227, 245

L

莱特 50
蓝领人口 78, 82, 94, 143
老龄化 101, 110, 124, 144, 275
老龄化水平 110, 111, 121
老年人口 93, 94, 107, 111, 124, 144, 308
老乡 165, 167, 217
勒•柯布西耶的 50
累计方差贡献率 76, 77
离乡不离土 275
离心扩散 1, 163
李雪铭 55, 59
李志刚 15, 49, 262
历史街区 130
历史文化街区 242, 304
历史文化遗存 250
廉租房 125, 270, 271
梁漱溟 145
列斐伏尔 6
邻里 22, 23, 56, 150, 153, 172, 175
邻里关系 6, 22, 40, 56, 148, 150
邻里交往 9, 23, 151, 157, 181, 183
邻里守望 154
林奇 251
刘云刚 274
刘志林 17
流量 179, 288, 291, 305
流通部门 82, 96, 107, 123
路径依赖 9, 87
洛杉矶学派 249
旅游集散中心 237
旅游通道 237
旅游型城市 61, 64, 70
旅游资源 64, 240, 243, 244

M

马克思 19, 58
马赛克 5, 237, 255, 272, 285, 310
锚点理论 187
门禁社区 27, 30, 95, 151,
孟延春 1
民办学校 29
民间组织 29

N

能动的人 186
能力制约 48, 197
逆向通勤 139, 142
宁越敏 59
农业人口 78, 112, 118, 125, 143, 276, 308

P

裴迪南•滕尼斯 151
佩里 50
朋友圈 29, 297, 300
棚户区 132, 275

平均值 77, 85, 115, 125
破碎化 1, 95, 202, 285, 292, 310, 313
破碎性 72, 95, 233
普通商品房 125

Q

齐美尔 21, 38
齐心 147, 165
迁居 2, 60, 132, 144, 189, 202, 227
迁居成本 134
迁居距离 134, 135
迁居决策 198, 203
迁居目的地 135
迁居行为 6, 60, 91, 133, 200, 225
潜在活动空间 187, 224
浅层次化 309
QQ 群 292, 296, 305
区位 6, 14, 49, 59, 63, 150, 297
区域辐射 232
圈层结构 48, 84, 96, 143, 229, 238, 243
全局空间自相关 77
全球化 20, 33, 74, 94, 232, 263, 281
权威制约 197, 198
群居性 112, 118, 124, 144
群聊 29, 293, 294, 300

R

人际关系 47, 145, 150, 161, 175, 185, 267
人际关系网络 161, 171, 185, 267, 309
人居环境 5, 54, 58, 68, 126, 131, 246
人居环境科学 5, 55, 59, 61, 63, 69
人居环境水平 57, 64
人居环境质量评价 4, 42, 58, 70
人均国内生产总值 60
人均住房面积 107, 117, 271
人口构成 91
人口老龄化 54, 93, 275
人口密度 47, 76, 83, 98, 111, 121, 126
人口普查 3, 72, 90, 118, 123, 255, 308
人类聚居学 59
人类系统 55, 57, 59, 70
人文环境 49, 60, 126, 129
认知距离 16
日本人聚居区 256, 259, 260
日常活动空间 6
日常生活空间 15, 130, 200, 209, 249, 271, 313
日常生活模式 187, 189, 225
日常生活行为 195, 200, 303, 304, 306
弱关系 146, 290, 300

S

赛博空间 175
三维空间可视化 188
商业服务 52, 118
熵权法 58
设施配套 10, 51, 129, 130
社会变迁 123, 152, 198, 199
社会隔离 87, 176
社会公平 14, 69, 130, 285, 286
社会关系 8, 36, 43, 175, 205, 294, 309
社会关系网络 15, 22, 145, 146, 161, 164, 294
社会归属感 12
社会环境 43, 56, 126, 176, 199, 224, 283
社会交往方式 3
社会交往空间 3, 180, 309
社会角色 199, 205, 215, 225, 309
社会阶层 29, 48, 54, 71, 143, 175, 248
社会经济地位 20, 54, 74, 91, 135
社会空间 3, 8, 52, 95, 216, 242, 279

社会空间辩证法 123, 125, 144, 162, 174
社会情境 219
社会区 75, 77, 85, 96, 143, 165
社会群体 29, 50, 131, 248, 285, 310
社会融合 148, 276, 286
社会网络 15, 49, 146, 164, 168, 183, 283
社会问题 148, 271, 285, 310
社会系统 55, 59, 60, 70
社会正义 286
社会资本 145, 147, 152, 175, 182, 300
社交空间 3, 28, 32, 290, 291, 300
社交媒体 290, 291
社区 13, 48, 56, 126, 173, 221, 308
社区归属感 48, 148, 156, 181, 183
社区互联网 156, 175, 184, 309
社区宜居度 126, 129
社区宜居性 126, 128, 131, 144, 309
社区宜居性评价 126, 128, 144, 309
身份认同 265, 268, 273, 291, 296, 301, 303
生产运输 92, 115, 118, 308
生活方式 4, 13, 20, 49, 68, 184, 284
生活服务 10, 24, 96, 123, 130, 288, 305
生活缴费 28, 288, 289
生活空间营造 16
生活路径 186, 199, 215, 227, 309
生活满意度 16, 46
生活圈 9, 14, 34, 53, 267, 313
生活日志 18, 199, 227, 309
生活史 18, 188
生活世界 5, 296
生活舒适度 55, 56, 57
生活质量 4, 13, 42, 44, 130, 229, 284
生命轨迹 200
生命历程 2, 14, 18, 188, 198, 215, 309
生命路径 186, 188, 191, 199, 227
生命事件 192, 197, 200, 227, 309
生命周期 225, 198, 199, 209, 225
生态文明 37
声望 53, 54
时间 185
时间地理学 2, 186, 188, 199, 218, 224
时空活动轨迹 2, 199
时空连续 73
时空撕裂 179, 184
时尚 33, 301, 311
时尚观念 301, 303, 306
时尚化 21, 301, 311
时尚生活方式 302, 304, 311
时尚生活空间 301, 303, 313
时尚消费 303, 304, 306, 311
实际活动空间 187
实体购物空间 287, 288, 305, 310
实体空间 1, 5, 10, 24, 148, 161, 295
市场机制 131, 144, 197,
市场经济 2, 13, 27, 73, 112, 198, 307
事件 156, 160, 185, 300
首都圈 9
数学模型 47, 58
私家车出行 13, 31, 34, 137
私聊 293, 300
私人定制 29, 32
私人空间 216, 217, 218
四合院 23, 36
碎片化 130, 187, 232, 290,
孙峰华 17

T

泰尔指数测定法 247
特殊区位 6, 186
滕尼斯 152, 308
体验经济 232, 233, 252

田园城市 50
通勤方式 125, 142, 197, 208, 220
通勤工具 160
通勤活动 17, 205, 210, 216
通勤距离 17, 137, 140, 198, 208, 225
通勤空间 8
通勤时间 13, 137, 160, 197, 216, 226
同心圆结构 237
涂鸦 277, 279, 285, 310
土地市场化改革 13, 140
土地有偿使用制度 73, 92, 123
土地制度 38, 217

W

外国人聚居区 35, 255, 263
外来人口 6, 15, 100, 118, 135, 269, 293
外来文化 18, 31, 38, 262
王兴中 17
网红 291
网络购物 13, 24, 28, 138, 288, 292
网络结构 168, 237
网络爬虫技术 130
网络社区 177, 300
微博 3, 36, 37, 142, 218
微生活 297, 298, 306, 311
微信 3, 29, 36, 138, 235, 267, 297
微信群 37, 292, 299, 305
微信社交 300, 306, 311
韦伯 19
维权 156, 162, 185, 296
文化程度 49, 130, 133
文化符号 304
文化和制度转向 123
文化特性 21
文脉传承 250
问卷调查 3, 16, 44, 148, 150, 188, 265,
沃斯 21
无现金社会 28
吴敬琏 27
吴良镛 54, 57, 59
吴启焰 53
吴文藻 152
物联网 249, 289, 302, 306, 311
物流业 35, 93, 118, 119
物质环境 53, 56, 224, 226, 283
物质空间 8, 10, 139, 186, 215, 226, 240
物质生活 30, 42, 44, 53, 66, 68, 70

X

乡村社会 74, 148, 153, 159, 167, 180
乡土情结 248, 310
乡镇 72, 308
相对分异指数 97, 111, 118, 124
向心积聚 1
消费方式 3, 19, 33, 41, 299, 312
消费空间 3, 13, 24, 130, 231, 254, 299
消费水平 5, 130
消费行为 16, 24, 40, 301
消费者行为 16
小社会 9, 38
新常态 248
新人本主义 67, 68
新社会空间 14
新型城镇化 232, 242, 243, 248, 270, 312
新移民 14, 149, 163, 272, 293
信息茧房 291, 305
信息化 2, 161, 218, 230, 287, 305
信息技术 2, 33, 36, 187, 235, 253, 298
信息熵 97, 115, 125
信息通信技术 3, 18, 35, 175, 287, 288, 292

性别比 59, 101, 115, 121, 124
行动空间 6, 186
行政区划调整 73
幸福感 44, 46, 49, 70, 126, 142, 310
休闲城市 254, 310
休闲服务产业 254, 310
休闲活动 6, 13, 33, 137, 186, 230, 248
休闲空间 4, 8, 130, 138, 229, 235, 297
休闲需求 2, 229, 230, 232, 248, 252
休闲游憩空间 230, 232, 234, 248, 251
虚拟购物空间 287, 292, 296, 305, 310
虚拟空间 14, 29, 148, 161, 175, 182, 272
虚拟社交 24
虚拟社交空间 28, 290, 291, 292
虚拟现实技术 9

Y

亚文化 2, 21, 72, 95, 233, 277, 291
闫小培 15, 17
业主论坛 296
宜居 57, 126, 144, 249, 309
宜居城市 126, 128, 129, 245
宜居性 67, 126, 132, 136, 144, 309
移动性 205, 209, 215, 228, 309
以人为本 2, 19, 42, 67, 128, 242, 270
异质化 1, 231, 243
医疗保险 45
医疗条件 46, 54, 66
艺术家集聚地 282
意象 36, 59, 230, 250, 252, 268, 312
意象空间 251
意愿 50, 132, 160, 185, 217
因子分析 46, 77
因子结构 77, 78
因子生态分析 15, 74, 75
游憩 48, 230
游憩空间 230, 240, 251
游憩商业区 229, 236, 238, 241, 249
游憩行为空间 240
娱乐场所 51, 199, 234
娱乐空间 28, 31, 39, 230
原子化 176, 294
远郊化 121
远郊区 13, 87, 100, 135, 200, 208, 215
约翰斯顿 5
月租金 105, 107

Z

再地方化 183, 184, 185, 309
在华归难侨 264, 267, 285, 310
“宅”文化 290, 305
张天新 14
张文忠 59
哲学 45
政策保障房 125, 174
支撑系统 55, 57, 60, 64, 65, 70
支付能力 90, 91
芝加哥学派 21, 152, 291
质性研究 3, 14, 15, 18, 188, 227, 282
职业分化 73, 87, 94, 144, 308
职业类型 74, 130
职住比 142
职住分离 11, 13, 118, 136, 139, 142, 225
职住关系 136, 137, 142, 198, 200, 215, 309
职住合一 23
职住距离 141, 204, 209, 226
制度化 15, 145, 181, 218
制造业 82, 90, 93, 119, 275, 282
智能化 58, 302, 311
智能化公交站台 304

智能交通 28, 302, 313
智能手机 3, 28, 31, 39, 187, 289, 292
中高等教育 133
中国城市居住空间 51, 71, 75, 93, 123, 143
中国城市人居环境 55, 64, 70, 308
中国城市生活空间 4, 8, 18, 290, 307, 311, 315
中心城区 34, 92, 107, 135, 232, 244
中央商务区 13
周春山 53, 74
周素红 17
周一星 1, 74
主动迁居 132, 133, 137
主观能动性 187, 188, 254, 310
主观指标体系 45, 46, 47
主因子 76, 78, 87, 93, 143
住房费用 74, 90, 118
住房分配制度改革 73
住房价格 45, 46, 73, 141
住房权属 74
住房市场化 11, 71, 73, 150
住房需求 27, 133, 134, 198
住房选择行为 76, 91
住房制度 15, 23, 30, 38, 134
住房制度改革 2, 27, 71, 140, 149, 161, 174
住宅类型 129
住宅需求 131
资源配置 27, 42, 51, 68, 130, 232
自然景观 129
自然系统 55, 57, 59, 70
自由职业者 28, 298
综合指数评价模型 247
租赁住房 90, 135
族裔聚居区 259, 285, 310
组合制约 197, 198, 200, 215, 228, 309
最大值 107, 112, 115, 125

其他

5G 时代 313